新材料/超材料技术与应用丛书

先进电磁屏蔽材料
——基础、性能与应用

Advanced Materials for Electromagnetic Shielding
Fundamentals, Properties, and Applications

［波］Maciej Jaroszewski　　［印］Sabu Thomas　　［南］Ajay V. Rane　主编

董星龙　房灿峰　段玉平　译

电子工业出版社
Publishing House of Electronics Industry
北京·BEIJING

内容简介

本书从电磁屏蔽基础、屏蔽效能测量方法、磁场屏蔽和吸波材料等方面入手,介绍了有关电磁干扰屏蔽材料的理论基础、测量方法、材料类型与作用机制。主要内容包括电磁干扰屏蔽基础、电磁噪声及其对人体健康和安全的影响、电磁场传感器、屏蔽效能测量方法和系统、屏蔽材料的电学特性、磁场屏蔽、电磁吸收材料的新进展、柔性透明电磁干扰屏蔽材料、聚合物基电磁干扰屏蔽材料、织物屏蔽材料、石墨烯和碳纳米管基电磁干扰屏蔽材料、纳米复合材料基电磁干扰屏蔽材料、银纳米线屏蔽材料、先进碳基泡沫材料在电磁干扰屏蔽中的应用、航空航天电磁干扰屏蔽材料、超材料、基于聚合物共混纳米复合材料的双逾渗电磁干扰屏蔽材料、使用光学实验技术表征电磁干扰屏蔽材料的机械性能。

本书内容新颖,覆盖面宽,测量部分实践性强,可供科研人员及相关专业的研究生学习参考。

Maciej Jaroszewski, Sabu Thomas, Ajay V. Rane: Advanced Materials for Electromagnetic Shielding: Fundamentals, Properties, and Applications.
ISBN 978-1-119-12861-8
Copyright © 2019, John Wiley & Sons, Inc.
All Rights Reserved. Authorized translation from the English language edition published by John Wiley & Sons, Inc. No part of this book may be reproduced in any form without the written permission of John Wiley & Sons, Inc.
Simplified Chinese translation edition Copyright ©2024 by John Wiley & Sons, Inc. and Publishing House of Electronics Industry.

本书中文简体字翻译版由电子工业出版社和 John Wiley & Sons 合作出版。未经出版者预先书面许可,不得以任何方式复制或抄袭本书的任何部分。

版权贸易合同登记号　图字:01-2020-4147

图书在版编目(CIP)数据

先进电磁屏蔽材料 : 基础、性能与应用 / (波) 马切伊·雅罗谢维奇 (Maciej Jaroszewski) 等主编 ; 董星龙等译. -- 北京 : 电子工业出版社, 2024. 8.
ISBN 978-7-121-48607-4

Ⅰ. TB34

中国国家版本馆 CIP 数据核字第 2024KN2994 号

责任编辑:谭海平
印　　刷:天津千鹤文化传播有限公司
装　　订:天津千鹤文化传播有限公司
出版发行:电子工业出版社
　　　　　北京市海淀区万寿路 173 信箱　邮编:100036
开　　本:787×1092　1/16　印张:20　字数:564.5 千字
版　　次:2024 年 8 月第 1 版
印　　次:2024 年 8 月第 1 次印刷
定　　价:198.00 元

凡所购买电子工业出版社图书有缺损问题,请向购买书店调换。若书店售缺,请与本社发行部联系,联系及邮购电话:(010) 88254888,88258888。
质量投诉请发邮件至 zlts@phei.com.cn,盗版侵权举报请发邮件至 dbqq@phei.com.cn。
本书咨询联系方式:(010) 88254552,tan02@phei.com.cn。

译 者 序

电磁干扰（Electromagnetic Interference，EMI）是现代社会电子与通信技术飞速升级和发展的衍生结果。所有电子设备都会产生磁场和电能，当这些能量无意中进入其他设备时，就会产生电磁干扰。电子设备或仪器中的电磁干扰可能对高灵敏度精密电子设备的性能产生负面影响，也可能对人类健康造成危害，因此需要采取稳妥的策略来排除或阻止电磁干扰，保护电子设备或仪器免受计算机电路、无线电发射器、手机、电动机、架空输电线路等发出的电磁干扰的影响，进而保护人类健康。在解决电磁干扰问题的诸多手段中，电磁波吸收与屏蔽是最基本、最有效的措施。电磁干扰屏蔽过程是利用导电和磁性材料制成的屏蔽体来阻挡空间中电磁场的过程，它利用适当的材料对电磁辐射进行反射和吸收，形成可阻止辐射穿透的保护区域。电磁干扰屏蔽效能（Shielding Effectiveness，SE）是决定电磁屏蔽材料应用范围的关键参数，它取决于电磁屏蔽材料的导电、介电和磁损耗能力。电磁兼容性（ElectroMagnetic Compatibility，EMC）指电子设备既不干扰其他设备，又不受其他设备的影响，是电子产品质量的重要指标之一，同时也涉及人类健康安全和环境保护因素。保护人类以及电气、电子设备免受有害电磁场辐射的措施是，制定电子产品（设备和装置）的技术标准，使电子产品达到电磁兼容性要求，规定对电磁场辐射的可接受限值，确保人类健康。

本书由波兰的Maciej Jaroszewski、印度的Sabu Thomas和南非的Ajay V. Rane教授主编，世界范围内众多相关专业的学者和人士共同参与编写，内容覆盖诸多电磁屏蔽分支领域及其实际应用，知识面广，信息量大，充分体现了电磁屏蔽的基本原理、技术方法、新材料的种类和特点、各国的政策和标准，以及最新的研究成果和发展现状。全书共18章，内容涵盖电磁场及其屏蔽基本理论、电磁场对人类健康的危害、电磁器件、电磁屏蔽测试方法、先进电磁屏蔽材料，包括柔性材料、纳米材料、碳材料、复合材料等，是一本全面总结电磁波吸收与屏蔽材料的综述性著作，适用于从事电磁屏蔽基础研究和工程应用的人员，以及相关政策研究和制定的人员。参与本书翻译的人员有董星龙、房灿峰、段玉平，参与本书审校的人员有庞慧芳、李澄俊、曲星昊、沈晓琛、夏晨阳、窦辰旭、成明亮、武乃博、丁旭；译者和审校者均是在材料科学与工程专业领域从事电磁波吸收与屏蔽研究的人员，拥有深厚的专业背景和较高的英文水平。

扫一扫查看彩插

限于译者水平有限，定有不少不妥甚至不对之处，敬请读者批评指正。

作者名单

Jiji Abraham
International and Inter University Centre for Nanoscience and Nanotechnology
Mahatma Gandhi University
Kottayam, Kerala
印度

A. R. Ajitha
International and Inter University Centre for Nanoscience and Nanotechnology
Mahatma Gandhi University
Kottayam, Kerala
印度

Halina Aniołczyk
Nofer Institute of Occupational Medicine
Lodz
波兰

P. Mohammed Arif
International and Inter University Centre for Nanoscience and Nanotechnology
Mahatma Gandhi University
Kottayam, Kerala
印度

M. K. Aswathi
International and Inter University Centre for Nanoscience and Nanotechnology
Mahatma Gandhi University
Kottayam, Kerala
印度

Julija Baltušnikaitė - Guzaitienė
Center for Physical Sciences and Technology
Textile Institute
Kaunas
立陶宛

Yogesh S. Choudhary
Department of Chemistry
Indian Institute of Space Science and Technology
Thiruvananthapuram, Kerala
印度

Saju Daniel
International and Inter University Centre for Nanoscience and Nanotechnology
Mahatma Gandhi University
Kottayam, Kerala
印度

Suwarna Datar
Department of Applied Physics
Defence Institute of Advanced Technology
Deemed University
Girinagar, Pune 411021
印度

Aastha Dutta
Department of Plastic and Polymer Engineering,
G.S. Mandal's Maharashtra
Institute of Technology
Aurangabad, Maharashtra
印度

V. G. Geethamma
International and Inter University Centre for Nanoscience and Nanotechnology
Mahatma Gandhi University
Kottayam, Kerala
印度

N. Gomathi
Department of Chemistry, Indian Institute of Space Science and Technology
Thiruvananthapuram, Kerala
印度

Wenfeng Hao（郝文峰）
土木工程与力学学院
江苏大学
镇江，江苏
中国

Jun Pyo Hong（洪俊彪）
Center for Materials Architecturing
Korea Institute of Science and Technology
Seoul
韩国

Jemy James
International and Inter University Centre for Nanoscience and Nanotechnology
Mahatma Gandhi University
Kottayam, Kerala
印度

Maciej Jaroszewski
Faculty of Electrical Engineering
Wrocław University of Science and Technology
Wrocław
波兰

Jickson Joseph
School of Chemistry, Physics and Mechanical Engineering
Queensland University of Technology
Brisbane, Queensland 4000
澳大利亚

Kuruvilla Joseph
Indian Institute of Space Science and Technology
Thiruvananthapuram, Kerala
印度

Chong Min Koo（邱钟民）
Center for Materials Architecturing
Korea Institute of Science and Technology
Seoul
韩国

Pradip Kumar
Center for Materials Architecturing
Korea Institute of Science and Technology
Seoul
韩国

Jia Li（李佳）
宁波材料技术与工程研究所
中国科学院
宁波，浙江
中国

Seung Hwan Lee（李胜桓）
Center for Materials Architecturing
Korea Institute of Science and Technology
Seoul
韩国

B. J. Madhu
Department of Post Graduate Studies in Physics
Government Science College
Chitradurga 577 501, Karnataka
印度

Raghvendra Kumar Mishra
International and Inter University Centre for Nanoscience and Nanotechnology
Mahatma Gandhi University
Kottayam, Kerala
印度

Priyanka Mishra
Deen Dayal Upadhyay Gorakhpur University
Gorakhpur, Uttar Pradesh
印度

Mohsen Mohseni
Department of Polymer Engineering and Color Technology
Amirkabir University of Technology
Tehran
伊朗

Vishnu Priya Murali
Department of Biomedical Engineering
University of Memphis
Memphis, Tennessee
美国

K. Nandakkumar
International and Inter University Centre for Nanoscience and Nanotechnology
Mahatma Gandhi University
Kottayam, Kerala
印度

Kostya (Ken) Ostrikov
School of Chemistry, Physics and Mechanical Engineering
Queensland University of Technology
Brisbane, Queensland 4000
澳大利亚

Saurabh Parmar
Department of Applied Physics
Defence Institute of Advanced Technology
Deemed University
Girinagar, Pune 411021
印度

Ajay V. Rane
International and Inter University Centre for Nanoscience and Nanotechnology
Mahatma Gandhi University
Kottayam, Kerala
印度

Bishakha Ray
Department of Applied Physics
Defence Institute of Advanced Technology
Deemed University
Girinagar, Pune 411021
印度

Faisal Shahzad
National Center for Nanotechnology
Department of Metallurgy and Materials Engineering
Pakistan Institute of Engineering and Applied Sciences (PIEAS)
Islamabad
巴基斯坦

Wenfeng Shen（沈文锋）
宁波材料技术与工程研究所
中国科学院
宁波，浙江
中国

Weijie Song（宋伟杰）
宁波材料技术与工程研究所
中国科学院
宁波，浙江
中国

Anu Surendran
International and Inter University Centre for Nanoscience and Nanotechnology
Mahatma Gandhi University
Kottayam, Kerala
印度

Can Tang（汤灿）
土木工程与力学学院
江苏大学
镇江，江苏
中国

M. D. Teli
Department of Fibres and Textile Processing Technology
Institute of Chemical Technology, Matunga (E)
Mumbai, Maharashtra
印度

Martin George Thomas
International and Inter University Centre for Nanoscience and Nanotechnology
Mahatma Gandhi University
Kottayam, Kerala
印度

Sabu Thomas
International and Inter University Centre for Nanoscience and Nanotechnology
Mahatma Gandhi University
Kottayam, Kerala
印度

Sanket P. Valia
Department of Fibres and Textile Processing Technology
Institute of Chemical Technology, Matunga (E)
Mumbai, Maharashtra
印度

Sandra Varnaitė - Žuravliova
Center for Physical Sciences and Technology
Textile Institute
Kaunas
立陶宛

Feng Xu（旭峰）
宁波材料技术与工程研究所
中国科学院
宁波，浙江
中国

Wei Xu（许炜）
宁波材料技术与工程研究所
中国科学院
宁波，浙江
中国

Hossein Yahyaei
Department of Polymer Engineering and Color Technology
Amirkabir University of Technology
Tehran
伊朗

Seunggun Yu（柳胜坤）
Center for Materials Architecturing
Korea Institute of Science and Technology
Seoul
韩国

Qiang Zhang（张强）
先进结构-功能一体化材料与绿色制造技术重点实验室
材料科学系
哈尔滨工业大学
哈尔滨，黑龙江
中国

Jianguo Zhu（朱建国）
土木工程与力学学院
江苏大学
镇江，江苏
中国

目　　录

第 1 章　电磁干扰屏蔽基础 ··· 1
　1.1　电磁干扰屏蔽理论基础 ·· 1
　1.2　电磁干扰屏蔽材料 ·· 2
　1.3　电磁屏蔽材料的机制 ··· 2
　参考文献 ·· 5

第 2 章　电磁噪声及其对人类健康和安全的影响 ···································· 7
　2.1　引言 ··· 7
　2.2　非电离电磁场对人体的影响 ··· 8
　2.3　现代人职业和居住环境中最常见的电磁场源 ································· 10
　2.4　欧洲和国际法律中针对电磁场的保护措施 ···································· 12
　2.5　工作场所中的电磁场强度评估 ·· 14
　2.6　居住区的电磁场水平评估 ·· 17
　2.7　个人用高科技设备的电磁场水平评估 ·· 18
　2.8　屏蔽用于减少电磁场暴露的需求与可能性 ···································· 19
　2.9　小结 ·· 20
　参考文献 ·· 21

第 3 章　电磁场传感器 ·· 24
　3.1　引言 ·· 24
　3.2　电磁场是如何产生的 ·· 24
　　3.2.1　自然源 ··· 25
　　3.2.2　人造源 ··· 25
　3.3　电磁场测量 ·· 25
　　3.3.1　磁场测量技术 ··· 25
　　3.3.2　电场测量 ·· 35
　　3.3.3　功率密度测量 ··· 38
　3.4　小结 ·· 39
　参考文献 ·· 39

第 4 章　屏蔽效能测量方法和系统 ··· 44
　4.1　引言 ·· 44
　　4.1.1　屏蔽机制 ·· 44
　　4.1.2　屏蔽效能 ·· 44
　4.2　电磁屏蔽效能的计算 ·· 46
　　4.2.1　用平面波理论计算材料的屏蔽效能 ······································ 46
　　4.2.2　金属箔的屏蔽效能计算 ·· 47
　　4.2.3　近场屏蔽效能计算 ·· 47

		4.2.4 低频磁场源的屏蔽效能计算	47
		4.2.5 由散射参数计算屏蔽效能	48
4.3	各种参数对电磁屏蔽效能的影响	49
4.4	电磁干扰屏蔽效能测试类型	50
		4.4.1 开放场地或自由空间测试法	50
		4.4.2 屏蔽箱测试法	51
		4.4.3 同轴传输线测试法	51
		4.4.4 屏蔽室测试法	52
4.5	屏蔽效能测试法和系统	52
		4.5.1 平板状样品测试法	53
		4.5.2 自由空间法	59
4.6	同轴电缆的传输阻抗	60
4.7	导电垫圈传输阻抗的测量	61
4.8	小结	62
参考文献			62

第5章 屏蔽材料的电学特性 64

5.1	引言	64
5.2	静电学基础	64
		5.2.1 静电场	64
		5.2.2 电势能	65
		5.2.3 电势和电场强度	66
5.3	电导率	67
		5.3.1 电流和电流密度	67
		5.3.2 电阻率	68
		5.3.3 直流电导率	68
		5.3.4 交流电导率	69
5.4	材料中的电场	70
		5.4.1 电介质	70
		5.4.2 极化	71
5.5	介电特性	73
		5.5.1 静态介电常数	73
		5.5.2 复介电常数和介电损耗	73
5.6	电磁干扰屏蔽材料	74
		5.6.1 电磁干扰屏蔽	74
		5.6.2 导电屏蔽材料	75
		5.6.3 介电屏蔽材料	75
参考文献			76

第6章 磁场屏蔽 79

6.1	引言	79
6.2	磁场屏蔽理论	79

		6.2.1 磁场	79
		6.2.2 磁路和磁阻	80
		6.2.3 磁场屏蔽	81
		6.2.4 多层屏蔽的设计	82
		6.2.5 磁屏蔽室的设计	84
	6.3	标准屏蔽材料	84
		6.3.1 基本磁性参数	84
		6.3.2 金属和铁磁材料	85
		6.3.3 铁氧体材料	86
		6.3.4 超导材料	86
		6.3.5 非晶态和纳米晶合金	87
	6.4	多层铁磁基复合材料	88
		6.4.1 Fe-Ni 合金/Fe/Fe-Ni 合金多层复合材料	88
		6.4.2 Fe-Al 合金/Fe/Fe-Al 合金多层复合材料	93
	6.5	夹层复合材料/结构屏蔽体系	96
		6.5.1 Fe/Fe-Al 合金/Fe 夹层复合材料	96
		6.5.2 复合材料/聚酯纤维/复合材料夹层结构	101
	6.6	小结	103
	参考文献		103

第 7 章 电磁吸收材料的新进展 106

7.1	引言	106
7.2	核-壳结构电磁波吸收材料	108
7.3	基于碳纳米材料的电磁吸收材料	110
	7.3.1 碳纳米管/聚合物纳米复合电磁屏蔽材料	111
	7.3.2 碳纳米纤维基 EMI 屏蔽材料	112
7.4	基于石墨烯的聚合物 EMI 屏蔽复合材料	114
7.5	小结	115
参考文献		115

第 8 章 柔性透明电磁干扰屏蔽材料 121

8.1	引言	121
8.2	透明电磁干扰屏蔽理论	121
8.3	用于电磁干扰屏蔽的透明薄膜	122
8.4	纳米碳基柔性透明电磁干扰屏蔽材料	123
8.5	导电聚合物基柔性透明电磁干扰屏蔽材料	124
8.6	基于纳米线的柔性透明电磁干扰屏蔽材料	125
8.7	小结	126
参考文献		126

第 9 章 聚合物基电磁干扰屏蔽材料 128

9.1	引言	128
	9.1.1 对聚合物基电磁干扰屏蔽材料的需求	128

	9.1.2 影响电磁干扰屏蔽效能的因素	129
9.2	聚合物基体类型	130
	9.2.1 绝缘聚合物	130
	9.2.2 本征导电聚合物	131
9.3	用于 EMI 屏蔽的聚合物复合材料	132
	9.3.1 碳基填料	132
	9.3.2 磁性填料	137
	9.3.3 金属基填料	143
9.4	电磁干扰屏蔽的结构化聚合物复合材料	146
	9.4.1 泡沫结构	146
	9.4.2 夹层结构	149
	9.4.3 隔离结构	150
9.5	未来展望	151
参考文献		152

第 10 章 织物屏蔽材料 … 156

10.1	引言	156
10.2	生产 EMI 织物材料	157
	10.2.1 EMI 织物中的聚合物	157
	10.2.2 导电涂层	158
	10.2.3 导电填料复合化	158
	10.2.4 固有（本征）导电聚合物	159
10.3	织物屏蔽材料的发展趋势	159
	10.3.1 基于导电填料的屏蔽材料	160
	10.3.2 基于织物形成技术的屏蔽材料	160
	10.3.3 基于织物表面改性的屏蔽材料	161
10.4	屏蔽效能测量方法	162
	10.4.1 同轴传输线法	163
	10.4.2 屏蔽箱法	163
	10.4.3 屏蔽室法	163
	10.4.4 旷场法或自由空间法	164
	10.4.5 波导法	165
10.5	小结	165
参考文献		166

第 11 章 石墨烯和碳纳米管基电磁干扰屏蔽材料 … 172

11.1	石墨烯和碳纳米管简介	172
	11.1.1 石墨烯基材料简介	172
	11.1.2 碳纳米管基材料简介	172
11.2	电磁干扰屏蔽材料合成概述	172
	11.2.1 石墨烯基材料合成概述	172
	11.2.2 碳纳米管基材料的合成概述	174

11.3 EMI 屏蔽材料的一般特性 175
    11.3.1 石墨烯材料的一般特性 175
    11.3.2 碳纳米管基材料的一般特性 175
11.4 电磁干扰屏蔽材料的电磁干扰屏蔽效能 176
    11.4.1 石墨烯基材料的电磁干扰屏蔽效能 176
    11.4.2 碳纳米管基材料的 EMI SE 178
11.5 结构与电磁干扰屏蔽效能的关系及其应用综述 179
    11.5.1 石墨烯材料的结构与 EMI SE 的关系 179
    11.5.2 CNT 基材料的结构与 EMI SE 的关系 181
11.6 未来这些材料的研究和应用范围 183
11.7 小结 183
参考文献 184

第 12 章 纳米复合材料基电磁干扰屏蔽材料 188

12.1 纳米材料和纳米复合材料 188
12.2 EMI 屏蔽材料 189
12.3 电磁波与 EMI 屏蔽机制 189
12.4 碳基 EMI 屏蔽纳米复合材料 190
    12.4.1 石墨烯 190
    12.4.2 碳纳米管 194
    12.4.3 碳纳米纤维 198
12.5 其他 EMI 屏蔽纳米复合材料 200
    12.5.1 机械性能 200
    12.5.2 耐腐蚀性 201
    12.5.3 电导率 201
    12.5.4 金属纳米粒子的合成 201
    12.5.5 案例研究 201
参考文献 202

第 13 章 银纳米线屏蔽材料 207

13.1 引言 207
13.2 规模化合成 AgNW 207
13.3 基于银纳米线/聚合物导电复合屏蔽材料的制备 210
13.4 基于银纳米线/聚合物导电复合屏蔽材料的特性 211
    13.4.1 形态特性 211
    13.4.2 电学特性 212
    13.4.3 EMI 特性 214
13.5 小结 216
参考文献 216

第 14 章 先进碳基泡沫材料在电磁干扰 屏蔽中的应用 220

14.1 引言 220
14.2 碳杂化材料在 EMI 屏蔽中的应用 221

	14.2.1	碳泡沫	221

        14.2.1 碳泡沫 221
        14.2.2 石墨烯泡沫 223
        14.2.3 碳-碳复合材料 226
        14.2.4 碳气凝胶 228
        14.2.5 胶体石墨 230
  14.3 小结 231
  参考文献 231

第15章 航空航天电磁干扰屏蔽材料 235

  15.1 引言 235
  15.2 空间环境中的辐射 235
  15.3 电磁辐射场 237
        15.3.1 低强度辐射场 238
        15.3.2 高强度辐射场 238
  15.4 航空航天中的电磁干扰 238
        15.4.1 电磁干扰的分类 239
        15.4.2 电磁屏蔽的影响 239
  15.5 各种材料的电磁干扰屏蔽机制 241
  15.6 航空航天屏蔽材料的要求 241
  15.7 航空航天屏蔽材料的类型 242
        15.7.1 金属罩EMI屏蔽材料 242
        15.7.2 多孔结构EMI屏蔽材料 247
        15.7.3 EMI屏蔽聚合物复合材料 248
  15.8 小结 253
  参考文献 253

第16章 超材料 264

  16.1 引言 264
  16.2 电磁屏蔽的需求 266
  16.3 为什么超材料可以用于屏蔽 267
  16.4 用于电磁屏蔽的超材料 267
        16.4.1 微波屏蔽 268
        16.4.2 光学和近红外屏蔽 270
        16.4.3 频率选择屏蔽 270
  16.5 设计和制造超材料 272
        16.5.1 设计材料 272
        16.5.2 超材料制造 275
  16.6 其他应用 276
        16.6.1 超透镜 277
        16.6.2 天线 277
  16.7 超材料的挑战 277
  16.8 小结 278
  参考文献 278

第 17 章 基于聚合物共混纳米复合材料的双逾渗 电磁干扰屏蔽材料……283

- 17.1 引言……283
- 17.2 双逾渗的概念……283
- 17.3 炭黑和碳纳米纤维基复合材料……284
  - 17.3.1 炭黑基复合材料……284
  - 17.3.2 碳纳米纤维……287
- 17.4 基于碳纳米管的纳米复合材料……287
- 17.5 基于混杂填料的纳米复合材料……291
- 17.6 小结……292
- 参考文献……292

第 18 章 使用光学实验技术表征电磁干扰 屏蔽材料的机械性能……295

- 18.1 引言……295
- 18.2 表征 EMI 屏蔽材料的面内机械性能……295
  - 18.2.1 数字图像相关法……295
  - 18.2.2 莫尔干涉测量法……296
  - 18.2.3 光弹性法……298
- 18.3 表征 EMI 屏蔽材料的平面外机械性能……298
- 18.4 电磁干扰屏蔽材料的断裂与疲劳性能表征……299
  - 18.4.1 焦散线法……299
  - 18.4.2 相干梯度传感法……299
  - 18.4.3 数字梯度传感法……301
- 18.5 小结……302
- 参考文献……302

第1章　电磁干扰屏蔽基础

M. K. Aswathi, Ajay V. Rane, A. R. Ajitha, Sabu Thomas, Maciej Jaroszewski

1.1　电磁干扰屏蔽理论基础

电磁屏蔽是指将导电材料制成屏蔽物以阻碍电磁波传播到指定空间中的过程。由于电磁干扰（Electromagnetic Interference，EMI）的存在，电子设备的有效性能或其正常运行可能会被中断、退化、阻碍或限制。在材料中，电磁干扰衰减的主要机制是反射、吸收和多次反射[1, 2]。反射是电磁干扰屏蔽的主要机制。就反射机制而言，材料必须具有移动的电荷载流子，例如与电磁辐射相互作用的电子或空穴。金属是用于屏蔽电磁干扰的常见材料，金属中存在自由电子与电磁波发生的相互作用[3]。当材料具有高导电性时，其对电磁波的屏蔽将通过反射机制发生。然而，虽然导电性不是电磁干扰屏蔽的唯一条件，但是它确实可以增强电磁干扰屏蔽材料的反射机制。

吸收是电磁干扰屏蔽的第二种机制，这种机制需要存在电偶极子或磁偶极子并与电磁辐射发生相互作用，且随材料厚度而发生变化。在吸收机制中，具有高介电常数的材料提供电偶极子，而具有高磁导率的材料提供磁偶极子[1]。

多次反射是第三种机制，指在材料的不同表面或界面处发生反射。具有较大内比表面积的材料或含有填料的复合材料表现出多次反射机制。一般来说，当材料厚度小于趋肤深度时，多次反射就会降低总屏蔽值；但是，当材料厚度大于趋肤深度时，多次反射可被忽略。在较高的频率下，电磁辐射只能渗透到电导体的近表面区域——趋肤效应。电磁波的渗透强度随着导体厚度的增加而呈指数衰减[4]。趋肤深度 δ 是指在导体内入射场强衰减小至入射值的 $1/e$ 时的深度[5]：

$$\delta = \frac{1}{\sqrt{\pi f \mu \sigma}}$$

式中，f 为频率，μ 为磁导率，σ 为电导率（单位为 $\Omega^{-1}\mathrm{m}^{-1}$）。趋肤深度与频率、磁导率和电导率不呈正比例关系，即趋肤深度随着频率、磁导率或电导率的增大而减小。由于趋肤效应，小尺寸导电填料比大尺寸导电填料更能有效构成屏蔽材料。仅当填料单元尺寸小于或接近趋肤深度时，才能利用填料单元的完整横截面。

屏蔽效能（Shielding Effectiveness，SE）是反射屏蔽效能、吸收屏蔽效能和多次反射的总和[6]，其单位为dB。电磁波到达物体表面时，将经历反射、多次反射、吸收和透射，如图1.1所示。为了对电磁波进行屏蔽，材料应该反射或吸收电磁波。图1.2中归纳了屏蔽效能的决定因素。

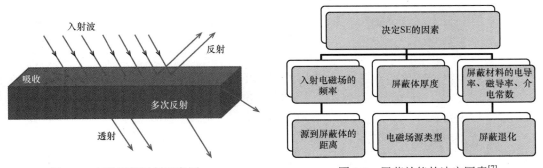

图 1.1　电磁屏蔽机制示意图　　　　图 1.2　屏蔽效能的决定因素[7]

1.2 电磁干扰屏蔽材料

由于电子设备的广泛使用,对其他设备和人类进行电磁波屏蔽就成为当前一个非常重大的问题(详见第2章)。电磁波对设备性能和人类都有危害作用。如今,减少电子设备的使用并不总是切实可行的。我们能做的是减少源自电子设备的电磁波的渗透。为此,我们必须屏蔽或阻挡来自特定表面的电磁波。

金属常以薄板或车用护套的形式应用于电磁屏蔽领域。但是,金属价格昂贵、易被腐蚀、质量大、制造成本很高,不是电子应用中的理想选择。综合考量成本效益、易加工性以及包括电磁屏蔽等多个领域中的潜在应用,导电高分子纳米复合材料引起了学术界和工业界的极大兴趣。基于碳纳米管(CNT)、碳黑(CB)、石墨烯、金属纳米颗粒、碳纤维、泡沫和磁性纳米粒子的聚合物纳米复合材料表现出了很好的电磁波屏蔽能力。一些研究团队对这些材料的电磁屏蔽效能和机制进行了研究和报道。在图1.3所示的分类图中,列出了电磁屏蔽材料的特性和要求。第7~14章、第16章和第17章中将详细描述这些电磁屏蔽材料。

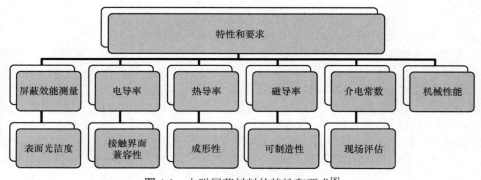

图 1.3　电磁屏蔽材料的特性和要求[8]

1.3 电磁屏蔽材料的机制

碳纳米管是一维纳米结构,由石墨烯片卷曲而成,而石墨烯由六角晶格sp^2杂化碳原子构成。根据石墨烯片层数的不同,卷曲形成不同类型的圆筒状碳纳米管,即单壁、双壁和多壁碳纳米管。碳纤维(CF)是一维碳纳米异构体,包含相互嵌合的石墨烯片。炭黑则是一种良好的填料,可以提高材料的电磁屏蔽效能,是通过热分解碳氢化合物而制备得到的。炭黑具有与非晶碳不同的石墨层结构。石墨层中的每个碳原子与相邻的碳原子形成三个共价键,每个碳原子的自由p轨道重叠形成离域π电子,使得炭黑成为一种良导电材料。

当片层厚度为0.5mm、纤维含量为8wt%时,碳纤维纸(CFP)和镍涂覆碳纤维纸(NCFP)增强环氧复合材料在3.22~4.9GHz频率范围内,分别表现出了30dB和35dB的电磁屏蔽效能。这是由于纳米复合材料中增强的导电性;此外,吸收屏蔽效能和反射屏蔽效能都有助于提升总电磁屏蔽效能,但主要贡献来自反射屏蔽效能。由于存在移动的电荷载流子,这种材料显示出了较高的导电性。这些电荷载流子与电磁波相互作用,使得反射成为主要的屏蔽机制[9]。

炭黑增强水泥复合材料中存在自由运动的π电子,表现出了较高的电磁屏蔽效能值。屏蔽效能随着炭黑含量的增加而提高,这是由于形成了导电网络并以反射为主导机制[10]。

炭黑增强聚苯胺/泊洛沙林(polyaniline/poloxalene)复合材料可用作轻质电磁屏蔽材料,加入10wt%的炭黑后,其屏蔽效能可达19.2~19.9dB。之所以能得到良好的电磁屏蔽效能值,是因为在炭黑和共混体系之间形成了导电网络,而互连网络以反射机制提高屏蔽值[11]。

碳微线圈（CMC）是另一种制备电磁屏蔽材料的填料。加入CMC的聚氨酯复合材料具有更高的电磁屏蔽效能值，具体取决于材料的层厚。因此，这是基于吸收机制的一类屏蔽材料[12]。

多壁碳纳米管（MWCNT）/聚丙烯（PolyproPylene，PP）复合材料，在其总电磁屏蔽中，吸收屏蔽效能高于反射屏蔽效能，因此吸收是其主要屏蔽机制，而反射是次要屏蔽机制[13]。这里排除了对多次反射的讨论，因为它降低了整体屏蔽效能。

图1.4(a)至图1.4(c)中显示了具有不同MWCNT含量和不同板厚的MWCNT/PP复合材料的功率平衡图。在三种情况下，反射功率百分比都随着MWCNT含量的增加而提高，但在0.34mm和1mm的板厚情况下，吸收功率百分比随着MWCNT含量的增加先提高后降低。在第三种情况下（2.8mm板厚），吸收的贡献随着MWCNT含量的增加而线性提高[13]。

丙烯腈-丁二烯-苯乙烯（ABS）聚合物与MWCNT、CNF和高结构碳黑（HS-CB）纳米颗粒结合的复合材料样品[14]的电磁屏蔽效能表明，无论纳米填料的类型如何，反射屏蔽效能始终小于吸收屏蔽效能［见图1.5(a)和图1.5(b)］。吸收屏蔽效能占总电磁屏蔽效能的75%。当吸收屏蔽效能超过10dB时，屏蔽体内部的大部分再反射波将被吸收，因此多次反射可被忽略。

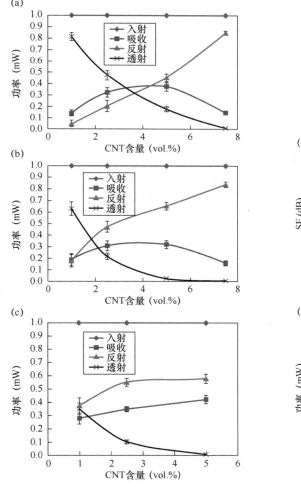

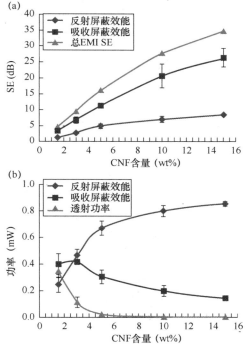

图1.4 在X频段范围内，MWCNT/PP纳米复合材料的功率平衡图。板厚：(a)0.34mm，(b)1mm，(c)2.8mm[13]

图1.5 屏蔽机制：(a)吸收屏蔽效能、反射屏蔽效能和总屏蔽效能随碳纤维纸含量变化的规律；(b)随碳纤维纸含量变化的功率平衡图[14]

图1.6(a)和图1.6(b)中显示了轻质石墨烯/聚苯乙烯（polystyrene）复合材料的电磁屏蔽效能[15]。图中显示，在整个频率范围内，反射屏蔽效能的贡献可忽略不计。该复合材料具有多孔结构，表明电磁波能量以热量的形式被耗散，而不会从复合材料表面反射回去，因此清楚地说明了在X频段内导电多孔复合材料中吸收是主要机制、反射是次要机制的原因。

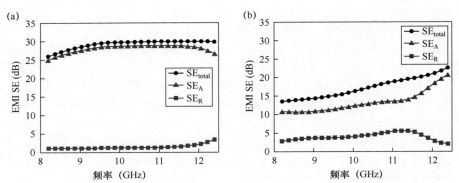

图1.6 在8.2~12.4GHz频率范围内，比较总屏蔽效能（SE_{total}）、吸收屏蔽效能（SE_A）和反射屏蔽效能（SE_R）：(a)GPS045；(b)GPS027[15]

研究PTT/MWCNT复合材料的电磁屏蔽机制，将总电磁屏蔽效能分解成吸收屏蔽效能和反射屏蔽效能两部分。图1.7中显示了不同MWCNT含量对吸收和反射的作用。该图说明随着MWCNT含量的增加，吸收屏蔽效能（SE_A）和反射屏蔽效能（SE_R）都在提高，但SE_A的提高比率高于SE_R。当MWCNT的含量（体积比）为0.24vol.%时，吸收机制贡献了16%；而当MWCNT的含量达到4.76vol.%时，吸收机制的贡献增至73%。这一结果说明PTT/MWCNT复合材料在所观测的频率范围内，主要屏蔽机制是吸收而不是反射[16]。

采用浸涂工艺制备的银纳米线（AgNW）涂覆纤维素纸复合材料，展现出了以反射为主的电磁屏蔽机制。图1.8表明，在三次浸涂周期中反射率 R 存在急剧提高的趋势，表明主要屏蔽机制从吸收变成了反射[17]。

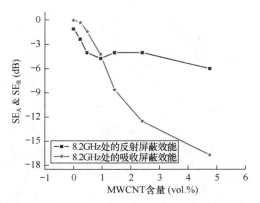 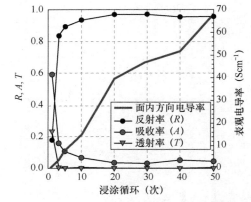

图1.7 在PTT/MWCNT复合材料中，反射屏蔽效能和吸收屏蔽效能对总电磁屏蔽效能的贡献[16]

图1.8 当频率为1.0GHz时，AgNW/纤维素纸复合材料中的反射、吸收和透射对总电磁屏蔽的贡献，以及与电导率之间的关系[17]

对PET织物/PPy复合材料的电磁屏蔽研究表明，吸收和反射都对总电磁屏蔽效能产生影响，且随着电导率的提高，反射机制进一步增强。从图1.9中可以看出，当考虑总电磁屏蔽时，反射的贡献大于吸收的贡献。图1.9还表明，随着比容电阻的减小，反射带来的屏蔽效能有所提升，而吸收带来的屏蔽效能则有所降低。这种反射增强机制源于复合材料中较小的趋肤深度[18]。

石墨烯是一种单层碳纳米结构，其中碳原子以sp^{2}杂化形式存在。石墨烯是二维碳纳米结构。石墨则是石墨烯家族中的下一个成员，由石墨烯单层堆垛而成，各层之间通过范德华吸引力而相互作用。

石墨烯纳米片由单层或多层石墨烯组成，可作为电磁屏蔽材料。这些碳形态是由sp^{2}杂化的碳原子构成的，在边缘或变形位置出现一些sp^{3}杂化的碳原子。氧化石墨烯（GO）

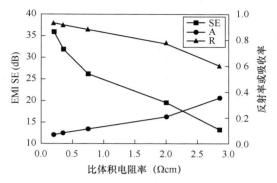

图1.9 在PET织物/PPy复合材料中，吸收、反射和总电磁屏蔽效能与比容电阻率之间的关系[18]

是石墨烯家族中的另一种二维材料，是在石墨烯中引入共价CO键形成的。这些石墨烯形态同样包含离域的π键电子，即存在这些自由运动电子而使其具有导电性。

由石墨烯纳米板与不同比例的聚苯胺、聚（3,4-乙二氧基噻吩）（PEDOT）/聚（苯乙烯磺酸）（PSS）共同构成的类层状涂层可用作电磁屏蔽材料。吸收和反射对总电磁屏蔽效能值的贡献取决于石墨烯/聚苯胺的比例[19]。

石墨烯纳米板（GNP）在绝缘聚合物基体即超高分子量聚乙烯（UHMWPE）中可形成导电网络，当填料含量为15wt%时，表现出99.95%的电磁屏蔽衰减能力。形成导电路径后，功率平衡计算表明，这种材料中吸收的电磁辐射量大于反射部分[20]。

另一种以聚氨酯为基体、由PEDOT涂覆MWCNT构成的电磁屏蔽材料，表现出了以吸收机制为主的电磁屏蔽效能[21]。

本章重点介绍了电磁屏蔽（反射、吸收和多次反射）的基本原理。有关电磁屏蔽所用材料的详细内容，将在本书的其他章节中介绍。用于电磁屏蔽的材料以外壳形式制备，即屏蔽外壳。屏蔽外壳或是盒子，或是外罩，或是覆盖物，用于隔离电磁波发射器或接收器。这种专用覆盖物是根据特定的电磁干扰应用需求制造的。本书涵盖的材料是制备屏蔽外壳形式的一部分，应遵循设计外壳的一般原则。本书中仅涉及电磁屏蔽材料和相关材料的科学进展。

参 考 文 献

1 Hu, Q. and Kim, M. (2008). Electromagnetic interference shielding properties of CO_2 activated carbon black filled polymer coating materials. *Carbon Lett.* 9: 298–302.

2 Khan, D., Arora, M., Wahab, M.A., and Saini, P. (2014). Permittivity and electromagnetic interference shielding investigations of activated charcoal loaded acrylic coating compositions. *J. Polym.* 1–8.

3 Jagatheesan, K., Ramasamy, A., Das, A., and Basu, A. (2014). Electromagnetic shielding behaviour of conductive filler composites and conductive fabrics – a review. *Indian J. Fibre Textile Res.* 39: 329–342.

4 Lee, B.O. et al. (2002). Influence of aspect ratio and skin effect on EMI shielding of coating materials fabricated with carbon nanofiber / PVDF. *J. Mater. Sci.* 37: 1839–1843.

5 Chung, D.D.L. (2001). Electromagnetic interference shielding effectiveness of carbon materials. *Carbon* 39: 279–285.

6. Jose, G. and Padeep, P.V. (2014). Electromagnetic shielding effectiveness and mechanical characteristics of polypropylene based CFRP. *Int. J. Theor. Appl. Res. Mech. Eng.* 3: 47–53.
7. Gooch, J.W. and Deher, J.K. (2007). *Electromagnetic Shielding and Corrosion Protection for Aerospace Vehicles*. Springer.
8. Tong, X.C. (2009). *Advanced Materials and Design for Electromagnetic Shielding Interference Shielding*. CRC Press.
9. Wei, C. et al. (2014). Electromagnetic interference shielding properties of electroless nickel-coated carbon fiber paper reinforced epoxy composites. *J. Wuhan Univ. Technol. - Mater. Sci. Ed.* 29: 1165–1169. doi: 10.1007/s11595-014-1060-y.
10. Huang, S., Chen, G., Luo, Q., and Xu, Y. (2011). Electromagnetic shielding effectiveness of carbon black -carbon fiber cement based materials. *Adv. Mater. Res.* 168–170: 1438–1442.
11. Kausar, A. (2016). Electromagnetic interference shielding of polyaniline / poloxalene / carbon black composite. *Int. J. Mater. Chem.* 6: 6–11.
12. Kang, G. and Kim, S. (2014). Electromagnetic wave shielding effectiveness based on carbon microcoil-polyurethane composites. *J. Nanomater.* doi: 10.1155/2014/727024.
13. Al-saleh, M.H. and Sundararaj, U. (2009). Electromagnetic interference shielding mechanisms of CNT / polymer composites. *Carbon N. Y.* 47: 1738–1746.
14. Al-saleh, M.H. (2013). EMI shielding effectiveness of carbon based nanostructured polymeric materials: a comparative study. *Carbon N. Y.* 60: 146–156.
15. Yan, D.-X., Ren, P.-G., Pang, H. et al. (2012). Efficient electromagnetic interference shielding of lightweight graphene / polystyrene composite. *J. Mater. Chem.* 18772–18774. doi: 10.1039/c2jm32692b.
16. Gupta, A. and Choudhary, V. (2011). Electrical conductivity and shielding effectiveness of poly(trimethylene terephthalate)/multiwalled carbon nanotube composites. *J. Mater. Sci.* 46: 6416–6423.
17. Lee, T., Lee, S., and Jeong, Y.G. (2016). Highly effective electromagnetic interference shielding materials based on silver nanowire / cellulose papers. *ACS Appl. Mater. Interfaces* 8: 13123–13132. doi: 10.1021/acsami.6b02218.
18. Kim, M.S. et al. (2002). PET fabric/polypyrrole composite with high electrical conductivity for EMI shielding. *Synth. Met.* 126: 233–239.
19. Drakakis, E., Kymakis, E., Tzagkarakis, G. et al. (2017). Applied surface science a study of the electromagnetic shielding mechanisms in the GHz frequency range of graphene based composite layers. *Appl. Surf. Sci.* 398: 15–18.
20. Al-saleh, M.H. (2016). Electrical and electromagnetic interference shielding characteristics of GNP / UHMWPE composites. *J. Phys. D Appl. Phys.* doi: 10.1088/0022-3727/49/19/195302.
21. Online, V.A., Dhawan, R., Singh, B.P., and Dhawan, S.K. (2015). *RSC Adv.* doi: 10.1039/C5RA14105B.

第 2 章 电磁噪声及其对人类健康和安全的影响

Halina Aniołczyk

2.1 引言

保护人类及电气、电子设备免受有害电磁场（EMF）辐射的最新方法主要有两种：器件（设备和装置）所含产品的技术标准化，使其达到电磁兼容性（EMC）要求，并且符合生物-卫生标准。这些标准规定了对电磁场辐射的可接受限值，以确保人类健康的安全。近年来，现代电信和数据通信系统特别是无线通信的发展，使得世界各国人们的工作和生活方式发生了巨大变化；同时，医学进步使得器官功能障碍个体能够使用起搏器、除颤器、植入物、内耳假体、视网膜神经刺激器（主动植入物）或人工关节、手术夹、支架（被动植入物）等医疗器械。

人类个体的健康极易受到来自这些器件和系统所产生的电磁场的影响。地球上的自然电磁环境主要包括大气中由自然现象产生的电磁场，以及由太阳和太空（主要是银河系中心）在地球表面附近产生的辐射。注意，陆地上自然恒定的电场和磁场与慢/快变化的电磁场之间存在差别。现代人生活和工作的场所既暴露在无处不在的自然电磁场中，又暴露在利用现代技术人为产生的电磁场中。每台电气或电子设备都可能成为电磁干扰源，这些干扰以传导和辐射的形式存在（传导发生在 30MHz 以下的频率范围内，辐射发生在超过 30MHz 的频率范围内），并传播到周围环境中。每台设备的运行都可能干扰到其他设备的正常运行，这种电磁干扰不仅对设备的正常功能构成威胁，而且会间接危害人类健康。特别地，其中的一些设备用于发射电磁场（如所有广播设备）。电磁场和电磁辐射的频谱覆盖很宽的频率范围。图 2.1 中显示了电磁场与电磁辐射频谱。

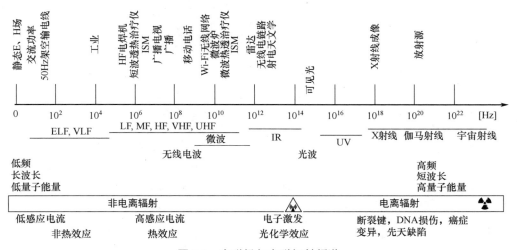

图 2.1 电磁场与电磁辐射频谱

因为电磁场对人类及有机生命体的影响很大程度上取决于频率，所以这种带宽分类具有重要意义。本领域的相关文献对频带做了明确划分，指定了不同名称（工业频率、无线电波、微波等），并用特定术语描述了这些场的表征参数、人类可接近区域（尤其是工作区）的场强测量，以及暴露影响程度的测试。本章重点关注非电离辐射场，其频率低于 8×10^{14}Hz，渗透介质时不发生电离（例如，频率低于 300GHz 的电磁场的量子能量小于 1.25×10^{-3}eV）。

目前，实际应用中最常用的射频电磁场在频率范围 3kHz~300GHz 内，其调节和使用受国际电信联盟（ITU）的管制[1]。这些电磁场主要用于电信（包括广播）、无线通信、雷达、无线电导航、气象学和全球定位系统（GPS）等领域，在工业中主要用于感应加热和电容加热，在医学中用于外科手术、物理疗法、诊断[EPR 光谱仪、磁共振成像（MRI）系统]、癌症治疗；还用于科学研究。

在欧洲，保护设备和人员免受工作环境中有害或过度辐射影响的问题由以下条例管理：电磁兼容（EMC）条例 2014/30/EU[2, 3]、保护条例 2013/35/EU[4]，以及欧盟成员国的统一要求。在保护普通人群免受电磁场影响的问题上，使用了国际非电离辐射防护委员会（ICNIRP）于 1998 年提出的建议[5]，欧盟国家的适用规则是 1999 年提出的《关于限制电磁场公众暴露的建议（0Hz~300GHz）》（Recommendation 1999/519/EU）[6]。执行理事会的建议不具有强制性，因此各国可以实施自己的保护政策[7]。上述文件中需要遵从的要求是一系列防护措施，包括组织和技术层面的防护措施。屏蔽需要特殊保护的设备、工作站、房间，甚至整个建筑或独立区域（建筑屏蔽），是目前集中开发的技术解决方案之一。

本章讨论电磁场对人类健康和安全的基本作用，同时考虑前文中提到的建议。本章在讨论电磁场对人类健康的基本影响时，参考了 ICNIRP 1998、ICNIRP 2009 更新版中有关限制暴露的基准和最近的文献数据[8, 9]，展现了发射电磁场的主要设备和装置，以及对当代社会成员经历的职业和住宅暴露危害强度的评估。在国际水准、欧盟国家或国家层次（如波兰）上，有关人类电磁场防护规定中的暴露限值有所区别。这种差异主要源于所用的原理不同（生物效应或健康效应，长期效应或短期效应）。制定国际 ICNIRP 规规时，将特定吸收率（SAR）概念作为电磁场暴露的衡量标准，国家层次的规定如波兰的法规则将工作环境中电磁场暴露的风险强度分级，以突出源头区域概念。电磁场暴露应予以监测，如果超过允许的限值，就应采取适当的措施；预防措施，如监测工作人员的健康状况；组织措施，如相对于工作场所的电磁源正确位置，轮换严重暴露于电磁场的员工，提升个人防护设备，监测电磁场强度；人员培训措施；技术措施，如屏蔽电磁源和工作场所。本章主要讨论频率范围 30kHz~100GHz 内达到有害强度的辐射问题，但不讨论军队导航设备发出的电磁场。

2.2 非电离电磁场对人体的影响

自 20 世纪 50 年代以来，人体暴露于电磁场产生的健康和安全方面的负面影响，以及在最大频谱范围内确定电磁场与生物体相互作用的阈值，引发了人们的广泛研究兴趣[8-10]。因此，我们首先需要了解电磁场对人体的影响，然后将这些已被发现并备案的影响与其成因关联起来，主要涉及暴露条件，如电磁场的频率范围、强度和暴露时间。在非电离电磁场覆盖的全部频谱范围[0Hz（静电和磁场）~300GHz（缓变和快变电磁场）]内，了解全部影响并非易事。到目前为止，已明确的事情如下：

- 静电场与生物体相互作用，在体表感应出电荷并在体内产生电流，沿电场方向感应出偶极子和定向永久偶极子。
- 静磁场与生物体内的电流相互作用，依据其磁性改变结构取向，并影响电子的自旋状态。
- 交变电场、磁场和电磁场，对生物体的直接作用取决于场的频率，主要包括：从电场和低频磁场的"反馈"现象，以及组织中的能量吸收，这些能量会转化为其他形式的能量，如更高频率范围内的热能。总体而言，暴露于电磁场引发的健康影响，包括对感官、神经系统和肌肉（非热效应）的刺激，这些刺激源于身体组织的加热（热效应）。这些作用划分为与人体电磁场影响有关的直接效应（可能是热效应，也可能是非热效应），以及与电磁场相互作用部件有关的间接效应，如医疗器械（医疗设备的运行可能受到干扰）、主动器件（起搏器、除颤器）和被动植入物等，这些部件的性能可能会受到损害。

根据人体电磁场能量吸收特性，可将高频电磁场（大于100kHz）划分成4个频率范围：

- 在频率范围100kHz～20MHz内，躯干的能量吸收随频率的提高而增加，肢体的能量吸收可能达到显著值。
- 在频率范围20～300MHz内，由于存在所谓的几何共振（人体或解剖部位尺寸与入射电磁波长相关联），整个身体吸收的能量可能相当大，如头部对应450MHz、前臂对应150MHz。
- 在频率范围300MHz～3GHz内，可能发生显著的局部非均匀吸收及头部热点现象。
- 在高于10GHz的频率范围内，能量吸收发生在身体表面[11,12]。

从人体与电磁场的相互作用来看，人体是一个形状不规则、尺寸变化且具有多层组织结构的介质，表现出随频率变化的不同色散介电性能。因此，人体吸收的电磁能量的数量和分布取决于人体组织的电特性、几何形状、频率和入射电磁场的极化。20世纪70年代，Johnson和Guy开展了有关生物体中电磁场能量吸收和分布的理论与实验研究[10]，研究考虑了电磁场暴露条件和入射电磁波的特性，引入了特定吸收率（SAR）概念作为衡量电磁场暴露的指标。

SAR值的大小（包括局部和全身）取决于许多环境参数，包括场源与人体之间的距离、频率、极化、接地以及电磁场反射[10-12]。

SAR的概念在1991年的IEEE C95.1-1991中引入[13]，目前作为一种剂量测定值被广泛接受，即单位质量组织体吸收能量的度量，单位为Wkg^{-1}。从此，SAR值成为确定电磁场暴露限制的主要准则之一。在国际ICNIRP指南中，SAR值代表基本限制标准[5]。具体而言：

- 对低于1kHz的频率，磁场的基本限制标准是其在人体中感应的电流密度，其中刺激中枢神经系统（CNS）或引起磁致光幻视（人暴露于20Hz的磁场和$50mVm^{-1}$的电场时会看到闪光[14]）的阈值为$100mAm^{-2}$。
- 在频率范围100kHz～10MHz内，限制标准包括电流密度（如避免神经系统中的变化）和SAR值（如避免热应激）。
- 在频率范围10MHz～10GHz内，限制标准是对全身和局部暴露部位的独立SAR值，分别对应头部、躯干和肢体。
- 对于10GHz以上的频率，电磁场对组织的渗透深度较浅，因此SAR不是评估能量吸收的最佳参数（吸收现象主要发生在体表）。因此，更为正确的剂量学度量是入射场的功率密度值。在这一频率范围内，假设热效应为主导因素，实验确定的全身平均阈值浓度SAR为$4Wkg^{-1}$，在适度的环境中使人体处于静止姿势下暴露30分钟后，温度上升不超过1℃[5]。电磁场对人体的影响及其对健康的风险应与一些术语区分开来，如相互作用、生物效应或风险感知等。最近，欧盟制定的一些国际规则基于短期暴露产生电流（低频）和热（高频）带来的健康影响。长期暴露的作用尚未得到足够的科学证明。同时，有人提出，当吸收的能量不会使体温升高到人体自身调节补偿的温度之上时，所观测到的效应被归类为非热效应，根据现有的知识，这种作用应被视为弱生物因素导致的一种作用。Szmigielski（2007）综述了世界范围内的临床研究文献（有关对工作场所暴露于电磁场的人群的医学和流行病学研究），没有证据表明存在由电磁场暴露引发的特殊疾病[15]。高频电磁场的影响可能存在，但限于长期暴露案例（大于 10 年），其强度至少达到几 W/m^{-2} 且每天的吸收量超过 30～40W/m^{2}h^{-1}[16]。然而，高频电磁场可能造成生理系统的各种紊乱和功能变化（中枢神经系统、自主调节、心血管等），还可能包括非特异性的发病症状（NSMS）如头痛、疲劳、失眠、注意力分散等，植物性神经症状，提高功能变化的数量和频率如心血管症状随年龄增长而变严重、略有提高的某些癌症的发病风险[17]。从现有的资料中发现某些癌症如白血病或脑肿瘤的风险有所增加的有限证据，国际癌症研究机构（IARC）出版物侧重长期低强度暴露于电磁波导致肿瘤成因的文献报道：将射频电磁场（RF EMF）分类为 2B 组，可能存在造成人类致癌的因素[18]；将极低频的电和静磁场（ELF）同样分类为 2B 组，可能存在人类致癌要素[19]。

因此，一些国家引入了预防方法原则[20]，如瑞士、意大利等[21, 22]。与欧盟建议[6]相比，这些预防方法原则更为严格，尤其是涉及了对一般人群的保护，并将此作为国家法规。目前，对长期暴露于电磁场中所带来的健康影响，我们的了解是有限的。这主要是由于缺乏对人群和实验动物流行病学研究结果之间关系的了解，以及对在特定强度和持续暴露条件下电磁场影响机制的充分解释。那些耸人听闻的有关人类暴露于电磁场导致不良健康影响的报道，往往利用了不合理的研究报告或不合理的研究分析。从保护环境和长期暴露于不可控电磁场所受影响的人群角度来看，上面的评估报告非常重要，并且需要进一步的研究来确认[7, 23]。

2.3 现代人职业和居住环境中最常见的电磁场源

在工作场所和都市居住环境中，人类活动产生的人为电磁场可能危害人类健康。技术文明的发展，尤其是电气化（高压架空输电线）以及电信和无线通信的普及（广播电视站、雷达、无线导航、基站、移动电话），意味着当今世界上大部分人口都生活在电磁环境中，其电磁场强度比 100 年前要高得多。在非电离辐射低频区域的生物圈中，高于自然强度的过度辐射已变得非常明显。目前，这样的区域正在扩展到 1GHz 以上的频率范围，主要用于无线通信和互联网。无线电线路主要在频率范围 60～90GHz 内运行。在如此高的频率范围内，现代科学尚未完全解释电磁场对生物体的影响。大量能够产生电磁场的设备和装置（下面将其称为 EMF 源）具有种类繁多的特征，全面评估这些 EMF 源对人类健康和安全带来的风险较为困难。因此，这里使用了作者领导的罗兹职业医学研究所（NIOM）的现有研究数据，相关电磁场源的最大区别依据是技术参数、源附近的电磁场强度、普及程度及人员进入的区域，这些区域的强度接近波兰法规指定的最大允许强度（MAI）[24-29]。

除了欧洲以 50Hz 和美国以 60Hz 运行的电源线，最常用的是射频电磁场（3kHz～300GHz）。特别强的电磁场源主要用于以下行业：

- 广播：无线电和电视广播站（RTVCS）。
- （无线）通信：视距和卫星无线电线路，移动通信（调度员无线电话网）用基站和可移动站，移动电话基站，公共安全系统，无线计算机网络（WLAN、WiMax）。
- 无线电定位：雷达，无线导航，气象站（使用脉冲调制的电磁辐射），GPS。
- 工业：主要是感应加热（淬火炉）和电容式加热（介电焊机、介电干燥机）。
- 医学：外科手术（电外科透析器）、理疗（短波 HF）和微波（MF）透热治疗，诊断（EPR 光谱仪、MRI 设备），健康护理（高温试剂盒和肿瘤学加速器）。
- 科学：射电天文学（空间研究），在大学、科研院所、工业实验室等中开发和应用新系统、新器件实验样机、广泛测试和检验——电磁场在各种物理介质中从产生到传播，再到形成效应，包括生物效应（对植物和动物的研究）。

表 2.1 中小结了在工作和居住环境中产生电磁场的常见设备和装置，这一小结针对的虽然是波兰，但适用于大多数国家。

表 2.1　在工作和居住环境中产生电磁场的常见设备和装置

频率范围（1）	设备/系统（2）	应　用（3）
0Hz（静磁场）	核磁共振成像（MRI）	医学，医疗保健：诊断
0Hz（静磁场）	核磁共振（NMR）波谱	科学：学术和工业实验室，吸收光谱技术在生物学、生物化学和化学中的应用
50Hz	架空电力线，变压器，配电板	能源工程：发电和输送
135.6kHz; 440kHz	感应加热和淬火炉	工业：冶金
440kHz; 1760kHz	电动手术器械	医学，医疗保健：外科、妇科、皮肤科、眼科
225kHz～13.87MHz	AM 广播（长波、中波、短波）	广播：无线电广播电台
27.12MHz	短波透热疗法（SF）	医学，医疗保健：物理治疗法
27.12MHz	介电焊机、高频烘干机	工业：电加热、塑料焊接、木材厂、汽车制造厂
87.5～108MHz	甚高频调频（VHF FM）广播	广播：无线电广播站
174～230MHz	数字无线电，DAB$^+$	广播：数字无线电广播站
470～862MHz	数字电视，DVB-T	广播：电视广播
380～430MHz	陆地集群无线电（TETRA）	传输和无线电通信：民用和军事服务（包括国家和公共安全、紧急消防、紧急医疗事件和海关系统）
120kHz～868MHz	电子防盗系统（EAS）	传输和无线电通信：物体识别、零售和杂志售卖的盗窃措施
125kHz～5.8GHz	物体的射频识别（RFID）	传输和无线电通信：物体识别、零售和杂志售卖的监控
420～450MHz	移动通信 CDMA	传输和无线电通信：移动电话基站网络
800～2600MHz	高速互联网长期演进（LTE）；移动电话 GSM，UMTS	传输和无线电通信：通信（在 GSM、WCDMA 系统上通话、数据传输、多媒体传输）
2400MHz; 5500MHz	WiFi	传输和无线电通信：数据传输
2450MHz	微波透热疗法（MF）	医疗保健：物理治疗法
915MHz; 2450MHz	微波干燥机，工业微波生产线	工业：塑料加工，干燥
2450MHz	蓝牙；WiFi	传输
2450MHz	微波炉（专业和家用产品）	美食：餐馆、酒吧、餐饮设施、食物加热和解冻
6～150GHz	无线电链路	传输：通信网络，蜂窝无线网络

当前，广播系统以甚高频调频广播系统为主，其天线不仅可安装在独立的塔上，而且可安装在高层公共建筑和住宅楼的顶上。在无线通信中，主要系统包括 GSM900、GSM1800、UMTS900 和 UMTS2100 移动电话基站，这些系统的天线和收发器单元布置得如同甚高频调频工作站。为了确保其持续运行，还要雇用专门的工作人员进行天线的安装、移除和维护。

在医疗保健方面，主要设备包括电外科仪器和短波（SW）透热疗法仪器。这些设备一般安装在手术室和物理治疗房间内，但这样的安装不总是适当的，因为会频繁出现设备之间的有害电磁场辐射干扰问题。对核磁共振成像设备的安装有着非常严格的要求——必须安装在专门的屏蔽室内，以防止外部环境电磁场干扰核磁共振成像设备的正常运行。

在工业领域，主要的电磁场源包括钢铁硬化用感应加热炉、电容式焊机和高频（HF）干燥机。若未适当屏蔽这些主要的电磁场源（如感应器、电极及高频电流引线），则它们将成为一种释放有害辐射的强电磁场源。

在这类设备附近工作的人员主要包括制造、安装、测试、操作、维护和拆除的工人，这些人员会受到不同程度的电磁场暴露风险。

在都市环境中，所有人都暴露在不同频率范围的电磁场中，但暴露程度取决于该地区的工业化程度和人口密度。

目前，最重要的问题是要达到各大研究机构（包括生物学家、物理学家、医生和工程师在内）制定的电磁辐射标准（MAI），并将电磁场强度保持在人类健康和安全可接受的范围内。现代人身处能产生电磁场的设备和设施林立的环境中，对照 MAI 规定，人们在现实工作和生活环境中的电磁场强度究竟是多少？为了对电磁场进行风险分析，选择在各个国家都存在的设备和设施，参照 ICNIRP 1998 建议和当前波兰制定的法规，对这些设备和设施进行了评估；值得注意的是，波兰法规要求比 ICNIRP 建议、2013/35/EU 指令和 1999/519/EU 理事会建议更严格。

2.4 欧洲和国际法律中针对电磁场的保护措施

根据世界卫生组织（WHO）的定义，健康是身体、精神和社会层面都安宁的一种状态，而不仅仅是没有疾病或者身体不是残疾的。

保护人们免受生活和工作环境中普遍存在的过度或有害电磁辐射问题，受到了相关法律的约束。这些法规以标准、建议、指令、法令或条例形式体现出了多种重要性。世界卫生组织认为最重要的法规包括 ICNIRP 1998、2010 和 2014[5, 30, 31]。在假设热效应为主导的频率范围内，通过实验确定了体温升高 1℃时全身特定吸收率（SAR）阈值为 $4Wkg^{-1}$。对职业暴露来说，这一阈值的安全系数为 10，即 $SAR = 0.4Wkg^{-1}$ 作为全身暴露的基本限制标准。在 ICNIRP 指南中给出的基本限制，取决于电磁场频率：头部和躯干的电流密度限值，全身平均 SAR，头部和躯干的局部 SAR 值，以及四肢的局部 SAR 值。依据 ICNIRP 1998，RF EMF（100kHz～10GHz）范围内电流密度和 SAR 的基本限值见表 2.2。注意，SAR 特定值不是直接可测量的。

为了能够有效地进行暴露评估，定义了所谓的参考基准，即等效平面波的电场成分、磁场成分、磁感应强度和功率密度值。参考基准是利用恰当数学模型并外推实验室测试结果得到的所谓共振曲线。对于 10GHz 以上的频率范围，明确规定了 $50Wm^{-2}$ 的功率密度限值。该值是在任意 $68/f^{1.05}$ 分钟内的平均值，其中 f 是频率（单位为 GHz）；在其他频率范围（高达 10GHz）内，每个平均暴露时间为 6 分钟。

表 2.2 RF EMF（100kHz～10GHz）范围内电流密度和 SAR 的基本限值 [a-g]

暴露类型	频率范围（f）	头部和躯干的电流密度 (mAm^{-2}) (rms)[a,b,c,d]	全身平均 SAR (Wkg^{-1})[e]	局部 SAR（头部和躯干）(Wkg^{-1})[e,f,g]	局部 SAR（四肢）(Wkg^{-1})[e,f,g]
职业暴露	100kHz～10MHz	$f/100$	0.4	10	20
	10MHz～10GHz	—	0.4	10	20
公共暴露	100kHz～10MHz	$f/500$	0.08	2	4
	10MHz～10GHz	—	0.08	2	4

a：f 是频率。
b：由于人体的不均匀电分布，电流密度应在垂直于电流方向的 $1cm^2$ 横截面上取平均值。
c：对于高达 100kHz 的频率，峰值电流密度值可通过将均方根值乘以 $\sqrt{2} \approx 1.414$ 得到。对于持续时间为 t_p 的脉冲，基本限值中的等效频率应按 $f = 1/(2t_p)$ 计算。
d：对于频率高达 100kHz 的脉冲磁场，最大脉冲电流密度可通过上升/下降时间和最大磁通量密度变化速率计算得到，然后可将感应电流密度与基本限值进行比较。
e：所有 SAR 值都是任意 6 分钟内的平均值。
f：局部 SAR 的平均质量为任意 10g 的连续组织；由此得到的最大 SAR 值用于估计电磁场暴露情况。
g：对于持续时间为 t_p 的脉冲，在基本限值中的等效频率应按 $f = 1/(2t_p)$ 计算。此外，对于在频率范围 0.3～10GHz 内的脉冲暴露和头部局部暴露，为了限制或避免由热弹性膨胀引起的听觉影响，建议进行额外的基本限值计算。也就是说，对于平均 10g 的组织，工作人员的 SA 不应超过 $10mJkg^{-1}$，一般公众的 SA 不应超过 $2mJkg^{-1}$。

公众暴露限值是职业暴露限值的五分之一。

ICNIRP 建议已被包括欧洲在内的许多地区和国家采纳。

欧盟内开展了统一工作场所的电磁场暴露限值工作。1989 年，欧盟发布 89/391/EEC 指令，旨在提高工作环境中的健康与安全[32]。该指令具有普适性，引入了雇主义务，以确保工人不过度暴露于有害的物理因素，包括电磁场在内。2013 年，2013/35/EU 指令详细规定了对电磁场暴露工人风险控制的最低要求；所有欧盟成员国需要不迟于 2016 年 7 月 1 日执行这些要求[4]。

为了限制公众暴露于电磁场，1999 年 7 月 12 日欧洲理事会通过官方法令提出了暴露限制[6]，该限制基于 ICNIRP 建议[5]。在全球范围内，与 ICNIRP 指南和欧盟建议相比，个别国家采取了更严格的预防方法原则（the Principle of Precautionary Approach）[20]，尤其针对暴露人口。表 2.3 中给出了个别国家使用移动通信塔（1800MHz）的电磁辐射规定[33]。

表 2.3 个别国家使用移动通信塔（1800MHz）的电磁辐射规定

国　　家	能量密度（Wm^{-2}）	国　　家	能量密度（Wm^{-2}）
ICNIRP 和 EU 建议	9.0	匈牙利，波兰，法国（巴黎）	0.1
澳大利亚	9.0	意大利（易受影响地区）	0.1
奥地利	0.001	卢森堡（易受影响地区）	0.024
比利时佛兰德斯区域或布鲁塞尔各站点	0.047	新西兰	0.5
保加利亚，俄罗斯	0.1	瑞士	0.095
德国（仅为预防建议）	0.09		

波兰是实施职场电磁场保护这一悠久传统的欧洲国家之一[34]。第一个有关电磁场暴露的限制条例是在 1961 年被引入的，适用于微波范围（频率范围大于 300MHz），是苏联法规的改编版。这些限制条例是依据 20 世纪 50 年代莫斯科医学科学院 Gordon（1966）主持的研究结果制定的[9]。根据暴露于电磁场下工人的临床和医学研究结果，提出了防止非热效应概念，作为保护人类健康的标准。1956 年的苏联法规规定，在频率范围 300MHz～100GHz 内，每个工作班次的最高允许功率密度为 $0.1Wm^{-2}$，而每天临时（5 分钟内）暴露的最高允许功率密度为 $10Wm^{-2}$。

稍早的 1953 年，美国执行的电磁场暴露极限是根据 Schwan 的研究成果制定的[8]。采用的这个暴露极限概念是针对进行轻度劳动的人的能量平衡条件得到的，旨在保护人们免受热效应的影响。在频率范围 10MHz～100GHz 内，每 6 分钟的暴露期限的最高允许功率密度被认为是 $100Wm^{-2}$。自 1972 年以来，波兰先后推行了自己的职业电磁场暴露限值。波兰暴露限值背后的原则基于保护区域的原始概念：有害区、危险区和中间区。保护区之外的区域被认为是安全区。非热效应的判断标准作为安全区的限值，而热效应的判断标准乘以适当的安全系数后作为有害区的限值。因此，根据人体暴露于电磁场的能量负荷，引入了在有害区域内的停留时间限值（一种暴露量），同时全面取缔在危险区中的停留。1980 年首次提出了公众的暴露限值。2002 年对工作场所在频率范围 0Hz～300GHz 内的电磁场暴露限值做了规定[35]，2003 年对公众暴露限值做了进一步规定[36]。图 2.2 比较了 ICNIRP 1998 和波兰目前实施的暴露限值。

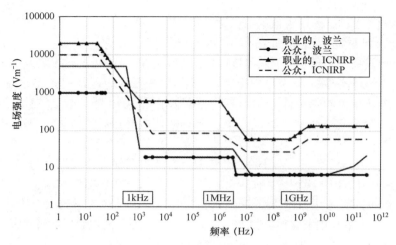

图 2.2 ICNIRP 1998 和波兰目前实施的暴露限值

以上引用的工人暴露的电场（E，单位为 Vm^{-1}）和磁场（H，单位为 Am^{-1}）的实际强度，在测定过程中存在一些微小差异：测量有效值的平均化（对时间变量）；雇员的最大作用量（依据 ICNIRP）；沿工人身体轴向定位的最大瞬态有效值（根据波兰要求）。目前波兰的法规正在修订中，以使其与 2013/35/EU 指令兼容。协调国家立法和指令的工作由"工作环境中有害健康试剂的最大允许浓度和强度"跨部门委员会负责，并于 2016 年 6 月底完成。

表 2.4 中显示了波兰法规中公众电磁场暴露的限值。

表 2.4 波兰法规中公众电磁场暴露的限值

频率范围（f）	电场（E）	磁场（H）	能量密度（S）	注　释
0Hz	$10kVm^{-1}$	$2500kAm^{-1}$	—	—
0～0.5Hz	—	$2500kAm^{-1}$	—	—
0.5～50Hz	$10kVm^{-1}$	$60Am^{-1}$	—	—
50Hz	$1kVm^{-1}$	$60Am^{-1}$	—	用于建筑用地
0.05kHz～1kHz	—	$3/f Am^{-1}$	—	
0.001～3MHz	$20Vm^{-1}$	$3Am^{-1}$	—	
3～300MHz	$7Vm^{-1}$	—	—	
300MHz～300GHz	$7Vm^{-1}$	—	$0.1Wm^{-2}$	

2.5　工作场所中的电磁场强度评估

为分析工人职业暴露于电磁场的环境条件，选取了不同经济区域中的 450 多台常用射频电磁场设备。测试和测量结果表明，得到的电场值超过了民用保护限制强度[29]。近 280 台无线通信设备、100 多台医疗保健设备、60 台工业设备和 8 台科学仪器的测试结果均高于限制强度。

表征电磁场源的分析参数包括：设备和作业场所附近的电场强度（E）、防护区域大小、员工所处位置的强度与 MAI 的比值等。MAI 值对应于区分中间区与危险区的临界值，波兰法规规定，在该区域中工人可停留一个 8 小时的工作日。根据类似的分析方法，按照 ICNIRP 1998 标准，在存在 MAI 强度电磁场的工作环境中至少可以停留 6 分钟。

图 2.3 中给出了波兰常见射频电磁场源工作场所的最高电场强度。

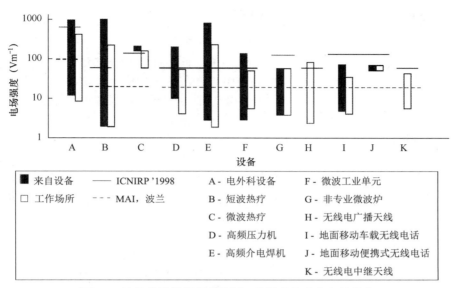

图 2.3 波兰常见射频电磁场源工作场所的最高电场强度

在广播行业，对 50 个台站的发射器和天线（30 个 VHF FM 广播电台产生频率范围 87.5～108MHz 内的电磁场，20 个电视台在频率范围 470～862MHz 内运行 48 个电视频道）进行了详细分析。在建筑顶部架设的桅杆上安装的 8 个 VHF FM 无线天线附近，测得的最高电场强度为 $2.5～83.0 Vm^{-1}$（平均值为 $5.8 Vm^{-1}$），这些天线可在建筑顶部、上层结构、电杆平台上进行维护（除在天线高度附近进行安装外）。ICNIRP 值是 MAI 值的 2.4～5.2 倍。在无线和有线通信领域，对 18 个无线电线路（RL）对象的测量结果进行了分析。在 5 副天线的可进入区域，RL 的测量值为 $6.1～44.7 Vm^{-1}$（平均值为 $10.6 Vm^{-1}$）。为 MAI 值 3.2 倍的区域仅出现在天线附近的平台处，不包括天线最高处（主瓣的轴向方向）。

地面移动无线通信设备一般采用车载和便携式无线电话。对 11 个车载可移动无线电话站及 3 部用于安全服务的便携式电话进行了详细分析。无线电话站的工作频率为 44MHz 和 144～174MHz，高频段发射器的运行功率为 25W，低频段发射器的运行功率为 10W，便携式电话的功率为 1～5W。在 11 辆安装了可移动无线设备的车辆内，位于安装点附近的最高电场强度为 $5～76 Vm^{-1}$（平均值为 $23 Vm^{-1}$），驾驶员和副驾驶位置的电场强度为 $4.3～36.0 Vm^{-1}$（平均值为 $7.5 Vm^{-1}$），均未超过 ICNIRP 的限值。驾驶员和电台操作员位置的电场强度达到 MAI 值的 1.8 倍。当操作员不在场时，在便携式无线电话天线附近测得的最高电场强度为 $54～74 Vm^{-1}$（平均值为 $60 Vm^{-1}$），是 ICNIRP 值的 1.2 倍，是 MAI 值的 3 倍。

在有源无线电、电视广播天线系统和移动电话扇形天线附近进行组装、拆卸和维护作业的极端工作条件下，测试和测量了电磁场强度，分析结果表明最高的电磁场强度发生在天线附近区域，即从事天线组装、拆卸和维护的人员的可接近区域，特别是在高功率多程序型 RTVCS 的天线上，这些天线系统通常安装在高耸的独立支架上。多程序型装置（中心）支架平台上的电场强度可由如下内容来解释。在 VHF FM（发射器功率降至 16kW）和电视（发射器功率为 80kW）天线系统内简单走动，工人就暴露于强度非常高的电场中：在 VHF FM 天线系统内的平台上，电场强度范围为 $152～180 Vm^{-1}$（发射器功率降低 50%时），当发射器功率降低 25%时，电场强度超过 $180 Vm^{-1}$。即使是在电视天线下的露台上（频率范围为 535.25～615.25MHz），电场强度也达 $61～148 Vm^{-1}$，是 MAI 值的 9 倍和 7.4 倍，是 ICNIRP 值的 2.5～3 倍和 2 倍。在这类工作中，过度暴露很可能由员工在电磁场中滞留的有效时间导致。

在这些高强度电场中，允许的暴露时间分别为每班次 6 分钟和 9 分钟。在安装了 11 个移动电话基站（BTS）的扇形天线支架上作业时（频率范围为 900～1800MHz），测得的值高达 $74Vm^{-1}$，未超过 ICNIRP 的限值，但是 MAI 值的 3.7 倍。详细分析了医疗服务（医院外科病房和理疗室）用的 105 台仪器，包括 45 台电外科设备、54 台短波热疗仪和 6 台微波热疗仪。在电外科设备处测得的最高电场强度为 $23～1000Vm^{-1}$（平均值为 $180Vm^{-1}$），而外科手术医生所在位置的电场强度为 $8.5～400Vm^{-1}$（平均值为 $105Vm^{-1}$），虽然未超过 ICNIRP 的限值，但是 MAI 值的 4.0 倍。在短波透热仪处，测得的电场强度最高值为 $10～1000Vm^{-1}$（平均值为 $156Vm^{-1}$），而理疗师所在位置的电场强度为 $3～220Vm^{-1}$（平均值为 $19Vm^{-1}$）。在 35% 的事例中，保护区域位于透热仪隔间或房间的外部，电场强度是 ICNIRP 值的 3.6 倍，是 MAI 值的 11 倍。在微波透热仪处，测得的电场强度范围为 $194～213Vm^{-1}$，理疗师所在位置的电场强度范围为 $58～160Vm^{-1}$（平均值为 $122Vm^{-1}$）。保护区域环绕邻近热疗室和走廊，电场强度是 ICNIRP 值的 1.2 倍，是 MAI 值的 3～8 倍。

在工业领域，对 60 台设备进行了详细分析：29 台高频（HF）压力机（电容型加热方式），用于在木材、纸张和纺织行业中去除吸收性产品中的水或其他流体，在汽车行业中干燥隔音元件；16 台内部带有高频发生器的介电焊机，用于焊接热塑性薄膜产品；15 台非工业微波炉，用于餐饮业。在高频压力机处测得的最高电场强度为 $10～200Vm^{-1}$（平均值为 $45Vm^{-1}$），操作员所在位置的电场强度为 $4.3～56.0Vm^{-1}$（平均值为 $18Vm^{-1}$）。在 25% 的事例中，保护区域位于高频压力机大厅外。有些特定设备区域相互重叠，因此所包含的其他设备保护区域不是强电磁场源。强度未超过 ICNIRP 限值，但为 MAI 值的 1.2～2.8 倍。在介电焊机处测得的最高电场强度为 $90～850Vm^{-1}$（平均值为 $400Vm^{-1}$），操作员所在位置的电场强度为 $23～240Vm^{-1}$（平均值为 $70Vm^{-1}$）。测试结果发现，有些设备区域相互重叠，并且覆盖了非强电磁场源的其他设备区域，强度分别是 ICNIRP 值的 3.9 倍和 MAI 值的 1.1～12 倍。分析餐饮业的非专业微波炉的环境测量结果后，发现微波炉周围的最高电场强度为 $4～60Vm^{-1}$（平均值为 $12Vm^{-1}$），是 ICNIRP 值的 1 倍和 MAI 值的 3 倍。

综上，选定经济行业的代表性电磁场射频器件进行了测试和测量分析，评估了目前工人在工作环境中的电磁场暴露状况。分析结果证实了专业人群在实际工作环境下普遍暴露于较高强度的电磁场，如理疗师、介电焊接操作员和参与维修/维护无线电广播/通信系统（包括广播、电视、移动电话基站）的工作人员。芬兰对来自 50 家企业的 230 名被试进行的一项研究表明，其中 16% 的工作场所电磁场强度超过电磁场暴露限值，30%～50% 的工作场所电磁场强度超过限值，高达 70%～80% 的相应设备处的电场磁强度超过限值[37]。

很多设备操作存在暴露于高强度电磁场的风险，原因是疏于管控甚至不进行管控。这些工作包括在移动电话基站中的天线组装、拆卸和维护，轮班期间长时间携带无线电话。一个被忽略的问题是餐饮行业中使用微波炉的工作条件：通常在很小的空间内安装了多台微波炉，其电磁场强度超过了职业暴露限值，但在这种环境下工作的人员不认为受到了有害影响。对工作环境中不良电磁场暴露强度的分析结果表明，无论是在设备处还是在工作场所，都存在降低电磁场强度的必要性。

在相关文献中，可以查阅到关于电磁场暴露对健康影响的报告。例如，根据一些关于介电焊机和高频压力机操作员的报告，当他们暴露于高强度的电磁场中时，常被报道的症状包括眼睛刺激或不同程度的玻璃体异常，以及与电磁场暴露明显关联的感觉异常（指尖麻木）[37,38]。与对照组进行比较，他们还表现出了显著的低心率（24 小时记录）或更频繁的心动过缓现象[39]。Sińczuk-Walczak[40]在一项针对 57 名女性射频焊机操作员的研究中指出，大脑生物电活动的变化可视为长期暴露于电磁场的影响迹象。Wilèn 等人在自主神经调节中也注意到了变化[41]。另外，针对理疗师的研究发现，短波和微波透热疗法产生的电磁场对生殖功能产生了不利影响[42]。

2.6 居住区的电磁场水平评估

近年来,在居民楼、学校、幼儿园等附近,或者在学习和休闲等场所,不断增多的设备及设施成为问题并引发关注。在流行病学研究中,为了评估长期暴露于低强度电磁场中可能带来的影响,需要确定射频电磁场暴露情况。生活在大城市中的居民主要受到许多户外设施产生的电磁场的影响,如广播电台——无线电、电视和移动电话基站,其中移动电话基站的影响往往占主导,这一点在电磁场频谱分析中得到了证明。例如,图 2.4 中了显示波兰一个中等规模城市中心的广播设施和移动通信基站的电磁场射频频谱分析范例[43]。

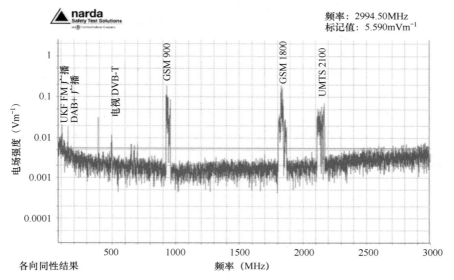

图 2.4 波兰一个中等规模城市中心的广播设施和移动通信基站的电磁场射频频谱分析范例

电磁场频谱是研究人类生活环境的参数之一,因为电磁场特性很大程度上依赖于电磁场的频率范围。2012—2014 年,位于罗兹的诺费尔职业医学研究所(NIOM)对波兰一个大城市区域内的电磁场强度进行了测定[43]。该研究将测定的外部环境电磁场强度定义为电磁场背景强度。图 2.4 中显示了一个拥有 70 多万人口的城市中心的射频电磁场频谱,该城市在 6 个地点安装了 21 个甚高频调频(VHF FM)广播电台,在 2 个地点安装了 4 个广播电视台,在 400 多个地点安装了近 1200 个移动电话基站。

频谱分析显示了甚高频调频广播电台、电视广播台和移动通信基站的最高电场强度,它们的工作频率范围分别为 900MHz、1800MHz 和 2100MHz。进一步研究代表城市建筑的 22 个选定地点的射频电磁场背景强度后,得到了以下数据:如图 2.5 所示,最高瞬时电场强度在市中心区域离地面 2m 处高达 $2.2Vm^{-1}$(平均值为 $0.74Vm^{-1}$),在大型住宅区域中心和边界处高达 $1.4Vm^{-1}$(平均值为 $0.6Vm^{-1}$),在住宅区和居民区内部高达 $1.0Vm^{-1}$(平均值为 $0.44Vm^{-1}$)。

在大型住宅区中心进行了日常监测,测定时间范围是从早 6:00 到晚 10:00,没有得到有关电场随时间变化的确凿信息。相反,电场强度随建筑高度(离地面 15m 以上)发生变化的测量结果表明,高处的电场强度是低处(地面以上 2m)的 2.5~3.8 倍。

在 ICNIRP 1998 和 1999/519/EU 建议中规定的极限值为 $28\sim61Vm^{-1}$,在波兰法规(2003 年)中为 $7Vm^{-1}$,上述结果在所研究频率范围内的任何测量点都没有超过这些限值。

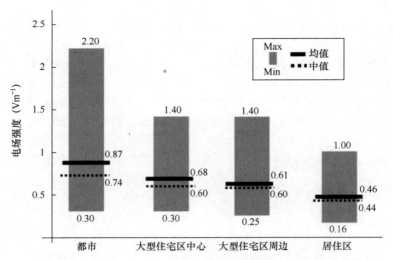

图 2.5 波兰一个 70 万人口城市中不同区域的射频电磁场水平评估

2.7 个人用高科技设备的电磁场水平评估

使用移动电话和无线网络新技术设备如 Wi-Fi 路由器，在测定点（如住宅楼内部区域）测得的电磁场强度高于其背景电磁场强度。

移动电话是最频繁使用的个人设备，其周围产生的电磁场不仅影响使用者，而且影响附近的人群。测定移动电话附近电磁场的目的是，确认不同工作模式下的电场强度：测试了 12 套数字增强无线通信（DECT）型无绳电话（12 个基本单元和 15 个电话听筒），21 部来自不同厂商的移动电话，以及 16 部日常条件下客厅使用的各种用途（包括多媒体）智能手机。当用户不在场时，在距离设备 0.05~1m 的预定位置使用定点法进行测试。在 DECT 型无绳电话听筒附近的 0.05m 和 1m 处，电场强度分别为 0.26~2.30Vm^{-1} 和 0.18~0.26Vm^{-1}。在 DECT 型无绳电话基本单元周围的 0.05m 和 1m 处，电场强度分别为 1.78~5.44Vm^{-1} 和 0.19~0.41Vm^{-1}。在语音传输 GSM 模式下移动电话附近的 0.05m 和 1m 处，电场强度分别为 2.34~9.14Vm^{-1} 和 0.18~0.47Vm^{-1}，而在宽带码分多址（WCDMA）模式下的电场强度分别为 0.22~1.83Vm^{-1} 和 0.18~0.20Vm^{-1}[44]。

Wi-Fi 路由器是一种在私人住宅和公寓中用来接入互联网的设备。接收或发送数据时，它持续发射弱而短暂的 2.4GHz 或 5GHz 无线电信号。目前使用 Wi-Fi 来构建广域网（WAN）服务，使便携式设备用户与 Wi-Fi 兼容并访问 Wi-Fi 网络。这得益于在城市繁华地段都设有热点。在距离天线 0.05m 处，对 20 种不同类型和设计的 Wi-Fi 路由器，观看电影时的最大电场强度为 2.6Vm^{-1}。对支持 3G/4G 或外接 3G/4G 调制解调器的机型，最大电磁场强度不超过 3.9Vm^{-1}。从远程服务器下载文件时，紧邻传输天线位置的最大电场强度不超过 5.0Vm^{-1}。用户所在位置（沙发、椅子、电脑支架）通常距离路由器天线超过 1m，电磁场强度降至 0.2~0.5Vm^{-1}，与测试房间中的背景电磁场强度相当[45]。

图 2.6 中总结了常用个人设备的电场测定结果。

每组设备、手机和 DECT 型无绳电话的电场强度平均值，不超过波兰法规中的一般公众暴露参考限值 7Vm^{-1}。

总之，技术进步实现了大量电子设备进入工作和居住环境。Wi-Fi 网络是最常见的现代技术实例。由于不需要电缆连接，与其关联的设备都可移动，成本也较低，因此无线网络在家庭环境中非常流行。Wi-Fi 网络在工作场所和公共娱乐场所（几乎任何地方）中也很流行。使用连接到 Wi-Fi 网络的现代技术设备，如智能手机、平板电脑、笔记本电脑、上网本或电视机时，用户仍会受到这些设备产生的弱电磁场的影响。这些电磁场发生着明显的变化，但人们长期居住的自然电磁环境是不变的。

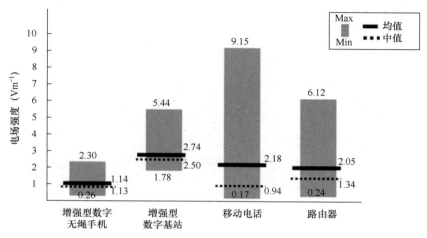

图 2.6 常用个人设备的电场测定结果

一些研究侧重于强度略高的电磁场定期作用于人体时导致的影响[17]。世界卫生组织建议采取措施以减少电磁场暴露。由各种国际组织和委员会建议的人们所熟知的规则，包括预警原则（Precautionary Principle）、谨慎回避（Prudent Avoidance）和合理抑低（As Low As Reasonably Achievable，ALARA）[20]。另一方面，尽管存在职业暴露电磁场强度的劳动法规范，但由于雇主忽视电磁场暴露的潜在风险，许多工作未得到足够的暴露控制。因此，我们现在面临着确认危害并消除危害的新旧问题，以保护人类免受过度或有害的电磁场暴露。这些问题的解决有望促进新技术的和谐发展，进而安全地服务于现代社会。强调电磁场源的管理者遵从相关法规，对此的重视程度越来越高；在努力实现遵从的过程中，管理者必须采取一切合理的组织和技术措施来减少过度或无用的电磁场暴露，使其至少低于可接受的限值。对电磁场源及人员所在场所进行屏蔽，是防止电磁场暴露的一种有效措施，包括建筑屏蔽。

2.8 屏蔽用于减少电磁场暴露的需求与可能性

屏蔽是减少电磁场辐射环境的最有效的方法之一，它既可防止电气和电子设备的电磁干扰，又可保护人类健康免受电磁场暴露风险。依据需求，可以使用具有不同屏蔽效能（也称屏蔽衰减）的屏蔽材料。高衰减屏蔽材料应能完全消除来自一些场所的电磁场，如银行、数据中心、工业自动化设施、医院重症监护室、核磁共振成像（MRI）实验室、机场等电磁兼容（EMC）指令要求中明确规定的场所[2,3]。用于电磁兼容屏蔽的屏蔽方法和屏障材料制备技术已被广泛应用且在不断完善，但用于保护环境的建筑屏蔽仍然处于寻找适宜材料以降低生活和工作场所的电磁场强度的阶段。有时，可以使用互补屏蔽代替全屏蔽。在这种情况下，屏蔽效能（SE）不需要像电磁兼容要求时那样高。例如，在频率范围 850~950MHz 内，钢板的屏蔽效能高于 120dB，而在频率范围 0.1~1000MHz 内，厚度大于 0.15mm 的铝板可衰减大于 40dB 的电磁波[46]。

最近，包括波兰在内的许多国家或地区正在进行基于纺织物屏障材料的研发工作。2009年至 2013 年，位于罗兹的纺织研究所完成了项目 POiG.01.03.01-00-006/08（新一代屏障材料用于保护人类免受工作和生活环境的有害影响），该项目由欧洲区域发展基金共同资助，旨在利用创新技术开发新屏蔽材料。这类柔性的轻质电磁场屏蔽材料越来越多地得到实际应用，可用作营业场所壁纸的内衬层，或者用作屏风或窗帘，以降低或消除特定位置的电磁场。与金属丝网或固态金属制成的屏蔽材料相比，纺织物屏蔽材料的成本明显较低。根据波兰工作环境的电磁场暴露强度分析，设备屏蔽材料的 SE 为 23～44dB，而工作场所屏蔽材料的 SE 为 13～31dB，这些效能在频率范围 0.3～3000MHz 内足以起到保护作用而免受电磁场的影响[47]。

将罗兹纺织研究所开发的新屏蔽材料[48,49]的 SE 与以上数据进行比较，明显看出这些材料可被实际应用，即可作为一种防护措施而免受过度和有害电磁场暴露。除了以壁纸的内衬层、隔断、屏风等形式的建筑屏蔽，还可采用由屏蔽材料制成的帐篷或窗帘等形式。根据中国台湾标准 FTTS-FA-003, 2005 规定的纺织物屏蔽要求[50]，对于专业应用（医学或电子学），屏蔽效能大于 60dB 被视为优秀，大于 40dB 被视为良好，而对于普通应用（防护服装、家用电器罩），屏蔽效能大于 30dB 就被视为优秀。图 2.7 中显示了康复室内隔断形式的建筑屏蔽[48]。

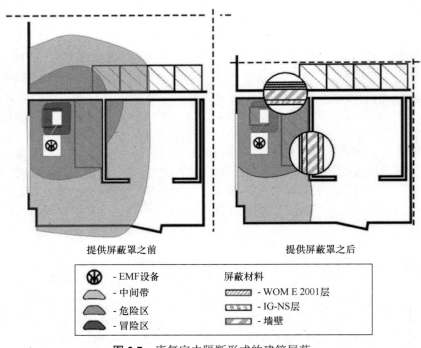

图 2.7 康复室内隔断形式的建筑屏蔽

2.9 小结

涉及实际工作环境中普遍存在的电磁场的资料十分丰富。电磁场不仅影响工作人员，而且影响停留在高强度电磁场区域内的旁观人员。现有数据可用于确定那些产生电磁场的技术，以及职业或非职业暴露于电磁场的人群，因为涉及电磁场暴露的强度，这些信息变得极为重要。我们在工作环境方面的研究成果得到了文献综述结果的证实。这些文献表明，即使是西欧那些高度发达的国家，也经历了一些问题，譬如设备保持在最大允许暴露限值内，包括感应炉、理疗用短波和微波热疗仪、工业熔炉/窑、干燥烘箱、高频焊接设备，以及用于纸张、家具、汽车和纺织业的电容干燥设备。这些构成了工作条件安全的一个重要问题。应当消除过度或有害的电磁场暴露。目前，已有组织和技术层面上的措施来应对这一问题。利用现代技术生产的纺织物屏障材料作为建筑屏蔽体似乎是非常有前途的方法。

参 考 文 献

1. International Telecommunication Union (ITU), ITR-R Recommendation V.431: Nomenclature of the frequency and wavelength bands used in telecommunications. Geneva. October 9, 2013.
2. Directive 2014/30/EU of the European Parliament and of the Council of 26 February 2014 on the harmonisation of the laws of the Member States relating to electromagnetic compatibility (recast) (Text with EEA relevance), Off. J. Eur. Union, L 96/79, 29 March 2014.
3. Directive 2014/35/EU of the European Parliament and of the Council of 26 February 2014 on the harmonisation of the laws of the Member States relating to the making available on the market of electrical equipment designed for use within certain voltage limits. Off. J. Eur. Union, L 96/357, 29.3.2014.
4. Directive 2013/35/EU of the European Parliament and of the Council of 26 June 2013 on the minimum health and safety requirements regarding the exposure of workers to the risks arising from physical agents (electromagnetic fields) (20th individual Directive within the meaning of Article 16(1) of Directive 89/391/EEC) and repealing Directive 2004/40/EC, Off. J. Eur. Union, L 179/1, 29 June 2013.
5. International Commission on Non-Ionizing Radiation Protection (ICNIRP) (1998). Guidelines for limiting exposure to time – varing electric, magnetic and electromagnetic fields (up to 300 GHz). *Health Phys.* 74 (4): 494–522.
6. Council of the European Union Recommendation of 12 July 1999 on the limitation of exposure of the general public to electromagnetic fields (0Hz to 300 GHz), 1999/519/EC. Off. J. Eur. Union, L 199/59-61, 1999.
7. Vecchia, P., Matthes, R., Ziegelberger, G. et al. (eds.) (2009). *Exposure to High Frequency Electromagnetic Fields, Biological Effects and Health Consequences (100 kHz to 300 GHz)*. International Commission on Non-Ionizing Radiation Protection (ICNIRP) ICNIRP 16/2009.
8. Schwan, H.P. (1992). Early history of bioelectromagnetics. *Bioelectromagnetics* 13: 453–467.
9. Gordon, Z.V. (1966). *Voprosy gigieny truda i biologiceskogo deistvija elektromagnitnych polei sverhvysokich castot*. Moskwa. Russian: Medicina.
10. Johnson, C.C. and Guy, A.W. (1972). Nonionizing electromagnetic wave effects in biological material and systems. *Proc. IEEE* 60 (6): 692–718.
11. Durney, C.H., Johnson, C.C., Barber, W., et al. 1978. Radiofrequency Radiation Dosimetry Handbook (Second Edition), Brooks Air Force Base, USAF School of Aerospace Medicine, Aerospace Medical Division, Report SAM-TR-78-22, Texas, May 1978.
12. Durney, C.H., Massoudi, H., Iskander, M.F. 1985. Radiation Dosimetry Handbook, Brooks Air Force Base, TX: U.S. Air Force School of Aerospace, Medical Division, Report SAM-TR-85-73, vol. 74,4 April 1985.
13. Institute of Electrical and Electronics Engineers (IEEE), 1992. C95.1-1991. IEEE Standard for Safety Levels with Respect to Human Exposure to Radio Frequency Electromagnetic Fields, 3 kHz to 300 GHz. Recognized as an American National Standard (ANSI), Published IEEE, Inc., New York, NY 10017, USA, 28.04.1992.
14. Reilly, P.J. (1998). *Applied Bioelectricity. From Electrical Stimulation to Electropathology*. New York: Springer-Verlag.

15 Sobiczewska, E. and Szmigielski, S. (2007). Health effects of occupational exposure to electromagnetic fields in view of studies performed in Poland and abroad. *Med. Pr.* 58 (1): 1–5. Polish.
16 Szmigielski, S., Kubacki, R., and Ciołek, Z. (2000). Application of dosimetry in military epidemiological studies. In: *Radiofrequency Radiation Dosimetry and Its Relationship to the Biological Effects to Electromagnetic Fields*, NATO Science Series 3, High Technology, vol. 32 (ed. J.B. Klauenberg and D. Miklavčič), 459–472. Dordrecht, Boston, London: Kluwer Academy Publishers.
17 Scientific Committee on Emerging and Newly Identified Health Risks (SCENIHR).2009. Health Effects of Exposure to EMF, Opinion adopted at the 28th plenary on 19 January 2009. Brussels. Available from: http://ec.europa.eu/health/ph_risk/committees 04_scenihr/docs/scenihr_o_022.pdf.
18 International Agency for Research on Cancer (IARC) (2013). *Radiation, Part 2: Non-Ionizing Radiofrequency Electromagnetic Fields*, Monographs on the Evaluation of Carcinogenic Risks to Humans, vol. 102. Lyon, France: IARC.
19 International Agency for Research on Cancer (IARC) (2002). *Non-Ionizing Radiation, Part 1: Static and Extremely Low-Frequency (ELF) Electric and Magnetic Fields*, Monographs on the Evaluation of Carcinogenic Risks to Humans, vol. 80. Lyon: IARC.
20 World Health Organization (WHO) 2000. Electromagnetic Fields and Public Health. Cautionary Polices, March 2000.
21 The Swiss Federal Council, Ordinance relating to Protection from Non-Ionizing Radiation (ONIR) of 23 December 1999 (as of 1 February 2000).
22 Decree of the Prime Minister July 8, 2003 (Gazzetta Ufficiale della Repubblica Italiana n. 200 of 29-8-2003).
23 Zmyślony, M. (2007). Biological mechanism and health effects o EMF in view of requirements of reports on the impact of various installations on the environment. *Med. Pr.* 58 (1): 27–36. Polish.
24 Aniołczyk, H. and Zmyślony, M. (1996). Collection of occupational EMF exposure data in Poland. Concept of the structure and functioning. *Int. J. Occup. Med. Environ. Health* 9 (1): 29–35.
25 Aniołczyk, H. (1981). Measurements and hygienic evaluation of electromagnetic fields in the environment of diathermy, welders and induction heaters. *Med. Pr.* 32 (2): 119–128. Polish.
26 Aniołczyk, H. (ed.) (2000). *Electromagnetic Fields. Sources, Effects, Protection*. Lodz. Polish: Nofer Institute of Occupational Medicine in Lodz (NIOM).
27 Aniołczyk, H., Mariańska, M., and Mamrot, P. (2011). Optimization of methods for measurement and assessment of occupational exposure to electromagnetic fields in physiotherapy (SW Diathermy). *Med. Pr.* 62 (5): 499–515. Polish.
28 Aniołczyk, H., Mamrot, P., and Mariańska, M. (2012). Analysis of methods for measurement and assessment of occupational exposure to electromagnetic fields in dielectric heating. *Med. Pr.* 63 (3): 329–344. Polish.
29 Aniołczyk, H., Mariańska, M., and Mamrot, P. (2015). Assessment of occupational exposure to radio frequency electromagnetic fields. *Med. Pr.* 66 (2): 199–212. Polish.
30 International Commission on Non-Ionizing Radiation Protection (ICNIRP) (2010, 818). On the guidelines for limiting exposure to time-varying electric and magnetic fields (1 Hz – 100 kHz). *Health Phys.* 99 (6): 818–836.
31 International Commission on Non-Ionizing Radiation Protection (ICNIRP) (2014). Guidelines for limiting exposure to electric field induces by movement of the human body in a static magnetic field and by time varying magnetic fields below 1 Hz. *Health Phys.* 106 (3): 418–425.
32 Council Directive 89/391/EEC of 12 June 1989 on the introduction of measures to entourage improvements in the safety and health of workers at work. Off. J. Eur. Union, L 183/1-8, 1989.
33 Stam, R. 2011. Comparison of international policies on electromagnetic fields (power frequency and radiofrequency fields), National Institute for public Health and the

Environment, the Netherlands. Available from: ec.europa.en/health/electromagnetic_fields/docs/emf_comparison_policies_en.pdf. Accessed: May 15, 2016.

34 Aniołczyk, H. (2008). Supervision of state system of protection against 0 Hz – 300 GHz electromagnetic fields exposure in Poland. In: *Electromagnetic Field, Health and Environment. Proceedings of EHE'07* (ed. A. Krawczyk, R. Kubacki, S. Wiak and C.L. Antunes), 27–31. Amsterdam; Berlin; Oxford; Tokyo; Washington: IOS Press.

35 Ordinance of the Minister of Labour and Social Politics from 29 Nov. 2002 concerning MAC/MAI of agents harmful to health in the working environment. J. Law No 217, pos. 1833, 2002.

36 Ordinance of the Minister of Environment from 30 Oct. 2003 concerning admissible EMF levels in environment and control methods of following these levels. J. Law. No 192, pos.1883, 2003.

37 Kolmodin-Hedman, B., Mild, K.H., Hagberg, M. et al. (1988). Health problems among operators of plastic welding machines and exposure to radio frequency electromagnetic fields. *Int. Arch. Occup. Environ. Health* 60: 243–247.

38 Bini, M., Checcucci, A., Ignesti, A. et al. (1986). Exposure of workers to intense RF electric fields that leak from plastik sealers. *J. Microw. Power* 21 (1): 33–40.

39 Wilèn, J., Hörnsten, R., Sandström, M. et al. (2004). Electromagnetic field exposure and health among RF plastic sealer operators. *Bioelectromagnetics* 25: 5–15.

40 Sińczuk-Walczak, H. and Iżycki, J. (1981). Assessment of neurological condition and EEG tests in workers exposed to 27–30 MHz electromagnetic fields. *Med. Pr.* 32 (3): 227–231. Polish.

41 Wilèn, J., Wikulund, U., Hörnsten, R., and Sandström, M. (2007). Changes in heart rate variability among RF plastic sealer operators. *Bioelectromagnetics* 28 (1): 76–79.

42 Shah, S.G. and Farrow, A. (2014). Systematic literature review of adverse reproductive outcomes associated with physiotherapists, occupational exposures to non-ionising radiation. *J.Occup. Health.* 56 (5): 323–331.

43 Aniołczyk H, Mariańska M, Mamrot P. 2013. Electromagnetic fields in modern human environment – an example of the city of Łódź. Telecommunication Review + Telecommunication News, Tele-Radio-Electronics, Information Technology, 86 11. Polish.

44 Mamrot, P., Mariańska, M., Aniołczyk, H., and Politański, P. (2015). Electromagnetic fields in the vicinity of DECT cordless telephones and mobile phones. *Med. Pr.* 66 (6): 803–814. Polish.

45 Mamrot P, Mariańska M. 2015. Electromagnetic fields around Wi-Fi routers. Telecommunication Review + Telecommunication News, Tele-Radio-Electronics, Information Technology, 86 no 4. Polish.

46 Hemming, L.H. (1991). *Architectural Electromagnetic Shielding Handbook*. New York: IEEE Press Inc.

47 Aniołczyk H. 2009. Criteria for screening efficiency of barrier materials in the contemporary human protection, Telecommunication Review, 11, 1987-1990. Polish.

48 Aniołczyk, H., Koprowska, J., Mamrot, P., and Lichawska, J. (2004). Application of electrically conductive textiles as electromagnetic shields in physiotherapy. *Fibres Textil. East. Eur.* 12 (4): 47–50.

49 Mamrot P, Aniołczyk H, Mariańska M, Koprowska J, Filipowska B. 2012. Municipal environmental protection against electromagnetic field using textile barrier materials, Telecommunication Review + Telecommunication News, Tele-Radio-Electronics, Information Technology, 8-9, 859-864. Polish.

50 Standard FTTS-FA-003 Version 2, 2005. Specified Requirements of Electromagnetic Shielding Textiles, Taiwan, Revise Date: Mar/03/2005.

第3章 电磁场传感器

Vishnu Priya Murali, Jickson Joseph, Kostya (Ken) Ostrikov

3.1 引言

　　电磁学是不断发展的学科领域,在各种研究和产业中都有着广泛的应用。电磁场（EMF）的日益应用带动了电磁场测试设施、技术和设备的不断发展。在过去十多年中,人们似乎越来越关注非电离电磁辐射对生物体造成的潜在危害[1]。自从1983年手机商业服务开通以来,由于手机市场的稳步增长,手机对健康的影响也成为公众关注的问题[2]。1991年,美国手机用户数量为10000人,而2020年则激增到世界范围内的61亿用户[3]。尽管手机的传输功率非常低,如在850MHz频率下仅为0.6W,但它们的位置离用户的头部非常近,因此对自由空间和材料介质中电磁场的检测需求不断提高。所有电磁场感应设备都有在高频和宽带条件下工作的共同要求。这些设备在优先小型化的同时,应具有高精度。在制定电磁场测量标准时,应考虑下面的两个重要方面：① 形成标准或参考电磁场（符合某些EMF的规定）；② 使用移动探头进行严格的电磁测量[4]。

　　要选择最优方法来测量区域附近的电磁场,首先必须确定最能准确表征电磁场的物理量,然后对其进行测量。对天线附近的电场（E）强度和磁场（H）强度进行测量尤为重要,因为这样做就能知道沿天线长度方向的电流或电荷密度。这些量可用于确定天线的辐射场型和输入阻抗。对近场电场（E）、磁场（H）和功率密度（S）进行一些复杂的计算,可以得到天线远场的辐射场型。研究屏蔽、吸收和电磁场衰减材料时,测量电磁场的参数E、H和S就已足够。

　　然而,在生物医学研究或有害电磁场暴露保护研究中,上述三个参数不足以满足需求,而需要更为精确的参数,如比吸收率（SAR）和比吸收（SA）。SAR和SA是用于测量单位质量所吸收能量的参数,可通过测量电磁能量吸收而引起的温升来确定。目前,也可通过测量人体中电磁场感应的电流来确定SAR和SA。大多数保护标准采用均方根（RMS）值,以用于确定吸收能量的大小。对非热方法来说,场分量的幅度、调制类型（AM、FM、PM）、空间定位、时间变化、载波频率和调制频谱是极其重要的参数。

　　本章介绍电磁场测量方法。如上所述,可以通过测量电场或磁场来实现对电磁场的测量。因此,本章介绍用于测量电场和磁场的不同方法,如霍尔传感器、感应线圈传感器、SQUID传感器、质子进动、光泵浦、电探针传感器和电子漂移技术。

3.2 电磁场是如何产生的

　　电磁场通常由带电粒子的运动产生。只要存在电压差,就会产生电磁场,电压差越大,产生的电磁场就越大。众所周知,任何带电粒子附近都有一个电场,而运动的带电粒子往往产生一个磁场。换句话说,当变化的电场产生磁场或者变化的磁场产生电场时,通常会产生电磁场。电场或磁场通常被视为电磁场源。电磁场既可由自然现象产生,又可由人为现象产生。我们几乎总被这些源产生的电磁场围绕。

3.2.1 自然源

自然源电磁场由分子、原子或原子核的随机退激过程产生。每个光子都有自己的取向和相位角,因此不能被同时触发。光子在不同的平面上振荡,即处于非极化状态。电磁场的主要自然源包括地球磁场、雷雨和闪电活动。地球具有自然磁场,可使罗盘指针指向南北方向。一般来说,电场产生于雷雨前后大气中的电荷积聚。电磁场主要产生于地球电离层中的闪电活动。

在距场源一定距离的位置,闪电活动产生的电磁场以平面波形式传播,与水平指向的磁场向量相关。该场分为两个组成部分,即全球雷电活动和局部雷雨。全球雷电活动产生的电磁场比局部雷雨产生的电磁场更稳定。当用传感器测量时,局部雷雨产生的电磁场更为断续,表现为单独的脉冲形式。

3.2.2 人造源

除了自然源,大量人造源也产生电磁场。由于人们越来越依赖于电力,近年来人造源产生的电磁场正在急剧增加。每个电源插座都伴随着低频电磁场,而信息传输用电视天线、广播电台或手机则伴随着高频电磁场。医院中用于成像、诊断、治疗的设备也是电磁场的主要来源。

与自然源不同,大部分人造源具有极化特征。这时,电磁场由电磁振荡电路产生,会使电子在电路中往复运动。这些振荡大部分发生在线性方向上,因此产生极化场。在这些电磁场周围的介质中,会出现相干强迫振荡。当这些场作用于生物体时,会带来潜在的危害。尽管如此,大多数生物医学成像技术仍然使用电磁波,因为它们能够穿透人体[5]。

1. 低频电磁场源

低频电磁场的频率范围为1~300Hz。地磁场和许多人造源都产生低频电磁场。人造电磁场的主要来源是输电线路和电气设备,如真空吸尘器、吹风机、烤箱等。极地附近的地磁场强度约为60μT,而赤道附近的地磁场强度约为30μT。在距离人造源5cm的位置,测得的磁场强度为17.44~164.75μT。距离源头越远,地场强度越小。

2. 高频电磁场源

射频波通常产生高频电磁场,其频率范围为100kHz~300GHz。高频电磁场以手机信号、广播电台信号、电视信号等形式存在于人们的周围。太阳、地球和其他黑体辐射体也产生射频电磁场。人造电磁场源包括无线电话、实用智能仪表、遥控玩具、无线网络、雷达和婴儿监视器等。

3.3 电磁场测量

电磁场由相互垂直的电场和磁场组成,沿与振荡方向垂直的方向传播。电磁场参数可通过测量与之相关的磁场或电场的大小来确定。下面讨论用于测量磁场和电场的各种技术,以及用于确定电磁波总功率密度的常用方法。

3.3.1 磁场测量技术

多年来,磁传感器在许多应用领域中发挥着至关重要的作用。例如,磁传感器及非接触式开关技术使得人类能以极高的精度和准确度驾驶航空与航天探索飞行器。这些传感器还显著提高了汽车工业中发动机和制动轴轴承的生产精度与质量。

在众多测量磁场的方法中，大部分利用了磁场和电场之间的关系。绝大多数磁传感器通过测量磁场的磁通密度来确定磁场强度[6]。磁通密度 B 与磁场强度 H 呈线性关系（$B = \mu_0 H$），在空气中测量时，B 值和 H 值相近，因此磁通密度常用特斯拉（T）表示[7]。

根据测量方式的不同，可对磁场测量设备进行分类：总场测量设备或向量分量测量设备。下面介绍并比较用于测量磁场强度的不同设备，如探测线圈磁强计、磁通传感器、磁阻、霍尔效应传感器、超导量子干涉仪（SQUID）、核旋仪、光泵浦传感器等（见图3.1）。磁强计可进一步分为向量磁强计和标量磁强计。标量磁强计仅测量磁场的大小，而向量磁强计还测量磁场向量的分量。

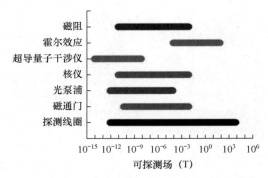

图 3.1 可探测场范围内不同传感器的比较[6, 8]

1. 感应型传感器

感应线圈传感器是最传统和最普通的磁传感器之一。感应型传感器可以同时测量磁场的标量和向量分量，属于向量磁强计传感器。这类传感器也称探测线圈传感器、拾波线圈传感器或磁天线。这种感应型传感器的工作原理基于法拉第电磁感应定律：

$$V = -n\frac{\mathrm{d}\varphi}{\mathrm{d}t} = -\frac{\mathrm{d}B}{\mathrm{d}t} = -\mu_0 nA \frac{\mathrm{d}H}{\mathrm{d}t} \tag{3.1}$$

式中，φ 是通过匝数为 n、面积为 A 的线圈的磁通量。根据该定律，当磁通量发生变化时，线圈导体引线之间的电动势（V）与磁通量的变化率成正比。线圈中的磁通量可通过多种方式改变，如将它放在随时间变化的磁场中、在均匀磁场中旋转或移过非均匀磁场[9]。通常将具有高磁导率的铁磁材料棒放在线圈中，以提高传感器的灵敏度（材料的磁导率是材料中磁通量变化程度的度量）。

这些传感器的工作原理既简单又直观。然而，只有专家才知道它们实际工作所需的技术细节。例如，磁通密度（B）变化会产生与其变化率（dB/dt）成正比的输出电压（V），因此相应地需要对输出信号进行积分处理。此外，还有其他方法获得与磁通密度 B 成正比的结果。

与霍尔效应、磁阻或磁通类型的传感器相比，感应型传感器易被用户制造出来，所用的材料易于获取，且制造方法非常简单。因此，可以使用简单、廉价且精确的感应型传感器进行磁场研究[10]。

1）铁磁线圈和空气线圈之间的灵敏度变化

空气线圈传感器的主要缺点是微型化和低灵敏度。为了克服这一问题，可以使用铁磁芯感应传感器，因为磁芯可以集中线圈内部的磁通。铁磁芯感应传感器的电压表示为

$$V = -\mu_0 \mu_r nA \frac{\mathrm{d}H}{\mathrm{d}t} \tag{3.2}$$

现代软磁材料的相对磁导率（μ_r）高于 10^5，可有效提高传感器的灵敏度。然而，磁芯的磁导率（μ_c）低于实际材料的磁导率。这种现象的成因是存在退磁效应，它由退磁因子（与磁芯几何形状相关的因子）N_d 定义：

$$\mu_c = \frac{\mu_r}{1 + H_{d'}(\mu_r - 1)} \tag{3.3}$$

使用较大磁导率μ_c的材料时,磁芯的磁导率主要取决于退磁因子N_d(与$1/N$成反比)。因此,对于这样的材料,磁芯的几何形状在决定传感器的灵敏度时起关键作用。椭球形磁芯的退磁因子N_d取决于磁芯的长度(l_c)和直径(D_c),它可近似计算为

$$N \approx \frac{D_c^2}{l_c^2}\left(\ln\frac{2l_c}{D_c} - 1\right) \tag{3.4}$$

可以看出,通过增大磁芯长度并缩小其直径,可降低N_d的值,进而提高磁芯的磁导率μ_c。使用软磁材料作为磁芯可降低系统的线性度。由于频率、温度、磁通密度等因素的影响,即使是最好的铁磁材料也会给传感器的传递函数带来一定程度的非线性。额外的磁噪声如巴克豪森(Barkhausen)噪声[11]也会降低传感器的分辨率。此外,所研究的磁场也会被铁磁芯改变,进而带来严重的后果。2003年,Harland等人报道了一种非晶磁芯传感器,它表现出了较高的灵敏度[12]。

2)动圈型传感器

由于感应线圈传感器仅对变化的磁场敏感,因此运动的线圈可用来测量直流(DC)磁场。例如,利用石英稳定线圈转数,直流磁场可用旋转线圈来高精度地测量直流磁场。当磁通量随传感器的面积$A(t) = A\cos(\omega t)$发生变化时,磁通量也发生变化(法拉第电磁感应定律的一个重要条件),感应电压表示为[13]

$$V = -B_x nA\sin(\omega t) \tag{3.5}$$

图3.2中显示了测量直流磁场的运动线圈传感器。这种传感器可通过多种方式运动,其中最常见的是振动。Groszkowski是首位应用这一想法的人,他通过将传感器连接到旋转偏心轮,引入了线圈的振动。1937年,Groszkowski还制作了运动线圈磁强计[14]。

在测量仪器中,通常要避免使用运动零部件以减少摩擦,因此运动线圈方法并不常用。最常用的测量直流磁场的传感器是霍尔传感器和磁通传感器。

3)罗哥夫斯基(Rogowski)传感器

罗哥夫斯基传感器最早于1912年由Rogowski和Steinhaus提出[15]。它是一种特殊类型的螺旋线圈传感器,线圈均匀地缠绕在一根非磁性圆形或矩形长带上,

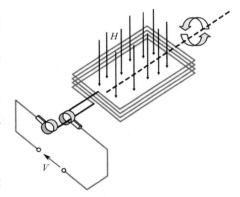

图3.2 测量直流磁场的运动线圈传感器[7]

通常具有一定的柔性。在某些情况下,这种线圈用于测量磁场强度,称为罗哥夫斯基-查托克(Rogowski-Chattock)电位计(RCP),其工作原理由Chattock于1887年阐明[16]。

在罗哥夫斯基线圈中,感应电压是输出信号。工作原理是安培定律而不是法拉第电磁感应定律。将一个长度为l的线圈插入磁场。图3.3中显示了典型的罗哥夫斯基传感器线圈。总输出电压等于各匝感应电压之和,而各匝则按串联方式连接:

$$V = \sum\left(-n \cdot \frac{\mathrm{d}\frac{\mathrm{d}\varphi}{\mathrm{d}t}}{\mathrm{d}l}\right) = \mu_0 \frac{n}{l} A \frac{\mathrm{d}}{\mathrm{d}x}\int_A^B H\,\mathrm{d}l \cdot \cos\alpha \tag{3.6}$$

由上式可以清楚地看出,单位长度匝数(n/l)和线圈的横截面积A都会影响线圈的输出电压。将精确设计的罗哥夫斯基线圈插入任意A和B两点之间的磁场后,无论两点之间线圈的几何形状如何,都会产生相同的输出信号值。假设RCP线圈的输出信号与A点和B点之间的磁场强

度成正比，则输出电压表示为

$$V = \mu_0 \frac{n}{l} A \frac{\mathrm{d}}{\mathrm{d}x}(Hl_{AB}) \tag{3.7}$$

式中，A和B是连接罗哥夫斯基线圈的电位计电路上的点。可用RCP线圈确定磁势差Hl。使用该线圈不易直接测量H（针对固定长度l_{AB}情况），因为输出信号非常小且需要积分处理。在补偿方案中，一个反馈电路被连接到激励校正线圈的电流上，反馈的是RCP线圈的输出信号。由于这种负反馈作用，偏转线圈和气隙中的所有磁场分量都得到了补偿，即输出信号为零：

$$Hl_{AB} - nI = 0 \tag{3.8}$$

因为l_{AB}和n是已知的，所以可直接使用得到的磁化电流I来确定磁场强度H。

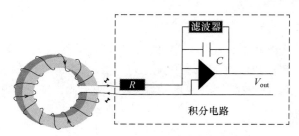

图 3.3　典型的罗哥夫斯基传感器线圈[7]

柔性罗哥夫斯基线圈标志着这个领域的进步，因为它可以卷绕绝缘体而不需要场屏蔽。绕组产生的垂直虚拟回路由电缆内的导体补偿，起回流圈的作用。磁场在未补偿的线圈中被检测到。2007年，Abdi-Jalebi等人报道了制备方法和外部积分器电路，误差系数为1.5%[17]。为提高谐振频率，应减少匝数，而这实际上会降低灵敏度。在高频下，由于存在干扰积分器，电路会产生误差。为了克服这个缺点，Ward等人找到了积分器电路的替代方法[18]。罗哥夫斯基线圈通过测量与之相关的磁场来测量瞬态电流。2002年，Kojovic利用PCB（印制电路板）技术制备了温度稳定性和精度更高的罗哥夫斯基线圈[19]。

2. 磁通传感器

磁通传感器用于测量直流（DC）或低频交流（AC）磁场的强度和频率，测量的强度范围为$10^{-10} \sim 10^{-4}$T。这类传感器由Aschenbrenner等人于1936年提出[20]。这些固态器件没有任何活动部件。励磁电流（I_{ex}）产生一个励磁场，用于周期性地饱和传感器磁芯，磁芯则由软磁材料制成[21-23]。励磁使得磁芯的磁导率变化，调制直流磁场B_0产生的直流磁通[24]。在励磁频率的二次谐波处，感测线圈（拾取线圈）中感应出的电压V_{ind}正比于被测磁场强度。

磁调制器、磁放大器和直流变压器都使用相同的原理，唯一的区别是被测变量。在所有这些情况中，测量的都是通过初级线圈的直流电流而非电压。

图3.4中给出了磁通磁强计的工作原理。交流电流$I_{ex}(t)$激励传感器励磁绕组，磁芯磁导率$\mu(t)$以2倍励磁频率调制。B_0为测得的直流磁场，$B(t)$为传感器磁芯中对应的磁场。V_{ind}是N匝励磁绕组中的感应电压。基于法拉第定律，有

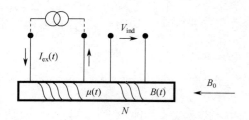

图 3.4　磁通磁强计的工作原理[21]

$$V = \frac{d\varphi}{dt} = \frac{d(NA\mu_0\mu(t)H(t))}{dt} \tag{3.9}$$

式中，V 为 N 匝测量线圈中的感应电压，φ 为该线圈的磁通，$\varphi = BA$，此处忽略了空气磁通；H 为传感器磁芯中的磁场，A 为传感器磁芯的横截面积，$\mu(t)$ 为传感器磁芯的相对磁导率。有几种不同的磁通排列方式可供选择。

磁通传感器的新进展主要集中在提高稳定性方面。这里的稳定性是指降低耗散检测电路中的能量，该能量从励磁电路转移到检测电路并返回[25]。从能量的角度说，达到稳态是指转移到探测电路的能量等于被耗散的能量。因为磁芯的等效电阻小于总电阻的5%，所以磁芯中的能量耗散可以忽略不计。这意味着若检测电路电阻大于一个特定值（所谓的临界电阻），则磁通将保持稳定。

1）环形磁芯传感器

环形磁芯传感器由拾波线圈组成，它是以磁芯为中心、励磁线圈环绕于其上的直螺线管。环形磁芯传感器可视为平衡双传感器，其磁路由两个半磁芯构成。软磁材料薄带经过多次缠绕，制成磁芯。

尽管较大的退磁场会降低灵敏度，但这种几何结构的低噪声传感器具有天然优势。这些传感器通过相对于感测线圈来旋转磁芯，保持磁芯系统的精密平衡。

2）多轴磁通磁强计

两轴磁通磁强计通常用在罗盘仪中。两轴传感器由环形磁芯和双十字形拾波线圈组成。当用作罗盘仪时，其短时角精度约为5弧分，长时角精度约为0.1°。这类罗盘仪需要在枢轴上旋转。为避免这种情况，现在使用三轴磁通磁强计。这种磁强计常与倾斜仪配合使用，利用俯仰角、横摇角和磁场的三个分量来确定方位。尽管存在不足，但磁通罗盘仪仍然具有优势，因为它们能在较大的温度范围内提供0.1°的角精度[21]。

三轴补偿系统 三轴磁通磁强计使用3个单轴传感器，其上有3个垂直的矩形或圆形亥姆霍兹线圈（或更复杂的线圈）[26]。这种同心三线圈系统在空间技术（火箭和卫星）领域得到了广泛应用[27]。每个线圈都有9个类似于理想球形线圈的部分，产生均匀的磁场。为了降低噪声或者保持长期稳定性，传感器保持在一个很低的磁场中。可通过将3个垂直的传感器放在三维反馈线圈中心来实现[28]，以确保交叉场效应不在系统中引起任何显著误差。由于利用了反馈线圈系统来界定测量轴，因此可以很容易地测量电磁场并使其保持稳定[29]。

独立补偿传感器 尽管存在交叉场效应带来的问题，独立补偿传感器因其简单和价格低廉而受到欢迎。为避免串扰，各个传感器对称安装并保持最大的间距，同时尽可能地用同一台发生器励磁，并以串联方式连接励磁绕组[28,29]。瑞典卫星Astrid-2号上就有这类磁强计，其磁通门紧密安装，磁芯为17mm的环形非晶合金[30]。

3）微磁通磁强计

由于磁噪声随着传感器尺寸的减小而增大，因此微型传感器的实现变得十分复杂。小型传感器在传感器阵列、磁墨水读取等方面应用广泛。这类磁强计利用了溅射或电沉积非晶或坡莫合金制备的薄膜[22,31]。这类传感器是通过逐层沉积每个组件制成的，磁芯材料是非晶或坡莫合金。1992年，Ghatak等人报道了这种带有非晶金属磁芯的磁力计。这种集成磁通传感器没有绕组线圈，体积更小[32]。随后，2000年Kejík等人制备了具有类似磁芯的紧凑型二维平面磁通传感器，其具有更低的磁噪声[33]。图3.5所示为带有平面线圈的微型磁通传感器示意图。近年来取得的进展是，使用不同的芯材进一步降低了噪声[34]。

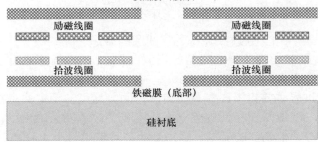

图3.5 带有平面线圈的微型磁通传感器示意图[22]

微型平面磁通传感器常用两层或两层以上的线圈。2015年，Heimfarth等人报道了NiFe坡莫合金单芯传感器，它利用抗蚀剂进行电镀，0.1～10Hz范围内的均方根噪声可降至40nT[35]。

3. 超导量子干涉仪（SQUID）磁强计

SQUID磁强计的工作原理是约瑟夫森（Josephson）效应，它以磁通量子化和弱连接隧穿效应为基础。在封闭的超导环中，外部磁通常产生内部磁通。但是，根据迈斯纳（Meissner）效应，通过薄边界区域的超导电流I_s称为伦敦（London）穿透深度。这起屏蔽作用使得材料具有完全抗磁性，进而使得外部磁通ϕ_{ext}受到屏蔽。因此，为改变材料内部捕获的磁通ϕ_{int}，材料应经历从超导态到正常态的转变。为解决这个问题，Josephson于1962年提出了一种称为约瑟夫森结的磁隧道结。这种结可在不中断超导电路的情况下提供外场穿透。该提议于1963年由Anderson和Rowell的实验证实[36]。

Zimmerman等人在1967年设计了第一个采用RF技术的SQUID传感器[37-39]。1970年，同一团队报道了改进的RF SQUID传感器。这个模型利用铌螺丝产生弱连接。这种螺丝容易振荡且存在物理干扰，因此在后续应用中很少使用[40]。随后，引入了直流SQUID，其构建简单，振动敏感性低，得到了普遍应用。直流SQUID由Jaklevic等人于1967年提出[7]。在该模型中，两个超导体由一个薄绝缘层分离，二者之间流动的超导电流受磁场影响，这成为SQUID磁强计的基础。超导材料使用的是锡。随着技术的进一步发展，使用光刻技术制造出了非常薄的SQUID，称为低温SQUID（LT SQUID）。这种SQUID由Wikswo等人[41]和Cantor等人研发。Cantor等人使用铌（作为超导体）和氧化铝层构建了Josephson结[42]。

基于SQUID的磁强计是目前最灵敏的磁场测量设备。在没有其他测量方法可用的情况下，SQUID设备依然可行，其中一些设备的灵敏度低于$1\text{fT}/\sqrt{\text{Hz}}$。由于超导性质，SQUID设备在直流到GHz频率范围内具有稳定的频率和相位响应[43]。

SQUID由两个超导体组成，它们之间由1nm厚的绝缘层分隔。铌或铅合金中加入10%的金或铟，构成了最常用的超导体材料，氧化铝、氧化镁等通常用作绝缘层（见图3.6）。在约4.2K的极低温度下，超导电流通过隧道结，电压为0V。这个电流称为临界电流（I_c）。该电流与隧道结中的磁通呈周期函数关系。当通量等于$n\phi_0$时，I_c最大，而当通量等于$(n+1/2)\phi_0$时，I_c最小，其中ϕ_0表示一个通量量子（2fW）[44]。

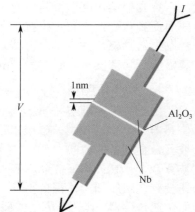

图3.6 典型SQUID磁强计结构

最大值和最小值之间的周期称为一个磁通量子。这种现象常称直流Josephson效应，是众多Josephson效应中的一种[45]。

材料科学工程领域的发展，提升了使用先进SQUID传感器材料的SQUID性能。最近，超导材料经历了几次变化。Josephson效应的弱连接可通过超导体-绝缘体-超导体（SIS）或超导体-正常态-超导体（SNS）建立。在前者中，隧道结由氧化物等绝缘体构成，而后者则由一些正常金属层构成。低温SQUID（LTS）器件应用磁隧道结，而高温SQUID（HTS）器件使用晶界、双晶或SNS来构建隧道结。铅、汞、铌和Ni-Ti、Nb$_3$Sn合金都可用于构建LTS器件。Ba$_{0.6}$K$_{0.4}$BiO$_3$、La$_{1.85}$Sr$_{0.15}$CuO$_4$、MgB$_2$、YBa$_2$Cu$_3$O$_{7-\delta}$[46]、Bi$_2$Sr$_2$Ca$_2$Cu$_3$O$_{10}$、Tl$_2$Ba$_2$Ca$_2$Cu$_3$O$_{10}$[47]和HgBa$_2$Ca$_2$Cu$_3$O$_{8+\delta}$[48]作为超导材料用于组装HTS器件[49-51]。

基于SQUID的磁强计不能测量磁场的绝对值。它们通常测量磁场中任意场值的变化。SQUID磁强计在生物医学仪器领域的应用最广泛。因其具有高灵敏度，SQUID磁强计和梯度计可用于测量人体产生的弱磁场，大型多通道系统可以测量大脑或心脏（4D神经成像）[52]、在动物研究中对小样本成像、进行生物磁敏测量等[53,54]。

SQUID还常用于古地磁学和大地电磁学研究[55]。在古地磁学中，SQUID用于测量岩石中的残余磁性；在大地电磁学中，SQUID用于测量地球的电阻率。Foley等人开发了用于矿产勘探的高TC SQUID，这种设备利用了基于TEM的LANDTEM（一种便携式勘探系统）[56,57]。

另一个成像工具是扫描SQUID显微镜（SSM），它用于对样品表面相关的磁场成像。高灵敏度和带宽是该传感器的优点，但需要冷却SQUID传感器和适度的空间分辨率是其主要缺点。根据Wikswo等人的研究，SQUID还可广泛用于集成电路中的短路磁成像、铝中的腐蚀电流、超导体中的捕获磁通等[58]。

4. 霍尔探头

霍尔效应器件是用于测量极高磁场（大于1T）的最早、最常见且使用最广泛的传感器之一，是高斯计中最常用的高场向量传感器。霍尔探头的工作原理基于1897年霍尔发现的霍尔效应。这种效应是洛伦兹力定律的结果之一。洛伦兹力定律指出，当运动电荷q受到磁感应场$\boldsymbol{B}$的作用时，将受到一个力$\boldsymbol{F}$，这个力的方向与场向量和电荷速度向量$\boldsymbol{v}$的方向垂直。根据这一定律，导体中会产生一个横切导体电流且垂直于磁场的电势差（见图3.7）。$\boldsymbol{F}$可用下式表示：

$$\boldsymbol{F} = q(\boldsymbol{E} + \boldsymbol{v} \cdot \boldsymbol{B}) \tag{3.10}$$

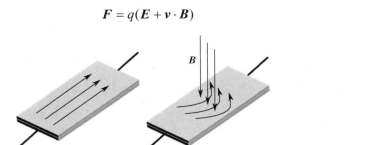

图3.7 霍尔传感器中磁力线对电流的作用[59]

没有磁场时，电子和空穴用它们的迁移率μ_p和密度N表示。它们在电极间以电流形式沿直线运动，速度为v_p，电流密度为J：

$$v_p = \mu_p E \tag{3.11}$$

$$J = q\mu_p NE \tag{3.12}$$

有磁场时，电子或空穴沿垂直于磁场向量$\boldsymbol{B}$的方向偏转。为了抵消这种效应，产生了电场的第二个分量E_H，即

$$E_H = -(\boldsymbol{v} \times \boldsymbol{B}) = -\mu_p(\boldsymbol{E} \times \boldsymbol{B}) \qquad (3.13)$$

电流方向偏转θ_H角，这个角称为霍尔角：

$$\tan\theta_H = \frac{|E_H|}{|E|} \qquad (3.14)$$

根据式（3.13），可将霍尔电场定义为

$$E_H = -\frac{1}{qN}(\boldsymbol{J} \times \boldsymbol{B}) = -R_H(\boldsymbol{J} \times \boldsymbol{B}) \qquad (3.15)$$

式中，R_H表示霍尔系数。沿宽度（w）方向在传感器电极的两个板间测量输出电压，进而测量场：

$$V_H = \mu_p w E_x B_y = R_H w J B \qquad (3.16)$$

用I/wt替换上式中的J，其中I表示电流，w表示传感器宽度，t表示传感器厚度，得到霍尔传感器的传递函数为

$$V_H = \mu_H \frac{w}{l} V B \qquad (3.17)$$

因此，对给定的偏置电流I，霍尔传感器测量的磁场$\boldsymbol{B}$与场板垂直。传感器的物理尺寸（如宽度和厚度）和材料特性（由霍尔系数R_H描述）在确定传感器传递函数时起重要作用。

选择传感器材料时，为了获得更好的灵敏度，应满足两个基本标准：① 低载流子浓度；② 高载流子迁移率。半导体材料可以满足这些标准，因为自19世纪中叶以来，半导体技术的进步推动了这类传感器的快速发展[60]。发现高载流子迁移率半导体后不久，1948年Pearson等人首次将霍尔器件用作磁传感器[61]。Weiss、Wieder、Kuhurt和Lippmann等人发表了一些早期综述[62-64]。1968年，Bosch首次将霍尔器件集成到双极硅集成电路中[65]。

InSb和InAs是高迁移率半导体，但其带隙较小，载流子浓度高，因此不适用于室温以上环境的霍尔传感器。n型半导体比p型半导体更受青睐，因为电子迁移率大于空穴迁移率，导致高载流子迁移率。硅和GaAs是最常用的材料，因为它们与当代的主流技术（微电子技术）更兼容[60]。J. Heremans[66]和Schott等人[67]先后在1993年和1998年对现代进展做了总结。

硅霍尔探头常用于工业位置指示器、速度和旋转传感器、非接触开关等器件，而在汽车行业中常用于ABS、速度表、控制系统、电动车窗等设备。霍尔传感器也用于家用电器、笔记本电脑等[67]。

5. 磁敏电阻

在磁敏电阻（MR）中，当磁场作用于铁磁材料时，电阻率发生变化。这种效应称为磁阻效应。用于测量电阻率的磁场大小和电流方向决定了材料电阻率的变化。MR传感器是线性磁场换能器，其原理要么基于铁磁材料的本征磁阻，要么基于铁磁/非铁磁材料的异质结构。

基于三维铁磁合金自发电阻各向异性的传感器，依赖于铁磁材料的本征磁阻，也称各向异性磁阻（AMR）。巨磁阻多层膜、自旋阀和隧道磁阻器件是MR传感器的几个典型例子，它们使用铁磁/非铁磁异质结构代替AMR中的合金。目前，MR传感器主要用于数据存储[68]。

由于MR传感器可在室温下检测微弱的磁场（nT范围），除了用于记录或存储数据，还有许多其他应用。如今，磁阻芯片已在生物分子识别领域中用于识别单个分子[68]。

1991年，巨磁阻效应（GMR）首次用于自旋阀门[69]。这类传感器分别于1992年、1993年

和1994年进行了设计、测试和原型展示[70-72]。在巨磁阻效应中，当磁层沿平行方向磁化时，发生自旋向上电子的弱散射，以及自旋向下电子的强散射。当这个自旋向上通道的电流短路时，就产生低电阻状态。当磁层沿反平行方向磁化时，自旋向上电子和自旋向下电子交替发生强散射和弱散射，呈现出高电阻状态[71]。

AMR传感器结构包含长坡莫合金薄膜沉积层（坡莫合金是一种软磁合金，由镍和铁制成，具有很高的磁导率）。为了建立一个易磁化轴，要在沉积过程中沿薄膜的长度方向施加一个磁场。除了长度，薄膜的形状也有助于建立一个易磁化轴。将坡莫合金薄膜依次连接在一起，形成磁阻。通过施加与易磁化轴成45°的电流，可在坡莫合金薄膜上沉积高导电材料（如金）的细条带。在电阻器上沉积一层钴薄层，可形成一个控制磁化水平的偏压场。钴沿平行于坡莫合金易磁化轴的方向被磁化。沿与磁化向量垂直的方向施加一个磁场$(H)_a$，可使向量旋转，进而改变磁阻（见图3.8）[73]。

典型的巨磁阻传感器单元由三个夹层结构组成。在这种结构中，两个铁磁层被一个导电层隔开。1991年，Parkin等人报道了以钴层为铁磁层、以铜层为分隔导体的一种系统[69, 74]。1992年，同一团队又报道了另一个传感器单元，该单元以镍/铁合金为磁性材料，层间为铜夹层[75]。

利用典型AMR传感器的高斯计或磁强计，是将4个各向异性磁阻以惠斯通电桥的方式连接而成的（见图3.9）。可通过将电流分流旋转90°的方式，实现电阻A和B的传递函数极性与电阻B和C的极性相反，进而在给定磁场下将单个电阻的输出电压信号提高4倍。

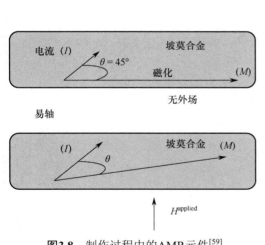

图3.8 制作过程中的AMR元件[59]

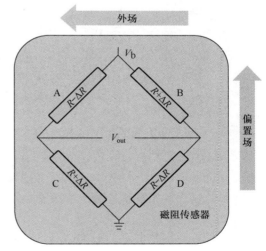

图3.9 磁阻传感器组件[76]

6. 标量磁强计

1）质子旋进磁强计

质子旋进磁强计利用了原子核的磁性。具有角动量和磁矩的旋转核在磁场中精确运动。当磁场作用于原子核时，产生转矩。由于存在角动量，这种转矩使得原子核沿磁场方向精确运动。在原子核中，带电粒子的旋转建立一个磁矩，进而使其表现为基本磁体。然而，与指南针不同，它们不是沿磁场方向排列的。相反，它们趋于以共振频率f_L在所选的方向上旋转。这个频率称为拉莫尔频率，它取决于或正比于磁场B_0：

$$f_L = \frac{\gamma}{2\pi} B_0 \tag{3.18}$$

式中，γ 是磁旋比（单位为 $rad \cdot s^{-1} \cdot T^{-1}$）。

对于绕对称轴旋转的带电体，磁旋比表示为

$$\gamma = \frac{q}{2m} \tag{3.19}$$

式中，q 是电荷，m 是物体的质量[77]。

质子旋进磁强计的框图如图3.10所示。传感器是装有富自由氢核的碳氢化合物的一种容器。苯通常用于这一目的。传感器周围的螺线管极化原子核。产生极化的磁场约为10mT。螺线管也用于检测磁场精度。在施加极化场之前，因为核磁矩是随机取向的，所以其净磁化强度为零。

施加极化场后，所有原子核都围绕极化场进动。进动轴与外加场之间要么平行，要么反平行。根据量子力学，反平行态与平行态相比具有更低的能量。没有热扰动（导致原子之间的碰撞）时，传感器中的碳氢化合物保持未磁化状态。发生原子碰撞时，平行进动轴上的原子核由于失去能量而切换到反平行状态。一段时间后，磁矩指向磁场方向的原子核数量将大于远离磁场方向的原子核数量，使碳氢化合物流体达到平衡磁化状态[80-82]。

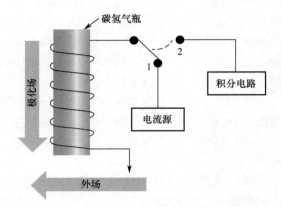

图 3.10 质子旋进磁强计的框图[78, 79]

一旦达到平衡磁化状态，就移除磁场。原子核则在磁场中进动，直到再次随机排列。这个"激发-弛豫"过程可能需要几秒。移除磁场时，线圈输出端产生一个与放大器相连的衰减核进动信号。

质子的磁矩趋于沿外部磁场方向排列。信号将被放大和过滤。对拉莫尔频率周期进行测量、平均、缩放，并按磁场单位显示为数字输出[78]。

2）光泵浦磁强计

光泵浦磁强计的工作原理是塞曼效应和光泵浦效应。塞曼效应指在磁场中光谱线分裂为几个分量。这一现象在碱性蒸气中很明显。1957年，Bell和Bloom提出了这种磁共振光学探测方法[83]。

共振偏振辐射的角动量可通过传递适当波长的圆偏振光束转移到原子上，这就是光泵浦的工作原理。然而，根据选择规则，只有那些自旋方向与极化方向相对应的电子才被激发到较高的能级。因此，只有那些处于G_1能级的电子能够跃迁到H能级，如图3.11中的第一步所示。在下一步中，电子衰减到两个基态上，只有两个电子能够被光激发。经过多个步骤后，那些处于禁态的电子由于无法被激发而得以保留。此时，没有适合的电子可被吸收，因此可通过蒸气透明度来检测[85-87]。

泵浦开始时，最初的蒸气不具有透明度。随着后续各步的进行，用于泵浦的电子数量减少，蒸气变得透明。当泵浦作用最终停止时，蒸气变得完全透明。

H能级的电子可通过退激至G_1能级而变成泵浦电子。通过施加与被测磁场方向成直角的具有拉莫尔频率的小射频磁场，可实现这一目的。在光泵浦磁强计中，这一做法用于正反馈重排，以构成具有拉莫尔频率的振荡器。然后，对这个频率进行测量、处理，并用磁场单位显示[84]。

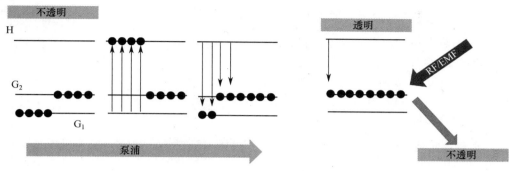

图3.11　光泵浦机制[84]

3.3.2　电场测量

最常用于测量电场和电磁场的方法是电场探针和电子漂移仪。

1．电场探针

电场（E）探针常用于测量空气和其他具有宽磁导率范围材料介质中的电场。电场探针可以测量动物在空气中暴露于非电离辐射、电场的暴露量，用于电磁兼容性或辐射安全目的。使用这种探针时，可测量的电场强度范围是$1\sim1000Vm^{-1}$（均方根值）。电场探针以不同方式进行组装，由偶极天线（射频探测器安装在开口之间，开口分隔偶极臂）、无损传输系统和输出装置组成。使用电阻性负载或电短路偶极子，可将二极管检测器制作成宽频设备（0.2MHz～26GHz）[1]。对于高峰值功率调制场，通常使用热电偶检测器来提供实时平均数据。使用光纤和适当的调制光源，可在偶极子和检测器之间建立宽带无扰动数据链路，实现远程读取[88]。

1）基本工作原理

大多数电场探针的构建方案如图3.12所示。探针的基本单元包括偶极天线、非线性检测器、可选集中元件成形和滤波网络、无干扰传输线和监测仪器[89]。探针的工作方式相当简单。当探测到频率为ω的连续波入射场时，天线在检测器终端产生一个振荡电压。由于其非线性特性，检测器产生的信号具有与入射场振幅的平方成正比的直流分量。探针对该信号进行滤波，并通过传输线将直流分量传输到监测仪器。这样，就可测量与入射场振幅的平方成正比的信号[90-92]。

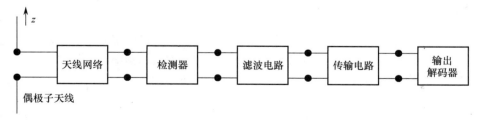

图3.12　电场探针的构建方案[89]

一般来说，很难在偶极子天线（z轴）的轴线上产生均匀电场。为提高空间分辨率，天线在物理上和电学上通常都很短。沿偶极子长度方向的入射电场变化决定空间分辨率。与存在明显电场梯度的长度相比，缩短偶极子的长度更能提高分辨率。

2）天线网络

用于测量电场的天线网络类型如下[93]：

- 带有电容负载的电短偶极子。
- 带有二极管检测器的电短偶极子。
- 带有二极管检测器的电阻负载偶极子。
- 带有二极管检测器的谐振半波偶极子。
- 具有窄带接收器的调谐偶极子。

在带有电容负载的电短偶极子天线中，存在近纯电容性输入阻抗。当偶极子是电容负载型时，可以得到与频率无关的响应特性。当不需要从天线传输射频信号时，使用带有二极管检测器的电短偶极子。这些设备中有分流二极管负载。射频滤波传输线用于将整流信号传送至计量单元。二极管检测器用于隔离天线网络和输出仪器。

在电短偶极子天线中，高频平坦响应因偶极子的谐振频率而受到限制。开发合适的高频天线要求其偶极子长度超过1mm，但这又会降低系统的灵敏度。为了克服这种限制，可给偶极子加载电阻。这类天线网络称为带有二极管检测器的电阻负载偶极子[94]。

3）检测器

电场探针中常用的检测器是二极管检测器和热偶检测器。

二极管检测器是表面势垒二极管，类似于肖特基二极管，它们不像结型二极管那样具有明显的信号延迟效应（因电荷存储），因此可用作检测器和混频器。二极管检测器中使用的二极管属于安装梁式引线的封装类型。在这种类型中，一个或多个具有共面引线的束引线肖特基二极管嵌入到了陶瓷衬底中。

在电场探针中使用二极管检测波器的优点包括：频率响应平坦，电感极低，能够利用高阻抗直流传输线，读数仪器和天线之间隔离充分。该设备使用方便，由于具有最小的检测器寄生电感，因此提供宽泛的射频/微波频率范围。

肖特基势垒二极管和结型二极管的区别在于载流子的类型与数量。在肖特基二极管中，只有一类载流子，而在结型二极管中有两类载流子。在n型肖特基二极管中，电子从n型半导体流向金属，形成正向电流；而在p型肖特基二极管中，空穴从p型半导体流出，形成电流。

半导体与金属之间的接触电势带来二极管动作。在制备过程中，当金属与n型半导体接触时，电子从半导体流向金属，使半导体相对于金属带负电荷。与金属相邻的半导体区域具有带正电荷的施主原子。因为这些二极管没有少数载流子，所以不存在延迟效应。这个特性被广泛用于开发电磁场检测器，且这些二极管必须以变化场相同的频率改变其导电状态[95-97]。

图3.13中显示了肖特基二极管检测器的等效电路。它被分成低频区和高频区。这些检测二极管的设计方式使得非常低的射频也可转化为成比例的直流输出。因为它以较小的直流偏置操作，阻抗很高，所以需要低电容来提供高灵敏度。

在热偶检测器中，热偶的热端和电阻（R_t，串联）们于偶极子的终端之间。该电阻常由厚约100nm的金属薄膜制成。当射频电流流过电阻时，存在一定的功耗$P(t)$，提高热结端的温度T_H。热结端的温度T_H与冷结端的温度T_c之间的温差产生热电压V_t，它与电阻的平均功耗成正比。图3.14中显示了热电偶二极管的等效电路，其中$V_t = \alpha(T_H - T_c)$，α表示热电偶中所用材料的塞贝克（Seebeck）系数[93, 100]。

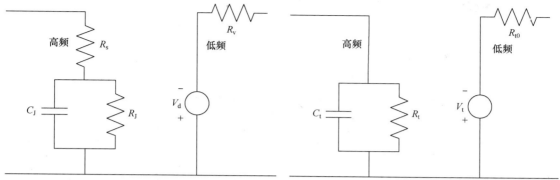

图3.13 肖特基二极管检测器的等效电路[95, 98]　　　图3.14 热电偶二极管的等效电路[99]

2．电子漂移仪

航天领域广泛使用电子漂移仪。电子漂移仪使用弱电子束来测量原位电场和磁场。这种仪器设计为：当电子沿特定方向发射时，经过一次或多次回旋后，返回到源头。这种漂移主要取决于电场，一定程度上也取决于磁场梯度[101]。

在航天器中，电子从安装的小型发射器中发射。电子一旦沿某个特定方向发射，就在经历一次或多次回旋后，返回到航天器上的源检测器。回旋时，电子束可探测离航天器一段距离的电场，基本上不受到影响。一些先进的系统上有两把电子枪，可在半球以上的范围内瞄准任意方向。电子由伺服回路返回至源检测器。两个发射方向的三角定位用于计算电子漂移（见图3.15）。电场和磁场梯度可分别通过比较在不同发射方向的电子漂移来确定[102]。

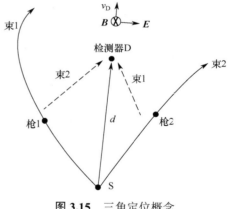

图3.15 三角定位概念

1）工作原理[102, 103]

电子漂移仪的基本工作原理包括注入测试电子及记录磁场 $\boldsymbol{B}$ 中回旋几圈后的回旋中心位移。位移 d 与漂移速度 v_D 的关系为

$$d = v_D N T_g \qquad (3.20)$$

式中，T_g 表示回旋周期，N 表示电子被捕获前的回旋周期数。若漂移只与电场 $E_\perp$ 有关，且垂直于 $\boldsymbol{B}$，则有

$$d = \frac{\boldsymbol{E} \times \boldsymbol{B}}{\boldsymbol{B}^2} N \cdot T_g \qquad (3.21)$$

注意，完成一次回旋后，所有来自共同源S的电子同时垂直于磁场，并且全部聚焦在距离源头 d 的一点。距离 d 称为漂移步长。聚焦点上的电子由放在该点上的检测器探测。由于只需要测量 d，因此在S处不需要电子源。任意放置的电子枪可用作电子束源，只要电子束指向S方向。

使用两把电子枪时，确定电子束方向，检测器接收返回的电子束并得到位移 d 和漂移速度 v_D。原则上，这种三角定位可持续地按高分辨率进行。当电子枪放在S以外的位置时，电子将不聚焦于D处，传输时间不同于回旋时间 T_g。若电子束指向S，则传输时间更长；当电子束远离S方向时，飞行时间减少。发出电子束和返回电子束之间的夹角（单位

为弧度）为

$$\delta \approx 2\pi \frac{v_D}{v} \tag{3.22}$$

2）通过飞行时间测量漂移速度

电子飞行时间可用适当分辨率的脉冲编码来确定，但需要在电子回旋周期内足够稳定的磁场。两个电子束中的电子返回检测器时，飞行的距离不同。飞行时差为

$$\Delta T = T_{to} - T_{aw} = 2T_g \frac{v_D}{v} \propto \frac{d}{v} \tag{3.23}$$

式中，T_{to} 和 T_{aw} 分别是指向目标和远离目标的电子束飞行时间。测量 T_{to} 和 T_{aw} 后，就可求出漂移速度 v_D。

3）测量磁场强度 B

可以使用飞行时间的平均值来得到回旋周期：

$$T_g = \frac{T_{to} + T_{aw}}{2} \tag{3.24}$$

利用上式可以得到磁场强度 B，

$$T_g = \frac{2\pi m}{eB} \tag{3.25}$$

T_g 的值通常为 0.1～10ms。通过测量飞行时间，可以非常精确地确定磁场强度。

3.3.3 功率密度测量

知道电场强度（E）和磁场强度（H）后，就可使用坡印廷向量 S 确定功率密度。我们最关注平均向量 S_a，因为它量化了从源头流出的功率：

$$\boldsymbol{S}_a = \frac{1}{2}\text{Re}(\boldsymbol{E} \times \boldsymbol{H}^*) \tag{3.26}$$

在远场中，电磁场表现为具有横向电磁波（TEM）波形的横向场。在TEM中，所有电场线和磁场线都与传播方向垂直。这时，场分量之间的关系为

$$H_{\varphi\infty} = \frac{E_{\theta\infty}}{Z} \tag{3.27}$$

$$H_{\theta\infty} = \frac{-E_{\varphi\infty}}{Z} \tag{3.28}$$

电功率密度 S_E 和磁功率密度 S_H 之和为总功率密度，即

$$S = S_E + S_H = 2S_E = 2S_H \tag{3.29}$$

利用这个概念可以正确测量远场中的功率密度。然而，在近场中，电场和磁场之间的关系是未知的。因此，基于单个分量测量来计算功率密度存在较大的误差。在近场中，一个分量可能会主导另一个分量，由此计算功率密度可能导致偏差，反之亦然。考虑到基本电偶极子，当 $R \to 0$ 时，显然有

$$\lim_{R \to 0} \left| \frac{E}{H} \right| \to \infty \tag{3.30}$$

因此，在近场中测量功率密度时应考虑以下方法：

(1) 将 S_E 和 S_H 测量的算术平均值作为功率密度的测量值。

(2) 将 S_E 和 S_H 测量的几何平均值作为功率密度的测量值[104]。

3.4 小结

本章介绍了电磁场强度和功率测量的常用方法，包括磁场传感器和电场传感器，还介绍了如何使用所得电场值或磁场值来计算电磁场。

参 考 文 献

1 Kanda, M. and Driver, L.D. (1987). An isotropic electric-field probe with tapered resistive dipoles for broad-band use, 100 kHz to 18 GHz. *IEEE Transactions on Microwave Theory and Techniques* 35 (2): 124–130.

2 Gajšek, P., Ravazzani, P., Wiart, J. et al. (2015). Electromagnetic field exposure assessment in Europe radiofrequency fields (10 MHz–6 GHz). *Journal of Exposure Science and Environmental Epidemiology* 25 (1): 37–44.

3 Bren, S.P.A. (1996). Historical introduction to EMF health effects. *IEEE Engineering in Medicine and Biology Magazine* 15 (4): 24–30.

4 Nahman, N.S., Kanda, M., Larsen, E.B., and Crawford, M.L. (1985). Methodology for standard electromagnetic field measurements. *IEEE Transactions on Instrumentation and Measurement* 1001 (4): 490–503.

5 Singh, M. (2014). *Introduction to Biomedical Instrumentation*. PHI Learning Pvt. Ltd.

6 Lenz, J.E. (1990). A review of magnetic sensors. *Proceedings of the IEEE* 78 (6): 973–989.

7 Jaklevic, R.C., Lambe, J., Silver, A.H., and Mercereau, J.E. (1964). Quantum interference effects in Josephson tunneling. *Physical Review Letters* 12: 159–160.

8 Herrera-May, A.L., Aguilera-Cortés, L.A., García-Ramírez, P.J., and Manjarrez, E. (2009). Resonant magnetic field sensors based on MEMS technology. *Sensors* 9 (10): 7785–7813.

9 Jackson, J.D. (1999). *Classical Electrodynamics*. Wiley.

10 Lenz, J. and Edelstein, A.S. (2006). Magnetic sensors and their applications. *IEEE Sensors Journal* 6 (3): 631–649.

11 Perković, O., Dahmen, K., and Sethna, J.P. (1995). Avalanches, Barkhausen noise, and plain old criticality. *Physical Review Letters* 75 (24): 4528.

12 Harland, C., Clark, T., and Prance, R. (2003). High resolution ambulatory electrocardiographic monitoring using wrist-mounted electric potential sensors. *Measurement Science and Technology* 14 (7): 923.

13 Pasquale, M., Basso, V., Bertotti, G. et al. (1998). Domain-wall motion in random potential and hysteresis modeling. *Journal of Applied Physics* 83 (11): 6497–6499.

14 Groszkowski, J. (1937). The temperature coefficient of inductance. *Proceedings of the Institute of Radio Engineers* 25 (4): 448–464.

15 Rogowski, W. and Steinhaus, W. (1912). *Archiv fur Electrotechnik* 1: 141.

16 Tumanski, S. (2007). Induction coil sensors – a review. *Measurement Science and Technology* 18 (3): R31.

17 Abdi-Jalebi, E. and McMahon, R. (2007). High-performance low-cost Rogowski transducers and accompanying circuitry. *IEEE Transactions on Instrumentation and Measurement* 3 (56): 753–759.

18 Ward, D.A. and Exon, J.L.T. (1993). Using Rogowski coils for transient current measurements. *Engineering Science and Education Journal* 2 (3): 105–113.

19 Kojovic, L. (2002). PCB Rogowski coils benefit relay protection. *IEEE Computer Applications in Power* 15 (3): 50–53.

20 Aschenbrenner, H. and Goubau, G. (1936). Eine anordnung zur registrierung rascher magnetischer störungen. *Hochfrequenztechnik und Elektroakustik* 47 (6): 117–181.

21 Ripka, P. (2003). Advances in fluxgate sensors. *Sensors and Actuators A: Physical* 106 (1): 8–14.

22 Ripka, P., Kawahito, S., Choi, S. et al. (2001). Micro-fluxgate sensor with closed core. *Sensors and Actuators A: Physical* 91 (1): 65–69.

23 Ripka, P. (1992). Review of fluxgate sensors. *Sensors and Actuators A: Physical* 33 (3): 129–141.

24 Gordon, D.I. and Brown, R.E. (1972). Recent advances in fluxgate magnetometry. *IEEE Transactions on Magnetics* 8 (1): 76–82.

25 Cao, Y. and Cao, D. (2015). Theory of fluxgate sensor: stability condition and critical resistance. *Sensors and Actuators A: Physical* 233: 522–531.

26 Schonstedt, E. O., Multiaxis magnetometer apparatus with orthogonally disposed rectangular housings for mounting separate sensor assemblies. In Google Patents: 1983.

27 Primdahl, F. and Jensen, P.A. (1982). Compact spherical coil for fluxgate magnetometer vector feedback. *Journal of Physics E: Scientific Instruments* 15 (2): 221.

28 Nielsen, O.V., Petersen, J.R., Primdahl, F. et al. (1995). Development, construction and analysis of the 'OErsted' fluxgate magnetometer. *Measurement Science and Technology* 6 (8): 1099.

29 Ripka, P. and Billingsley, S. (2000). Crossfield effect at fluxgate. *Sensors and Actuators A: Physical* 81 (1): 176–179.

30 Brauer, P., Risbo, T., Merayo, J.M., and Nielsen, O.V. (2000). Fluxgate sensor for the vector magnetometer onboard the Astrid-2' satellite. *Sensors and Actuators A: Physical* 81 (1): 184–188.

31 Ripka, P., Choi, S., Tipek, A. et al. (2001). Symmetrical core improves micro-fluxgate sensors. *Sensors and Actuators A: Physical* 92 (1): 30–36.

32 Ghatak, S.K. and Mitra, A. (1992). A simple fluxgate magnetometer using amorphous alloys. *Journal of Magnetism and Magnetic Materials* 103 (1–2): 81–85.

33 Kejík, P., Chiesi, L., Janossy, B., and Popovic, R.S. (2000). A new compact 2D planar fluxgate sensor with amorphous metal core. *Sensors and Actuators A: Physical* 81 (1): 180–183.

34 Liu, Y., Yang, Z., Wang, T. et al. (2015). Improved performance of the micro planar double-axis fluxgate sensors with different magnetic core materials and structures. *Microsystem Technologies* 22 (9): 1–7.

35 Heimfarth, T., Mielli, M.Z., Paez Carreno, M.N., and Mulato, M. (2015). Miniature planar fluxgate magnetic sensors using a single layer of coils. *IEEE Sensors Journal* 15 (4): 2365–2369.

36 Anderson, P.W. and Rowell, J.M. (1963). Probable observation of the Josephson superconducting tunneling effect. *Physical Review Letters* 10 (6): 230.

37 Zimmerman, J. and Silver, A. (1968). A high-sensitivity superconducting detector. *Journal of Applied Physics* 39 (6): 2679–2682.

38 Zimmerman, J. and Silver, A. (1967). Coherent radiation from high-order quantum transitions in small-area superconducting contacts. *Physical Review Letters* 19 (1): 14.

39 Silver, A. and Zimmerman, J. (1967). Multiple quantum resonance spectroscopy through weakly connected superconductors. *Applied Physics Letters* 10 (5): 142–145.

40 Zimmerman, J. (1972). Josephson effect devices and low-frequency field sensing. *Cryogenics* 12 (1): 19–31.

41 Wikswo, J.P., Friedman, R.N., Kilroy, A.W. et al. (1989). Preliminary measurements with microSQUID. In: *Advances in Biomagnetism*, 681–684. Springer.

42 Cantor, R. (2005). Six-layer process for the fabrication of Nb/Al-AlO/sub x/Nb Josephson junction devices. *IEEE Transactions on Applied Superconductivity* 15 (2): 82–85.

43 Webster, J.G. and Eren, H. (2014). *Measurement, Instrumentation, and Sensors Handbook: Spatial, Mechanical, Thermal, and Radiation Measurement*, vol. 1. CRC Press.

44 Augello, G., Valenti, D., and Spagnolo, B. (2010). Non-Gaussian noise effects in the dynamics of a short overdamped Josephson junction. *The European Physical Journal B* 78 (2): 225–234.

45 Roumenin, C.S. (1994). *Solid State Magnetic Sensors*. North-Holland.
46 Arzeo, M., Arpaia, R., Baghdadi, R. et al. (2016). Toward ultra high magnetic field sensitivity YBa2Cu3O7−δ nanowire based superconducting quantum interference devices. *Journal of Applied Physics* 119 (17): 174501.
47 Hwang, N.M., Roth, R.S., and Rawn, C.J. (1990). Phase equilibria in the systems SrO-CuO and SrO-1/2Bi2O3. *Journal of the American Ceramic Society* 73 (8): 2531–2533.
48 Yun, S., Wu, J., Kang, B. et al. (1995). Fabrication of c-oriented HgBa2Ca2Cu3O8+ δ superconducting thin films. *Applied Physics Letters* 67 (19): 2866–2868.
49 Clarke, J. and Braginski, A.I. (2004). *The SQUID Handbook*. Weinheim: Wiley-VCH.
50 Larbalestier, D., Gurevich, A., Feldmann, D.M., and Polyanskii, A. (2001). High-Tc superconducting materials for electric power applications. *Nature* 414 (6861): 368–377.
51 Orlando, T.P., Delin, K.A., and Lobb, C.J. (1991). Foundations of applied superconductivity. *Physics Today* 44: 109.
52 Cheyne, D. and Verba, J. (2006). Biomagnetism. In: *Encyclopedia of Medical Devices and Instrumentation*. Wiley. doi: https://doi.org/10.1002/0471732877.emd019.
53 Pizzella, V., Della Penna, S., Del Gratta, C., and Romani, G.L. (2001). SQUID systems for biomagnetic imaging. *Superconductor Science and Technology* 14 (7): R79.
54 Vrba, J. (2002). Magnetoencephalography: the art of finding a needle in a haystack. *Physica C: Superconductivity* 368 (1): 1–9.
55 Gamble, T., Goubau, W.M., and Clarke, J. (1979). Magnetotellurics with a remote magnetic reference. *Geophysics* 44 (1): 53–68.
56 Clem, T., Foley, C., and Keene, M. (2006). SQUIDs for geophysical survey and magnetic anomaly detection. In: *The SQUID Handbook: Applications of SQUIDs and SQUID Systems*, vol. II (ed. J. Clarke and A.I. Braginski), 481–543. Weinheim: Wiley-VCH.
57 Lee, J.B., Dart, D.L., Turner, R.J. et al. (2002). Airborne TEM surveying with a SQUID magnetometer sensor. *Geophysics* 67 (2): 468–477.
58 Kirtley, J.R. and Wikswo, J.P. Jr. (1999). Scanning SQUID microscopy. *Annual Review of Materials Science* 29 (1): 117–148.
59 Tumanski, S. (2016). *Handbook of Magnetic Measurements*. CRC Press.
60 Popovic, R.S. (1991). *Hall Effect Devices*. Bristol/Philadelphia/New York: IOP Publishing.
61 Pearson, G. (1948). A magnetic field strength meter employing the hall effect in germanium. *Review of Scientific Instruments* 19 (4): 263–265.
62 Kuhrt, F., Lippmann, H.J., Kuhrt, F., and Lippmann, H.J. (1968). Aufbau eines Hallgenerators. Hallgeneratoren: Eigenschaften und Anwendungen 101–113.
63 Weiss, H. (1969). *Physik und Anwendung galvanomagnetischer Bauelemente*. Braunschweig: Vieweg & Sohn *Structure and Application of Galvanomagnetic Devices*. Pergamon, Oxford: 1969.
64 Wieder, H.H. (1971). *Hall Generators and Magnetoresistors*. London: Pion.
65 Bosch, G. (1968). A hall device in an integrated circuit. *Solid-State Electronics* 11 (7): 712–714.
66 Heremans, J. (1993). Solid state magnetic field sensors and applications. *Journal of Physics D: Applied Physics* 26 (8): 1149.
67 Schott, C., Burger, F., Blanchard, H., and Chiesi, L. (1998). Modern integrated silicon hall sensors. *Sensor Review* 18 (4): 252–257.
68 Freitas, P., Ferreira, R., Cardoso, S., and Cardoso, F. (2007). Magnetoresistive sensors. *Journal of Physics: Condensed Matter* 19 (16): 165221.
69 Dieny, B., Speriosu, V.S., Parkin, S.S. et al. (1991). Giant magnetoresistive in soft ferromagnetic multilayers. *Physical Review B* 43 (1): 1297.
70 Heim, D., Fontana, R., Tsang, C. et al. (1994). Design and operation of spin valve sensors. *IEEE Transactions on Magnetics* 30 (2): 316–321.
71 Freitas, P., Leal, J., Melo, L. et al. (1994). Spin-valve sensors exchange-biased by ultrathin TbCo films. *Applied Physics Letters* 65 (4): 493–495.
72 Tsang, C., Fontana, R.E., Lin, T. et al. (1994). Design, fabrication and testing of spin-valve read

heads for high density recording. *IEEE Transactions on Magnetics* 30 (6): 3801–3806.
73 Kwiatkowski, W. and Tumanski, S. (1986). The permalloy magnetoresistive sensors-properties and applications. *Journal of Physics E: Scientific Instruments* 19 (7): 502.
74 Parkin, S., Bhadra, R., and Roche, K. (2152). Oscillatory magnetic exchange coupling through thin copper layers. *Physical Review Letters* 66 (16): 1991.
75 Parkin, S. (1992). Dramatic enhancement of interlayer exchange coupling and giant magnetoresistance in Ni81Fe19/Cu multilayers by addition of thin Co interface layers. *Applied Physics Letters* 61 (11): 1358–1360.
76 Reig, C., Ramırez, D., Silva, F. et al. (2004). Design, fabrication, and analysis of a spin-valve based current sensor. *Sensors and Actuators A: Physical* 115 (2): 259–266.
77 Hand, L.N. and Finch, J.D. (1998). *Analytical Mechanics*. Cambridge University Press.
78 Stuart, W. (1972). Earth's field magnetometry. *Reports on Progress in Physics* 35 (2): 803.
79 Alldredge, L.R. (1960). A proposed automatic standard magnetic observatory. *Journal of Geophysical Research* 65 (11): 3777–3786.
80 Johnson, L.F. and Jankowski, W.C. (1972). Carbon-13 NMR spectra. *Spectrum* 134.
81 Williams, D. and Bhacca, N. (1965). Solvent effects in NMR spectroscopy – III: chemical shifts induced by benzene in ketones. *Tetrahedron* 21 (8): 2021–2028.
82 Bull, L.M., Henson, N.J., Cheetham, A.K. et al. (1993). Behavior of benzene in siliceous faujasite: a comparative study of deuteron NMR and molecular dynamics. *The Journal of Physical Chemistry* 97 (45): 11776–11780.
83 Bell, W.E. and Bloom, A.L. (1957). Optical detection of magnetic resonance in alkali metal vapor. *Physical Review* 107 (6): 1559.
84 Lowrie, W. (2007). *Fundamentals of Geophysics*. Cambridge University Press.
85 Hartmann, F. (1972). Resonance magnetometers. *IEEE Transactions on Magnetics* 8 (1): 66–75.
86 Parsons, L. and Wiatr, Z. (1962). Rubidium vapour magnetometer. *Journal of Scientific Instruments* 39 (6): 292.
87 Farthing, W. and Folz, W. (1967). Rubidium vapor magnetometer for near Earth orbiting spacecraft. *Review of Scientific Instruments* 38 (8): 1023–1030.
88 Fahleson, U. (1967). Theory of electric field measurements conducted in the magnetosphere with electric probes. *Space Science Reviews* 7 (2–3): 238–262.
89 Bassen, H. and Smith, G. (1983). Electric field probes – a review. *IEEE Transactions on Antennas and Propagation* 31 (5): 710–718.
90 Aslan, E.E. (1970). Electromagnetic radiation survey meter. *IEEE Transactions on Instrumentation and Measurement* 19 (4): 368–372.
91 Bassen, H., Herman, W., and Hoss, R. (1977). EM probe with fiber optic telemetry system. *Microwave Journal* 20 (4): 35.
92 Babij, T. M.; Bassen, H., Broadband isotropic probe system for simultaneous measurement of complex E-and H-fields. In Google Patents: 1986.
93 Kanda, M. (1993). Standard probes for electromagnetic field measurements. *IEEE Transactions on Antennas and Propagation* 41 (10): 1349–1364.
94 Kanda, M. (1994). Standard antennas for electromagnetic interference measurements and methods to calibrate them. *IEEE Transactions on Electromagnetic Compatibility* 36 (4): 261–273.
95 Sharma, B. (2013). *Metal-Semiconductor Schottky Barrier Junctions and their Applications*. Springer Science & Business Media.
96 Semenov, A., Cojocari, O., Hubers, H.-W. et al. (2010). Application of zero-bias quasi-optical Schottky-diode detectors for monitoring short-pulse and weak terahertz radiation. *IEEE Electron Device Letters* 31 (7): 674–676.
97 Anand, Y. and Moroney, W.J. (1971). Microwave mixer and detector diodes. *Proceedings of the IEEE* 59 (8): 1182–1190.
98 Tran, N.; Lee, B.; Lee, J.W.In Development of long-range UHF-band RFID tag chip using Schottky diodes in standard CMOS technology, 2007 IEEE Radio Frequency Integrated Circuits (RFIC) Symposium, 2007; IEEE: 2007; pp 281–284.

99 Milanovic, V., Gaitan, M., and Zaghloul, M.E. (1998). Micromachined thermocouple microwave detector by commercial CMOS fabrication. *IEEE Transactions on Microwave Theory and Techniques* 46 (5): 550–553.
100 Neikirk, D., Lam, W.W., and Rutledge, D. (1984). Far-infrared microbolometer detectors. *International Journal of Infrared and Millimeter Waves* 5 (3): 245–278.
101 Melzner, F., Metzner, G., and Antrack, D. (1978). The GEOS electron beam experiment S 329. *Space Science Instrumentation* 4: 45–55.
102 Paschmann, G., Melzner, F., Frenzel, R. et al. (1997). The electron drift instrument for cluster. *Space Science Reviews* 79 (1–2): 233–269.
103 Torbert, R., Vaith, H., Granoff, M. et al. (2016). The electron drift instrument for MMS. *Space Science Reviews* 199 (1–4): 283–305.
104 Bienkowski, P. and Trzaska, H. (2012). *Electromagnetic Measurements in the Near Field*, vol. 2. IET.

第 4 章 屏蔽效能测量方法和系统

Saju Daniel, Sabu Thomas

4.1 引言

电磁干扰（EMI）是现代社会电子与通信技术飞速升级和发展的衍生结果。所有电子设备都会产生磁场和电能，当这些能量无意进入其他设备后，就会产生电磁干扰。电子设备中的电磁干扰可能对高灵敏度精密电子设备的性能产生负面影响，也可能对人类健康造成危害。因为电磁干扰可能带来的危害，所以在敏感区域内会禁止使用电磁波接收或发射的电子设备。因此，有必要采取稳妥和适当的策略来排除或阻止电磁干扰，确保易受干扰的电子设备能够维持运行并保护人类健康。为了满足这一需求，研究人员一直致力于开发用于电磁屏蔽的新材料及其屏蔽效能的表征手段。屏蔽效能（SE）是决定电磁屏蔽材料应用范围的关键参数。为了获得可靠的屏蔽效能测量结果，需要选择最合适的方法和仪器。本章主要介绍最常用于确定 EMI 屏蔽效能的标准测量方法和系统。

4.1.1 屏蔽机制

深入了解屏蔽机制是有效确定材料屏蔽效能的关键。屏蔽的主要机制是反射，是通过空气与样品之间的阻抗不匹配及反射型屏蔽材料中的可移动电荷实现的；也就是说，反射型屏蔽材料应具有电导率。因此，金属是最常用的屏蔽材料，它主要利用反射机制进行屏蔽，且有部分吸收机制。然而，金属也有一些弊端，如耐磨性或抗刮擦性差、易腐蚀、密度大、加工难、成本高。吸收是次要的屏蔽机制，是通过电磁波与材料相互作用时产生的能量耗散实现的，因此吸收型屏蔽材料应具有电偶极子或磁偶极子，以及有限的导电性。为了实现这一目的，可以使用具有较高介电常数的材料，如 ZnO、SiO_2、TiO_2 和 $BaTiO_3$，或者使用高磁导率材料，如羰基铁、Ni、Co 或 Fe 金属、$\gamma\text{-}Fe_2O_3$ 或 Fe_3O_4。然而，这些材料或它们的复合材料也有一些问题，如在吉赫兹频率下的低介电常数或磁导率、质量大、带宽窄和加工困难。除了反射和吸收，另一种屏蔽机制是多次反射，多次反射是指在屏蔽体内的各个表面或界面处发生的反射。多次反射是由材料内的非均匀散射效应引起的。这种机制要求存在大界面面积和多孔结构。具有大表面积的屏蔽体的例子有含有填料的导电复合材料、泡沫复合材料和蜂窝结构[1, 2]。

4.1.2 屏蔽效能

通过测量屏蔽效能（SE），可实现电磁干扰（EMI）屏蔽。材料的电磁干扰屏蔽效能定义为由屏蔽材料产生的传播电磁波的衰减。屏蔽效能可用屏蔽引起的磁场、电场或平面波强度的减小来描述。SE 常以分贝（dB）为单位，表示为入射和透射电场强度（E）、磁场强度（H）或平面波场强度（F）之比的对数函数[3]：

$$\text{SE} = 20\log\left(\frac{E_0}{E_1}\right), \quad \text{SE} = 20\log\left(\frac{H_0}{H_1}\right), \quad \text{SE} = 20\log\left(\frac{F_0}{F_1}\right)$$

SE 也可表示为入射功率与透射功率之比的对数函数：

$$SE = 10\log\left(\frac{P_i}{P_t}\right)$$

式中，P_i 是入射功率，P_t 是透射功率[4]。

此外，SE 还可表示为 $SE = A_1 - A_2$，其中 A_1 是无屏蔽材料情形下指定探测器可测量输出的源衰减器设置（单位为 dB），A_2 是有屏蔽材料情形下指定探测器的可测量输出的源衰减器设置[5]。

若接收器读数以电压为单位，则使用如下公式表示 SE：

$$SE = 20\log\left(\frac{V_1}{V_2}\right)$$

式中，V_1 和 V_2 分别是有、无屏蔽材料时的电压[4]。

SE（单位为 dB）越高，通过屏蔽层的能量就越少，即大部分能量都被屏蔽材料吸收或反射。由上式可知，有屏蔽材料时接收到的功率小于没有屏蔽材料时接收到的功率，因此 SE 的值为负。

所有屏蔽材料都通过三种机制衰减电磁辐射：电磁波被屏蔽体的正面反射，电磁波穿过屏蔽体时被屏蔽体吸收，电磁波在各个界面上发生多次反射。确定 SE 的概念机制如图 4.1 所示。因此，总屏蔽效能（SE_{total}）为反射屏蔽效能（SE_R）、吸收屏蔽效能（SE_A）和多次反射屏蔽效能（SE_M）之和：

$$SE_{total} = SE_R + SE_A + SE_M$$

当 SE_A 大于 10dB 时，可忽略 SE_M，有[6]

$$SE_{total} = SE_R + SE_A$$

1. 吸收屏蔽效能

电磁波穿过介质后，其振幅呈指数衰减。这种衰减或吸收屏蔽效能是由介质中感应的电流产生欧姆损耗和材料发热导致的；E_1 和 H_1 可分别表示为 $E_1 = E_0 e^{-t/\delta}$ 和 $H_1 = H_0 e^{-t/\delta}$。对屏蔽材料来说，趋肤深度（δ）是电磁波强度减小至其初始强度的 1/e 时的距离。趋肤深度与频率、相对磁导率和总电导率有关，关系如下：

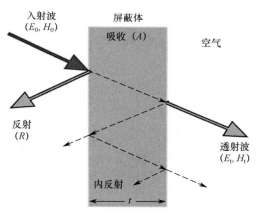

图 4.1 确定 SE 的概念机制

$$\delta = \frac{1}{\sqrt{\pi f \mu \sigma}}$$

吸收屏蔽效能是屏蔽体物理特性的函数，与场源类型无关。因此，三种波的吸收屏蔽效能是相同的，可以表示为

$$SE_A = 3.338 \times 10^{-3} \times t \times \sqrt{\mu f G}$$

式中，SE_A 是吸收屏蔽效能（单位为 dB），t 是屏蔽体厚度（单位为 mil）。上式表明，随着屏蔽体厚度的增大，吸收屏蔽效能也增大。

利用趋肤深度，SE_A 可以表示为[3, 7]

$$SE_A = 8.7(t/\delta)$$

2. 反射屏蔽效能

反射屏蔽效能完全取决于屏蔽体的固有阻抗与自由空间之间的不匹配程度，而与屏蔽体

厚度无关。对于三个主要场，有

$$R_E = 353.6 + 10\log\frac{G}{f^3 \mu r_1^2}$$

$$R_H = 20\log\left(\frac{0.462\sqrt{\mu}}{r_1\sqrt{Gf}} + 0.136r_1\sqrt{\frac{fG}{\mu}} + 0.354\right)$$

$$R_P = 108.2 + 10\log\frac{G \times 10^6}{\mu f}$$

式中，R_E、R_H 和 R_P 分别是电场、磁场和平面波场的反射项（单位为 dB）；G 是相对于铜的电导率，f 是频率（单位为 Hz），μ 是相对于真空的磁导率，r_1 是场源到屏蔽体的距离（单位为英寸）[3, 7]。

3. 多次反射屏蔽效能

对薄屏蔽体而言，第一个边界将来自第二个边界的反射波再次反射，并再次向第二个边界反射，从而发生多次反射。若屏蔽体厚度大于 δ，则导电材料吸收来自内表面的反射波，因此可忽略多次反射。SE_M 系数数值上可以是正数，也可以是负数（实际上总为负数），当吸收屏蔽效能 $SE_A > 10dB$ 时，它就变得不重要。通常，它只在金属较薄且频率较低（约 20kHz 以下）的情况下才较为重要。

多次反射屏蔽效能（SE_M）可以表示为

$$SE_M = 20\log\left|1 - \frac{(K-1)^2}{(K+1)^2}(10^{-A/10})(e^{-i227A})\right|$$

式中，A 是吸收屏蔽效能；K 由下式给出：

$$K = \frac{Z_S}{Z_H} = 1.3\sqrt{\frac{\mu}{fr2\sigma}}$$

式中，Z_S 是屏蔽体的阻抗，Z_H 是入射磁场阻抗。当 $Z_H \ll Z_S$ 时，屏蔽体厚度为 t、趋肤深度为 δ，多次反射因子可以简化为[3, 7]

$$SE_M = 20\log(1 - e^{-2t/\delta})$$

4.2 电磁屏蔽效能的计算

4.2.1 用平面波理论计算材料的屏蔽效能

平面波屏蔽理论可以根据任何屏蔽材料的性质和厚度，有效地计算出屏蔽效能（SE）。以下步骤用于计算材料的电磁屏蔽效能。

步骤 1 根据频率、磁导率和电导率确定趋肤深度，公式如下：

$$\delta = \frac{1}{\sqrt{\pi f \mu \sigma}}$$

步骤 2 利用材料的趋肤深度和厚度，用下式确定吸收屏蔽效能：

$$SE_A = 20\log e^{-(t/\delta)} = 8.7(t/\delta)$$

步骤 3 利用频率、磁导率、电导率，用下式计算材料的固有阻抗：

$$\eta_s = \frac{\sqrt{2\pi f \mu}}{\sqrt{\sigma}}$$

步骤 4　利用自由空间阻抗（η_0）和材料固有阻抗（η_s），用下式计算反射屏蔽效能：

$$SE_R = 20\log\frac{\eta_0}{4\eta_s} \quad \eta_0 = \frac{\sqrt{\mu_0}}{\sqrt{\varepsilon_0}} = 377$$

步骤 5　无限大良导体的屏蔽效能为

$$SE = 20\log\frac{\eta_0}{4\eta_s} + 20\log e^{t/\delta}$$

对于薄层导电材料（$t \ll \lambda$），可在屏蔽效能表达式中加入第三项以考虑多次反射[8]：

$$SE = 20\log\frac{\eta_0}{4\eta_s} + 20\log e^{t/\delta} + 20\log\left|1 - e^{-2t/\delta}\right|$$

4.2.2　金属箔的屏蔽效能计算

计算 100MHz 下 2mil 厚铜箔（$\sigma = 5.7 \times 10\,\text{Sm}^{-1}$）的屏蔽效能。

步骤 1　在 100MHz 下，计算铜的趋肤深度：

$$\delta = \frac{1}{\sqrt{\pi f \mu \sigma}} = \frac{1}{\sqrt{\pi \times 10^8 \times 4\pi \times 10^{-7} \times 5.7 \times 10^7}} = 6.7\,\mu\text{m}$$

步骤 2　计算吸收屏蔽效能：

$$\text{吸收屏蔽效能} = 8.7\frac{t}{\delta} = \frac{8.7 \times 50.8}{6.7} = 66\text{dB}$$

步骤 3　在 100MHz 下，计算铜的固有阻抗：

$$\eta_s = \frac{\sqrt{2\pi f \mu}}{\sqrt{\sigma}} = \frac{\sqrt{2\pi \times 10^8 \times 4\pi \times 10^{-7}}}{\sqrt{5.7 \times 10^7}} = 3.7 \times 10^{-3}\,\Omega$$

步骤 4　计算反射屏蔽效能：

$$\text{反射屏蔽效能} = 20\log\frac{\eta_0}{4\eta_s} = 20\log\frac{377}{4 \times 3.7 \times 10^{-3}} = 88\text{dB}$$

步骤 5　总屏蔽效能是反射屏蔽效能与吸收屏蔽效能之和[8]：

$$SE_{total} = 88\text{dB} + 66\text{dB} = 154\text{dB}$$

4.2.3　近场屏蔽效能计算

实际屏蔽体不会同时位于源电路和接收电路的远场位置上，因此反射屏蔽效能项有新表达式，而吸收屏蔽效能和多次反射屏蔽效能的表达式不变[8]：

$$SE_R = 20\log\frac{Z_w}{4\eta_s}$$

式中，波阻抗 $Z_w = 2\pi f \mu_0 r$。

4.2.4　低频磁场源的屏蔽效能计算

产生磁场的变压器距离屏蔽结构 10cm。屏蔽结构由 1cm 厚的铜板制成。求该结构在

1.5kHz 频率处的总屏蔽效能。

$$Z_w = 2\pi f \mu_0 r = 2\pi \times (1.5 \times 10^3) \times (4\pi \times 10^7) \times 0.10 = 1.2 \times 10^{-3} \Omega$$

$$\eta_s = \frac{\sqrt{2\pi f \mu}}{\sqrt{\sigma}} = \frac{\sqrt{2\pi \times (1.5 \times 10^3) \times (4\pi \times 10^{-7})}}{\sqrt{5.7 \times 10^7}} = 14 \times 10^{-6} \Omega$$

$$\delta = \frac{1}{\sqrt{\pi f \mu \sigma}} = \frac{1}{\sqrt{\pi \times 1.5 \times 10^3 \times 4\pi \times 10^{-7} \times 5.7 \times 10^{-7}}} = 1.7 \text{mm}$$

$$SE_{total} = 20\log\frac{0.0012}{4 \times 14 \times 10^{-6}} + 20\log e^{\frac{10}{1.7}} + 20\log\left|1 + e^{-2 \times \frac{10}{1.7}}\right| = 26 + 51 + 0 = 77\text{dB}$$

注意，在这种情况下，吸收屏蔽效能在总屏蔽效能中起重要作用。一般来说，在接近磁场源的低频范围内，由于波阻抗较低，导电屏蔽引起的反射屏蔽效能不太显著[8]。

4.2.5 由散射参数计算屏蔽效能

在大部分与电磁干扰屏蔽相关的科学研究中，测试样品夹在连接网络分析仪波导的两个法兰之间。网络分析仪发射的信号经由波导管至样品，获得每个样品的散射参数（S 参数），并用于计算屏蔽效能。在两端口向量网络分析仪（VNA）中，入射波和透射波数值上表示为复数散射参数或 S 参数（见图 4.2）[9]。

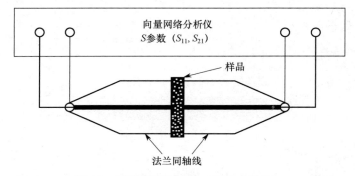

图 4.2 屏蔽效能测试仪（同轴夹持法）

如图 4.3 所示，散射参数可用被动两端口 VNA 描述。若电磁波经由传输线通过两端口 VNA，则电磁波将被分射，既前行通过两个端口，又反射回波源。入射波、透射波和反射波之间的关系可用散射参数来表示[10]。

在波传播的正向，入射波、透射波和反射波分别表示为 a_1、b_2 和 b_1（见图 4.4）。在波传播的反向，入射波表示为 a_2，透射波表示为 b_1，反射波表示为 b_2。S_{11} 和 S_{22} 分别表示两个反射系数，而 S_{12} 和 S_{21} 分别表示两个传输系数，它们可按照如下方式计算[11]：

$$S_{11} = \left(\frac{b_1}{a_1}\right)_{a_2=0}, \quad S_{21} = \left(\frac{b_2}{a_1}\right)_{a_2=0}, \quad S_{12} = \left(\frac{b_1}{a_2}\right)_{a_1=0}, \quad S_{22} = \left(\frac{b_2}{a_2}\right)_{a_1=0}$$

利用 S 参数可以计算通过屏蔽材料的透射率（T）、反射率（R）和吸收率（A），它们的计算公式如下[6, 10]：

$$T = \left|\frac{E_T}{E_I}\right|^2 = S_{12}^2 = S_{21}^2, \quad R = \left|\frac{E_T}{E_I}\right|^2 = S_{11}^2 = S_{22}^2, \quad A = 1 - R - T$$

式中，S_{11} 是正向反射系数，S_{21} 是正向传输系数，S_{12} 是反向传输系数，S_{22} 是反向反射系数。若多次反射可以忽略，则对应屏蔽材料内有效入射电磁波的功率，有效吸收率（A_{eff}）由下式定义：

$$A_{\text{eff}} = 1 - R - \frac{T}{1-R}$$

因此，反射屏蔽效能（SE_R）和吸收屏蔽效能（SE_A）由如下公式定义[6]：

$$SE_R = -10\log(1-R)$$

$$SE_A = -10\log(1-A_{\text{eff}})$$

因此，由已知的反射信号（R）和透射信号（T），VNA 可以很容易算出总屏蔽的反射部分和吸收部分。

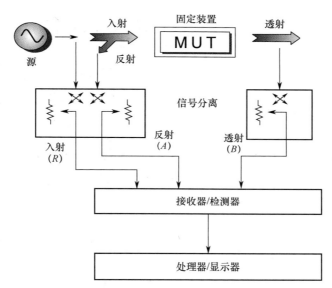

图 4.3　两端口向量网络分析仪及其内部框图

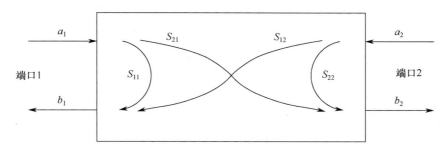

图 4.4　两端口向量网络分析仪中使用散射参数描述的信号路径

4.3　各种参数对电磁屏蔽效能的影响

电磁屏蔽效能取决于以下参数。

（1）入射电磁场频率。反射屏蔽效能随频率升高而下降，吸收屏蔽效能则随频率升高而上升。反射屏蔽效能随频率升高而下降是因为屏蔽阻抗随频率升高而增大，吸收屏蔽效能随频率升高而上升是因为趋肤深度随频率升高而减小。平面波的 SE_R 和 SE_A 表示为

$$SE_R = 39.5 + 10\log\frac{\sigma}{2\pi f \mu}, \qquad SE_A = 8.7d\sqrt{\pi f \mu \sigma}$$

式中，σ 是电导率，μ 是磁导率，f 是频率。上面的公式清楚地说明了反射屏蔽效能和吸收屏蔽效能随频率变化的情况[12]。

（2）电磁场源的类型（平面波、电场或磁场）。SE 取决于电磁场源的类型，因为平面波、电场和磁场的反射屏蔽效能表达式有所不同。

（3）屏蔽体厚度。吸收屏蔽效能随屏蔽体厚度变大而增加，而反射屏蔽效能则与屏蔽体厚度无关。

（4）屏蔽材料的电导率、磁导率、介电率和介电常数。根据介电常数（ε）、电导率（σ）和磁导率（μ_r），屏蔽效能表示为[6]

$$SE_A = 20d\frac{\sqrt{\mu_r \omega \sigma}}{\sqrt{2}}\log e, \qquad SE_R = 10\log\left(\frac{\sigma}{16\mu_r \omega \varepsilon_0}\right)$$

$$SE_{total} = 20d\frac{\sqrt{\mu_r \omega \sigma}}{\sqrt{2}}\log e + 10\log\left(\frac{\sigma}{16\mu_r \omega \varepsilon_0}\right)$$

式中，d 是样品厚度（单位为 cm），$e \approx 2.718$，$\sigma = 2\pi f \varepsilon_0 \varepsilon''$（电导率，单位为 Scm^{-1}），μ_r 是相对磁导率，$\omega = 2\pi f$ 是角频率，ε_0 是真空介电常数，ε'' 是介电常数的虚部。根据以上公式可知，更好的电磁波吸收性能可通过使用厚度更大、电导率和磁导率更高的屏蔽材料来实现。电磁干扰屏蔽材料要尽可能多地吸收电磁辐射，其介电常数就要尽可能地接近空气介电常数。信号反射实际上是由信号传播到空气的波阻抗与进入吸收材料的波阻抗之间的不匹配导致的，而波阻抗与介质的介电常数倒数成正比。

（5）屏蔽体与场源的距离。在近场中，磁场的衰减速率为 $(1/r)^3$，而电场的衰减速率为 $(1/r)^2$。在远场中，电场和磁场的衰减速率都为 $1/r$[13]。

（6）极化。屏蔽效能取决于极化，因为材料的介电性质来自离子、电子、取向和空间电荷极化[14]。

（7）屏蔽效能随被屏蔽体积大小、屏蔽体的几何形状、电磁波入射方向及屏蔽体内测量场强的位置发生变化[13]。

（8）屏蔽体内的孔洞。根据孔径理论，当材料厚度小于孔洞尺寸时，屏蔽效能随着孔洞数量的增加而降低[15]。

聚合物复合材料的 EMI SE 主要取决于其固有电导率、介电常数、磁导率、纵横比和导电填料含量。高电导率和导电填料的连通性可以提升电磁干扰屏蔽效能[16]。

4.4 电磁干扰屏蔽效能测试类型

用于测量屏蔽材料 EMI 屏蔽效能的常见方法有 4 种。屏蔽应用不同，所用的方法也不同。
（1）开放场地或自由空间测试法。
（2）屏蔽箱测试法。
（3）同轴传输线测试法。
（4）屏蔽室测试法。

4.4.1 开放场地或自由空间测试法

开放场地或自由空间测试法可用于测量电子设备的辐射发射和传导发射，进而估算完整电子组件的实际屏蔽效能。开放场地测试尽可能提供电子设备的正常使用条件。测试法包括将设备放在距离接收天线 30m 的位置,并如图 4.5 所示记录辐射发射情况。在同一测试中,还记录沿电源线传输的传导发射情况。用噪声计记录结果,以确定产生的电磁干扰水平[17, 18]。

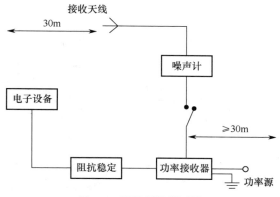

图 4.5　开放场地测试法

4.4.2　屏蔽箱测试法

屏蔽箱测试法广泛用于不同屏蔽材料测试样品的相对测量。屏蔽箱技术利用一个金属箱,其中一个箱壁与样品端电密接缝,并与接收天线相连。发射天线置于箱外,在有或没有固定测试样品的情况下,通过端口都可记录天线检测到的信号强度(见图 4.6)。屏蔽箱内外的电磁信号之比就是屏蔽效能(SE)。该方法的缺点是,很难确保测试样品与屏蔽箱之间的足够接触,且同一样品在不同实验室的测试结果也存在差异。这种方法通常不适用于超过 500MHz 的频率范围[17, 18]。

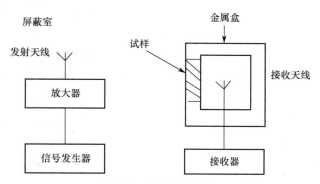

图 4.6　屏蔽箱测试法

4.4.3　同轴传输线测试法

目前,同轴传输线测试法是测量屏蔽效能的首选方法,因为它克服了屏蔽箱技术的缺点。这种技术的主要优点是,不同实验室测试同一样品时得到的结果基本相似。此外,测量屏蔽效能期间得到的数据可分解为反射、吸收和透射三部分(见图 4.7)。形如小甜甜圈的样品适用于测试。特定频率下的测量可借助调制信号发生器、晶体探测器和调谐放大器进行记录,或者在扫描模式下使用频谱分析仪驱动的跟踪发生器来替代该发生器。在逐点模式下,首先在给定频率处设置线路上不带样品架的系统。将可变衰减器设置为最大,并记录信号电平。下一步是将样品架插入线路,减小衰减器,直到达到与之前相同的读数。所获信号的衰减直接给出样品屏蔽效能谱。在一系列不同频率下重复该过程，就可获得响应谱。在逐点模式下需要更长的时间来获取响应谱，而在扫描模式下，频谱分析仪几分钟内就可显示系统响应的单一曲线。标准同轴电缆可提供约 80dB 的动态范围。美国测试和材料学会（ASTM）的 ASTM D4935-99 已认证同轴传输线技术为测量平面样品屏蔽效能的标准方法。

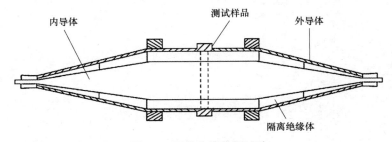

图 4.7　同轴传输线测试法

4.4.4　屏蔽室测试法

屏蔽室测试法是最先进的测试法，它克服了屏蔽箱测试法的缺点，且一般原理与屏蔽箱测试法的类似，但其测量系统的各个组件（如信号发生器、发射天线、接收天线和记录仪）都被隔离在单独的房间中，以排除干扰的可能。此外，天线放在无回声腔室内，测试样品的面积大大增加，通常为 $2.5m^2$（见图 4.8）。与屏蔽箱测试法相比，这种方法获得一致结果的频率范围显著扩大，数据重复性明显提高。

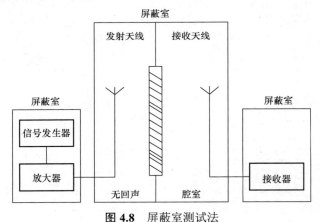

图 4.8　屏蔽室测试法

4.5　屏蔽效能测试法和系统

屏蔽效能测量的目标是量化入射波与材料样品相互作用引起的电磁波衰减。两种用于确定材料电磁干扰（EMI）屏蔽效能的重要方法是：① 测量薄片状或板状材料的 EMI SE；② 测量由样品材料构建的完整外壳的 EMI SE。这两种方法都利用了插入损耗测量。该技术首先将发射天线的功率在没有任何测试材料的情况下合并到接收天线（P_i），然后将发射天线的功率在有测试材料的情况下连接到接收天线（P_t）。将无样品和有样品时接收到的功率比值进行对数计算，就得到 SE，计算公式如下：

$$SE = 10\log \frac{P_i}{P_t}$$

图 4.9 中显示了用于实验确定 SE 的基本测试设置。

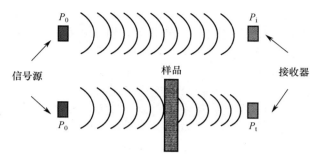

图 4.9 实验确定 SE 的基本测试设置

常用于评估电磁屏蔽效能的方法和测试标准是 ASTM ES-7 双腔测试夹具、ASTM ES-7 同轴传输线、ASTM D 4935 圆形同轴传输线支架、双横电磁波传输室以及改进的 MIL-STD-285 测试法，样品呈薄片状或板状。常用于评估完整外壳状材料样品的电磁屏蔽效能的方法和测试标准是 IEEE-STD-299、ASTM E 1851[19]。

4.5.1 平板状样品测试法

1. 基于 MIL-STD-285 的测试法

MIL-STD-285 是用于测量公共平板状材料屏蔽效能的传统方法之一，它使用两个屏蔽室和一个公共室壁，如图 4.10 所示。公共室壁上有一个开口，用于安装测试样品。发射天线位于开口的一侧，接收天线位于开口的另一侧。两副天线指向彼此，且距离固定。开口处无样品时，天线之间的辐射功率用 P_i 表示；开口处有样品时，天线之间的辐射功率用 P_t 表示。如上所述，利用下式计算电磁干扰屏蔽效能（EMI SE）：

$$SE = 10\log\frac{P_i}{P_t}$$

基于 MIL-STD-285 标准的测量方法已用于研究新屏蔽材料（如导电复合材料和导电垫圈）的性能。这种方法存在一个值得注意的缺点：所测屏蔽效能取决于天线的放置方式和屏蔽室内电磁波的反射，重复性差。

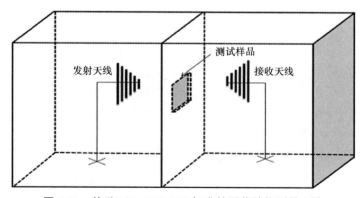

图 4.10 基于 MIL-STD-285 标准的屏蔽效能测量方法

人们目前已开发 MIL-STD-285 方法的改进版，它通过在腔室内使用吸收材料来最大限度地减少反射问题。在 IEEE-STD-299 标准中，也可找到新版的 MIL-STD-285 方法。测量频率范围为几 MHz 到 18GHz[11,20]。

2. 基于 MIL-G83528 测试屏蔽效能的改进辐射法

MIL-G-83528 中描述的用于屏蔽效能研究的辐射能量方法，是 MIL-STD-285 测试法的改进版。MIL-STD-285 要求发射天线发出的波束聚焦于测试样品与封闭式外壳之间的间断处或接合处，接收天线的位置能够接收到接合处辐射的最大场强。在 MIL-G83528 中，电磁波指向一个 28 英寸×28 英寸大盖板的中心，接收天线则直接放在盖板后面，如图 4.11 所示。开放式参考装置，是通过设置发射/接收天线距离屏蔽室壁和无固定盖板测试夹具 1 米构成的。将适当的信号发生器和射频（RF）放大器固定在发射天线上，并在接收天线上加入频谱分析仪。测量开放式参考装置后，将带有测试设备的闭合式参考安装在开放式参考装置内的确切位置，将所需测试样品放在测试夹具上。使用塑料垫片和压缩板将测试样品固定在正确的位置。压缩板用于支撑准确位置上的测试样品并施加均匀负载。通过读取开放式参考与闭合状态的功率之差，即可得到屏蔽效能[20]。

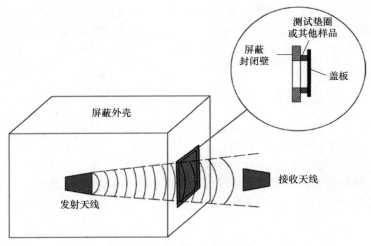

图 4.11　辐射屏蔽效能测试法（MIL-G-83528）

3. 双模式搅拌腔

这种方法使用双模式搅拌腔，搅拌腔内有一个带有小孔的公共壁，用于放置测试样品。模式搅拌腔是一个包含模式搅拌装置的屏蔽室或壳体，可在腔室内产生具有大量模式的电磁场（见图 4.12）。将机械桨轮或其他可以级进或连续旋转的高导电结构用作模式搅拌装置。电子模式搅拌也可通过调制信号源和形成频率模式搅拌来实现。小型功率放大器可促进腔室内多模电磁场的放大，使其振幅更大。模式调整既可通过在测量中创建搅拌机制来完成，以在不同电磁环境下进行一些测量，又可固定搅拌机制以持续改变腔内电磁环境的方式来完成。第二种方法使测量变得相当容易。这时，天线的布置不是关键要素。这种方法的主要缺点是，控制模式搅拌所需的设备非常昂贵。该方法的低频限制约为 500MHz，并且依赖于模式搅拌腔室的最小尺寸。腔室内的最小距离应是最低频率波长的 7 倍，即 500MHz 对应的距离超过 4m。用其他方法推导最低有效频率给出了不同的频率下限，测量完整腔室内的均匀场是得到准确实际值的最优方法[11, 20]。

4. 回波腔中的通孔横向电磁（TEM）单元

在这种方法中，场源是一个回波腔，即带有以连续和不连续小步长方式旋转挡板的屏蔽室。当挡板位置改变时，腔内产生的场显示为接近自由空间波阻抗的平均值。该方法在较高频率下的驱动效果更好。发射天线和通孔 TEM 单元放在腔内。通孔 TEM 单元作为接收器。天线不可朝向 TEM 单元，TEM 单元也不能靠近腔壁或其他反射物体。TEM 单元是矩形同轴传输线的扩展单元。样品固定在 TEM 单元的孔上，之后天线产生电磁场，使用与 TEM 单元耦合的接收器来计算通过样品的泄漏量。可用频率范围为 200MHz～1GHz，动态范围约为 100dB。这种方法在较高的频率下使用效果较好。频率较低（低于 1GHz）时，挡板以离散小步长旋转，测量时间较长。频率较高（大于 1GHz）时，挡板以连续小步长旋转，测量时间较短[11, 19]。

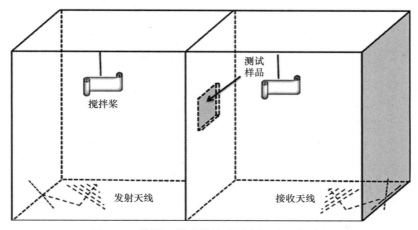

图 4.12 使用双模式搅拌腔设备测试屏蔽效能

5．双 TEM 单元测试法

一种相关且成本更低的方法是双 TEM 单元测试法（见图 4.13）。双 TEM 单元测试装置是唯一能够分离电磁耦合的装置。近场和远场都可通过这种技术进行测量。双 TEM 单元由两个 TEM 单元组成，它们由固定有被测样品的小孔连接在一起，其中一个 TEM 单元与信号源连接并终止于另一端，另一个 TEM 单元作为驱动单元，通过小孔传输功率至作为接收器的第二个 TEM 单元。第二个 TEM 单元有两个输出端，分别用于确定电场耦合和磁场耦合。因此，可用下式来计算电场和磁场的屏蔽效能：

$$SE^e = 20\log\left|\frac{\sum i}{\sum t}\right|, \quad SE^m = 20\log\left|\frac{\Delta i}{\Delta t}\right|$$

式中，$\sum i$ 和 $\sum t$ 是在正向端口和反向端口测量的信号总和，分别对应于无负载和有负载的小孔情况；Δi 和 Δt 是在正向端口和反向端口测量的信号差值，分别对应于无负载和有负载的小孔情况。向量网络分析仪（VNA）用于测量接收单元的正向端口和反向端口的信号总和与信号差值。

这种方法的一个优点是，可通过测量第二个 TEM 单元两端接收到的功率，同时研究电场和磁场屏蔽。这种方法的频率范围为 1～200MHz，动态范围约为 60dB。这种方法的缺点是，电场的极化方向与样品垂直[11, 19-21]。

6．分离 TEM 单元

另一种 TEM 单元是分离 TEM 单元，也称矩形分离传输线支架。分离 TEM 单元是将普通 TEM 单元分为两半制成的。测试样品的屏蔽效能计算方式如下：测量两半空单元连接体的衰减，并测量与样品连接的两半短路单元的衰减。中心导体和外部导体必须与样品两侧保持良好接触，以便样品使单元短路。TEM 单元的接收部分可以调整，以测量磁场屏蔽效能。将一副环状天线与一个装有 90°反射器的盒子结合在一起。环状天线通过反射器安装，使环状天线的四分之三在盒内，其他四分之一在盒外。进行测量时，将带有反射器和四分之一环状天线的单元壁与半部 TEM 单元及其中的样品相连。这种方法的频率范围为 1MHz～1GHz（磁场的频率范围为 1～400MHz），动态范围为 70～80dB[11, 21]。

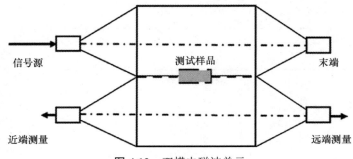

图 4.13　双横电磁波单元

7．ASTM ES-7 双腔测试装置

ASTM ES-7 中介绍的双腔测试装置广泛用于近场测量。若发射天线与材料之间的距离等于或小于波长/2π，则材料处于近场中。双腔测试装置需要较小的样品尺寸。一个盒子分离为两部分，样品材料薄片夹在两部分之间。发射天线位于一个腔室中，接收天线则位于另一个腔室中。用插入损耗技术进行测量。在第一阶段，发射天线功率与没有任何测试材料的接收天线耦合。在第二阶段，发射天线功率与存在测试材料的接收天线耦合，即发射器以恒定的功率进行传输，而接收器测量存在和不存在测试样品时的转换功率分别表示为 P_t 和 P_i。EMI SE 由公式 SE = $10\log P_i/P_t$ 确定。这种测试法已用于 100kHz～1GHz 频率范围，动态范围为 80dB。该系统有一些优点，如不需要昂贵的腔室、测试速度快且简单，但也有一些缺点，如箱体表现出频率依赖行为，因为腔室物理尺寸带来了谐振（见图 4.14）[11, 20, 21]。

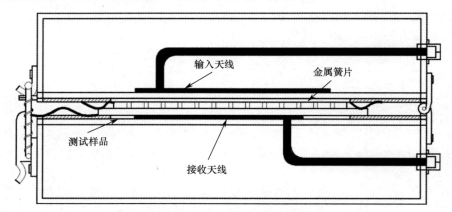

图 4.14　ASTM ES-7 双腔测试装置

8．ASTM ES-7 同轴传输线

这种方法利用了带有连续导体的圆形同轴传输线支架。中心导体具有较大的直径，且向两端逐渐变窄。外导体增大到适当尺寸以保持 50Ω 阻抗。中间部分还有纵向狭缝，以容纳盘状样品。装配后，内外导体完美地保持连续连接状态。支架可拆卸，以便插入垫圈形测试样

品。将 TEM 单元设计成在频率范围 1MHz～1.8GHz 内仅允许传输一种 TEM 模式。为防止扰动，上限频率不能超过截止频率（f_{max}）：

$$f_{max} < \frac{c}{\pi/2(D+d)}$$

式中，c 是光速，D 是外导体的内径，d 是内导体的直径。使用信号源和接收器（如示波器或频谱分析仪）进行测量，或者使用向量网络分析仪进行测量。为了充分测量并保持内外导体之间的电接触，材料样品的边缘必须涂上银层。利用插入损耗技术来量化电磁屏蔽效能。材料屏蔽效能依据入射功率（P_i）和透射功率（P_t）的公式 SE = $10\log P_i/P_t$ 得出。这种方法的优点是设备传输性能好，缺点是无法给出埋入导电层或高表面电阻率样品的充分数据（见图4.15）[11, 19, 21]。

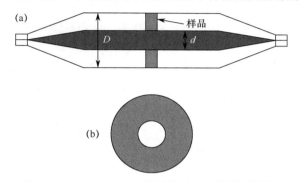

图 4.15 (a)ASTM ES7 测试单元；(b)垫圈形样品

9. ASTM D 4935 圆形同轴传输线支架

这种技术对平板和薄型材料的电磁屏蔽效能测量较为方便，尤其适用于复合材料。这种技术的设备可用于测量高频平面波电磁屏蔽效能。设备由一台网络分析仪和一个样品支架组成，网络分析仪可测量入射、透射和反射功率。该技术使用一个中断内导体和带法兰的外导体，在目标频率范围对平而薄的基材样品进行辐射。支架是放大的同轴传输线，具有特殊的锥形界面和缺口匹配槽，以保持整个支架长度内 50Ω 的特征阻抗。这种技术使用插入损耗法来确定基材的屏蔽效能。作为参考测量，有必要进行空载单元测量，以便评估屏蔽效能。参考样品放在单元中部的法兰之间，仅遮掩法兰和内部导体。负载测量在与法兰直径相同的固体圆状样品上进行。参考测量和负载测量使用厚度相同的同种材料。SE 定义为负载样品接收功率（P_1）与参考样品接收功率（P_0）之比的对数，即 SE = $10\log(P_0/P_1)$（见图4.16）。

这种方法为各种材料如金属、导电塑料和高表面电阻材料提供了比 ASTM ES7 方法更准确的屏蔽效能测量。对表面导电材料来说，该方法与 ASTM ES7 方法类似，但对导电塑料来说，这种方法则以法兰之间的电容耦合为依据。测量在频率范围 30MHz～1.5GHz 内进行。上限频率必须小于最高频率。测量所需设备与 ASTM ES7 方法的相同。在测量过程中，部件之间不能接触，对外导体来说更是如此。当各部件之间存在接触时，接触阻抗将与样品串联并改变测量结果。因此，应使用非导电螺丝或支撑物来防止这种问题的发生[19, 21]。

10. 外壳测试技术

量化材料电磁屏蔽效能的第二种测试技术是，在由材料制成的原型箱中布置一副接收天线，并求箱壁传播的功率。在这种技术中，屏蔽效能取决于原型箱的几何形状和尺寸，以及材料样品的电性能。这种测量的优点是能够接近外壳的最终电磁性能。在现实世界中，屏蔽效能受外壳形状和尺寸以及多重内部反射的影响，因此需要根据材料的实际应用进行适当的测量。但是，这种技术的缺点是，对某些原型而言要求非常大的尺寸[21]。

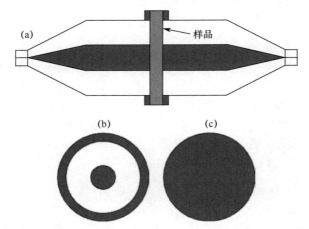

图 4.16　(a)ASTM D 4935 测试单元；(b)参考样品；(c)负载样品

11．注射成形外壳测试法

在这种方法中，箱和盖子都由要测试的样品材料注塑而成。外壳尺寸为 18cm×25cm×18cm。长 20cm 的发射天线安装在黄铜基底上，发射天线与信号发生器连在一起，如图 4.17 所示。评估屏蔽效能时，首先放上盖子测量从发射天线到接收天线传输的功率（P_1），然后取下盖子，再次测量从发射天线到接收天线传输的功率（P_0）。沿发射天线轴线旋转箱子，测量所有箱面的屏蔽效能，并且测量从箱顶到箱底的传输功率（见图 4.18）[21]。

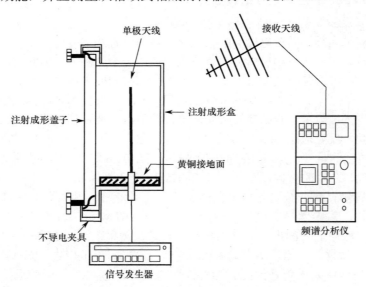

图 4.17　注射成形外壳测试法

12．IEEE-STD-299

这种方法可用于评估频率范围 9kHz～100GHz 内尺寸大于 2m 的箱子的屏蔽效能，但不可用于尺寸小于 2m 的箱子。该方法适用于由各类材料制成的外壳，如钢、铜、铝和织物强化复合材料。在测试过程中，参考测量是第一步，不同频率则要用不同的天线。测试过程取决于测量从发射天线到接收天线的功率[21]。

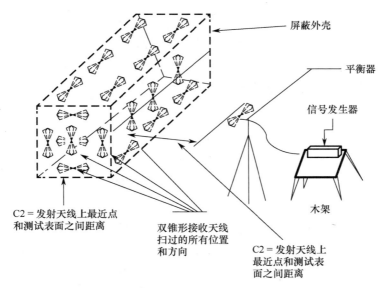

图 4.18 IEEE-STD-299

4.5.2 自由空间法

1. 频域中自由空间测量技术

1）自由空间传输测量方法

自由空间技术可用于宽频范围的测量，频率上限可达 10～100GHz，且可用于大样品的屏蔽效能测量。因此，这种不需要电接触的测试法适用于一大类屏蔽和原位测量。图 4.19 中显示了自由空间传输测量方法。通过建立天线 R 的感测场，可得到如下两种情况下每个频率的屏蔽效能：没有样品/嵌板的情况，有样品/嵌板的情况；使用公式 SE = $20\log(E_i/E_t)$ 计算屏蔽效能。

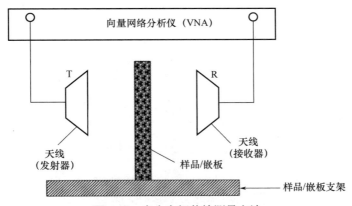

图 4.19 自由空间传输测量方法

2）自由空间反射测量法

自由空间反射测量法的装置如图 4.20 所示。通过适当对齐发射天线和接收天线系统，这种方法可以找到样品/嵌板的入射角和弧度反射率。反射系数（RC）表示为

$$RC = 20\log(E_r/E_i)$$

式中，E_r 为样品/嵌板的反射电场，E_i 为入射电场。样品的反射率还可由背散射系数（BC）表

示：BC = 20log(E_S/E_{MP})，其中 E_S 是存在样品/嵌板时天线 R 接收到的电场，E_{MP} 是用金属板替代样品/嵌板后，天线 R 接收到的电场。垂直入射波情况下的反射测量，可用单副天线和宽带高指向性定向耦合器实现。自由空间测量技术的焦点复杂性与电磁环境的控制相关，需要从干扰场中分离出所需的电场（如测量位置处的不必要反射）。

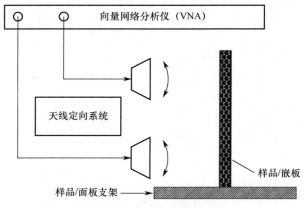

图 4.20 自由空间反射测量法

2．时域中的自由空间测量技术

图 4.21 中显示了如何利用时域技术测量屏蔽效能。时域方法允许进行宽频屏蔽效能测量，且可缩短测量时间。在实验室中，根据两种信号到达接收天线的时间差，采用时域方法可将所需信号从不需要的反射信号中分离出来。脉冲电磁场中材料的屏蔽效能可由公式 $SE_E = 20\log(E_0/E)$ 计算，其中 E_0 和 E 分别表示在发射天线和接收天线之间放置样品之前和之后，示波器上显示的脉冲电场峰值。没有样品/嵌板和有样品/嵌板情况下的脉冲波形可能不同，因为材料的屏蔽效能取决于频率。使用快速傅里叶变换（FFT）算法，可将示波器感测到的脉冲电场从时域转换到频域，进而找到每个频率分量的屏蔽效能。采用这种方法，可以比较时域方法的结果与频域方法的结果。将接收天线放在样品前方（见图 4.21），可以确定材料的反射特性。用时域方法测量屏蔽效能的动态范围为 50～60dB，远低于采用频域方法时的动态范围（约为 100dB）。

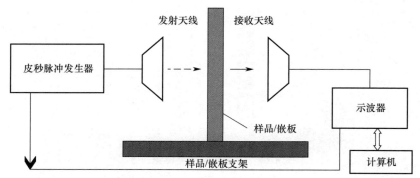

图 4.21 利用时域技术测量屏蔽效能

4.6 同轴电缆的传输阻抗

对于规定的电缆长度，传输阻抗可将屏蔽体表面电流与相反表面上由该电流导致的压降关联起来。它可用通过屏蔽体外部电场的电势差（E_{out}）与内部的电流密度（J_{in}）之比来量化：

$Z_t = E_{out}/J_{in}$。为了确定同轴电缆屏蔽体的屏蔽效能，通常需要估算其传输阻抗。在其他条件都相同的情况下，低直流电阻的屏蔽体有较低的压降，因此具有较低的传输阻抗。电缆屏蔽体通常设计为减小干扰传输；因此，具有低传输阻抗的屏蔽体要比具有高传输阻抗的屏蔽体更实用[11, 20]。

下面介绍同轴电缆传输阻抗的测量方法。

IEC 96-1A 标准描述了测量同轴电缆传输阻抗的测试程序和测试装置设计。标准中的三轴装置可用于表征 50Ω 负载。装置如图 4.22 所示。网络分析仪用于记录通过装置的传输参数（S_{21}），可用下式计算电缆屏蔽体的传输阻抗：

$$Z_t = abs\left(S_{21} \times 2 \times 1.4 \times 60 \times \ln\left(\frac{60}{d}\right)\right)$$

式中，d 是电缆屏蔽体的外径，S_{21} 是传输系数，s 是散射参数，a 和 b 分别是入射波和传输波的强度。IEC 96-1A 标准的有效频率范围是从直流到 30MHz。四轴和五轴固定装置适用于高达 1GHz 的频率范围。传输阻抗表征通常用于屏蔽连接器[11, 20]。

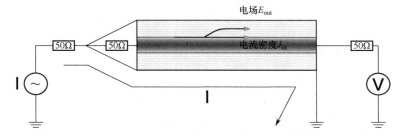

图 4.22　IEC 96-1A 标准中使用的三轴传输阻抗测量装置示例图

4.7　导电垫圈传输阻抗的测量

导电垫圈的传输阻抗测量在标准 SAE ARP 1705 和修订版 SAE ARP1705A 中详细说明，如图 4.23 所示。测试传输阻抗时，将一个垫圈样品夹在两个粗糙的板之间，通过一个 50Ω 负载向其发送信号。在传输阻抗测量技术中，将一个与电磁场耦合产生的电流直接注入垫片接头。因此，可以测量接缝两侧的电压。在 1m 长度上测量的电压与电流之比被定义为垫片的传输阻抗，其单位为 $dBΩm^{-1}$。

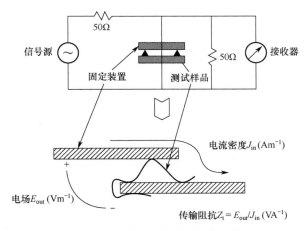

图 4.23　导电垫圈传输阻抗的测量

传输阻抗值可由公式 $Z_t = E_{out}/J_{in}$ 计算得到，其中 J_{in} 是在垫圈接头的一个表面上产生的纵向干扰电流，E_{out} 则是在垫圈接头的相反表面上由 J_{in} 产生的单位长度上的纵向电压。这种方法具有较好的重复性和高灵敏度[11, 20]。

4.8 小结

随着高效 EMI 屏蔽材料的快速增长，为了更好地服务于社会，开发合适的测试法和仪器来测量电磁屏蔽效能变得越来越重要。目前，已有许多用于测量材料屏蔽效能的测试法。选择合适的方法和仪器对获得可靠的电磁屏蔽效能测试结果非常重要。为了选择最适合的技术来测量电磁屏蔽效能，必须考虑远场-近场、材料尺寸、频率范围以及材料使用的场所。样品测试和外壳法测试的结果不尽相同。确定材料屏蔽效能的最佳方法是，同时使用样品测量和外壳法测量，使电磁屏蔽测试结果更有意义且更加充分。

参 考 文 献

1. Chung, D.D.L. (2001). *Carbon* 39: 279–285.
2. Khan, S.D., Arora, M., Wahab, M.A., and Saini, P. (2014). Permittivity and electromagnetic interference shielding investigations of activated charcoal loaded acrylic coating compositions. *J. Polym doi*: 10.1155/2014/193058.
3. Mustafa S. Ozen, Ismail Usta, Ali Beyit, Muhammet Uzun, Erhan Sanca, ErkanIsgoren, Rmutp International conference: textiles & fashion 2012 July-3-4, 2012, bangkok Thailand.
4. ASTM International (2010) ASTM D4935 – 10 Standard Test Method for Measuring the Electromagnetic Shielding Effectiveness of Planar Materials
5. Lundgren, U., Ekman, J., and Delsing, J. (2006). *IEEE Transactions on Electromagnetic Compatibility* 48 ((4)): 766–773.
6. Bayat, M., Yang, H., Ko, F.K. et al. (2014). *Polymer* 55: 936–943.
7. Parker Chomerics (2000) EMI Shielding Theory. parker.com/852568C80043FA7A/…/EMI%20Shielding%20Theory.002.pdf
8. LearnEMC (2011–2018) Shielding Theory. https://learnemc.com/shielding-theory
9. V. David, E. Vremera, A. Salceanu, I. Nica, and O. Baltag (2007) On the characterization of electromagnetic shielding effectiveness of materials.
10. Parveen Saini and Manju Arora (2012) Microwave absorption and EMI shielding behavior of nanocomposites based on intrinsically conducting polymers, graphene and carbon nanotubes *New Polymers for Special Applications*, ed. A. De Souza Gomes, InTech, Chapter 3, 71–112. doi:10.5772/48779.
11. Urban Lundgren, Characterization of components and materials for EMC Barriers, Doctoral Thesis,2004:07.ISSN:1402-154.ISRN:LTU-DT—04/07—SE
12. Phan, C.H., Mariatti, M., and Koh, Y.H. (2016). *Journal of Magnetism and Magnetic Materials* 401: 472–478.
13. Tamilarasu, S. and Thirunavukkarasu, P. (2013). *IOSR Journal of Electrical and Electronics Engineering (IOSR-JEEE)* 7 (2): 88–92.
14. Varshney, S., Ohlan, A., Jain, V.K. et al. (2014). *Materials Chemistry and Physics* 143: 806–813.
15. Das, A., Kothari, V.K., Kothari, A. et al. (2009). Effect of various parameter on electromagnetic shielding effectiveness of textile fabrics. *Indian Journal of Fibre & Textile* 34: 144–148.
16. Jin, L., Zhao, X., Xu, J. et al. (2018). The synergistic effect of a graphene nanoplate/Fe3O4@BaTiO3 hybrid and MWCNTs on enhancing broadband electromagnetic interference shielding performance. *RSC Adv.* 8: 2065–2071.

17 Thomas (accessed 2018) Measuring EMI shielding effectiveness.
18 S. Geetha, K. K. Satheesh Kumar, Chepuri. R. K. Rao and M. S. M. Vijayan (2009) EMI shielding: methods and materials—A review *Journal of Applied Polymer Science*, 112, 2073–2086. VC 2009 Wiley Periodicals, Inc. krc.cecri.res.in/ro_2009/084-2009.pdf
19 Morari, C. and Balan, I. (2015). *Electrotechnica, Electronica, Automatica* 63 (2): 126–136.
20 Tong, X.C. (2009). *Advanced Materials and Design for Electromagnetic Interference Shielding*, 37–44. New York: CRC Press Taylor & Francis Group. ISBN: 978-1-4200-7358-4.
21 Soyaslan, D.D. (2013). *Journal of Safety Engineering* 2 (2): 39–44.

第 5 章 屏蔽材料的电学特性

B. J. Madhu

5.1 引言

移动和其他通信设备发出的辐射对人类及其他生物体的电磁辐射影响是一个重要问题。电、磁设备间的电磁干扰（EMI）也是导致设备效率降低的主要原因。因此，需要进行电磁干扰屏蔽，以保护电子设备免受计算机电路、无线电发射器、手机、电动机、架空输电线路等发出的电磁干扰的影响。电磁干扰屏蔽过程是利用导电和磁性材料制成的屏蔽体来阻挡空间中的电磁场的过程。本章主要讨论有效屏蔽电磁干扰所需材料的重要电学性能。理解和掌握电磁干扰屏蔽材料的电学测量对开发高效屏蔽器件至关重要。

5.2 节简要介绍静电学基础知识，5.3 节讨论电导率方面的问题，5.4 节介绍材料中的介电和极化，5.5 节介绍材料在静态和交变电场下的介电性能，5.6 节讨论电磁干扰屏蔽材料（包括导电和介电屏蔽材料）。

5.2 静电学基础

5.2.1 静电场

粒子的电荷是其基本特性。静止电荷之间的相互作用由库仑定律描述，即两个静止电荷之间相互排斥或吸引，作用力的大小与电荷量的乘积成正比，与它们之间的距离的平方成反比[1-4]。与静止点电荷 q 相距 r 的另一个点电荷 Q 所受的力 F 表示为

$$F = \frac{1}{4\pi\epsilon_0}\frac{qQ}{r^2}\hat{r} \tag{5.1}$$

式中，常数 ϵ_0 称为真空介电常数。在国际单位制（SI）中，力的单位是牛顿（N），距离的单位是米（m），电荷的单位是库仑（C），$\epsilon_0 = 8.85 \times 10^{-12} \mathrm{C^2 N^{-1} m^{-2}}$。力从 q 指向 Q，若 q 和 Q 的符号相同，则力是相互排斥的；若 q 和 Q 的符号相反，则力是相互吸引的。

电荷之间的相互作用通过电场来完成。任何电荷 q 都会以某种方式改变其周围空间的性质，即创建一个电场。因此，位于电场中某点的"测试"电荷将受到力的作用[1]。作用在固定测试点的电荷 q' 上的力 F 表示为

$$F = q'E \tag{5.2}$$

式中，向量 E 称为给定点处的电场强度。式（5.2）表明，向量 E 可以定义为作用在单位正电荷上的力，该力的方向与任意点处的电场方向相同。

固定点电荷 q，距离 r 处的场强表示为

$$E = \frac{1}{4\pi\epsilon_0}\frac{q}{r^2}\hat{r} \tag{5.3}$$

式中，$\hat{r}$ 是从电场中心到待测电荷点的半径向量 r 的单位向量。在国际单位制中，电场强度 E 的单位是 $\mathrm{Vm^{-1}}$。电场方向与 r 的方向相同，或者取决于电荷 q 的符号。点电荷产生的电场强

度与距离 r 的平方成反比[1-6]。

固定点电荷系统的场强等于每个电荷单独产生的场强向量之和[1]：

$$\boldsymbol{E} = \sum \boldsymbol{E}_i = \frac{1}{4\pi\epsilon_0} \sum \frac{q_i}{r_i^2} \hat{r}_i \tag{5.4}$$

式中，r_i 是电荷 q_i 到待测点的距离。上面的描述称为电场的叠加原理。于是，就能通过将系统表示为一组点电荷来计算任何系统的场强，各个电荷的贡献由式（5.3）给出[1]。

电场的概念不仅有助于理解孤立的静止电荷之间的作用力，而且有助于理解电荷移动时会发生什么。当电荷移动时，运动以场扰动的形式传递给相邻的电荷。扰动来源于以光速运动的加速电荷。一个电场也是一个能量仓库，在电场中，能量可以长距离输送[1-6]。

通量（$\varPhi$）是任何向量场都具备的一个属性，它表明场中存在封闭或开放的假想表面。流场通量（$\varPhi_V$）用穿过表面的流线数量来衡量。对电场来说，通量（$\varPhi_E$）用穿过表面的力的作用线的数量来衡量。对于封闭的表面，若力的作用线在各个位置都指向外部，则视 $\varPhi_E$ 为正值；若力的作用线在各个位置都指向内部，则视 $\varPhi_E$ 为负值。穿过面元 d$\boldsymbol{S}$（其法线 $\boldsymbol{n}$ 与向量 $\boldsymbol{E}$ 成 θ 角）的力的作用线数量表示为 $E\mathrm{d}S\cos\theta$（见图 5.1）[1-6]。这个数量是通过面元 d$\boldsymbol{S}$ 的 $\boldsymbol{E}$ 的通量 d$\varPhi_E$，即

$$\mathrm{d}\varPhi_E = E_n \mathrm{d}S = \boldsymbol{E}\mathrm{d}\boldsymbol{S} \tag{5.5}$$

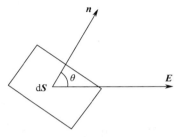

图 5.1 电场中的假设表面

式中，E_n 是向量 $\boldsymbol{E}$ 在面元 d$\boldsymbol{S}$ 的法向量 $\boldsymbol{n}$ 上的投影，d$\boldsymbol{S}$ 是大小等于 dS 且方向与法线重合的向量。

若有一个任意的曲面 S，则通过它的电场 $\boldsymbol{E}$ 的通量表示为

$$\varPhi_E = \oint \boldsymbol{E}\mathrm{d}\boldsymbol{S} \tag{5.6}$$

曲面积分表示该曲面将被划分为许多无穷小的面元 d$\boldsymbol{S}$，并对每个无穷小的面元计算 $\boldsymbol{E}\mathrm{d}\boldsymbol{S}$，然后将总和取为整个曲面的通量。

高斯定律可应用于任何闭合的曲面（称为高斯曲面），它给出了曲面上 $\varPhi_E$ 和曲面内部包围的净电荷 q 之间的关系[1-6]。高斯定律规定通过闭合曲面的电场 $\boldsymbol{E}$ 的通量等于该曲面所包围电荷的代数和除以 ϵ_0，即对任何闭合曲面都有

$$\oint \boldsymbol{E}\mathrm{d}\boldsymbol{S} = \frac{1}{\epsilon_0} q_{\mathrm{enc}} \tag{5.7}$$

式中，q_{enc} 是曲面内的总电荷。

由于电场 $\boldsymbol{E}$ 取决于所有电荷的分布，因此高斯定律通常不适用于确定电场。然而，在某些情况下，高斯定律提供了计算电场的快捷方法。仅当一个场具有特殊的对称性时，高斯定律才能有效地用于计算该场[1-6]。

5.2.2 电势能

当带电粒子在电场中运动时，电场对粒子做功。这个功可用势能来表示，而这个势能可称为"电势"，或者简称"势能"。只要物体有位移，作用于其上的功就可表示为势能函数，相应的力称为保守力。在一个电场中，因为其他电荷处于静止状态，作用在带电粒子上的力构成一个保守力场。当静电荷从电场中的任意一点被带到无限远处的零参考位时，该静电荷的势能（U）等于电场力所做的功[1-5]。

与电荷 q 相距 r 的待测电荷 q' 的电势能 U 表示为

$$U = \frac{1}{4\pi\epsilon_0} \frac{qq'}{r} \tag{5.8}$$

此外，若存在与某点相距 $r_1, r_2, r_3, \cdots$ 的电荷 $q_1, q_2, q_3, \cdots$，则该点处测试电荷 q' 的电势能为[3]

$$U = \frac{q'}{4\pi\epsilon_0} \sum \frac{q_i}{r_i} \tag{5.9}$$

当沿任何路径将测试电荷从位置 a 移至位置 b 时，电场力所做的功（W_{ab}）等于 a 处和 b 处的电势能之差，即

$$W_{ab} = U_b - U_a \tag{5.10}$$

电场力对单位电荷所做的功为

$$\frac{W_{ab}}{q'} = \frac{U_b}{q'} - \frac{U_a}{q'} = V_b - V_a \tag{5.11}$$

式中，$V_a = (U_a/q')$ 表示点 a 处单位电荷的电势，$V_b = (U_b/q')$ 表示点 b 处单位电荷的电势。此外，V_a 和 V_b 分别称为点 a 和点 b 的电势。电势的单位是伏特（V），因此电势常称电压。1 伏特（V）电势等于 1 库仑（C）电荷消耗 1 焦耳（J）能量。电势的重要性是一个位置对应一个确定值。电场中不同位置的电势都可定义，而不论电荷是否占据这些位置[1-6]。

5.2.3 电势和电场强度

带电杆周围的电场不仅可用电场强度（E）描述，而且可用标量即电势（V）描述。静电场中任意点的电势定义为该点处单位电荷的电势，即

$$V = \frac{U}{q} \quad \text{或} \quad U = qV \tag{5.12}$$

势能和电荷都是标量，因此电势也是标量。任意一组点电荷在某点引起的电势 V 为[3]

$$V = \frac{U}{q'} = \frac{1}{4\pi\epsilon_0} \sum \frac{q_i}{r_i} \tag{5.13}$$

注意，电势和电场一样，与用于定义它的测试电荷 q' 无关。

假设在电场 E 中将电荷 q' 移动了距离 $\mathrm{d}l$，电场 E 作用在电荷 q' 上的力 $\boldsymbol{F}$ 为

$$\boldsymbol{F} = q'\boldsymbol{E} \tag{5.14}$$

为了克服这个力，必须施加一个与其相等但方向相反的力：

$$\boldsymbol{F} = -q'\boldsymbol{E} \tag{5.15}$$

所消耗的能量是力与距离的乘积。在将测试电荷从 a 移到 b 的过程中，外力做的总功 W_{ab} 为

$$W_{ab} = \int_a^b \boldsymbol{F}\mathrm{d}\boldsymbol{l} = -q' \int_a^b \boldsymbol{E}\mathrm{d}\boldsymbol{l} \tag{5.16}$$

式（5.16）称为线积分。将 W_{ab} 的表达式代入式（5.11）得

$$V_b - V_a = \frac{W_{ab}}{q'} = -\int_a^b \boldsymbol{E}\mathrm{d}\boldsymbol{l} \tag{5.17}$$

若将点 a 设在无限远处，并将无限远处的电势 V_a 设为零，则点 b 处的电势 V 为

$$V = -\int_\infty^b \boldsymbol{E}\mathrm{d}\boldsymbol{l} \tag{5.18}$$

以上两个公式可用于计算任意两点之间的电势差，或者计算已知电场 E 中任意点的电势。梯度的微积分基本定理表明

$$V_b - V_a = \int_a^b \nabla V \, dl \tag{5.19}$$

$$\int_a^b \nabla V \, dl = -\int_a^b \boldsymbol{E} \, dl \tag{5.20}$$

上式对任意两点 a 和 b 来说都成立，因此被积函数必须相等，即

$$\boldsymbol{E} = -\nabla V \tag{5.21}$$

式（5.21）是式（5.18）的微分形式，说明电场是标量势的梯度。

5.3 电导率

5.3.1 电流和电流密度

移动的电荷形成电流。通过一个区域的电流定量地定义为单位时间内流过该区域的净电荷量。瞬时电流 I 定义为

$$I = \frac{dQ}{dt} \tag{5.22}$$

电流是一个标量。电流的国际单位是安培（A），即库仑（C）每秒。

一般来说，横截面积为 A 的导体中可以包含多种不同类型的带电粒子，其带电量为 q_i，密度为 n_i，漂移速度为 v_i；因此，总电流表示为

$$I = A \sum n_i q_i v_i \tag{5.23}$$

在金属中，运动电荷总是带负电的电子，而电离气体中则有运动的电子和带正电荷的离子。在半导体材料中，导电部分由电子运动实现，部分由空位（空穴即缺失电子的位置，充当类似的正电荷）运动实现[3]。

单位横截面积上的电流称为电流密度，其单位是安培/平方米（Am^{-2}）。电流密度是向量，用 $\boldsymbol{J}$ 表示：

$$\boldsymbol{J} = \sum n_i q_i \boldsymbol{v}_i \tag{5.24}$$

正电荷的漂移速度（$\boldsymbol{v}$）方向与电场 $\boldsymbol{E}$ 的方向相同，负电荷的漂移速度方向与 $\boldsymbol{E}$ 的方向相反。电荷 q 是负数，每个向量 $nq\boldsymbol{v}$ 的方向都与 $\boldsymbol{E}$ 的方向相同，因此电流密度 $\boldsymbol{J}$ 的方向总与电场 $\boldsymbol{E}$ 的方向相同。在金属导体中，即使运动的电荷只是电子，且沿与 $\boldsymbol{E}$ 相反的方向运动，电流密度 $\boldsymbol{J}$ 的方向仍然与 $\boldsymbol{E}$ 的方向相同[1-7]。

在导体中，价电子、传导或自由电子在电场作用下运动。在电场 $\boldsymbol{E}$ 中，带有电荷 $q = -e$ 的电子受到力 $\boldsymbol{F} = -e\boldsymbol{E}$ 的作用。在自由空间中，电子因被加速而不断提高速度（和能量）；在晶体材料中，电子前进时受到热激发晶格结构的频繁碰撞，很快达到一个恒定的平均速度。这个速度 v_d 称为漂移速度，它与给定材料中电子的迁移率和电场强度线性相关[6]。因此，有

$$\boldsymbol{v}_d = -\mu_e \boldsymbol{E} \tag{5.25}$$

式中，μ_e 是电子的迁移率。此外，电流密度的表达式为

$$\boldsymbol{J} = -\rho_e \mu_e \boldsymbol{E} \tag{5.26}$$

式中，ρ_e 是自由电子电荷密度。

对于金属导体，$\boldsymbol{J}$ 和 $\boldsymbol{E}$ 之间的关系也可用电导率（σ）表示为

$$\boldsymbol{J} = \sigma \boldsymbol{E} \tag{5.27}$$

式中，σ 的单位是西门子/米（Sm^{-1}）。电导率也可用电荷密度和电子迁移率来表示：

$$\sigma = -\rho_e \mu_e \tag{5.28}$$

在半导体中，两种载流子（电子和空穴）在电场中以相反的方向运动；因此，每种载流

子都作为总电流的一个分量,且与其他载流子在相同的方向上。因此,电导率取决于空穴和电子的浓度与迁移率[6]:

$$\sigma = -\rho_e \mu_e + \rho_h \mu_h \tag{5.29}$$

式中,ρ_h 是空穴的电荷密度,μ_h 是空穴的迁移率。

5.3.2 电阻率

导体中的电流密度 J 取决于电场 E 和导体的性质。一般来说,J 对 E 的依赖关系非常复杂,但对一些材料来说,尤其是对金属来说,它们之间呈正比关系。对于这样的材料,E 和 J 的比值是常数;因此,我们将特定材料的电阻率 ρ 定义为电场与电流密度的比值[3]:

$$\rho = \frac{E}{J} \tag{5.30}$$

也就是说,电阻率是单位电流密度的电场值。电阻率越大,生成给定电流密度所需的电场就越大,或者对给定的电场来说,生成的电流密度就越小。电阻率的单位是欧姆米(Ωm)。欧姆发现金属导体在恒温下的电阻率是一个常数,这称为欧姆定律。符合欧姆定律的材料称为欧姆导体或线性导体,不符合欧姆定律的导体称为非线性导体。

在不太高的温度范围内,金属的电阻率可近似地表示为

$$\rho_T = \rho_0[1 + \alpha(T - T_0)] \tag{5.31}$$

式中,ρ_0 是参考温度 T_0 下的电阻率,ρ_T 是温度为 T 时的电阻率,α 是电阻率的温度系数。所有金属导体的电阻率都随着温度的升高而上升,但半导体的电阻率随着温度的升高而迅速下降[3]。

在电场为 E 的导体内部的一个点处,电流密度 J 满足以下关系:

$$E = \rho J \tag{5.32}$$

通常很难直接测量 E 和 J,因此要将该关系式转化为易于测量的形式,如包含总电流和电势差。假设在导体的横截面积 A 上存在恒定电流密度,且沿导体长度 l 的方向存在均匀电场,则总电流 I 由 $I = JA$ 给出,两端之间的电势差 V 由 $V = El$ 给出。利用这些关系可得

$$\frac{V}{l} = \frac{\rho I}{A} \tag{5.33}$$

因此,总电流与电势差成正比。对于特定的材料样品,值 $\rho l/A$ 就是它的电阻 R:

$$R = \frac{\rho l}{A} \tag{5.34}$$

于是,式(5.33)变为

$$V = IR \tag{5.35}$$

上式就是欧姆定律;这种形式只涉及材料的特定部分,而不代表材料的一般性质。式(5.34)说明,导线的电阻与其长度成正比,或者具有均匀横截面积的导体的电阻与其横截面积成反比。此外,导体的电阻还与导体所用材料的电阻率成正比。电阻的国际单位是伏特/安培(1VA^{-1}),1VA^{-1} 电阻称为1Ω[3]。

5.3.3 直流电导率

电导率是大部分材料的固有属性,范围覆盖从类似金属这样的导电性极高的材料,到像塑料或玻璃这样的导电性极低的材料。精确测量电导率很困难,特别是多晶材料的电导率。在单位电场下,单向发生的输运称为直流(DC)电导率。为保证电导率值适用于长程电荷迁移,避免阱中有限或局域快速运动离子引起的介电损耗,测量直流电导率非常必要[8-13]。

如前所述，电导率（σ）定义为电流密度 J 和电场梯度 E 之间线性关系的比例常数：

$$J = \sigma E \tag{5.36}$$

电导率的大小由以下因素决定：

（1）电荷载流子密度（n），即单位体积内的电荷载流子数量。

（2）单位电场下载流子的平均漂移速度（μ_e）。

在金属导体中，电流是在电场作用下传导电子的运动产生的，而离子则附着在晶格上并在晶格上振动。离子没有净平移运动，因此对电流没有贡献。在外加电场 E 下，电子受到的力由经典定律[11]定义：

$$-eE = ma \tag{5.37}$$

式中，m 是电子的质量，a 是由外电场引起的加速度。沿电场正向加速的电子，其速度存在上限。这些电子在运动路径上与介质发生碰撞。根据两次连续碰撞之间的时间间隔，电子获得一个称为漂移速度的平均速度增量，且漂移速度在碰撞过程中逐渐消失。漂移速度是电子在没有电场的情况下获得的超过其正常速度的额外速度[11]。若平均碰撞时间为 τ，v_d 是电子获得的漂移速度，则式（5.37）写为

$$m\left(\frac{v_d}{\tau}\right) = -eE \tag{5.38}$$

$$v_d = -\frac{eE\tau}{m} \tag{5.39}$$

因此，电流密度变为

$$J = -nev_d = \frac{ne^2\tau E}{m} \tag{5.40}$$

式中，n 是电量为 e 的自由电子的数量。这是欧姆定律的形式。因此，电导率的表达式为

$$\sigma = \frac{ne^2\tau}{m} \tag{5.41}$$

电阻率 ρ 是电导率的倒数。可以看出，电导率随着 n 的增大而增大。电导率与碰撞时间（τ）成正比。τ 越大，电子在碰撞之间需要越长的时间被电场加速，因此更大的漂移速度将带来更大的 σ。

电子的平均自由程 l 是指其在连续碰撞之间行进的平均距离。对于没有杂质和缺陷的理想晶体，0K 时的平均自由程为无穷大。也就是说，若没有碰撞，则电导率为无穷大。杂质原子为电子提供有效的散射中心。将杂质原子引入晶体会引起碰撞，进而减小平均自由程及电导率。同样，其他点缺陷、位错和晶界也会增大散射并降低电导率[11-13]。

金属导体的电导率随着温度的升高而降低。当温度高于 0K 时，原子围绕其平衡位置随机振动。这些振动可视为晶体内的弹性波，称为声子。它们的随机性破坏了晶体的理想周期性，干扰了电子运动。因此，平均自由程和电导率随着温度的升高而减小[8-13]。

5.3.4 交流电导率

有别于直流（DC）电导率测量，使用交流（AC）电导率技术可在宽频范围内测量电导率。材料的直流电导率也可从交流电导率中提取。此外，还可从中得到电极电容、晶界电阻、电容以及材料中电子的电导率等信息。

考虑角频率为 ω 的交流电场下材料的电导率[12-16]：

$$E(t) = \text{Re}[E(\omega)e^{-i\omega t}] \tag{5.42}$$

式中，频率为 ω 的电场的振幅为 $E(\omega)$。电子的合速度为

$$v(t) = \text{Re}[v(\omega)e^{-i\omega t}] \tag{5.43}$$

它受限于

$$\frac{dv}{dt} = -\frac{v}{\tau} - \frac{e}{m}E(t) \tag{5.44}$$

整理得

$$-i\omega v(\omega) = -\frac{1}{\tau}v(\omega) - \frac{e}{m}E(\omega) \tag{5.45}$$

上式给出了用 $E(\omega)$ 表示的 $v(\omega)$。于是,电流密度就可表示为

$$J(\omega) = -nev(\omega) \tag{5.46}$$

电流密度可用电场表示为

$$J(\omega) = \frac{\dfrac{ne^2\tau}{m}E(\omega)}{1 - i\omega\tau} \tag{5.47}$$

$$J(\omega) = \frac{\sigma_0 E(\omega)}{1 - i\omega\tau} \tag{5.48}$$

式中已将直流电导率表示为 σ_0。因此,可以确定交流电导率,它是一个复数:

$$J(\omega) = \sigma(\omega)E(\omega) \tag{5.49}$$

其中,

$$\sigma(\omega) = \frac{\sigma_0}{1 - i\omega\tau} \tag{5.50}$$

上式中的零频率极限显然就是直流电导率。当频率较高时,电场的振荡变得很快,电子无法响应,因此电导率为零[12-16]。

交流电导率是一个复数,复电导率由下式给出:

$$\sigma^*(\omega) = \sigma' + \sigma'' \tag{5.51}$$

其实部和虚部分别为

$$\sigma' = \frac{\sigma_0}{1 + \omega^2\tau^2}, \quad \sigma'' = \frac{\sigma_0 \omega\tau}{1 + \omega^2\tau^2} \tag{5.52}$$

交流电导率的实部(σ')表示产生电阻性焦耳热的同相电流,而虚部(σ'')表示 $\pi/2$ 相位差的感应电流。进一步观察 σ' 和 σ'' 的频率函数发现,在低频区域 $\omega\tau \ll 1$,$\sigma'' \ll \sigma'$。也就是说,电子本质上表现为电阻性质。因为 $\tau \approx 10^{-14}$s,所以涵盖了整个常见频率范围至远红外区域。在高频区域 $1 \ll \omega\tau$,对应可见光和紫外线区域有 $\sigma' \ll \sigma''$,电子本质上表现为电感性质。在这个范围内,不能从场中吸收能量,不出现焦耳热[12-14]。

5.4 材料中的电场

5.4.1 电介质

电介质作为材料实际上不传导电流,也就是说,与导体截然不同,电介质不含可以运动长距离的电荷并产生电流。因此,电介质材料是电绝缘体。将电介质引入一个外部电场后,电场和电介质本身都发生明显的变化。

尽管不能出现离子或电子的长程运动,但在电介质上施加电压后,确实可导致材料内部的电荷极化。移除电压后,电荷极化便会消失。铁电物质是一种特殊类型的电介质,它在移除电场后仍然保留大量的残余电荷极化。材料的电介质性质将在 5.5 节中详细讨论。

5.4.2 极化

线性分离的正电荷和负电荷构成一个电偶极子。电偶极子是由两个电荷量相等但符号相反的电荷（q 和 $-q$）组成的实体。电偶极矩定义为

$$p = qd \tag{5.53}$$

式中，d 是从负电荷到正电荷的向量距离。电偶极矩等于其中一个电荷乘以它们之间的距离。此外，电偶极子会产生电场[12]：

$$E = \frac{1}{4\pi\epsilon_0} \cdot \frac{3(p.r)r - r^2 p}{r^5} \tag{5.54}$$

式中给出了电场与向量 r（连接偶极子与电场点的向量）和电偶极矩 p 之间的关系。式（5.54）只适用于远离偶极子本身的点，即 $r \gg d$ 的点。原子和分子的情况通常满足这个条件，因为 d 的大小与原子直径是同一数量级的。

当一个偶极子位于外部场中时，它会与场相互作用。外电场对电偶极子施加一个力矩，

$$\tau = p \times E \tag{5.55}$$

式中，E 是外电场。力矩的大小由 $\tau = pE\sin\theta$ 给出，其中 θ 是场和力矩的之间的夹角，τ 的方向趋于使偶极子沿外电场方向排列。此外，偶极子与外电场的相互作用可由电势表示：

$$V = -pE = -pE\cos\theta \tag{5.56}$$

上式给出了偶极子的电势。电势取决于夹角 θ，当偶极子沿外电场同向排列（电势为 $-pE$）或沿外电场反向排列（电势为 pE）时，电势在两者之间变化。当偶极子与外电场平行时，能量最小，因此可认为这是最理想的取向，即偶极子方向与外电场方向保持一致。

在外电场作用下，介质被极化。若介质由非极性分子组成，则每个分子上的正电荷沿着电场方向移动，而负电荷沿着相反的方向移动。若介质由极性分子组成，则在没有电场的情况下，它们的偶极矩会因热运动而无主导取向。当有外电场作用时，偶极矩在外电场方向上主导取向。因此，极化的机制取决于介质的结构[11-16]。

介质分子在电场作用下的极化程度或沿外场方向的取向程度，可由称为极化强度（P）的向量描述。若 p 是每个分子的偶极矩向量在外场方向上的分量，且单位体积内有 N 个分子，则极化强度 P 定义为

$$P = Np \tag{5.57}$$

因此，极化强度是单位体积的偶极矩。极化强度向量与分子偶极矩的方向相同。极化强度的国际单位是库仑每平方米（Cm^{-2}）。

当介质被极化时，其电磁性质发生变化，它可由如下的著名关系式来表示：

$$D = \epsilon_0 E + P \tag{5.58}$$

式中，D 是电位移向量，E 是介质中的电场。

众所周知，电位移向量 D 仅取决于产生外电场的源，而完全不受介质极化的影响。外电场 E_0（介质的外电场）满足

$$D = \epsilon_0 E_0 \tag{5.59}$$

与式（5.58）比较，发现

$$E = E_0 - \frac{1}{\epsilon_0} P \tag{5.60}$$

表明极化的作用是改变介质内部的场[11-16]。一般来说，极化会使内部电场减小。式（5.58）通常表示成

$$D = \epsilon E = \epsilon_0 \epsilon_r E \tag{5.61}$$

式中，相对介电常数 $\epsilon_r = (\epsilon/\epsilon_0)$ 是介质的性质。材料的所有介电和光学性质都包含在这个常数中。分子偶极矩与电场成正比。因此，偶极矩 p 和 E 之间的关系为

$$p = \alpha E \tag{5.62}$$

式中，常量 α 称为分子极化率，它具有体积的量纲。除了在非常大的场强环境下，式（5.62）普遍成立。

极化强度 P 可以表示为

$$P = N\alpha E \tag{5.63}$$

代入式（5.58），可将 D 的表达式写成

$$D = \epsilon_0 E + N\alpha E = \epsilon_0 \left(1 + \frac{N\alpha}{\epsilon_0}\right) E \tag{5.64}$$

将这个结果与式（5.61）进行比较，得到

$$\epsilon_r = 1 + \left(\frac{N\alpha}{\epsilon_0}\right) \tag{5.65}$$

上式用极化率表示了介电常数。介质的电极化率 χ 可用以下关系式定义：

$$P = \epsilon_0 \chi E \tag{5.66}$$

这个关系式将极化与电场联系在了一起。χ 值取决于材料的微观结构。满足式（5.65）的材料称为线性介电材料[12-16]。与式（5.63）比较，可将微观极化率和宏观极化率之间的关系写为

$$\chi = \frac{N\alpha}{\epsilon_0} \tag{5.67}$$

于是，式（5.64）可以写为

$$\epsilon_r = 1 + \chi \tag{5.68}$$

因此，介电常数偏离真空值的那部分就等于电极化率。

实验表明，式（5.65）在液体或固体中不适用，即在凝聚态物理系统中不适用。这表明作用并极化分子的场与电场 E 相等，但进一步观察发现事实并非如此。极化场与电场 E 是不同的。因此，一般情况下，介质的极化率 α 定义为

$$p = \alpha E_{loc} \tag{5.69}$$

式中，E_{loc} 是作为局域电场的极化场，p 是局域电场感应的偶极矩。极化率有 4 个可能的分量：

$$\alpha = \alpha_e + \alpha_i + \alpha_d + \alpha_s \tag{5.70}$$

式中，分量 α_e、α_i、α_d 和 α_s 分别是电子极化率、离子极化率、偶极子极化率和空间电荷极化率。电子极化率是由原子中带负电的电子云相对于带正电的原子核做微小位移产生的。电子极化率出现在所有固体中。离子极化率是由固体中阴阳离子之间的相对微小位移或阴阳离子分离引起的，是离子晶体极化的主要来源。偶极子极化率出现在具有永久电偶极矩的材料中。这些偶极子可以改变方向，并倾向于沿外电场方向排列。此外，空间电荷极化率出现在非完整介质材料中，但在其中可能发生一些长距离的电荷迁移。通常情况下，所有材料不会同时表现出全部类型的极化现象。在低频率下，例如音频（约 10^3Hz），所有 4 个分量（如果存在）都可能对 α 有贡献。在射频（约 10^6Hz）下，空间电荷效应可能没有足够的时间在大多数离子导电材料中积累，且被有效地弛豫掉。在微波频率（约 10^9Hz）下，偶极子没有时间去重取向，因此被有效地弛豫掉。离子极化的时间尺度使其不发生在红外（约 10^{12} Hz）以上的频率。因此，电子极化明显发生在紫外频率范围内，但不发生在 X 射线频率范围内[12-16]。

5.5 介电特性

5.5.1 静态介电常数

介电材料的基础知识已在 5.4 节中讨论。介电性质可由平行板电容器中材料的性质来定义。为了描述静态介电常数，人们观察了直流电场对介电材料的影响。

假设有两个面积为 A、间距为 d 的平行板，充电后表面电荷密度为 q，其中一个板带正电荷，另一个板带负电荷。如果两板之间的空间被抽空，且与板的尺寸相比 d 很小，则两板之间将形成一个均匀电场。两板之间的电势差为

$$V_0 = E_0 d \tag{5.71}$$

当板间形成真空时，其电容量 C_0 定义为

$$C_0 = \frac{\epsilon_0 A}{d} \tag{5.72}$$

式中，$\epsilon_0 = 8.854\times10^{-12}\,\text{Fm}^{-1}$ 是自由空间的介电常数，A 是平行板面积。由于 ϵ_0 是常数，电容量仅取决于电容器的尺寸。系统的电容量还可定义为

$$C_0 = \frac{Q}{V_0} \tag{5.73}$$

在平行板之间插入介电或绝缘物质后，电位差降低到一个低值 V，同时系统的电容量 C 提高。平行板之间放置介质后，观察到电位差降低，即单位面积上的电荷减少。由于没有电荷从平板上泄漏，因此这种减少只能由介质的两个表面上出现的符号相反的感应电荷引起。静态介电常数 ϵ_s 定义为

$$\epsilon_s = \frac{V_0}{V} = \frac{C}{C_0} \tag{5.74}$$

ϵ_s 的大小取决于材料中发生的极化程度或电荷位移[13, 14]。

5.5.2 复介电常数和介电损耗

有关介电材料的详细信息，通常需要在很宽的频率范围内进行测量才能得到。下面首先考虑交变电场中的介电响应。

当介质置于交变电场中时，其极化强度 P 随时间周期性变化，位移 D 同样如此。然而，通常情况下 P 和 D 的相位可能滞后于 E[14]。若

$$\boldsymbol{E} = \boldsymbol{E}_0 \cos\omega t \tag{5.75}$$

则有

$$\boldsymbol{D} = \boldsymbol{D}_0 \cos(\omega t - \delta) = \boldsymbol{D}_1 \cos\omega t + \boldsymbol{D}_2 \sin\omega t \tag{5.76}$$

式中，δ 是相位角。显然，有

$$\boldsymbol{D}_1 = \boldsymbol{D}_0 \cos\delta \text{ 和 } \boldsymbol{D}_2 = \boldsymbol{D}_0 \sin\delta \tag{5.77}$$

对于大多数介电材料，$\boldsymbol{D}_0$ 与 $\boldsymbol{E}_0$ 成正比，但 $\boldsymbol{D}_0/\boldsymbol{E}_0$ 通常与频率相关。因此，两个频率相关的介电常数可以写为[14]

$$\epsilon'(\omega) = \frac{\boldsymbol{D}_1}{\boldsymbol{E}_0} = \left(\frac{\boldsymbol{D}_0}{\boldsymbol{E}_0}\right)\cos\delta \tag{5.78}$$

$$\epsilon''(\omega) = \frac{D_2}{E_0} = \left(\frac{D_0}{E_0}\right)\sin\delta \tag{5.79}$$

上述两个常数可用单个复介电常数来描述：

$$\epsilon^* = \epsilon' - i\epsilon'' \tag{5.80}$$

式中，ϵ' 和 ϵ'' 分别为介电常数的实部和虚部。复介电常数反映了极化程度（电能存储能力）及电磁波的损耗程度（耗散的电能）。复介电常数的实部表示能量存储或电荷容量，相当于测量得到的介电常数。介电常数表示由电场引起的电荷极化。一般来说，任何材料的介电常数都是由偶极子极化、电子极化、离子极化和界面极化引起的。在低频率下，偶极子极化和界面极化起重要作用。而在高频率下，主要贡献来自电子极化和离子极化。复介电常数的虚部称为介电损耗因子，它是材料中电导或介质损耗的度量。因此，介电损耗因子用来代表能量损耗[12-19]。介电损耗因子与交流电导率相关，其关系式为

$$\sigma_{ac} = \omega\epsilon_0\epsilon'' \tag{5.81}$$

式中，ω 是角频率。

因此，D 和 E 之间的关系可用复数表示为

$$D = \epsilon^* E_0 e^{i\omega t} \tag{5.82}$$

由于 ϵ'、ϵ'' 和相位角 δ 都与频率相关，根据式（5.78）和式（5.79）有

$$\tan\delta = \frac{\epsilon''(\omega)}{\epsilon'(\omega)} \tag{5.83}$$

这就是介电损耗正切。吸波材料的介电损耗功率也可用介电损耗正切来表征。良好的介电损耗材料应具有与频率无关的大的介电损耗正切值[20]。

单位体积介电材料中每秒耗散的能量为

$$W = \left(\frac{\omega}{8\pi}\right)D_2 E_0 = \left(\frac{\omega}{8\pi}\right)E_0^2 \epsilon'' \tag{5.84}$$

在介电材料中，以热形式耗散的能量与 ϵ'' 成正比。因此，能量损耗与 $\sin\delta$ 成正比；$\sin\delta$ 称为损耗因子，而 δ 称为损耗角。对于较小的 δ 值，有 $\tan\delta \approx \sin\delta \approx \delta$，因此 $\tan\delta$ 也称损耗因子。

5.6 电磁干扰屏蔽材料

5.6.1 电磁干扰屏蔽

电磁干扰（EMI）屏蔽是指利用某种物质对电磁辐射进行反射和/或吸收，进而作为屏蔽体阻止辐射渗透[21-23]。

电磁屏蔽体通常是导电材料，它通过反射和吸收来衰减电磁能量。电磁干扰屏蔽效能（SE）定义为入射功率与透射功率之比的对数，其单位为分贝（dB）：

$$SE = 10\log\left(\frac{P_i}{P_t}\right)(dB) \tag{5.85}$$

式中，P_i 是入射功率，P_t 是透射功率。

厚为 t 的样品的总电磁干扰屏蔽效能是反射屏蔽效能（SE_R）和吸收屏蔽效能（SE_A）之和：

$$SE = SE_R + SE_A \tag{5.86}$$

SE 的反射部分为

$$SE_R = 20\log\left(\left(\frac{\sigma_{AC}}{\omega\varepsilon_0\mu_r}\right)^{1/2} \Big/ 4\right)(dB) \tag{5.87}$$

SE 的吸收部分为

$$SE_A = 20\log\left[\exp\left(\frac{t}{\delta}\right)\right](dB) \tag{5.88}$$

式中，t 是屏蔽体厚度，μ_r 是磁导率，$\sigma_{AC} = \omega\epsilon_0\epsilon''$ 是与频率相关的电导率，ϵ'' 是介质损耗因子，ω 是角频率（$\omega = 2\pi f$），ϵ_0 是自由空间介电常数，δ 是趋肤深度：

$$\delta = \left[\frac{2}{\omega\mu\sigma_{AC}}\right]^{1/2} \tag{5.89}$$

高频电磁辐射只能渗透导体的近表面区域，即所谓的趋肤效应。当平面波渗透导体时，电场随着渗透导体深度的增加而指数衰减。当电场强度随辐射渗透深度降低到原始强度的 e^{-1} 时的渗透深度称为趋肤深度 [见式（5.89）]。趋肤深度随着频率、导电率和磁导率的增大而减小。因此，高导电性、高磁导率和足够的厚度是达到所需趋肤深度的必要条件。

由式（5.87）和式（5.88）可以看出，SE_A 值随着频率的升高而增大，同时反射的贡献随着频率的升高而减小。吸收损耗与屏蔽体的厚度成正比。SE_R 和 SE_A 与电导率和磁导率之间的依赖关系表明，具有更高电导率和磁导率的材料可实现更好的吸收性能[18-22]。然而，高电导率并不是屏蔽的唯一标准。更重要的是，在传导路径或复合材料逾渗的情况下具有良好的连通性。因此，金属是良屏蔽材料，主要利用其自由电子来实现反射。电磁干扰屏蔽的主要机制通常是电磁辐射入射到屏蔽体时发生的反射，这是电磁干扰辐射与屏蔽体表面自由电子相互作用的结果。电磁干扰屏蔽的次要机制通常是吸收。吸收型屏蔽材料主要包含与电磁波相互作用的电偶极子和磁偶极子。

5.6.2 导电屏蔽材料

屏蔽程度取决于屏蔽材料的性质。金属等导电物质可以完全屏蔽电场。当没有电流流过时，无论外部电场强度如何，金属内部的电场都为零。为了屏蔽特定组件免受电场的影响，该组件应使用导电屏蔽表面包围起来。当这种表面放在任意场强的电场中时，导电表面中的自由电荷将以一种方式排列到导体表面上，使内部所有场的贡献相互抵消。因此，需要将某些电气组件装入金属盒子，并将某些电缆用金属覆盖，以免受到外部电场的干扰。

金属是优异的导电体，可以吸收、反射和传输电磁干扰。金属既能导电又能导热的特点使其得到了广泛应用。传统金属及其合金用作电磁干扰屏蔽材料。因此，借助于金属中的自由电子和较浅的趋肤深度，可通过表面反射来实现对电磁波的屏蔽。常用作屏蔽体的导电材料包括黄铜、铁、铜、铬、镍、铝、银、不锈钢、金属化塑料、导电聚合物（如聚苯胺和聚吡咯），以及导电碳/石墨复合材料等。这些导电金属和复合材料都有一定的局限性，如碳/石墨易碎、铝基复合材料具有较低的抗冲击性能、不锈钢的密度较高等。金属屏蔽体易被腐蚀，特别是在海洋环境中。使用两种不同金属作为屏蔽体和垫圈会腐蚀电偶，导致非线性及金属体的屏蔽效能降低[23-26]。

5.6.3 介电屏蔽材料

在电磁干扰屏蔽中，对于实现完全信号衰减，导电性是必要条件，但不是充分条件。由于所有金属的导电性是有限的，因此金属外壳的屏蔽效能不可能是无限的，但确实可以达到非常大的值。因为金属屏蔽体的有限导电性，部分电磁辐射会通过边界传输，并在金属屏蔽体中产生电流。屏蔽材料内任何深度流过的电流和衰减速率，取决于金属的电导率和磁导率。这将导致在屏蔽材料的相对面出现残余电流，进而在另一侧形成电场，使屏蔽效能降低。为使屏蔽体大量吸收电磁辐射，屏蔽体应具有电偶极子和/或磁偶极子，使其在辐射中与电磁场相互作用。电偶极子可由具有高介电常数的介电材料提供，而磁偶极子可由具有高磁导率的材料提供。因此，具有高介电常数的介电屏蔽材料可用于有效吸收屏蔽体内传输的电磁波。这就要求一种高效的电磁干扰屏蔽材料，它应由具有理想导电和介电性质的复合材料组成。一般来说，不同材料通常适用于不同的频率范围。具有混合结构的复合材料可能成为未来通用的屏蔽材料[22-56]。

参 考 文 献

1 Irodov, I.E. (1986). *Basic Laws of Electromagnetism*. Moscow: Mir Publishers.
2 Halliday, D. and Resnick, R. (eds.) (1966). *Physics Part-II*. Eastern University Edition: Wiley.
3 Young, H.D., Zemansky, M.W., and Sears, F.W. (eds.) (1985). *University Physics*, 6e. New Delhi: Addison-Wesley/Narosa Publishing house.
4 Purcell, E.M. (1985). *Electricity and Magnetism*, Berkeley Physics Course-Volume-2. New Delhi: Tata Mc Graw-Hill Publishing Company.
5 Griffiths, D.J. (1989). *Introduction to Electrodynamics*, 2e. New Jersey, USA: Prentice-Hall.
6 Hayt, W.H. Jr. and Buck, J.A. (2001). *Engineering Electromagnetics*, 6e. New Delhi: Tata Mc Graw-Hill Publishing Company.
7 Hewitt, P.G. (2007). *Conceptual Physics*, 10e. Noida: Pearson Education.
8 Mott, N.F. and Jones, H. (1958). *Theory of the Properties of Metals and Alloys*. New York: Dover Press.
9 Gottstein, G. (2004). *Physical Foundations of Material Science*. Springer.
10 Newnham, R.E. (2005). *Properties of Materials: Anisotropy, Symmetry, Structure*. New York: Oxford University Press.
11 Raghavan, V. (2004). *Material Science and Engineering*, 5e. New Delhi: Prentice-Hall of India.
12 Ali Omar, M. (1999). *Elementary Solid State Physics: Principles and Applications*. Noida: Pearson Education.
13 West, A.R. (2003). *Solid State Chemistry and Its Applications*. Singapore: Wiley.
14 Dekker, A.J. (1965). *Solid State Physics*. New Jersey, USA: Prentice-Hall.
15 Smyth, C.P. (1955). *Dielectric Behavior and Structure*. New York: Mc Graw-Hill.
16 Kittel, C. (1976). *Introduction to Solid State Physics*. New York: Wiley.
17 Koops, C.G. (1951). On the dispersion of resistivity and dielectric constant of some semiconductors at audiofrequencies. *Phy. Rev.* 83: 121–124.
18 Madhu, B.J., Ashwini, S.T., Shruthi, B. et al. (2014). Structural, dielectric and electromagnetic shielding properties of Ni–cu nanoferrite/PVP composites. *Mater. Sci. Eng. B Adv. Funct. Solid-State Mater.* 186: 1–6.
19 Madhu, B.J., Gurusiddesh, M., Kiran, T. et al. (2016). Structural, dielectric, ac conductivity and electromagnetic shielding properties of polyaniline/Ni0.5Zn0.5Fe2O4 composites. *J. Mater. Sci. Mater. Electron.* 27: 7760–7766.
20 Wang, W., Sarang, P., Gumfekar, Q.J., and Zhao, B. (2013). Ferrite-grafted polyaniline nanofibers as electromagnetic shielding materials. *J. Mater. Chem. C* 1: 2851–2859.
21 Schelkunoff, S.A. (1943). *Electromagnetic Waves*. New York: Princeton, D. Van Nostrand.
22 Chung, D.D.L. (2000). Materials for electromagnetic interference shielding. *J. Mater. Eng. Perform.* 9 (3): 350–354.
23 Chung, D.D.L. (2001). Electromagnetic interference shielding effectiveness of carbon materials. *Carbon* 39: 279–285.

24 Carlson, E.J. (1990). Corrosion concerns in EMI shielding of electronics. *Mater. Perform.* 29: 76–80.
25 Colaneri, N.F. and Shacklette, L.W. (1992). EMI shielding measurements of conductive polymer blends. *IEEE Trans. Instrum. Meas.* 41: 291–297.
26 Geetha, S., Satheesh Kumar, K.K., Rao, C.R.K. et al. (2009). EMI shielding: methods and materials- a review. *J. Appl. Polym. Sci.* 112: 2073–2086.
27 Yang, Y., Gupta, M.C., Dudley, K.L., and Lawrence, R.W. (2005). Novel carbon nanotube–polystyrene foam composites for electromagnetic interference shielding. *Nano Lett.* 5 (11): 2131–2134.
28 Hoang, A.S. (2011). Electrical conductivity and electromagnetic interference shielding characteristics of multiwalled carbon nanotube filled polyurethane composite films. *Adv. Nat. Sci. Nanosci. Nanotechnol.* 2: 025007.
29 Zhang, H.-B., Yan, Q., Zheng, W.-G. et al. (2011). Tough graphene–polymer microcellular foams for electromagnetic interference shielding. *ACS Appl. Mater. Interfaces* 3 (3): 918–924.
30 Tantawy, H.R., Eric Aston, D., Smith, J.R., and Young, J.L. (2013). Comparison of electromagnetic shielding with polyaniline nanopowders produced in solvent-limited conditions. *ACS Appl. Mater. Interfaces* 5 (11): 4648–4658.
31 Chen, Z., Xu, C., Ma, C. et al. (2013). Lightweight and flexible graphene foam composites for high-performance electromagnetic interference shielding. *Adv. Mater.* 25 (9): 1296–1300.
32 Theilmann, P., Yun, D.-J., Asbeck, P., and Park, S.-H. (2013). Superior electromagnetic interference shielding and dielectric properties of carbon nanotube composites through the use of high aspect ratio CNTs and three-roll milling. *Org. Electron.* 14 (6): 1531–1537.
33 Thomassin, J.-M., Jérôme, C., Pardoen, T. et al. (2013). Polymer/carbon based composites as electromagnetic interference (EMI) shielding materials. *Mater. Sci. Eng. R Rep.* 74 (7): 211–232.
34 Al-Saleh, M.H., Saadeh, W.H., and Sundararaj, U. (2013). EMI shielding effectiveness of carbon based nanostructured polymeric materials: a comparative study. *Carbon* 60: 146–156.
35 Song, W.-L., Fan, L.-Z., Cao, M.-S. et al. (2014). Facile fabrication of ultrathin graphene papers for effective electromagnetic shielding. *J. Mater. Chem. C* 2: 5057–5064.
36 Batrakov, K., Kuzhir, P., Maksimenko, S. et al. (2014). Flexible transparent graphene/polymer multilayers for efficient electromagnetic field absorption. *Sci. Rep.* 4: 7191. doi: 10.1038/srep07191.
37 Yousefi, N., Sun, X., Lin, X. et al. (2014). Highly aligned graphene/polymer nanocomposites with excellent dielectric properties for high-performance electromagnetic interference shielding. *Adv. Mater.* 26 (31): 5480–5487.
38 Wen, B., Cao, M., Lu, M. et al. (2014). Reduced graphene oxides: light-weight and high-efficiency electromagnetic interference shielding at elevated temperatures. *Adv. Mater.* 26 (21): 3484–3489.
39 Song, W.-L., Wang, J., Fan, L.-Z. et al. (2014). Interfacial engineering of carbon nanofiber–graphene–carbon nanofiber heterojunctions in flexible lightweight electromagnetic shielding networks. *ACS Appl. Mater. Interfaces* 6 (13): 10516–10523.
40 Joshi, A. and Datar, S. (2015). Carbon nanostructure composite for electromagnetic interference shielding. *PRAMANA J. Phys.* 84: 1099–1116.
41 Song, W.-L., Guan, X.-T., Fan, L.-Z. et al. (2015). Magnetic and conductive graphene papers toward thin layers of effective electromagnetic shielding. *J. Mater. Chem. A* 3: 2097–2107.
42 Cao, M.-S., Wang, X.-X., Cao, W.-Q., and Yuan, J. (2015). Ultrathin graphene: electrical properties and highly efficient electromagnetic interference shielding. *J. Mater. Chem. C* 3: 6589–6599.
43 Dhakate, S.R., Subhedar, K.M., and Singh, B.P. (2015). Polymer nanocomposite foam filled with carbon nanomaterials as an efficient electromagnetic interference shielding material. *RSC Adv.* 5: 43036–43057.
44 Chen, Y.-J., Li, Y., Chu, B.T.T. et al. (2015). Porous composites coated with hybrid nano carbon materials perform excellent electromagnetic interference shielding. *Compos. Part B Eng.* 70:

231–237.

45 Yan, D.-X., Pang, H., Bo, L. et al. (2015). Structured reduced graphene oxide/polymer composites for ultra-efficient electromagnetic interference shielding. *Adv. Funct. Mater.* 25 (4): 559–566.

46 Ma, J., Wang, K., and Zhan, M. (2015). A comparative study of structure and electromagnetic interference shielding performance for silver nanostructure hybrid polyimide foams. *RSC Adv.* 5: 65283–65296.

47 Chaudhary, A., Kumari, S., Kumar, R. et al. (2016). Lightweight and easily foldable MCMB-MWCNTs composite paper with exceptional electromagnetic interference shielding. *ACS Appl. Mater. Interfaces* 8 (16): 10600–10608.

48 Han, Y., Lin, J., Liu, Y. et al. (2016). Crackle template based metallic mesh with highly homogeneous light transmission for high-performance transparent EMI shielding. *Sci. Rep.* 6: 25601. doi: 10.1038/srep25601.

49 Shen, B., Yang, L., Zhai, W., and Zheng, W. (2016). Compressible graphene-coated polymer foams with ultralow density for adjustable electromagnetic interference (EMI) shielding. *ACS Appl. Mater. Interfaces* 8 (12): 8050–8057.

50 Kashi, S., Gupta, R.K., Baum, T. et al. (2016). Dielectric properties and electromagnetic interference shielding effectiveness of graphene-based biodegradable nanocomposites. *Mater. Des.* 109: 68–78.

51 Mei, H., Han, D., Xiao, S. et al. (2016). Improvement of the electromagnetic shielding properties of C/SiC composites by electrophoretic deposition of carbon nanotube on carbon fibers. *Carbon* 109: 149–153.

52 Vyas, M.K. and Chandra, A. (2016). Ion–electron-conducting polymer composites: promising electromagnetic interference shielding material. *ACS Appl. Mater. Interfaces* 8 (28): 18450–18461.

53 Farhan, S., Wang, R., and Li, K. (2016). Electromagnetic interference shielding effectiveness of carbon foam containing *in situ* grown silicon carbide nanowires. *Ceram. Int.* 42 (9): 11330–11340.

54 Chen, J., Wu, J., Ge, H. et al. (2016). Reduced graphene oxide deposited carbon fiber reinforced polymer composites for electromagnetic interference. *Compos. Part A: Appl. Sci. Manuf.* 82: 141–150.

55 Zeng, Z., Jin, H., Chen, M. et al. (2016). Lightweight and anisotropic porous MWCNT/WPU composites for ultrahigh performance electromagnetic interference shielding. *Adv. Funct. Mater.* 26 (2): 303–310.

56 Chen, Y., Zhang, H.-B., Yang, Y. et al. (2016). High-performance epoxy nanocomposites reinforced with three-dimensional carbon nanotube sponge for electromagnetic interference shielding. *Adv. Funct. Mater.* 26 (3): 447–455.

第6章 磁场屏蔽

Qiang Zhang

6.1 引言

磁场存在于地球上的任何地方,包括低强度地磁场,以及由大功率设备、电子器件和动力传输产生的高强度磁场。磁场会干扰灵敏电气和高精度电子传感器[1],甚至对人类健康造成危害。据报道,癌症死亡率随着磁场暴露量的增加而略有上升[2]。因此,磁场屏蔽,尤其是对低频和静态磁场的屏蔽,已成为一个严重的问题。对磁场源或受保护的物体进行磁场屏蔽,这样的措施非常必要。

一方面,对磁场敏感的设备需要加以保护,以防止外部磁场(如地磁场)的干扰,确保其正常运行。地磁场的强度非常低,地表磁场强度的范围为$2.5\times10^{-5}\sim6.5\times10^{-5}\mathrm{T}$[3]。灵敏电气和高精度电子传感器对环境磁场的耐受性是有限的,即使是像地磁场这样的场,也可能对其造成干扰或使其失效。因此,为了确保这些设备在地球环境中正常运行,有必要提供针对地磁场的磁保护。

另一方面,磁屏蔽在环境保护和人类健康方面有着重要意义[4]。电磁波取决于场源类型(电或磁)、频率以及到信号源的距离(d)。在所谓的近场区域($d<\lambda/2\pi$,其中λ为波长),可能只存在磁或电部分的场域。对于高频场源,近场区域限于毫米甚至微米范围,因此在导电屏蔽物内去除电场和磁场的做法是非常高效且易于应用的。问题是,当频率较低时,如$50\sim60\mathrm{Hz}$,场源的磁特征占主导地位(如在工业电力线路和电子设备中)。低频磁场很难屏蔽,对人类和环境会带来潜在的危害。因此,根据建筑类型、每天的暴露时间等因素,一些国家制定了对最大磁场强度的不同标准。例如,在欧盟国家,住宅可接受的磁场强度约为$60\mathrm{Am}^{-1}$($25\mathrm{Hz}\leqslant f\leqslant80\mathrm{Hz}$)[5]。

总体而言,电磁干扰屏蔽通常是指利用某种材料来衰减电磁辐射,即充当辐射的屏蔽体[6]。三种屏蔽机制可实现对电磁干扰的衰减,即反射(R)、吸收(A)和多次反射(B)[7,8]。然而,磁力线是连续而无法切断的,磁场屏蔽只能通过分流来实现,而不能通过反射或吸收来实现。从这个角度看,深入理解磁场屏蔽理论对设计新屏蔽材料或结构是非常有帮助的。

本章首先在6.2节中介绍磁场和磁屏蔽的一些基本原理;接着在6.3节中综述标准屏蔽材料,如金属和铁磁材料、铁氧体材料、超导材料、非晶态和纳米晶合金;然后在6.4节和6.5节中分别重点介绍多层铁磁基复合材料和夹层复合/结构屏蔽系统的理论与实验。

6.2 磁场屏蔽理论

6.2.1 磁场

所有磁场都来自磁通源,磁通源可以是地球、电动机、变压器或电力线,甚至可以是条形磁体。

原子中的电子具有自旋性质,会产生局部磁场。某些元素的原子可被排列而形成净磁场。例如,铁就可通过这种方式产生磁场。此外,电子的流动也产生磁场[9]。电子可在导电表面上沿电路轨迹流动，或者在自由空间中流动。例如，在长直导线或电流回路周围会产生磁场。如图6.1(a)至图6.1(c)所示，假想的磁力线可绘成分别围绕条形磁体、直导体和电流回路的线与环。显然，磁力线在靠近条形磁铁、导体或电流环路的位置非常密集。

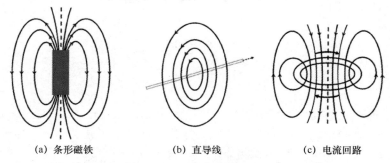

(a) 条形磁铁　　　　(b) 直导线　　　　(c) 电流回路

图6.1　(a)条形磁铁、(b)直导线和(c)电流回路周围的磁力线

磁场具有如下特征。首先，磁场是一个向量场。在空间中的每个点处，磁场都有大小和方向。磁场强度等于穿过垂直于磁力线的单位面积的磁力线数量。

其次，磁场也是一种力场。这个力只能作用在另一个磁场上。若两个平行导体都携带电流，则产生的力会带着导体一起移动。力的方向、电流流向和场线的方向都相互垂直。

6.2.2　磁路和磁阻

为消除磁场带来的有害影响，无源磁屏蔽通常适合保护灵敏设备免受外部磁场的影响，或者防止高功率密度设备的磁场泄漏。对于静态和低频磁场，可以采用等效电路法来计算屏蔽效能。

磁路被视为磁通传递的空间路径。磁阻类似于电路中的电阻（但不耗散磁能）。电场使电流沿着电阻最小的路径流动，磁场也类似地使磁通沿着磁阻最小的路径流动。磁阻是一个标量，类似于电阻[10-12]。

软磁材料具有高磁导率和低磁阻，因此磁场可被软磁材料分流。磁力线是连续的闭合曲线。假设闭合回路由一个磁通道组成，称为磁路，如图6.2所示。点a和点b之间的磁路长度为l，截面积为S，通过截面的磁通量为Φ_m。

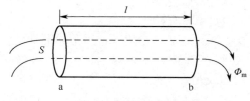

图6.2　磁路示意图

根据磁路法，电路中点a和点b之间的磁势差（U_m）为

$$U_\mathrm{m} = R_\mathrm{m}\Phi_\mathrm{m} \tag{6.1}$$

式中，R_m表示点a和点b之间的磁阻。磁阻（R_m）可由如下公式得到：

$$R_\mathrm{m} = \frac{U_\mathrm{m}}{\Phi_\mathrm{m}} = \frac{\int_a^b H \cdot \mathrm{d}l}{\int_S B \cdot \mathrm{d}S} \tag{6.2}$$

假设磁场均匀分布且磁路截面对称，则式（6.2）变为

$$R_\mathrm{m} = \frac{Hl}{BS} = \frac{l}{\mu S} \tag{6.3}$$

式中，μ是磁导率（$\mathrm{H m^{-1}}$），S是磁路截面面积（m^2），l是磁路的长度（m）。

6.2.3 磁场屏蔽

一般来说，对高频和低频或静态磁场提供屏蔽时，需要有不同的考虑。

1. 高频磁场屏蔽

具有优异导电性的材料能够非常高效地屏蔽高频磁场，它利用了屏蔽层表面涡流产生的逆磁场[13]。

对于变化的磁场，比如载有交流电的螺线管（见图6.3），若需要屏蔽螺线管附近的区域A，则可在螺线管和区域A之间插入金属薄片。金属薄片中将感生涡流，区域A的磁动势由螺线管和涡流产生。当使用电阻率足够低且厚度适当的金属薄片时，涡流产生的磁动势实际上可以中和螺线管产生的磁动势。因此，磁场将重新分布，实际上没有磁场穿透而到达区域A。换句话说，区域A中不存在磁场[14]。

理论上讲，屏蔽取决于屏蔽金属的电阻率。因此，使用高电导率的片状材料实现屏蔽效能最大化是有效的可行途径。铁磁材料可通过形成固溶合金来实现这一目标；铁-硅合金和铁-镍合金就是一些例子。

注意，在较高的频率（大于或等于10～50Hz）下，趋肤效应开始发挥重要作用。此时，涡流集中在表面区域。薄屏蔽板可在高频磁场下有效地实现屏蔽。

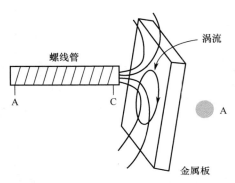

图6.3 引入涡流进行磁屏蔽示意图

2. 低频或静态磁场屏蔽

磁场屏蔽的目标是减弱低频磁场和静态磁场，实际上这是较难实现的。因此，本节重点关注低频和静态磁场的屏蔽，特别是对地磁场的屏蔽。

对于低频或静态磁场屏蔽，最重要的机制是高磁导率屏蔽材料的磁通分流。由于磁力线是连续且不能被切断的，因此磁场屏蔽要通过分流效应来实现。与待屏蔽区域相比，磁场中的高磁导率屏蔽体具有较低的磁阻。因此，大部分磁通将从待屏蔽区域转移，以实现屏蔽效能并保护待屏蔽区域[15, 16]。

6.2.2节中的式（6.3）表明，磁阻（R_m）随着磁导率μ的增大而减小。与空气相比，软磁材料由于具有高磁导率μ而使其磁阻非常低。软磁屏蔽体放到磁场中后，磁通将通过屏蔽体，而通过空气的磁通显著下降。因此，被屏蔽区域得到有效保护，避免了磁场的干扰。

假设将一个正方形屏蔽体放在静态磁场中，其磁场方向平行于屏蔽体的横截面，如图6.4(a)所示。对应的等效磁路如图6.4(b)所示。R_M和R_S分别为屏蔽材料和被屏蔽区域的磁阻。正方形屏蔽体的厚度为d_M，被屏蔽区域的长度为d_S。磁路遵循类似的电路定律。

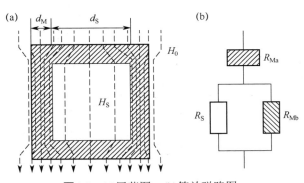

图6.4 (a)屏蔽图；(b)等效磁路图

通常,屏蔽因子(SF)可用于量化屏蔽效能,但文献中存在多种对屏蔽因子的定义。这里将屏蔽因子定义为

$$\text{SF} = \frac{H_0}{H_S} \tag{6.4}$$

式中,H_S和H_0分别是被屏蔽区域内部和外部的磁场强度。本章用式(6.4)来表示屏蔽效能。

通过该横截面的总磁通量为Φ_0;另有一小部分磁通量Φ_S通过被屏蔽区域,有[17, 18]

$$\Phi_S = \frac{R_S}{R_{Mb} + R_S}\Phi_0 \tag{6.5}$$

于是,SF可以写为

$$\text{SF} = \frac{H_0}{H_S} = \frac{d_S}{d_S + d_M} \cdot \frac{R_S + R_{Mb}}{R_{Mb}} \tag{6.6}$$

当屏蔽层的厚度远小于被屏蔽区域的尺寸,即$d_M \ll d_S$时,有$d_S/d_M + d_S \approx 1$。于是,SF可以表示为

$$\text{SF} = \frac{H_0}{H_S} = 1 + \frac{R_S}{R_{Mb}} \tag{6.7}$$

6.2.4 多层屏蔽的设计

磁屏蔽可通过在磁场中放置软磁合金来实现。与单层屏蔽体相比,多层结构可通过每层的磁场平行分流来显著提高屏蔽效能。

同样,多层结构的屏蔽因子可通过等效电路法来计算。磁屏蔽体的设计将基于计算结果。图6.5(a)显示了三层屏蔽结构,图6.5(b)显示了等效磁路。外层和内层使用了相同的软磁材料,其磁阻为R_M。中间层使用了另一种材料,其磁阻为R_V。被屏蔽区域的磁阻为R_S。被屏蔽区域的内部和外部磁场强度分别为H_S和H_0。

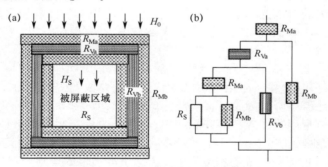

图6.5 (a)三层屏蔽结构和(b)等效磁路

假设屏蔽体厚度比被屏蔽区域薄很多。根据层间磁阻(R_V),推导出的SF公式可以分为两种情况,如图6.6所示。

1. 情形(a)

当层间是磁阻(R_V)非常低的软磁材料时,等效磁路可简化为如图6.6(a)所示。三层屏蔽结构的SF表示为

$$\text{SF}_a = \frac{H_0}{H_S} = 1 + \frac{R_S}{R_{Mb}} + \frac{R_S}{R_{Vb}} + \frac{R_S}{R_{Mb}} \tag{6.8}$$

因此,为提高屏蔽效能,应减小磁阻R_{Mb}和R_{Vb},且三层屏蔽结构中的每层都应有高磁导率。

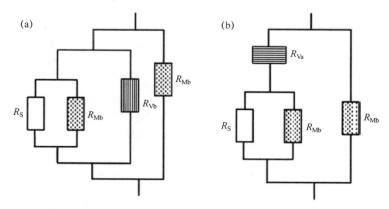

图6.6 三层屏蔽结构的简化磁路：(a)R_V过低；(b)R_V过高

2. 情形(b)

当层间的磁阻（R_V）非常高时，等效磁路可简化为如图6.6(b)所示。因此，H_0/H_S可写为

$$\frac{H_0}{H_S} = \left(1 + \frac{R_S}{R_{Mb}}\right)\left(1 + \frac{R_S}{R_S + R_{Mb}} + \frac{R_{Va}}{R_{Mb}}\right) \quad (6.9)$$

式中，$R_S \gg R_{Mb}$，$R_S/(R_S + R_{Mb}) \approx 1$。因此，三层屏蔽结构的SF可表示为

$$\mathrm{SF}_b = \frac{H_0}{H_S} = \left(1 + \frac{R_S}{R_{Mb}}\right)\left(2 + \frac{R_{Va}}{R_{Mb}}\right) \quad (6.10)$$

为了提高屏蔽效能，应尽量减小磁阻R_{Mb}。外层材料应具有高磁导率，而层间材料应具有低磁导率，这有利于提高磁屏蔽效能。

基于以上讨论，可以设计出如下几种多层复合材料和夹层复合材料或结构。第一种是多层铁磁基复合材料，如图6.7(a)所示，即在纯铁基底的两侧形成Fe-Ni或Fe-Al软磁合金层。经扩散退火处理后，可以得到具有适合软磁性能的三个可渗透磁层，形成多层铁磁基复合材料。6.4.1节和6.4.2节将分别讨论这两种复合材料的微观结构、屏蔽效能和机制。第二种是夹层复合材料或结构，内部含有一个非导磁层，如图6.7(b)和图6.7(c)所示。Fe/Fe-Al合金/Fe夹层复合材料是基于Fe/Al/Fe扩散偶制备得到的。经扩散退火处理后，中心的高铝含量Fe-Al金属间的化合物层可视为非铁磁间隔层。夹层结构由Fe-Al多层复合板和聚酯膜组成，可视为渗磁层/非导磁层/渗磁层结构。夹层复合材料和夹层结构的微观结构、屏蔽效能和机制将分别在6.5.1节和6.5.2节中讨论。

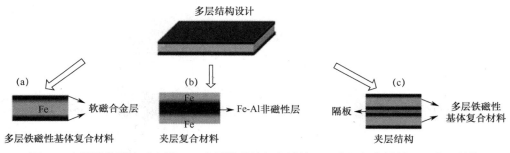

图6.7 多层结构设计示意图：(a)多层铁磁基复合材料；(b)夹层复合材料；(c)夹层结构

6.2.5 磁屏蔽室的设计

20世纪后半叶,为了进行生物磁测量,研究人员设计了多层磁屏蔽室/屏蔽箱结构。通常情况下,多层屏蔽室的性能要优于等效厚度的单层屏蔽室。例如,使用多层铁磁材料如钼金属(Mu)[①]和导电材料如铝,可以屏蔽低于1Hz的极低频磁噪声(如由电车、电梯和汽车运行导致的城市干扰)。Keita Yamazaki[19]研究了屏蔽室内铁磁层和导电层结构对屏蔽效能的影响。结构优化通过在双重磁性层之间引入导电层来实现,即Mu-Al-Mu多层结构。这种结构对于屏蔽低频磁噪声最有效,因为由Al层中涡流产生的磁通磁阻最低。但是,层间距不影响交流磁噪声的屏蔽效能。

除了传统的封闭式磁屏蔽室,Takeshi Saito[20]提出了一种使用开放式磁屏蔽方法的格构式框架结构。传统的磁屏蔽室可以有效地屏蔽外界均匀磁场,但是屏蔽室会被磁性材料包围而没有任何间隙。在Takeshi Saito提出的格构式框架结构中,每个格子都有相同的结构,其中闭环框架排列成有间隙的盒子。小、中、大的格子盒放在一起,中心轴彼此正交。开放式磁屏蔽方法可通过改变条带尺寸、每个条带的层数和条带间距来实现精确的性能调控。开放墙的进光与进气模式为广泛应用带来了更多的机遇。与传统的封闭盒相比,开放式磁屏蔽盒的屏蔽效能在直流磁场中可提高4.9～8.1倍,在交流磁场中可提高2.2～2.6倍。

6.3 标准屏蔽材料

6.3.1 基本磁性参数

磁屏蔽,尤其是对低频和静态磁场,与屏蔽材料的磁性质(如磁导率)相关。因此,在介绍标准屏蔽材料之前,本节先讨论一些基本的磁性参数。

物质受到磁场的作用时,其磁场强度为H,物质内部的场强大小定义为磁感应或磁通量密度,用B表示。磁场强度H和磁通量密度B之间有以下关系:

$$\boldsymbol{B} = \mu \boldsymbol{H} \tag{6.11}$$

式中,μ代表磁导率,它是特定介质的一种属性,H穿过该介质并且可以测量其中的B。磁导率的单位是韦伯/安培·米(WbA-m^{-1})或亨利/米(Hm^{-1})。真空的磁导率μ_0是一个通用常数,其大小为$4\pi \times 10^{-7}$(1.257×10^{-6})Hm^{-1}。因此,材料中的磁导率与真空磁导率之比也称相对磁导率(μ_r),它是无量纲的,可根据下式计算:

$$\mu_r = \frac{\mu}{\mu_0} \tag{6.12}$$

材料的磁导率μ或相对磁导率μ_r是衡量材料磁化程度的指标,或者是衡量外部H存在时材料感应出的B的难易程度的指标。

此外,磁通量密度B的方程可写为

$$\boldsymbol{B} = \mu_0 \boldsymbol{H} + \mu_0 \boldsymbol{M} \tag{6.13}$$

式中,M是固体的磁化强度。存在H时,材料内的磁矩趋于与场排列,并借助磁场进一步加强这种排列。$\mu_0 M$是对这种加强程度的度量。

没有外场时,一些金属材料具有永久磁矩,并且表现出非常大的永久磁化强度。这是铁磁性的特征,它们由过渡金属铁、钴、镍及一些稀土金属(如钆)表现出来。此外,一些陶瓷材料表现出的永久磁化称为亚铁磁性。

---

① 这里,Mu代表镍基磁性材料,即钼金属。

对于铁磁体和亚铁磁体，磁通密度 B 和磁场强度 H 不成正比。若材料最初未被磁化，则 B 随 H 的变化表现为如图6.8所示的实线 OS。曲线始于原点 O，当 H 增加时，B 开始缓慢上升，然后快速上升，最后趋于稳定并独立于 H。B 的最大值是饱和磁通密度（B_s），对应的磁化强度是饱和磁化强度（M_s）。B_s 和 M_s 都表示在图6.8中。由于式（6.11）中的磁导率是 $B \sim H$ 曲线的斜率，由图6.8可以看出磁导率随 H 的变化而变化，其大小取决于 H。虚线表示相应的磁导率。具体而言，图6.8中显示了 $H = 0$ 时 $B \sim H$ 曲线的斜率，作为材料属性称为初始磁导率 μ_i。图6.8中还标出了最大磁导率（μ_m）。

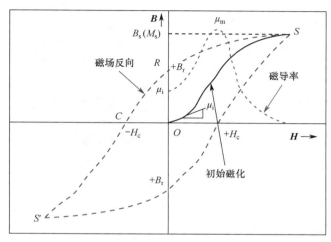

图 6.8 磁通密度（B）与磁场强度（H）的关系曲线

虚线表示磁滞回线，实线表示初始磁化强度，点线表示磁导率。图中还标出了饱和磁通密度（B_s）、饱和磁化强度（M_s）、初始磁导率（μ_i）、最大磁导率（μ_m）、剩磁（B_r）和矫顽力（H_c）。

在图6.8中，从饱和点 S 开始，当 H 随磁场方向翻转而减小时，曲线不按原路径返回。产生的滞后效应即 B 滞后于外加 H，或以较低的速率减小。在零 H（曲线上的点 R）处，存在一个剩余 B，称为剩磁或剩余磁通密度（B_r）（见图6.8）；没有外加 H 时，材料仍然保持磁化状态。

为了将样品内的 B 降至零（图6.8中的点 C），必须施加一个大小为 $-H_c$ 的 H，其方向与原始场相反；H_c 称为矫顽力，也在图6.8中标出。如图6.8所示，在这个反方向上继续施加外场时，最终实现反向饱和，对应于点 S'。将磁场再次反转到初始饱和（点 S），就完成了对称的磁滞回线，并且产生了负剩磁（$-B_r$）和正矫顽力（$+H_c$）。这些参数可用来描述磁滞回线的性质（图6.8中的虚线）。

前面简要回顾了一些磁场向量和磁参数。上述参数对于磁屏蔽材料具有相当重要的实际意义，更好地理解这些参数在某种程度上有助于设计出新的屏蔽材料与结构。

6.3.2 金属和铁磁材料

传统磁屏蔽材料包括标准导电金属和铁磁材料。

在高频磁场中，由导电屏蔽材料表面涡流产生的反磁场将重新分布磁场，提供对磁场的保护。银、铜和工业铜具有优异的导电性能，室温下的电导率分别为 $6.3 \times 10^7 \mathrm{Sm^{-1}}$、$5.9 \times 10^7 \mathrm{Sm^{-1}}$ 和 $5.8 \times 10^7 \mathrm{Sm^{-1}}$ [21]，因此常被用作高频磁屏蔽材料。

铁磁材料包括电磁纯铁、硅-铁、Fe-Al 合金和坡莫合金[15, 22]。这些软磁材料具有高初始磁导率和低矫顽力，适用于低频和静态磁场屏蔽中的通量分流目的。例如，商用纯铁（Fe 含量为99.8%）的初始相对磁导率为150。将3%的Si添加到铁中可将初始相对磁导率提高到270（非定向状态）和1400（定向状态）。而4-79型坡莫合金（4wt% Mo，79wt% Ni，Fe为余量）和超坡莫合金（5wt% Mo，80wt% Ni，Fe为余量）的初始相对磁导率分别为40000和80000[23]。它们还可用在受交变磁场作用且能量损耗低的设备中，如变压器铁芯。注意，在大多数铁磁材料中，磁导率随着频率的升高而降低，当频率超过几十千赫兹时，磁导率接近1。此外，它们的屏蔽效能对应力和微观结构非常敏感，即使是组装过程中的一次敲击，都可能使其磁性能和屏蔽效能降低。

Sang-Yun Lee[24]提出了一种有效排列高磁导率铁磁材料层的方法，用于屏蔽工频磁场。为了遮挡中性接地电抗器的侧面，使用了多种一层或两层铁磁材料，如晶粒取向电工钢（GO，POSCO35PG155）、非取向电工钢（NGO，POSCO35PN230）和坡莫合金（PC，CARPENTER HY MU 800）。在较大的场强下，晶粒取向电工钢（GO）的磁导率最高，高磁导率材料吸收周围磁通产生分流效应，使其屏蔽效能最佳。当用两个相邻的层进行屏蔽时，其中一个紧邻层充当磁屏蔽分流机制作用区域中的屏蔽体。因此，屏蔽效能仅取决于相邻层的平均磁导率。例如，GO/PC组合的性能介于GO/GO和PC/PC组合的性能之间。另一方面，当两层稍微分离时，GO/PC在较宽的磁场范围内效果最好，因为GO薄片能够有效地降低强磁场的影响，PC板可以有效屏蔽弱化的磁场。

6.3.3 铁氧体材料

铁磁性材料是一类广泛用在高频应用中的陶瓷材料。它们分为石榴石和铁氧体两类，后者由于具有较大的相对磁导率和较大的损耗，在射频、微波和功率电子学等领域的屏蔽应用中更重要。铁氧体具有晶体结构，通过使用不同金属氧化物进行烧结，可得到较高的磁导率、电阻率和相对介电常数[21, 25]。

未施加静态磁场时，退磁铁氧体为各向同性材料，其磁导率是一个频率相关的标量。施加静态磁场后，铁氧体是非互易材料，表现出各向异性的磁性行为。在屏蔽应用中，考虑到铁氧体具有较大的损耗值，它们的主要应用是吸收入射的电磁场：一旦被电磁场穿透，就可有效减少腔状结构内的反射场[21]。

软磁铁氧体有两种重要类别，即锰-锌（MnZn）铁氧体和镍-锌（NiZn）铁氧体。前者具有更高的磁导率，而后者具有更好的高频损耗性能。例如，MnZn铁氧体的初始相对磁导率范围为10000～18000，而NiZn铁氧体（K5）的初始相对磁导率仅为290Hm^{-1} [23]。它们的初始磁导率均小于钼金属。因此，为了得到较高的屏蔽因子，最好在多层磁屏蔽体的内层使用铁氧体，而在外层使用传统磁性金属。外层的热磁噪声可被内层的铁氧体屏蔽。铁氧体的低电导率可确保较低的电磁功率损耗。例如，典型MnZn铁氧体的电导率比硅-铁低6个数量级，因此以相同的数量级降低了涡流损耗。

此外，铁氧体的磁导率随温度显著变化。在0℃～100℃范围内，MnZn铁氧体的磁导率变化通常高达50%。有两个重要的温度，即补偿温度（T_{comp}）和居里温度（T_{Curie}）。当$T = T_{comp}$时，磁晶各向异性（畴转的能量势垒）最小，因此磁导率得到提高。在居里温度（T_{Curie}）处发生铁氧体准磁相变，伴随着磁化率的上升和下降。许多商用软磁铁氧体都有化学成分设计，以期在室温附近具有最大的磁导率或最小的温度系数。

6.3.4 超导材料

当超导体冷却到接近0K时，电阻率会突然从一个有限值降至接近零，并在进一步冷却中保持零值[26]。一般来说，超导是一种电学现象，但超导材料展现出磁屏蔽效能。

在超导状态下，超导材料是抗磁性的。由于迈斯纳效应，所有外加磁场都被排斥在材料体之外。由此，可以得到一个零场屏蔽区域。例如，对于空心的超导圆柱体，超导转变发生后，磁力线会被完全排斥在圆柱体外部。较低的工作温度有助于提高屏蔽效能。因此，为了创建零场屏蔽区域，在零场环境中对超导屏蔽体进行冷却非常重要。超导体的临界温度（达到超导状态的温度）非常低。不同超导体之间存在差异，但金属和金属合金的临界温度在小于1K和约20K之间，这就带来了一些实际问题。首先，大规模低温冷却成本非常高；其次，更低的工作温度同样需要额外的功耗补偿以维持低温环境。因此，超导屏蔽体通常设计成相对小体积的。

最近的研究表明，一些高温超导材料在接近100K时可用于磁屏蔽应用。Jozef Kvitkovic等人[27]研究了40mm宽第二代高温超导材料$YBa_2Cu_3O_7$（YBCO）的屏蔽特性温度依赖关系（50K～80K）。磁屏蔽体由YBCO带材构成一层和两层线圈结构。在50K、20mT磁场和100Hz频率下，实现了高达94%的屏蔽因子①。降低工作温度可大大提高圆柱线圈的屏蔽因子。仅有几层的YBCO带材可用于各种用途的轻质和薄磁屏蔽体。

6.3.5 非晶态和纳米晶合金

传统磁屏蔽材料，如坡莫合金，具有高磁导率和优异的屏蔽效能。然而，它们对应力和微观结构非常敏感。非晶软磁合金的磁性不受加工条件影响。因此，软磁非晶和纳米晶合金具有相对高的磁导率（弱磁场下约为10^3数量级）[28]和低电阻率，在磁屏蔽领域越来越受到关注。例如，$Fe_{79}B_{16}Si_5$的初始和最大相对磁导率分别为800和30000，而$Fe_{81}B_{13.5}Si_{3.5}C_2$的初始和最大相对磁导率分别为800和210000[23]。在接近晶化温度的条件下[29]进行适当的退火（优化退火）也可显著提高磁导率，因为在非晶质基体中嵌入了α-Fe纳米晶粒。据报道，通过结构设计能够用非晶态合金制备出高效的磁屏蔽体[30, 31]。

Haneczok等人[28]研究了在$700Kh^{-1}$条件下退火的$Fe_{80}Nb_6B_{14}$非晶合金的软磁性能。结果表明，该非晶合金在$0.5Am^{-1}$条件下的磁导率达到10^4数量级，而矫顽力小于$1Am^{-1}$。对于磁场（近区，场阻抗小于377）和四重屏蔽体，屏蔽效能系数②在小于10kHz的频率范围内大于20dB，这使得其成为良好的磁屏蔽候选材料。此外，在$200MHz<f<1000MHz$频率范围（远区）内，它表现出优异的电磁场屏蔽效能，屏蔽效能大于100dB。

Chrobak等人[5]研究了在磁场强度约为$100Am^{-1}$的低频磁场（最高1000Hz）条件下，某些选定的铁基非晶合金、纳米晶合金和磁性复合材料的磁场屏蔽效能。对铁基非晶合金来说，微观结构的优化与弛豫非晶相（结构弛豫的最终阶段）或纳米晶相有关。非晶$Fe_{80}Nb_6B_{14}$合金在优化状态下的初始相对磁导率可达32020。当磁场强度为$110Am^{-1}$时，其S_H参数（定义为所测屏蔽体吸收的磁能百分比）为92%。

非晶合金和铁磁粉末可在磁屏蔽应用中混合使用。Der-Ray Huang等人[32]设计了用于阴极射线的漏斗状屏蔽体，使用环氧树脂和固化剂将$Fe_{40}Ni_{38}Mo_4B_{18}$非晶带和铁磁粉末粘在一起。通过增加带材厚度和铁磁粉末的质量百分比，可提高屏蔽体的电磁屏蔽效能。对于有六层带材的屏蔽体，在外磁场强度为2Oe（直流和交流频率均为60Hz）时可得25～27dB的最大磁屏蔽效能③，添加铁磁粉末后，磁屏蔽效能因子提高到27～30dB。屏蔽体经真空退火后（在Ar或N_2气氛、30～100Oe周向磁场、100℃～150℃条件下退火4h，以$15℃min^{-1}$的冷却速率冷却至室温）磁屏蔽效能得到提高，在外磁场0.2Oe附近达到最大值35～40dB，表明它们在地球磁场直流屏蔽和低频磁屏蔽方面具有潜在的应用价值。

---

① 屏蔽因子定义为被屏蔽外场的百分比，即屏蔽因子（%）= $100(B_{ext} - B_{int})/B_{ext}$，其中$B_{ext}$是外加磁场，$B_{int}$是屏蔽体中心的磁场。
② 屏蔽效能系数通过如下公式确定：系数 = $20logH_1/H_2$（dB），其中H_1、H_2分别是屏蔽前、后的磁场强度。
③ 屏蔽效能由公式$S_H = 20logH_o/H_i$（dB）确定，H_o是在线圈中心测量的无屏蔽体的磁场强度，H_i是在屏蔽体内测量的磁场强度。

6.4 多层铁磁基复合材料

6.2.4节基于等效电路法研究了几种多层复合材料。本节讨论两种多层铁磁基复合材料的制备过程、显微结构、屏蔽效能和机制——Fe-Ni合金/Fe/Fe-Ni合金和Fe-Al合金/Fe/Fe-Al合金多层复合材料,两者都有三个渗磁层。

6.4.1 Fe-Ni合金/Fe/Fe-Ni合金多层复合材料

1. 制备

这里介绍一种磁屏蔽多层铁磁基复合材料,它由表面的两层高磁导率Fe-Ni合金(坡莫合金)和内部的一层纯Fe组成。

选取商用电磁纯铁(DT4E)冷轧板作为基体材料,厚度为0.5mm。预处理工艺包括碱性脱脂、硫酸激发、电镀前水洗。电镀液由硫酸镍(250~350g/L)、氯化镍(30~60g/L)和硼酸(30~40g/L)组成。工艺条件包括温度(45℃~60℃)和阴极电流密度(1~2.5Adm^{-2})。在纯铁基体的两侧沉积镍层,形成Ni/Fe/Ni扩散偶。根据坡莫合金和DT4E的热处理方案,进行扩散热处理,以期获得更好的磁性能。在真空条件下,将Ni/Fe/Ni扩散偶加热至1200℃,保温1小时,再冷却至880℃,然后在880℃下保温4小时。加热速率控制在10℃/分钟,而在880℃附近的加热和冷却速率应非常缓慢(试样在炉内冷却)。所得Fe-Ni多层复合材料被命名为炉冷处理Fe-Ni/Fe/Fe-Ni。此外,Fe-Ni多层复合材料进一步从600℃开始经过空气淬火处理,并命名为空冷处理Fe-Ni/Fe/Fe-Ni。

2. 微观结构表征

图6.9分别显示了Fe-Ni多层复合材料的整体横截面和局部斜截面形貌。在最初的镀镍Fe试样中,Fe晶粒呈现出细长结构,Ni镀层和Fe基体之间由清洁的平整界面构成精细结合。热处理后,Fe基体中的冷轧结构转变为等轴晶退火结构,同时在表面上形成Fe-Ni合金层并演变为联锁界面。

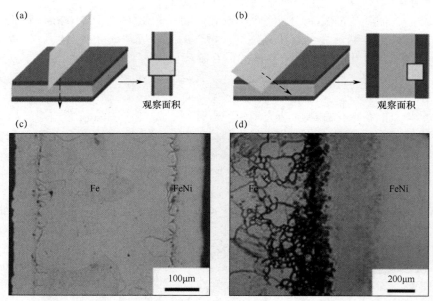

图6.9 (a),(b)试样制备流程示意图;(c),(d) Fe-Ni多层复合材料的金相形貌图;(a),(c)横截面;(b),(d)斜截面

一般而言，Fe和Ni之间的互扩散在Fe-Ni层中形成元素梯度分布，可通过能谱（EDS）线扫描证实这种分布，结果如图6.10所示。在Fe-Ni层中，Ni含量从表面到内部逐渐减少；因此，Fe-Ni合金层可分为表层（8μm，Ni 70～80at.%）和过渡层（17μm，Ni < 70at.%）。然而，在实际情况下，Fe-Ni的互扩散并不是均匀进行的。边界扩散比体扩散更快，导致形成联锁界面结构。为了进一步观察界面结构，通过斜向抛光［见图6.9(b)］代替垂直抛光，扩大了Fe-Ni/Fe/Fe-Ni多层复合材料的观察区域，结果如图6.9(d)所示。通过扩大界面区域的形貌观察，发现了更多细节，许多晶粒被快速的边界扩散路径包围，限制了晶粒的生长。

为了确定Fe-Ni多层复合材料的相组成，进行了XRD分析（见图6.11）。从XRD图谱中只检测到铁素体和Fe-Ni固溶相，通过比较它们的强度，发现铁素体相的含量远高于Fe-Ni固溶相。

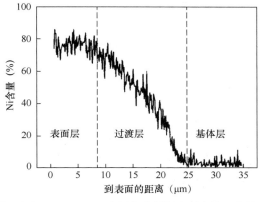
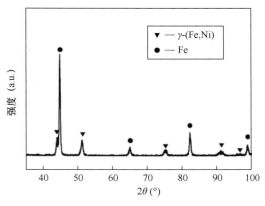

图6.10 Fe-Ni/Fe/Fe-Ni多层复合材料表层中镍元素的分布　　**图6.11** Fe-Ni多层复合材料的X射线衍射图谱

3. 地磁屏蔽效能：实验与计算

1）实验部分

通过机械弯曲和电弧焊接制备纯铁方形管（20mm×20mm×80mm）。经电镀镍和扩散热处理，得到用于磁屏蔽测量的Fe-Ni多层复合材料方形管。使用高斯计（Lake Shore 421）的霍尔探头测量方形管中心的磁场强度，如图6.12所示。磁场源是地磁场，地磁SF表示为H_0/H_S，其中H_S是在屏蔽体内测量的磁场强度，H_0是无屏蔽时在同一点测量的磁场强度。测量方向平行于方形管的横截面。

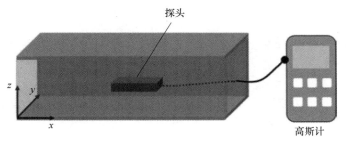

图6.12 测量地磁场屏蔽因子的装置

图6.13中分别画出了Fe基体和Fe-Ni多层复合材料的地磁SF。在炉内冷却的情况下，Fe-Ni多层复合材料（Fe-Ni/Fe/Fe-Ni炉冷却）的SF为9.7；而在空气冷却的情况下（从600℃开始进一步空气淬火），复合材料（Fe-Ni/Fe/Fe-Ni空气冷却）的SF为22.6，约是纯Fe基体的7倍。

图6.14显示了不同冷却条件下不同Ni含量的Fe-Ni合金的初始相对磁导率[33]。与纯Fe相

比，两种冷却条件下的Ni合金化处理都能有效提高初始相对磁导率。镍含量在50~90at.%范围内，有序相$FeNi_3$的形成被认为对磁性能有重要影响。高温冷却时，无序$FeNi_3$转变为有序$FeNi_3$，损坏Fe-Ni合金的磁性能。适当的快速冷却处理可有效控制$FeNi_3$的有序程度，进而改善初始相对磁导率。综合考虑以上实例，若将Fe-Ni多层复合材料视为几层Fe-Ni合金，则可更好地理解通过Ni合金化和空气淬火处理可以提高地磁屏蔽因子。

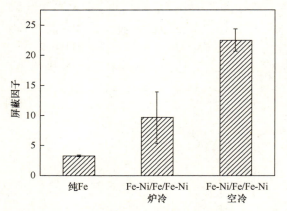

图6.13 不同结构和冷却条件下的地磁屏蔽因子

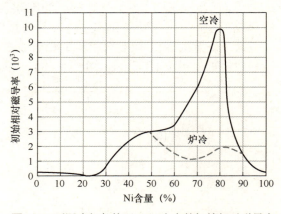

图6.14 不同冷却条件下Fe-Ni合金的初始相对磁导率

2）屏蔽因子计算

为了进一步进行屏蔽设计，下面计算SF。该过程类似于等效电路方法，将相关元件视为磁阻元件。在图6.15中，一个方形屏蔽体放在静态磁场中，磁场方向与屏蔽体的横截面平行。外部磁场强度为H_0，屏蔽体内部强度为H_S。因此，屏蔽因子表示为H_0/H_S。

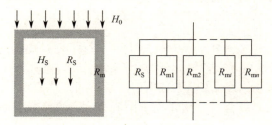

图6.15 磁屏蔽和等效磁路示意图

被屏蔽区域的磁阻为R_S。屏蔽体由几个导磁层组成。每个导磁层都有自己阻抗R_{mi}，它们的总和为R_m。根据等效磁路理论[34]，当屏蔽体的厚度远小于被屏蔽区域的尺寸时，屏蔽因子SF可以表示为

$$SF = 1 + \frac{R_S}{R_m} \tag{6.14}$$

同时，在并联磁路中，总阻抗R_m可以写成

$$R_m = \frac{1}{\frac{1}{R_{m1}} + \frac{1}{R_{m2}} + \cdots + \frac{1}{R_{mn}}} = \frac{1}{\sum_{i=1}^{n} \frac{1}{R_{mi}}} \tag{6.15}$$

于是，SF就变为

$$SF = 1 + \sum_{i=1}^{n} \frac{R_S}{R_{mi}} \tag{6.16}$$

磁阻R由6.2.2节中的式（6.3）定义。根据式（6.3）可得

$$\frac{R_S}{R_{mi}} = \frac{2}{a}\mu_{ri}d_i \tag{6.17}$$

式中，a是被屏蔽区域的边长，μ_{ri}是第i层的初始相对磁导率，d_i是第i层的厚度。

联立式（6.16）和式（6.17），可得n层磁屏蔽体的SF为

$$SF = 1 + \frac{2}{a}\sum_{i=1}^{n}\mu_{ri}d_i \tag{6.18}$$

在纯铁基体的例子中，SF表示为

$$SF = 1 + \frac{2}{a}\mu_r d \tag{6.19}$$

对于Fe-Ni多层复合材料，屏蔽体宏观上划分为Fe-Ni/Fe/Fe-Ni三层结构，而Fe-Ni层可进一步划分为无限多层结构。因此，SF可以写成

$$SF = 1 + \frac{2}{a}\left(\sum \mu_{r\text{-Fe-Ni}}d_{\text{Fe-Ni}} + \mu_{r\text{-Fe}}d_{\text{Fe}} + \sum \mu_{r\text{-Fe-Ni}}d_{\text{Fe-Ni}}\right) \tag{6.20}$$

其中，Fe-Ni多层复合材料的总厚度为500μm，包括两层Fe-Ni合金（25μm）和余下的Fe基体（450μm），如图6.16所示。Fe-Ni合金层可划分为具有不同Ni成分的多层结构。例如，从表面到中心，第一（表面）层的Ni含量为70~80at.%，可视为含有75at.% Ni的层，称为Ni_{75}层。第二层的Ni含量为50~70at.%，称为Ni_{60}层。第三层的Ni含量为25~50at.%，称为Ni_{35}层。最后一层的Ni含量为0~25at.%，称为Ni_{15}层，该层具有较低的初始相对磁导率。

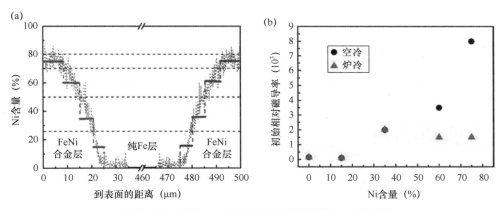

图6.16 分开的Fe-Ni合金层及各层的初始相对磁导率

Fe-Ni多层复合材料中各层的初始相对磁导率如图6.16(b)所示。根据初始相对磁导率与Ni元素含量之间的关系（见图6.14），纯Fe、Ni_{15}和Ni_{35}层的初始相对磁导率与热处理的冷却条件无关，分别为150×10^3、100×10^3和2.0×10^3。然而，当Ni含量为50~90at.%时，Fe-Ni合金的初始相对磁导率与冷却条件密切相关。Ni_{75}层的初始相对磁导率在炉冷条件下为1.5×10^3，在空冷条件下为8.0×10^3。Ni_{60}层的初始相对磁导率在炉冷和空冷条件下分别为1.5×10^3和3.5×10^3。此外，冷轧Fe基体的初始相对磁导率低于退火热处理后的纯Fe，在当前的计算中仅为50。

在单层屏蔽体中，Fe-Ni多层复合材料和纯Fe基体中每层的厚度和初始相对磁导率如表6.1所示。被屏蔽区域的边长（a）为20mm。

表 6.1 Fe-Ni 复合多层复合材料和 Fe 基体中各层的厚度与初始相对磁导率

屏蔽层		厚度（μm）	初始相对磁导率μ_i	
			炉冷	空冷
Fe基体		500	50	
Fe-Ni/Fe/Fe-Ni多层复合材料	Ni_{75}层（70%～80%）	8	1.5×10^3	8×10^3
	Ni_{60}层（50%～70%）	6	1.5×10^3	3.5×10^3
	Ni_{35}层（25%～50%）	6	2.0×10^3	
	Ni_{15}层（0～25%）	5	100	
	纯Fe	450	150	

根据分层划分方法，式（6.20）变为

$$SF = 1 + \frac{2}{a}[2\times(\mu_{Ni75}d_{Ni75} + \mu_{Ni60}d_{Ni60} + \mu_{Ni35}d_{Ni35} + \mu_{Ni15}d_{Ni15}) + \mu_{r-Fe}d_{Fe}] \quad (6.21)$$

给定厚度d和初始相对磁导率μ_i，根据式（6.21）计算得到基体和Fe-Ni多层复合材料的SF值如表6.2所示。

表 6.2 SF 的计算值和测量值

屏蔽层		计算值	测量值
Fe基体		3.5	3.3
Fe-Ni/Fe/Fe-Ni多层复合材料	炉冷	14.5	9.7
	空冷	27.3	22.6

Fe-Ni/Fe/Fe-Ni多层复合材料的计算SF值高于测量值。计算过程中使用的初始相对磁导率来自文献，是通过对不同Ni含量的Fe-Ni合金进行不同优化热处理后测量得到的。然而，这里由于Fe-Ni合金层经过一定的扩散热处理后，形成了Ni元素梯度分布，这种热处理过程对每个Fe-Ni层来说不是最佳的。因此，Fe-Ni合金层的实际磁性能（包括初始相对磁导率）低于文献值。于是，测量的SF值低于计算值。为了计算SF值，必须测量每层的实际初始磁导率。选择一定的Ni含量层来替代成分范围内的层，如图6.16(a)所示。每个Fe-Ni合金的厚度和初始相对磁导率可取近似值，这也可能在SF计算中带来误差。

4. 屏蔽机制

在纯铁表面形成Fe-Ni合金层，可以有很高的磁导率。Fe-Ni多层复合材料宏观上表现出Fe-Ni/Fe/Fe-Ni三层结构，微观上表现出无限层压结构，进而在平行方向上分流磁场，实现优异的屏蔽效能。与单层（纯Fe基体）相比，Fe-Ni多层复合材料存在高磁导率Fe-Ni合金及每层的平行分流作用，因此具有更高的屏蔽效能。

从SF的计算公式［式（6.20）］可以看出，总SF值是将每层的磁屏蔽系数相加得到的。这表明每层在磁屏蔽体中的作用是相同的，且没有相互耦合关系，这与屏蔽机制的讨论是一致的。纯Fe的厚度为450μm，而Fe-Ni合金层的总厚度为50μm，仅占总体积的10%。然而，空冷条件下的Fe-Ni合金层在磁屏蔽中的贡献达到74.8%，表明屏蔽体的磁导率是磁屏蔽的关键影响因素。

总之，为了提高多层复合材料的屏蔽效能，应增大屏蔽体的厚度和磁导率。当屏蔽体的总厚度固定时，提高屏蔽体的磁导率是提高屏蔽效能的主要途径。调整表层的Ni元素含量并优化热处理工艺，可提高磁导率。提高屏蔽效能的另一个有效途径是，提高屏蔽体中高磁导率成分的比例。

6.4.2 Fe-Al合金/Fe/Fe-Al合金多层复合材料

1. 制备

为了大幅提高磁屏蔽效能，在铁或钢屏蔽体的表面上形成高磁导率Fe-Al软磁合金层。这可赋予结构件磁屏蔽功能，实现结构/功能一体化。下面介绍另一种多层铁磁基复合材料，它由外部表面的两层Fe-Al软磁合金和内部的一层纯铁组成。

将厚度为1mm的商用电磁纯铁（DT4E）冷轧板作为基体材料。纯度为99.5%的商用纯铝（1060）作为熔融铝浴。将铝锭在Al_2O_3坩埚中使用坑管电炉加热至1023K。将纯铁浸入熔融铝浴中，持续150s后形成镀铝板。根据Fe-Al软磁合金和DT4E的热处理规范，采用扩散热处理来提高磁性能。然后，在真空条件（10^{-3}Pa）下将镀铝板加热至1173K，持续4小时。加热速率为600Kh^{-1}，将1153K附近的加热、冷却速率都控制为小于40Kh^{-1}，将低于923K时的冷却速率控制为大于250Kh^{-1}。由此，制备得到具有Fe-Al合金/Fe/Fe-Al合金结构的Fe-Al多层复合材料。

2. 微观结构表征

图6.17分别显示了Fe-Al多层复合材料热处理前、后的截面金相特征与元素分布。在纯铁基体表面上沉积了镀铝层，在Fe_2Al_5层和基体之间形成了一个内凹界面。经扩散热处理后，得到了具有Fe-Al层/Fe/Fe-Al层结构的Fe-Al多层复合材料，如图6.17(b)所示。纯铁基体与Fe-Al反应层之间结合良好，具有清洁平整的界面。

总体而言，在Fe-Al反应层中，Fe和Al之间的扩散产生了元素梯度分布，利用EDS线扫描得到了这一结果，如图6.17(c)和图6.17(d)所示。根据Fe和Al元素的质量百分比，在高温扩散处理之前，镀铝层由Al层（20μm）和Fe_2Al_5层（165μm）组成。经扩散热处理后，多层复合材料Fe-Al反应层中的Al含量由表面向内部逐渐减少；因此，可将Fe-Al反应层划分为Fe_2Al_5层（5μm）、$FeAl_2$层（70μm）、FeAl层（45μm）和α-Fe（Al）层（120μm）。

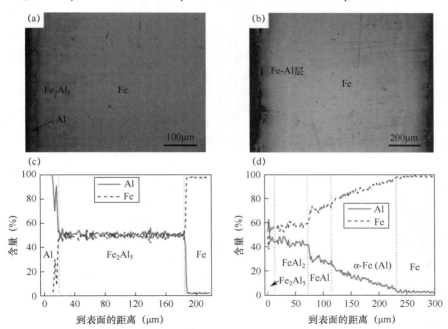

图**6.17** 多层复合材料扩散热处理前(a), (c)和后(b), (d)的金相特征与元素分布

Al元素含量低于18wt%的Fe-Al合金具有良好的软磁性能和高磁导率，可用作磁屏蔽材料。

因此，在Fe-Al多层复合材料中，Fe-Al软磁合金包含在Fe-Al反应层内部，形成了Fe-Al软磁层/纯Fe/Fe-Al软磁层结构。三个软磁层都具有高磁导率，有利于提高磁屏蔽效能。

3. 地磁场屏蔽效能：实验与计算

1）实验部分

利用机械弯曲和电弧焊接方法，制备了一个纯铁方管（40mm×40mm×250mm）。采用热浸镀铝和扩散热处理，制备了一个Fe-Al多层复合材料方管，用于磁屏蔽测量。磁场源是地磁场，测量地磁场强度的装置类似于图6.12，但使用了一个向量磁强计探头（MEDA FVM-400）。地磁屏蔽因子确定为H_0/H_S，其中H_S是在屏蔽体内测得的磁场强度，H_0是无屏蔽体时在同一位置测得的磁场强度。测量方向与方形屏蔽体的横截面平行，沿z方向（见图6.12）的屏蔽因子作为测量值。

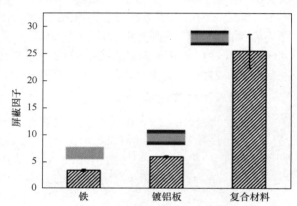

图6.18中分别画出了Fe基体、镀铝板和Fe-Al多层复合材料的地磁屏蔽因子。与纯Fe基体相比，镀铝板的屏蔽因子略高。镀铝涂层沉积在Fe基体的两侧，由Al层和Fe_2Al_5层组成。它们都没有磁性，且在磁屏蔽行为中没有任何作用。冷轧纯Fe基体的微观结构在热浸铝过程中部分恢复，改善了磁性能。因此，镀铝板的屏蔽因子略有提高。

图6.18 不同结构的地磁屏蔽因子

注意，Fe-Al多层复合材料的屏蔽因子为25.5，约为纯Fe基体的7.7倍。经扩散热处理后，基体两侧的铝化物变成Fe-Al软磁合金，并在多层复合材料中形成了3个导磁层的结构。它们都具有高磁导率，可以平行分流磁场，实现高地磁屏蔽效能。除了生成的Fe-Al软磁合金，由于具有等轴晶粒的退火结构，合金化处理还能有效改善纯Fe基体的磁性能。考虑到以上事实，我们可很好地理解为什么在基体表面进行铝合金化处理后可大幅度提高屏蔽因子。

图6.18中的实验误差是在测量过程中产生的。至少完成5次测量后，得到平均值。然而，无法确保每次测量都在方管中的相同位置进行，因此会导致一些实验误差。

2）屏蔽因子计算

Fe-Al多层复合材料由两个Fe-Al软磁合金层和一个纯铁层组成，它们都是具有高磁导率的软磁材料。纯铁夹层的磁阻很低，符合6.2.4节中式（6.8）的适用条件。

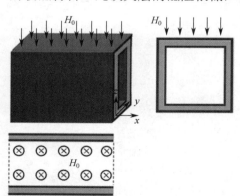

图6.19 Fe-Al多层复合材料磁屏蔽示意图

根据式（6.8），Fe-Al多层复合材料的屏蔽因子的计算公式为

$$\mathrm{SF_{MC}} = \frac{H_0}{H_S} = 1 + \frac{R_S}{R_{\mathrm{Fe\text{-}Al}}} + \frac{R_S}{R_{\mathrm{Fe}}} + \frac{R_S}{R_{\mathrm{Fe\text{-}Al}}} \qquad (6.22)$$

式中，R_S是被屏蔽区域的磁阻，$R_{\mathrm{Fe\text{-}Al}}$和$R_{\mathrm{Fe}}$分别是Fe-Al软磁合金层和纯Fe的磁阻。

将尺寸为$40×40×250\mathrm{mm}^3$的Fe-Al多层复合材料放到地磁场中进行屏蔽因子测量，将沿z方向的磁屏蔽因子作为测量值。磁场方向与方形屏蔽体的横截面平行（见图6.19）。

被屏蔽区域的尺寸为$40×40\mathrm{mm}^2$，磁路长度l为

40mm，区域d_S的厚度为40mm。在这个弱磁场中，屏蔽体的实际磁导率为初始磁导率。根据 6.2.2 节中式（6.3）定义的磁阻（R），得到 R_S、R_{Fe-Al} 和 R_{Fe} 分别为

$$R_S = \frac{40mm}{\mu_S d_S \times 250mm} \tag{6.23a}$$

$$R_{Fe-Al} = \frac{40mm}{2\mu_{FeAl} d_{FeAl} \times 250mm} \tag{6.23b}$$

$$R_{Fe} = \frac{40mm}{2\mu_{Fe} d_{Fe} \times 250mm} \tag{6.23c}$$

联立式（6.22）和式（6.23），得到 Fe-Al 复合多层材料的屏蔽因子为

$$SF_{MC} = 1 + \frac{2}{d_S}(\mu_{r\text{-}Fe\text{-}Al} d_{Fe\text{-}Al} + \mu_{r\text{-}Fe} d_{Fe} + \mu_{r\text{-}Fe\text{-}Al} d_{Fe\text{-}Al}) \tag{6.24}$$

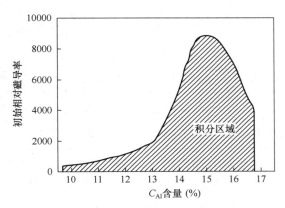

图 6.20 Fe-Al 合金的初始相对磁导率

式中，μ_r 是每层材料的初始相对磁导率，d 是每个导磁层的厚度。

屏蔽因子的值取决于每层的磁导率和厚度，随 μ_r 和 d 的增加而提高。在多层复合材料中，磁场同时由三个导磁层进行分流，进而实现磁屏蔽。因为 $d_{Fe\text{-}Al}$ 远小于 d_S，当三层中每一层的 μ_r 都为 1 时，屏蔽因子也约为 1。换句话说，非磁性屏蔽体没有磁场屏蔽效能。

此处，Fe-Al 多层复合材料的总厚度为 1000μm，包括两层 Fe-Al 合金（230μm）和余下的纯 Fe 基体（540μm）。根据不同的 Al 含量，Fe-Al 合金层可分为几层。Al 含量范围为 9.7~16.8wt%，Fe-Al 合金的初始相对磁导率如图 6.20 所示[33]。

根据 Al 元素的分布［见图 6.17(d)］，含铝层的厚度约为 70μm。铝含量超过 16.8wt% 的表层厚度为 130μm，没有软磁性能，可视为非导磁层。内层的 Al 含量范围为 0~9.7%，厚度约为 30μm。该层的初始相对磁导率可视为与纯铁的相同，约为 300。表 6.3 中给出了多层复合材料中各层的厚度和初始相对磁导率，以及单层屏蔽体中纯铁基体的厚度和初始相对磁导率。根据式（6.24），多层复合材料的屏蔽因子为

$$SF_{MC} = 1 + \frac{2}{d_S}\left[2 \times \left(\sum_{Al<9.7} \mu_{r\text{-}Fe\text{-}Al} d_{Fe-Al} + \sum_{Al: 9.7\sim16.8} \mu_{r\text{-}Fe\text{-}Al} d_{Fe\text{-}Al}\right) + \mu_{r\text{-}Fe} d_{Fe}\right] \tag{6.25}$$

表 6.3 多层复合材料和单层纯铁基体中各层的厚度和初始相对磁导率

屏蔽层	厚度（μm）	初始相对磁导率
纯铁基体	1000	50
多层复合材料		
Al > 16.8%	130	—
9.7% < Al < 16.8%	70	见图 6.21
Al < 9.7%	30	300
纯铁	540	300

根据 Al 元素的分布［见图 6.17(d)］，内层 Al 含量（C_{Al}）与 Fe-Al 合金的厚度（x）之间的关

系如图6.21所示。通过数学计算拟合得到线性方程，表示为

$$C_{Al}(x) = 8.57 + 0.13x \quad (6.26)$$

利用初始相对磁导率与Al含量之间的关系（见图6.20），通过数学软件计算得到的$\mu_r(C_{Al})$的积分面积约为22685。该积分表示为

$$\int_{c_1}^{c_2} \mu_r \mathrm{d}c = \int_{c_1}^{c_2} \mu_r \mathrm{d}(a+kx) = k\int_{x_1}^{x_2} \mu_r \mathrm{d}x \quad (6.27)$$

式中，k是图6.21中拟合线的斜率。

无穷多层中μ_r和d的乘积之和可视为积分。根据式（6.27），$\sum \mu_r d_i$表示为

$$\sum \mu_r d_i = \int_{x_1}^{x_2} \mu_r \mathrm{d}x = \frac{1}{k}\int_{c_1}^{c_2} \mu_r \mathrm{d}c \quad (6.28)$$

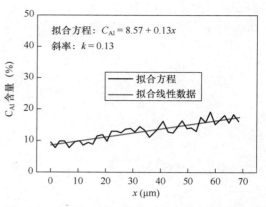

图6.21 Fe-Al合金内层中Al元素分布的线性拟合

根据式（6.25），给定厚度d和初始相对磁导率μ_r，可以计算得到基体和Fe-Al多层复合材料的屏蔽因子，如表6.4所示。

表6.4 针对不同材料的计算和实验得到的屏蔽因子

屏蔽结构	基体（Fe）	多层复合材料
计算值	3.5	27.4
实验值	3.3±0.2	25.5±3.1

4．屏蔽机制

对于单层（纯铁基体）和Fe-Al多层复合材料，计算得到的屏蔽因子值非常接近实验值。利用等效电路方法，可通过磁阻来表示磁屏蔽因子的计算公式。Fe-Al多层复合材料的屏蔽因子计算公式适用于单层纯铁基体和三层结构，这些结构微观上也可视为无限多层结构。在每层的厚度和磁导率之间引入一个系数，就可得到这个计算公式。在磁屏蔽中，每层的分流作用相同，没有相互耦合关系，与前面关于机制的讨论一致。与单层（纯铁基体）相比，由于Fe-Al合金具有高磁导率及每层的平行分流效应，因此多层复合材料具有更高的屏蔽因子。

6.5 夹层复合材料/结构屏蔽体系

本节讨论Fe/Fe-Al合金/Fe夹层复合材料、由两个Fe-Al合金/Fe/Fe-Al合金多层复合板和一层聚酯纤维薄膜构成的夹层结构的微观结构、屏蔽效能及其机制。这些夹层复合材料和夹层结构体系是根据6.2.4节中的等效电路方法设计的，可视为导磁层/非导磁层/导磁层结构。

6.5.1 Fe/Fe-Al合金/Fe夹层复合材料

1．制备

本节基于Fe/Al/Fe扩散偶，设计并制备一种新型的Fe-Al基夹层复合材料。受金属-金属间层状复合材料的启发，如Ti-Al$_3$Ti和Ni-Al$_3$Ni[35,36]，在扩散过程中制备出许多界面和元素梯度分布。由于这些扩散诱导界面的多次反射效应，电磁屏蔽效能将得到增强。位于中心的Fe-Al金属间层具有较高的Al含量（大于18wt%），具有弱磁性和高电阻率，因此可视为铁磁屏蔽层之间的介电层和非铁磁间隔层。这种夹层复合材料设计在提高磁屏蔽和电磁屏蔽效能方面都是合理且有效的，如6.2.4节所示。此外，紧邻Fe基体的低Al含量Fe-Al软磁合金也有助于磁屏

蔽，且由于其高磁导率，可以提高电磁屏蔽的吸收屏蔽效能。

选用厚度为0.5mm的商用纯铁（DT4E）冷轧板和市售的0.1mm纯铝箔（铝含量wt%≥99.99%）作为原材料。铝箔经Nital化学抛光处理，铁板则经机械抛光处理，且在超声波环境下用丙酮清洗15分钟。夹层复合材料的制备流程示意图如图6.22所示。

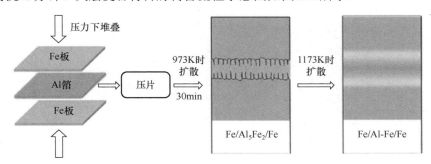

图6.22 夹层复合材料的制备流程示意图

预制板材交替堆叠（Fe/Al/Fe），并且在700℃（973K）下保温30分钟，然后，在真空炉中（10^{-3}Pa）和10MPa压力下，分别于不同的扩散时间（1小时、3小时和10小时）内加热至900℃（1173K）。加热速率为10℃/min，样品在650℃下取出并空冷。实验过程中还用一块厚度为1mm的纯铁板（双层基底）作为对照组，其加热/冷却速率为40℃·h^{-1}，在900℃下进行4小时退火。

2．微观结构表征

图6.23显示了经1小时、3小时和10小时扩散处理后，夹层复合材料的光学显微照片。在700℃下，铝箔熔化并通过反应扩散形成Fe-Al间化合物。如图6.23所示，随着扩散时间的延长，Fe-Al反应层的厚度逐渐增加。Fe-Al夹层复合材料由纯Fe/Fe-Al反应层/纯Fe结构组成，纯Fe基体与Fe-Al反应层之间结合良好，具有干净平整的界面。

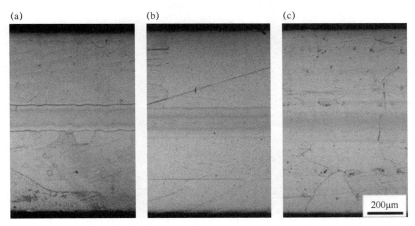

图6.23 在900℃下扩散(a)1小时、(b)3小时和(c)10小时后，夹层复合材料的光学显微照片

图6.24显示了经历不同扩散时间后，夹层复合材料截面的X射线衍射谱。在二元相图中，Fe和Al之间存在几种金属间化合物，包括$FeAl_2$（ξ）、Fe_2Al_5（η）、$FeAl_3$（θ）和FeAl（β）。在900℃下扩散1小时后，夹层复合材料中出现了所有4个相，如图6.24(a)所示。然而，当扩散时间增加到3小时后［见图6.24(b)］，Fe_2Al_5（η）相无法被探测到。扩散10小时后［见图6.24(c)］，反应层中仅剩下FeAl（β）相。由此可以看出，随着扩散时间的增加，富Al脆性相转变为强韧相。

图6.25显示了夹层复合材料中Fe-Al反应区经历不同扩散时间后的扫描电镜分析结果。横截面的背散射电子显微图像及其相应扩散区高放大倍率图像如图6.25(a)～图6.25(c)所示。由图看出，所制备复合材料具有清晰的夹层结构，由一对铁板和中间的Fe-Al反应层组成。图6.25(d)显示了经过900℃、1小时处理后，夹层复合材料横截面的彩色编码EBSD图像，包括Fe_4Al_{13}（红色）、$FeAl_2$（蓝色）、Fe_2Al_5（绿色）和纯铁（黄色）。此外，图6.25(e)显示了经10小时扩散后Fe-Al反应层的元素含量，它呈梯度分布。

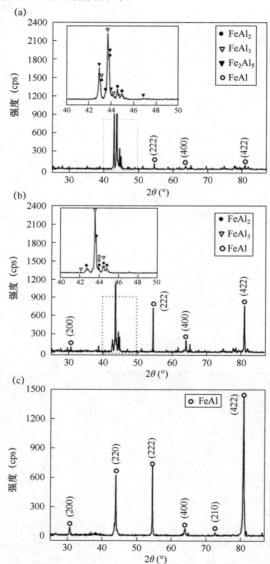

图6.24 扩散处理(a)1小时、(b)3小时和(c)10小时后夹层复合材料截面的X射线衍射谱

基于以上讨论，确定了金属间化合物相并在图6.25中标出，图中清楚地显示了Fe-Al反应层随扩散时间增加的演变过程。扩散时间延长至3小时后，Fe_2Al_5几乎耗尽，留下了连续的带状$FeAl_2$相和FeAl相。随着扩散时间增加到10小时，Fe从铁基体向反应区域内的迁移导致Al在反应区域内的含量下降，进而使富Al的Fe-Al金属间化合物（Fe_2Al_5和$FeAl_2$）转变为FeAl相和α-Fe（Al）固溶体。

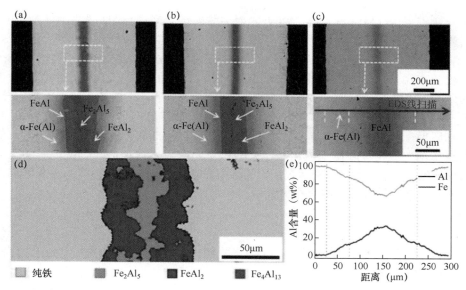

图6.25 扩散处理(a)1小时、(b)3小时和(c)10小时后扩散区域的扫描电镜图像；(d)扩散处理1小时后的彩色编码EBSD相图像；(e)沿图(c)中水平箭头进行的EDS线扫描分析结果

3. 磁屏蔽效能

在介绍夹层复合材料的地磁屏蔽效能之前，本节先说明其电性能和磁性能。图6.26显示了纯铁和不同扩散时间的夹层复合材料的电导率。夹层复合材料的电导率均低于退火纯铁的电导率（约为$10 m^{-1}\Omega^{-1}$），且随扩散时间的延长而缓慢降低。在两个纯铁板间插入具有低导电性的Fe-Al金属化合物间层，将导致夹层复合材料的电导率下降。随着扩散时间的延长，Fe-Al低导电层将扩展到铁基体中，而高导电性的纯铁将被不断消耗。因此，夹层复合材料的导电性随着扩散时间的延长而变差。

此外，随着扩散时间的延长，夹层复合材料的最大磁导率呈现出不规则波动，且所有数值都低于纯铁的磁导率（见图6.27）。高Al含量Fe-Al金属间化合物层不具有磁性，而只有低Al含量（小于18wt%）的Fe-Al合金作为软磁材料时才具有超磁导率。在Fe-Al扩散层中，靠近铁基体的部分Al元素非常低，可视为有益层。相反，Al含量高的中间部分是有害层，会使磁导率变差。有益层和有害层都随扩散时间的增加而扩展。因此，夹层复合材料的最大磁导率变化与扩散时间之间没有明显的关联性。

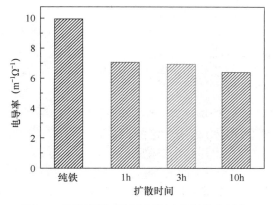

图6.26 不同扩散时间夹层复合材料的电导率

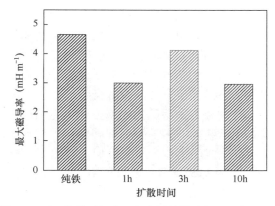

图6.27 不同扩散时间夹层复合材料的最大磁导率

使用向量磁强计（MEDA FVM-400）的探头对磁场强度进行测量，如图6.28所示。图中，磁场源由带有直流电流的铜线圈产生，并用夹层复合板作为屏蔽体。磁屏蔽因子（SF）表示为 $SF = 20\log(H_0/H_S)$，其中 H_S 是有屏蔽体时的磁场强度，H_0 是无屏蔽体时相同点位的磁场强度。

纯铁板和夹层复合材料的静态磁屏蔽结果均显示在图6.29中。与纯铁板相比，当在两个纯铁基体之间引入非导磁层时，夹层复合材料的磁屏蔽因子显著增加。对于不同的扩散时间，夹层复合材料的屏蔽因子在9.69和9.88之间，约是纯铁板的2.5倍。

在实际应用中，需要对Fe/Fe-Al合金/Fe夹层复合材料样品进行表面保护处理，因为纯铁的表面很容易发生氧化。采用电镀Ni涂层来提供表面抗氧化保护，经扩散过程后在夹层复合材料表面形成Fe-Ni合金层。Fe-Ni合金层具有较高的磁导率；因此，额外的高导磁层也可轻微提高复合材料的磁屏蔽效能，如图6.29所示。

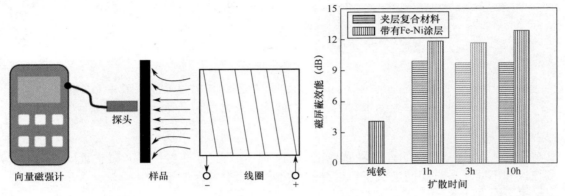

图6.28　地磁场屏蔽测量示意图　　图6.29　夹层复合材料和纯铁板的静态磁屏蔽结果

4．屏蔽机制

低Al含量（小于18wt%）的Fe-Al合金具有软磁特性，而富Al含量的Fe-Al金属间化合物则没有磁性[37]。此外，Fe-Al合金具有高电导率，随着Al含量的增加，其电导率快速变差。纯Fe的电导率约为 $1.0\times10^7 Sm^{-1}$，而Al含量为18wt%的Fe-Al合金的电导率则降至 $1.05\times10^6 Sm^{-1}$ [38]。因此，高Al含量的Fe-Al合金可视为非导磁和介电层。

图6.30显示了不同扩散时间下Fe-Al反应层的Al元素分布曲线。随着扩散时间的增加，Fe-Al反应区域延伸到两侧的铁基体中，经1小时、3小时和10小时处理后，反应层的厚度分别约为165μm、198μm和280μm。Al含量大于18wt%的Fe-Al合金层的中间部分是一个非导磁的介电层，可视为一个间隔层。这个间隔层的厚度约为110μm，随着扩散时间的增加，其厚度几乎保持不变。相比之下，与低Al含量基体相邻的部分具有高磁导率，可视为一个优异的导磁层。夹层复合材料中的Fe-Al软磁层，在扩散1小时、3小时和10小时后，厚度分别为55μm、88μm和170μm。此外，因为Fe-Al合金的电学和磁学性质很大程度上取决于其成分，Fe-Al反应层中Al元素的梯度分布将在微观尺度上产生很多界面。

磁场分布常用磁力线来描述。将单层屏蔽体放入磁场后，大多数磁力线将穿过屏蔽体，以实现屏蔽效能和保护被屏蔽区域。为了实现最佳屏蔽效能，常在多层磁屏蔽体中引入间隔层（空气或Al）作为非磁性层，以提高磁屏蔽效能[39, 40]。

在Fe-Al基夹层复合材料中，两个铁板之间存在一个Fe-Al反应层，其中Al元素的梯度分布如图6.30所示。夹层复合材料中包含两个软磁性层和一个非导磁层，可将其视为一种导磁层/间隔层/导磁层结构。当磁力线穿过具有间隔层的三层屏蔽结构时，磁力线会被屏蔽体分流两次，从而显著弱化磁场强度[41]。同样，与纯铁屏蔽体相比，夹层复合材料的磁屏蔽效能有了明显提高（见图6.29），导磁层可将磁场分流两次，进而获得更高的屏蔽效能。此外，与纯铁基体处于相同的条件下时，Fe-Al软磁合金层具有更好的磁导率和更高的分流磁场效率。因此，与铁基体邻近的Fe-Al软磁层也有利于提高夹层复合材料的屏蔽效能。

夹层复合材料表面上形成的Fe-Ni涂层可进一步提高屏蔽效能（见图6.29）。同样，因为Fe-Ni合金的磁导率远高于纯铁，因此有利于磁屏蔽。Fe-Ni涂层和夹层复合材料都可平行分流磁场，以达到较高的屏蔽效能，在磁屏蔽中发挥着同样的作用。

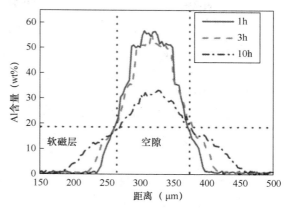

图6.30 夹层复合材料中Fe-Al反应层的Al元素梯度分布曲线

平行分流效应与夹层复合材料中两个导磁层的关系不同。该方法除了能进一步提高屏蔽效能，还可用于结构件的磁屏蔽功能化。

6.5.2 复合材料/聚酯纤维/复合材料夹层结构

1. 制备

本节研究复合材料/聚酯纤维/复合材料夹层结构，以探寻合理的结构设计。本节中的夹层结构由两个Fe-Al合金/Fe/Fe-Al合金多层复合材料板（见6.4.2节）和一个聚酯纤维层构成。这是导磁层/非导磁层/导磁层的一种结构。

通过铁板的热浸镀铝，并在后续进行扩散热处理，制得Fe-Al合金/Fe/Fe-Al合金多层复合材料板，详细制备过程见6.4.2节。使用一张5mm厚的聚酯纤维膜作为间隔层，将两种尺寸的Fe-Al合金/Fe/Fe-Al合金多层复合材料方管（40×40×250mm³和50×50×250mm³）套在一起，就形成了具有导磁层/非导磁层/导磁层的夹层结构方管。

2. 地磁屏蔽效能

地磁屏蔽效能测量方法与前面描述的方法相同。

与图6.18中铁（SF = 3.3）、镀铝铁板（SF = 5.9）和Fe-Al合金/Fe/Fe-Al合金多层复合材料（SF = 25.5）的地磁屏蔽结果相比，夹层结构的屏蔽因子大幅提升，达到210。多层坡莫合金被认为是优异的传统磁屏蔽材料，夹层结构的屏蔽效能与其接近。夹层结构由两层复合板和中间的非导磁层组成。这种导磁层/非导磁层/导磁层结构可以二次分流地磁场，实现优异的屏蔽效能。

注意，夹层结构的屏蔽因子存在相对较大的误差（±24）。当两个尺寸的多层复合材料方形管套在一起时，侧面的间隙可能在不同测量过程中波动，进而产生实验误差。

这种复合材料/聚酯纤维/复合材料夹层结构由Fe-Al多层复合材料板和聚酯纤维膜组成，是典型的导磁层/非导磁层/导磁层结构。间隔层的磁阻非常大，符合6.2.4节中式（6.10）的应用条件。因此，夹层结构的屏蔽因子为

$$\text{SF}_{\text{SD}} = \frac{H_0}{H_1} = \left(1 + \frac{R_\text{S}}{R_{\text{Fe-Al}}}\right)\left(2 + \frac{R_{\text{spacer}}}{R_{\text{Fe-Al}}}\right) \quad (6.29)$$

$$R_{\text{Fe-Al}} = \cfrac{1}{\cfrac{1}{R_{\text{FeAl}}} + \cfrac{1}{R_{\text{Fe}}} + \cfrac{1}{R_{\text{FeAl}}}} \tag{6.30}$$

式中，R_{spacer}是非导磁层的磁阻。

夹层结构由两个多层复合材料方形管（尺寸为$40\times40\times250\text{mm}^3$和$50\times50\times250\text{mm}^3$）及聚酯纤维膜间隔层（间隔层的宽度为5mm）组成。根据式（6.30），得到

$$\frac{R_{\text{S}}}{R_{\text{Fe-Al}}} = \frac{R_{\text{S}}}{R_{\text{FeAl}}} + \frac{R_{\text{S}}}{R_{\text{Fe}}} + \frac{R_{\text{S}}}{R_{\text{FeAl}}} \tag{6.31}$$

联立式（6.22）、式（6.29）和式（6.31）得

$$\text{SF}_{\text{SD}} = \frac{H_0}{H_1} = \left(1 + \frac{R_{\text{S}}}{R_{\text{Fe-Al}}}\right)\left(2 + \frac{R_{\text{spacer}}}{R_{\text{S}}}\frac{R_{\text{S}}}{R_{\text{Fe-Al}}}\right) = \text{SF}_{\text{MC}}\left[2 + \frac{R_{\text{spacer}}}{R_{\text{S}}}(\text{SF}_{\text{MC}} - 1)\right] \tag{6.32}$$

从而计算出磁阻R_{spacer}：

$$R_{\text{spacer}}/R_{\text{S}} = 2\mu_{\text{spacer}}d_{\text{spacer}}/\mu_s d_s = 1/4$$

给定$R_{\text{spacer}}/R_{\text{S}}$的值，夹层结构的屏蔽因子可以表示为

$$\text{SF}_{\text{SD}} = \text{SF}_{\text{MC}}\left(1.75 + \frac{1}{4}\text{SF}_{\text{MC}}\right) \tag{6.33}$$

式（6.33）表明，SF_{SD}非常依赖于多层复合材料导磁层的屏蔽因子。提高导磁层的屏蔽因子可显著提升SF_{SD}。导磁层的屏蔽效能越好，提升幅度就越大。间隔层的磁阻（R_{spacer}）随着间隔层宽度的增加而增加。同时，$R_{\text{spacer}}/R_{\text{S}}$值也随之增加，进而增大$\text{SF}_{\text{SD}}$值。因此，$\text{SF}_{\text{SD}}$值也与间隔层的宽度有关。

通过内部和外部导磁层的二次磁场分流，夹层结构具有了优异的屏蔽效能。这种导磁层/非导磁层/导磁层结构明显降低了磁力线密度，与三个导磁层堆叠结构比较，夹层结构更利于提高屏蔽效能。依据式（6.33），夹层结构屏蔽因子的计算值为235.6，如表6.5所示。

表6.5 不同结构屏蔽因子的计算值和实验值

屏蔽结构	夹层结构	双层复合结构
计算值	235.6	54.8
实验值	210±24	—

计算结果（235.6）与实验值（210±24）很接近。作为对照组，未使用间隔层的双层复合材料结构的屏蔽因子也由式（6.22）计算得出，其中每层平行分流磁场。双层复合材料结构磁屏蔽因子的计算值约为54.8，远低于夹层结构的磁屏蔽因子。因此，复合材料板之间的间隔层改变了磁屏蔽机制，显著提高了磁屏蔽效能。

3. 屏蔽机制

对夹层结构来说，计算得到的屏蔽因子值与实验值非常接近。夹层结构的屏蔽因子公式包括两部分的乘积，这两部分很大程度上分别依赖于导磁层和间隔层。研究表明，夹层结构中的两个渗磁层可以两次分流磁场，从而获得出色的磁屏蔽效能。与6.4.2节中的三层渗磁层结构相比，夹层结构中的非导磁层可更有效地提高磁屏蔽效能。

6.6 小结

如今，磁场屏蔽这项复杂的任务正变得越来越重要，需要利用新型屏蔽材料或结构[42-45]（如纳米复合材料、轻质泡沫或多层结构）来保护有磁屏蔽需求的区域。在本章中，大量的研究工作集中在开发多层铁磁基复合材料和夹层复合材料/结构屏蔽系统上，深入解释了相应的屏蔽机制。这些磁屏蔽材料/结构具有比传统屏蔽材料更好的屏蔽效能。但是，它们的屏蔽效能仍然需要优化，继续进行这些工作有助于更好地理解磁场屏蔽的理论和应用。

参 考 文 献

1 Cabrera, B. and van Kann, F.J. (1978). Ultra-low magnetic field apparatus for a cryogenic gyroscope. *Acta Astronautica* 5 (1–2): 125–130.
2 Koroglu, S., Sergeant, P., and Umurkan, N. (2010). Comparison of analytical, finite element and neural network methods to study magnetic shielding. *Simulation Modeling Practice Theory* 18 (2): 206–216.
3 Wikipedia. 2014. Earth's magnetic field (from Wikipedia, the free encyclopedia). http://en.wikipedia.org/wiki/Earth's_magnetic_field.
4 Batra, T. and Schaltz, E. (2015). Passive shielding effect on space profile of magnetic field emissions for wireless power transfer to vehicles. *Journal of Applied Physics* 117 (17): 17A739.
5 Chrobak, A., Kaleta, A., Kwapulinski, P. et al. (2012). Magnetic shielding effectiveness of iron-based amorphous alloys and nanocrystalline composites. *IEEE Transactions on Magnetics* 48 (4): 1512–1515.
6 Chung, D.D.L. (2001). Electromagnetic interference shielding effectiveness of carbon materials. *Carbon* 39 (2): 279–285.
7 Nasouri, K., Shoushtari, A.M., and Mojtahedi, M.R.M. (2016). Theoretical and experimental studies on EMI shielding mechanisms of multi-walled carbon nanotubes reinforced high performance composite nanofibers. *Journal of Polymer Research* 23: 71.
8 González, M., Crespo, M., Baselga, J., and Pozuelo, J. (2016). Carbon nanotube scaffolds with controlled porosity as electromagnetic absorbing materials in the gigahertz range. *Nanoscale* 8: 10724–10730.
9 Morrison, R. (2007). *Grounding and Shielding*, 5e, 23. Wiley.
10 Rieger, H. (1978). *The Magnetic Circuit*, 21–51. London: Heyden & Son Ltd.
11 Bartkowiak, R.A. (1973). *Electric Circuits*, 145–177. New York: Intext Educational Publishers.
12 Wikipedia. 2014. Magnetic circuit (from Wikipedia, the free encyclopedia). http://en.wikipedia.org/wiki/Magnetic_circuit#Magnetic_flux.
13 Chung, D.D.L. (2000). Materials for electromagnetic interference shielding. *Journal of Materials Engineering and Performance* 9 (3): 350–354.
14 Morecroft, J.H. and Turner, A. (1925). The shielding of electric and magnetic fields. *Proceedings of the Institute of Radio Engineers* 13 (4): 477–505.
15 Bottauscio, O., Chiampi, M., Chiarabaglio, D., and Zucca, M. (2000). Use of grain-oriented materials in low-frequency magnetic shielding. *Journal of Magnetism and Magnetic Materials* 215–216: 130–132.
16 Hiles, M.L., Olsen, R.G., Holte, K.C. et al. (1998). Power frequency magnetic field management using a combination of active and passive shielding technology. *IEEE Transactions on Power Delivery* 13 (1): 171–177.
17 Ren, S.Y., Ding, H.C., Li, M.M., and She, S.G. (1995). Magnetic shielding effectiveness for comparators. *IEEE Transactions on Instrumentation and Measurement* 44 (2): 422–424.

18 Shao, H.M., Qu, K.F., Lin, F.P. et al. (2013). Magnetic shielding effectiveness of current comparator. *IEEE Transactions on Instrumentation and Measurement* 62 (6): 1486–1490.

19 Yamazaki, K., Muramatsu, K., Hirayama, M. et al. (2006). Optimal structure of magnetic and conductive layers of a magnetically shielded room. *IEEE Transactions on Magnetics* 42 (10): 3524–3526.

20 Saito, T. (2009). Shielding performance of open-type magnetic shielding box structure. *IEEE Transactions on Magnetics* 45 (10): 4640–4643.

21 Celozzi, S., Lovat, G., and Araneo, R. (2007). *Electromagnetic Shielding*. Wiley.

22 Yamazaki, K., Hatsukade, Y., Tanaka, S., and Haga, A. (2008). Shield duct to prevent magnetic field leakage through openings in double-layered magnetically shielded rooms. *IEEE Transactions on Magnetics* 44 (11): 4187–4190.

23 Shi, T. (2004). *Physical Properties of Materials*. Beihang University Press (In Chinese).

24 Lee, S.-Y., Lim, Y.-S., Choi, I.-H. et al. (2012). Effective combination of soft magnetic materials for magnetic shielding. *IEEE Transactions on Magnetics* 48 (11): 4550–4553.

25 Snelling, E.C. (1988). *Soft Ferrites: Properties and Applications*. Butterworths.

26 Callister, W.D. (2007). *Materials Science and Engineering: An Introduction*. Wiley.

27 Kvitkovic, J., Davis, D., Zhang, M., and Pamidi, S. (2015). Magnetic shielding characteristics of second generation high temperature superconductors at variable temperatures obtained by cryogenic Helium gas circulation. *IEEE Transactions on Applied Superconductivity* 25 (3): 8800304.

28 Haneczok, G., Wroczynski, R., Kwapulinski, P. et al. (2009). Electro/magnetic shielding effectiveness of soft magnetic Fe80Nb6B14 amorphous alloy. *Journal of Materials Processing Technology* 209 (5): 2356–2360.

29 Haneczok, G. and Rasek, J. (2003). Free volume diffusion and optimization of soft magnetic properties in amorphous alloys based on iron. *Defects Diffusion Forum* 224–225: 13–26.

30 Kannan, R., Ganesan, S., and Selvakumari, T.M. (2012). Structural and magnetic properties of electrodeposited Ni-Fe-W-S thin films. *Optoelectronics and Advanced Materials-Rapid Communications* 6 (3–4): 383–388.

31 Okazaki, Y., Lixin, M., Ohya, Y. et al. (2007). Magnetic properties of nanocrystalline ferrite $Ti_xCo_{1+x}Fe_{2-2x}O_4$ and $CoFe_2O_4$ composite thin films. *Journal of Materials Processing Technology* 181 (1–3): 66–70.

32 Huang, D.R., Dow, W.H., Yao, P.C., and Hsu, S.E. (1985). Electromagnetic shielding properties of amorphous alloy shields for cathode-ray tubes. *Journal of Applied Physics* 57 (8): 3517–3519.

33 Chinese Heat Treatment Society (2008). *Heat Treatment Process*, 4e, 697–706. Beijing: China Machine Press.

34 Y.X. Yuan. Preparation and research of magnetic shielding materials for low frequency. Master Thesis of Beijing University of Technology, 2005: 22–33. (In Chinese)

35 Joo, J. and Lee, C.Y. (2000). High frequency electromagnetic interference shielding response of mixtures and multilayer films based on conducting polymers. *Journal of Applied Physics* 88 (1): 513–518.

36 Ning, J. and Tan, E.L. (2009). Simple and stable analysis of multilayered anisotropic materials for design of absorbers and shields. *Materials & Design* 30 (6): 2061–2066.

37 Burt, E.A. and Ekstrom, C.R. (2002). Optimal three-layer cylindrical magnetic shield sets for scientific applications. *Review of Scientific Instruments* 73 (7): 2699–2704.

38 Wu, H., Fan, G.H., Cui, X.P. et al. (2014). A novel approach to accelerate the reaction between Ti and Al. *Micron* 56: 49–53.

39 Micheli, D., Apollo, C., Pastore, R. et al. (2012). Optimization of multilayer shields made of composite nanostructured materials. *IEEE Transactionson Electromagnetic Compatibility* 54 (1): 60–69.

40 Eelman, D.A., Dahn, J.R., MacKay, G.R., and Dunlap, R.A. (1998). An investigation of mechanically alloyed Fe–Al. *Journal of Alloys and Compounds* 266 (1–2): 234–240.

41 Liu, W., Zhong, W., Jiang, H.Y. et al. (2006). Highly stable alumina-coated iron nanocomposites synthesized by wet chemistry method. *Surface & Coatings Technology* 200 (16–17): 5170–5174.
42 Durmus, Z., Durmus, A., Bektay, M.Y. et al. (2016). Quantifying structural and electromagnetic interference (EMI) shielding properties of thermoplastic polyurethane-carbon nanofiber/magnetite nanocomposites. *Journal of Materials Science* 51 (17): 8005–8017.
43 Kumar, R., Kumari, S., and Dhakate, S.R. (2015). Nickel nanoparticles embedded in carbon foam for improving electromagnetic shielding effectiveness. *Applied Nanoscience* 5 (5): 553–561.
44 Xia, X., Wang, Y., Zhong, Z., and Weng, G. (2016). A theory of electrical conductivity, dielectric constant, and electromagnetic interference shielding for lightweight graphene composite foams. *Journal of Applied Physics* 120 (8): 085102.
45 Dmitrenko, V.V., Besson, D., Nyunt, P.W. et al. (2015). Multilayer film shields for the protection of PMT from constant magnetic field. *Review of Scientific Instruments* 86 (1): 013903.

第 7 章 电磁吸收材料的新进展

Raghvendra Kumar Mishra, Aastha Dutta, Priyanka Mishra, Sabu Thomas

7.1 引言

自 19 世纪电磁理论发展后,利用电磁(EM)波的技术设备在工程中得到了广泛应用。具有特定波长的电磁波已用在不同的工作中,如无线信息传输、广播、医疗应用、成像、异物检测等。考虑到电磁波与大气的相互作用,电磁波可在较远的终端之间提供信息传输,如卫星、航天飞机等。另一方面,对基于电磁波系统的需求不断增长,在工程应用中带来了许多常见的服务问题。由于来自不同发射源的电磁波相互作用,对传输数据产生错误解读或信息丢失,可能导致设备出现故障。此类问题通常源于电磁干扰(EMI),在电致发光器件、非线性光学材料、振荡器、放大器、频率转换器、传感器、电磁干扰屏蔽、雷达吸收等设备的使用过程中都可能存在。EMI 除了对电子设备的运行造成干扰,还可能对生物和系统性能产生有害影响[1,2]。因此,研究人员在制造和开发具有良好结构性能的电磁波吸收材料方面做出了许多努力。这些研究在军事应用中尤其具有战略意义——这些材料通过吸收或反射电磁波,具备防止或减少电磁波的能力。此外,材料抵抗电磁信号不良影响的能力被量化表示为屏蔽效能(SE)。材料的 SE 受各种因素影响,如几何形状、磁性和介电性质等[2]。

简言之,电磁学基本定律最初由苏格兰物理学家詹姆斯·麦克斯韦(1831—1879 年)提出[3]。

如法拉第电磁感应定律描述的那样,随时间波动的磁场通过长度为 l 的闭合回路时,产生电流;反之亦然。法拉第电磁感应定律证明了电场(E)与磁通量(Φ_B)之间的关系。然而,广义安培定律表明,磁场的产生不仅受电流的影响,而且受随时间变化的电场或电通量变化的影响。从麦克斯韦方程组可以看出,一个随时间变化的电场会产生一个随时间变化的磁场,以同样方式变化的磁场会感应出大小变化的电场。此外,各个电场和磁场彼此相互垂直。

交变电场中的加速电荷会产生一个交变场。这个具有正弦变化的电场会带来电场和磁场耦合,并以谐波电磁波的形式在空间中传播。电磁波以光速($3.00×10^8$m/s)在自由空间中传播,电磁波频率(f)和波长(λ)之间的关系为 $c = \lambda f$;电磁波由电场和磁场共同组成。电磁辐射的能量(E)通过 $E = hc/\lambda$ 进行计算,其中 h 是普朗克常数。高频电磁波通常由自然过程产生,或者由电子或带电粒子的加速运动产生。电磁波可在空间中传播——大多数无线电系统使用电磁波在终端之间传输信息和能量。电磁波的传播距离取决于频率(或波长)、发射功率、发射器规格等可变因素。在大气条件下,大气中的成分可能会与传播中的电磁波相互作用。这种尺寸相当的物体与电磁波之间的相互作用最有可能用到许多工程应用中,如探测从纳米尺度到宏观尺度的物体等。

随着技术的发展,在更高频率和更低波长下运行的系统变得更有优势。因此,毫米波段的电磁波应用及其叠加能力成为主要研究内容。电磁波的叠加可能是相长干涉,也可能是相消干涉。从应用角度看,理解电磁波的叠加性质很重要。电磁波的叠加性质应用于广播和无线通信领域[3]。这种电磁波叠加的利用有时也存在弊端,因为电磁干扰也会对电子设备造成严重问题。

在微波频段中,高频率和低波长设备的工程应用存在可能性。在更高频率下运行的电子系统和设备具有更高的性能与精度。例如,许多分子、原子和核共振频率都涉及微波频率。

因为微波在电离层中不发生弯折，所以应用微波频率能够得到更高的通信容量[4]。

在航空航天应用中，轨道卫星之间的通信由电磁波建立。然而，制造、分析和设计微波元件具有挑战性。对基于短波长的组件开发来说，需要满足组件的小型化设计，其尺寸和结构尤为重要。因此，微波的应用范围非常广泛，存在于许多日常生活应用中，包括机场交通管制雷达、导弹跟踪雷达、火控雷达、天气预报雷达、长距离电话通信和军事通信网络等。

根据不同的应用类型，微波频率划分为不同的几个频段。在高频应用中，EMI 问题更普遍。为了满足日常应用中无干扰的系统需求，开发了宽频带微波干扰屏蔽或吸收材料。

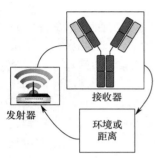

图 7.1　EMI 的要素[5]

EMI 是指通过辐射或传导的方式或者两者兼有的方式，从一台电子设备传输到另一台电子设备的干扰性电磁能量（见图 7.1）。在电子元件中，不可控且连续产生的电磁干扰会对相关设备和系统的性能产生不良影响。对任何电磁兼容性问题而言，最基本的三个要素是电磁源、受电磁干扰影响的接收器/设备，以及调节干扰的介质环境[5]。

在任何电磁系统-环境配置中，这三个要素都必不可少，但它们的强度和影响可能差异很大，在某些情况下甚至难以检测到。检测到其中至少两个要素并消除它们，或者至少衰减其中一个要素，对解决这类电磁兼容性问题来说都是至关重要的。

电磁辐射的来源可以是任何类型的，从人造系统如汽车点火、电力线、手机、收音机等，到自然源如闪电、雷暴、太阳和极光。大多数电磁干扰情况是具有破坏性的自然现象，它们也可用于电子战中，以达到造成无线电干扰或其他紊乱的目的。

根据国际电信联盟（ITU）的无线电规则（RR），干扰的变化分类如下[6]：

- 容许干扰。
- 可接受干扰。
- 有害干扰。

影响 EMI 的因素很多，包括发射器件的特性、器件之间的物理关系，以及受影响器件的敏感性。发射的电磁辐射频率（与波长成反比）和功率会影响 EMI，进而影响设备的屏蔽能力。敏感设备的电子部件基本上是接收干扰信号的天线。在低频率（长波长）下，少量能量会传递到微小电子元件上；相比之下，极高频率更易被屏蔽。电磁兼容性（EMC）是指不同类型的电子设备在电磁环境中运行而不损失预期工作潜力的能力。若不给予要求的屏蔽标准和电磁抗扰度，则 EMC 会影响它们的受损程度。这就是现在的设备都被设计成甚低敏感性的原因。对电磁场来说，能量水平随场源距离的增大而迅速下降（与距离的平方成反比）。此外，根据法拉第定律，感应电压与感应面积成正比。

本章介绍复合材料的电磁波吸收能力，主要内容是与电磁波理论相关的基本原理、电磁波与物质相互作用的基本内容，以及已研发的各类电磁波吸收材料的优点。

7.1.1　电磁波吸收材料

电磁干扰屏蔽是指利用适当的材料对电磁辐射进行反射和吸收，进而形成一个屏蔽体来阻止场辐射穿透该区域。若减轻电磁干扰的目的仅仅是保护被屏蔽的环境，则反射电磁波就已足够。反射电磁波可通过使用导电材料屏蔽体来实现。然而，为了防止屏蔽系统内电磁波的有害传输（保护内部和外部环境），与入射波相关的能量必须以某种方式在材料自身中得以耗散。这就变得复杂，因为材料必须具有可控的电导率和阻抗值，与入射波保持一致，以避免首次反射的产生。

电磁波的主要来源是电子设备；电磁波由电子源发射并在不同的介质（如大气等）中传播。电磁波的能量吸收取决于传播介质或材料。屏蔽电磁波能量是指通过介质对电磁波进行吸收和反射。电磁波的相互作用、吸收和反射始终受到电磁波传播介质及材料的磁性能和电性能的影响[2]。

根据能量守恒原理，反射功率（P_R）、透射功率（P_T）和吸收功率（P_A）与入射功率（P_0）之比的和为 1。对有效电磁波屏蔽材料来说，反射型材料的反射分量应最大化，而吸收型材料的吸收分量应最大化。

考虑实际应用的电磁波吸收材料，电磁波能量吸收和损耗受电偶极子极化（介电损耗）、磁畴运动（磁损耗）、自由电子运动（导电损耗）和/或原子振动的影响[7]。为了有效吸收电磁能量，应同时抑制入射波的电场分量和磁场分量。否则，根据麦克斯韦方程的假设，变化磁场的存在仍会产生变化的电场，反之亦然[4]。为了提高材料的电磁波吸收能力，应相应地调整其电性能和磁性能。对于介电损耗，介电材料主要是离子绝缘材料，容易在电场中被极化；极化向量 P 可通过正、负离子电荷之间的距离 d 来表示[8]。由于外电场的存在，介电材料内部的电偶极子会沿着外电场方向排列。由电场产生的矩即称为介电偶极矩（μ_e）[9]。存在电场时，具有净偶极矩的分子称为极性分子，而不具有净偶极矩的分子称为非极性分子。极化可能因偶极子旋转、电子位移、电离和热效应的产生而产生[7]。

由于有限的材料导电性，电磁波的能量也可存储在材料中；在导电材料中，入射电磁波的电场分量与自由电子相互耦合。但是，在介电材料中无法进行耦合，因为它们的电导率很低，甚至不具有导电性。因此，在介电材料中，电磁能量通过偶极子运动转化为机械能[5]。当频率提高时，基于偶极子重排的介电弛豫损耗受到限制并产生共振。利用这种机制，入射电磁波频率与材料中原子、离子或电子的自然振荡频率相同，进而通过能量耗散增强有效吸收，并转化为热量[10, 11]。

电磁波由电场和磁场两部分组成。电磁波的磁分量与磁性材料相互作用。对于顺磁性，具有不平衡磁自旋的未成对电子被磁场吸引[10]。顺磁材料内部的磁偶极子随外加磁场旋转，并沿磁场方向排列。对于抗磁性，存在具有平衡磁自旋的价电子，因此不存在磁偶极子。抗磁材料抵抗外加磁场，形成与外磁场相反的磁偶极子[11]。

过去，电磁波吸收材料的应用仅限于减小军用车载雷达的横截面积[2]。随着特定频率下电磁波吸收材料的发展，多频雷达吸收和干扰系统应运而生。随着技术的进步，以电磁波辐射为基础的系统在日常生活中得到广泛应用。开发高效的宽带电磁波吸收体已成为一项重要任务。早期的方案有许多，如多层 Jaumann 吸收体，但这些方案存在一些缺点，如增大厚度会带来额外的质量[12]。解决这些问题的关键方法主要包括对结构材料的内在性能进行改进。因此，可依据电磁损耗机制对电磁波吸收体进行分类[1]。下一节讨论电磁波吸收材料的常见类型。

7.2 核-壳结构电磁波吸收材料

近年来，磁性核-壳结构复合材料因在各种应用中的新颖性能而备受关注。这类材料是一种兼具壳层和核心材料性能的功能复合材料。它们还表现出与不同材料构成的壳层和核心结构具有不同的物理与化学特性。这些材料可以具有显著的电磁波吸收性能。它们克服了单一介电或磁性材料无法实现阻抗匹配和宽频波吸收的局限性。电磁波吸收材料的反射和衰减特性与各种参数相关，如匹配频率、吸收体的层厚，以及相对复磁导率和介电常数。这些参数取决于材料的类型、电磁波吸收体的形状、大小和形貌。铁和其他磁性纳米粒子因具有纳米尺度性能，非常适合作为电磁波吸收体。每种类型的纳米粒子都有其自身的限制，在特定频率范围内体现出特殊的性能。例如，Fe 具有较大的饱和磁化强度和高频 Snoek 极限，是电磁波吸收体的良好候选材料；但是，涡流损耗会降低相对复磁导率，因此其使用受到限制[13-15]。

为了制备适用的电磁波吸收体，核-壳基电磁波吸收体成了有前景的候选材料。核-壳材料由核心纳米粒子封装在壳层内部（见图 7.2）。外层壳可改变并赋予核心颗粒以特殊的光、电、磁性能。因此，固态颗粒可升级为核-壳粒子，通过改变壳层可以调节其电磁损耗和频率耗散特性，通过改变核心和壳层材料的比例可以调控核-壳微观结构。因此，研究核-壳颗粒的制备及其电、磁、光和催化性能引起了人们的广泛关注[16,17]。这些核-壳材料还表现出壳层之间的相互排斥、层间的多次反射和/或壳层与核心的多重损耗。因此，许多研究小组在核心周围引入了壳体，以克服核心和壳体材料的电磁波吸收问题。这些核-壳结构可通过各种方法制备，如溶胶-凝胶法[18]、非均相沉淀法[19]、电弧放电[20]、化学镀[21]、Stöber 工艺[22]和化学气相沉积[23]。各种类型的核-壳结构，如碳纳米管/Fe 和碳纳米管/Co_2FeO_4、Ni/C、Ni/Ag、ZnO 包覆的铁纳米囊、包封在碳胶囊中的 Fe 纳米颗粒[24]，以及含有 Ni/Ag 核-壳纳米颗粒的环氧树脂复合材料[25]，表现出了较好的衰减电磁波性能。相比之下，在这些基于核-壳结构的电磁波吸收材料中，磁性材料和导电材料给绝缘聚合物基体提供了导电性和导磁性，在某些情况下磁性材料充当核心，而介电材料充当外壳，可以提供介电损耗和磁损耗。因此，这种核-壳结构适用于通过介电损耗和磁损耗来提供电磁屏蔽，而这是单一材料无法实现的。近年来，各种类型的核-壳结构已应用于电磁波吸收领域。核-壳结构具有可吸收电磁波、克服传统电磁波吸收材料缺点的潜力[26,27]。图 7.2 所示为核-壳结构示意图。

封装于 CNF（碳纳米纤维）的 NiSn 纳米晶混杂材料的微波吸收性能已有报道。结果表明，NiSn/CNF 混杂物将微波能量有效地耗散为热量，且利用介电弛豫和界面散射使其具有良好的吸收性能。这种现象要归因于 NiSn/CNF 上载流子的定向运动形成振荡电流，且边界电荷感应介电弛豫和极化。同时，CNF 的高导电性倾向于形成更多的电荷和偶极子，可以提高离子和电偶极子的极化，因为 CNF 和 Ni_3Sn_2 纳米晶之间的复介电常数和复磁导率差异使得界面散射更加显著。所有这些都是影响介电损耗的重要因素[28]。

图 7.2 核-壳结构示意图

碳包覆磁铁矿纳米纺锤-聚（偏二氟乙烯）复合材料在各种壳层厚度下的电磁波吸收性能已得到验证。据报道，这种复合材料的电磁性能是碳壳层厚度的函数，Fe_3O_4 纳米纺锤和碳包覆壳层提高了复合材料的电磁吸收能力[29]。

利用碳包覆镍纳米粒子/硅树脂制备出的柔性微波吸收材料，引入了软磁镍纳米粒子和介电碳分别作为核和壳。据报道，碳包覆镍纳米粒子/硅树脂基材料在 2~18GHz 频率范围内表现出了优异的微波吸收性能[30]。为了获得低频微波吸收，利用一步水热法制备了 Fe_3O_4/C 核-壳纳米环。研究表明，碳含量降低了饱和磁化强度（M_s）和矫顽力（H_c），而 Fe_3O_4/碳环状和核-壳纳米结构提高了介电常数和阻抗匹配，增强了材料的低频微波吸收性能[31]。制备出了 Fe_3O_4/Fe/SiO_2·Fe_3O_4/Fe/SiO_2 多孔核-壳纳米棒，其孔径为 5~30nm。这种纳米棒的磁性和电磁性能表明，有效介电损耗和磁损耗分别来自空间电荷极化、磁滞和磁畴壁移动（通过核-壳结构、一维形态和纳米棒的大尺寸）[32]。

在室温下，Fe_3O_4/TiO_2 核-壳纳米管形态表现出铁磁行为。TiO_2 壳层的存在减少了涡流效应，但改善了各向异性。Fe_3O_4/TiO_2 核-壳纳米管的电磁衰减机制为介电损耗[33]。制备出了在聚氨酯（PU）中填充二氧化硅均匀包覆晶态铁核的纳米复合材料。结果表明，二氧化硅壳层极大地降低了涡流损耗，提高了各向异性，使得到的纳米复合材料成为了良好的电磁波吸收材料[26]。利用原位化学氧化聚合形成的 Ni/PPy（PPy 为聚吡咯）核-壳复合材料表现出了软磁性和铁磁性，PPy 层（壳）和 Ni 核分别感应介电损耗和适当的电磁阻抗匹配，实现了电磁吸收[34]。据报道，可以得出结论：核-壳形态是一种非常有前景的微观结构，可提高复合材料的微波吸收性能。

7.3 基于碳纳米材料的电磁吸收材料

法拉第笼是一种解决干扰问题的传统方法。这种笼是放在设备周围的平面薄片，可阻止干扰。如今，伴随着电磁干扰屏蔽出现的相关问题比以往任何时候都普遍，因为天空中过度充斥着无线信号，它们来自 Wi-Fi、手机和许多其他无线设备（如蓝牙）之间的信号干扰。因此，考虑到电子设备市场的不断增长及电子设备的使用问题，开发合适的 EMI 屏蔽材料已成为重大的技术挑战。在该领域中，导电填料/聚合物复合材料（CPC）因其优异的性能，如电导率可调、质量小、成本低、耐腐蚀性强等，引起了人们的极大关注，不仅可用于 EMI 屏蔽领域，而且可用于如电荷存储、防静电耗散和静电放电（ESD）保护[13, 35-37]。

填料通常被添加到聚合物基体中，以达到多种目的，如降低最终材料成本和/或改善电、热和机械性能。填料选择受许多参数的影响，如复合材料所需的性能、填料的物理性质、填料价格、填料与聚合物基体的兼容性、可用性、可回收性等[38]。

导电聚合物复合材料（CPC）最重要的特性是，在很小的填料含量下具有高导电性。具有高导电填料的 CPC 可以超越传统材料，应用在新一代微电子等领域中。导电填料的固有导电性是电气应用填料选择时最重要的考虑因素之一。利用计算得出的比例将碳纳米管等导电填料与适当的聚合物基体结合，可实现高效电磁屏蔽响应的有益性能的最佳组合。这使得它们在导电性、轻质性、低成本、耐腐蚀性和易加工性方面具有高度可调性，成了减少电磁干扰污染以及用于制造小型化、轻量化导电外壳的候选材料。

从根本上说，CPC 是将导电填料与聚合物基体如聚碳酸酯（PC）、聚苯乙烯（PS）、聚偏二氟乙烯（PVDF）等相结合制成的。因为可以控制导电网络的形成，所以将引导 CPC 整体的屏蔽机制，它们提供了从绝缘体到半导体再到导电材料的广泛电导率范围。

EMI 屏蔽要求材料具有高电导率，通常大于 $10 Sm^{-1}$。传统聚合物对入射电磁波是透明的，由于绝缘性质，它们在 EMI 屏蔽方面基本上是无用的。但是，CPC 中的导电填料存在相互作用的移动载流子，因此 CPC 能够有效地衰减电磁波。高电导 CPC 能够容纳更多相互作用的移动载流子[13]，因此是高效的 EMI 屏蔽材料。

就 EMI 屏蔽而言，CPC 能够节省电子行业因运输过程中包装不当导致的数百万美元损失。有效利用 CPC 作为包装和屏蔽材料，可以确保设备以可控且安全的方式消除静电放电（ESD），还可减少对人体健康的影响，延长设备的使用寿命。

CPC 是将导电填料[通常为碳黑、金属粉末、碳纤维或现在广泛使用的碳纳米管（CNT）]加入聚合物基体合成的。因为聚合物基体具有绝缘性质，复合材料的导电性在达到临界填充水平时将急剧增加。这可通过逾渗现象来解释，即若样品中至少形成了一条通道，则可允许电流通过该样品，进而将材料从绝缘体变为导体。

碳纳米管被视为最有趣的导电填料之一的原因很多，其中包括超高的纵横比和固有的电导率[39-43]。碳纳米管的电导率比构成基体的所有纯聚合物高几个数量级[44]，只需添加极少量的碳纳米管就能显著提高电导率，且不会对聚合物的固有特性产生显著影响，如柔韧性、轻量化、易加工性和良好的化学与生物相容性等。

控制导电网络的形成对调节 CPC 所需的性能至关重要，以便利于包括电荷存储、静电保护、EMI 屏蔽、传感器感应等在内的各种应用。

基于碳纳米材料（CNM）的电磁波吸收材料的性能得到了分析[45]。研究结果表明，多孔结构的碳在非常低的填料含量下具有高表面积和有效的三维导电互连网络，使得高度有序且多孔的碳结构表现出高效的电磁波吸收性能[46]。碳纳米材料具有的这些特性可在复合材料中产生有效的电损耗，独特的结构使阻抗匹配有了很大的改善，产生了优异的导电损耗和各种偶极化效应，增强了材料的电磁波吸收性能[47]。

7.3.1 碳纳米管/聚合物纳米复合电磁屏蔽材料

纳米复合材料代表一类新型材料，具有电性、热性、介电性、磁性与机械性等的独特组合，可用于高效的电磁屏蔽响应[48-50]。通常情况下，任何复合材料都由两个主要成分构成：基体或连续相，增强或分散相。此外，还存在第三个相，即所谓的界面区域，它负责基体和增强相之间的联结。

实际纳米复合材料技术始于碳纳米管（CNT）的发现[51]，并由 Ajayan 等人首次制备出基于 CNT 的聚合物纳米复合材料[48]。CNT 具有出色的机械、电学和热学性能，引发了前所未有的关注，CNT-聚合物复合材料也由此变得非常重要。CNT 具有高柔韧性、低质量密度、大纵横比（通常大于1000）以及极高的拉伸模量和强度，被认为是导电性比铜更好的材料，能在不明显丧失强度的情况下实现长距离电流输送[52, 53]。

此外，CNT 的高纵横比（约为1000）和出色的导电性，使得 CNT-聚合物纳米复合材料具有超低的电导率阈值，因此对依靠逾渗作用进行导电的 CPC 来说非常重要。CNT 克服了使用传统导电填料的 CPC 面临的挑战——传统导电填料的纵横比相对较小，通常需要将 5~20wt%的填料（如碳黑）添加到聚合物基体中才能形成功能性逾渗网络。实际上，这是不可取的，因为高填料含量反过来会对所得复合材料的机械性能和加工性能产生不利影响[54-56]。形成适当导电网络对纳米复合材料的导电性和屏蔽效能至关重要，因为弱化导电网络的形成会降低泄漏电流，进而提高介电性能，而加强导电网络的形成则有助于提升 EMI 屏蔽[57-59]。众所周知，材料的介电性能是衡量材料极化能力的指标，它可使材料产生位移电流，从而存储和释放电能。提高 CNT 含量还可在聚合物复合材料体系中增加多次反射效应。铁离子掺杂 SnO_2/多壁碳纳米管复合材料表现出了微波吸收性能，这是通过适当衰减和阻抗匹配、电极化、界面极化和导电网络形成得到的结果[60]。气凝胶聚合物是价廉且轻质的材料。经过羧基多壁碳纳米管改性的聚吡咯气凝胶可以实现电磁波吸收性能；制备的气凝胶纳米复合材料通过增强介电和电子阻断机制表现出电磁波吸收性能[61]。

$BaMg_{0.5}Co_{0.5}TiFe_{10}O_{19}$/MWCNT 纳米复合材料表现出了优异的微波吸收性能。在这项研究中，吸波性能与多壁碳纳米管（MWCNT）的体积百分比相关。饱和磁化强度、矫顽力和复介电常数随着 MWCNT 的浓度变化而变化[62]。使用不同比例的 Mn、Cu、Zr 和 Fe 合成了 MWCNT/Mn-Cu-Zr，以取代六角锶铁氧体纳米复合材料。存在 MWCNT 时，纳米复合材料在 Mn、Cu、Zr 和 Fe 含量分别为 0.4wt%、0.4wt%、0.8wt%、10.4wt%时表现出了最高的反射屏蔽效能；然而，当 Mn、Cu、Zr、Fe 的含量 x 大于或等于 0.3wt%且 MWCNT 的含量为 7wt%时，纳米复合材料具有 6GHz 的宽带[63]。

锶铁氧体是一种应用前景广泛的微波吸收材料，它可有效减少电磁波的反射并提供电磁兼容性，而 MWCNT 则可通过介电损耗来提升电磁屏蔽效能。$SrFe_{12-x}(Ni_{0.5}Co_{0.5}Sn)_{x/2}O_{19}$/MWCNT

（$x=0\sim3$）的反射屏蔽效能随频率的变化表明，在纳米复合材料中添加 CNT 可增强整个频率范围 12~18GHz 内的反射屏蔽效能[64]。添加 Fe 催化剂的多壁碳纳米管/聚甲基丙烯酸甲酯（PMMA）复合材料表现出了远场 EMI 屏蔽效能。总 EMI 屏蔽效能通过吸收机制实现。通过磁导率测试，作者还提出 MWCNT 基复合材料可用于近场 EMI 屏蔽[65]。

研究了单壁碳纳米管（SWNT）壁束纵横比和形貌对 EMI SE 的影响；该复合材料为单壁碳纳米管环氧体系。结果表明，SWNT 束的纵横比和形貌会显著影响复合材料的导电性和 EMI 屏蔽效能。据报道，较高纵横比的 SWNT 复合材料具有更好的导电性、较低的逾渗值和更好的 EMI 屏蔽效能[66]。对 CNT 基聚苯乙烯泡沫复合材料的屏蔽效能进行了研究。结果表明，含有 7wt% CNT 的泡沫复合材料的比 EMI SE 高于典型金属，因此 CNT 泡沫复合材料更适合航空航天应用。"比 EMI SE"定义为 EMI SE 除以其密度；航空航天应用需要更高的比 EMI SE。该报告还说明，碳纳米管-聚苯乙烯泡沫复合材料对电磁辐射具有更高的反射性和较低的吸收性，CNT 基泡沫复合材料因其 CNT 具有更大的纵横比和更高的导电性，相对于 CNF 基泡沫复合材料和金属来说具有更高的 SE[67]。Ni-MWCNT 和 HDPE（高密度聚乙烯）纳米复合材料的测试结果表明，镍金属粒子提高了复合材料的 EMI SE，因为镍粒子吸收电磁波[68]。

复合材料的设计理念有助于增强电磁屏蔽效能——夹层结构聚合物复合材料具有良好的力学性能、柔韧性和高 EMI SE 性能[69]。

CNT 的纳米尺寸带来了一个直接优势，即 CNT 加入复合材料后，其大表面积增强了纤维/纳米管与聚合物基体之间的相互作用。在纳米管表面进行化学改性，可进一步改善 CNT 与聚合物之间的界面附着力，进而产生适用于各种应用的高性能纳米管增强聚合物复合材料。

7.3.2 碳纳米纤维基 EMI 屏蔽材料

与金属基屏蔽材料相比，碳基屏蔽材料因其重量轻、柔韧、耐腐蚀和易成形等优点而被广泛使用[70]。许多形式的碳填料（如石墨、碳黑和碳纤维）已被加入聚合物基体。碳纤维具有更好的导电性和拉伸强度，被广泛用作导电填料应用于 EMI 屏蔽体[71]。Jana 等人[72]研究了不同纤维纵横比的碳纤维在 8~12GHz 频率范围内的屏蔽效能。他们发现纵横比较高的复合材料（$L/D=100$）形成了更好的导电网络，提高了 EMI 屏蔽效能。同时，他们还观察到，较高纤维浓度和较大样品厚度的复合材料具有良好的吸收屏蔽效能和最大的 SE。为了进一步提高碳复合材料的导电性，Luo 和 Chung 开发了一种使用碳作为填料和基体的碳-碳复合材料[73]。为评估其屏蔽能力，测量了不同碳复合材料的阻抗，发现碳-碳复合材料具有较高的阻抗，且阻抗值随着频率的提高而急剧增加。环氧基体复合材料的阻抗值也随频率的提高而增加，但这种急剧变化只在较高的频率下才能观测到。碳-碳复合材料具有比其他复合材料更高的屏蔽效能，在 0.3MHz~1.5GHz 频率范围内可达 124dB。他们还发现，具有连续碳填料复合材料的屏蔽效能优于非连续碳填料复合材料。这可能是因为连续填料形成了比非连续填料更好的导电网络。这种复合材料可用于屏蔽无线通信等射频设备。据报道，加工碳纤维/橡胶复合材料时，高纤维含量会导致机械性能降低。

碳纳米纤维（CNF）属于多壁碳纳米管（MWCNT）类材料；CNF 不连续且高度石墨化，与大多数聚合物加工技术高度兼容，可以各向同性或各向异性模式来分散。

目前，CNF 因为具有优异的电学性能、机械性能、热学性能、低密度及独特的结构（大纵横比、管状形态）[70, 74]，作为新型导电填料被人们广泛研究。CNF 为大量基体材料提供优异的性能，如热塑性塑料、热固性塑料、弹性体、陶瓷和金属。碳纳米纤维还具有独特的表面状态，有助于通过功能化和其他表面修改技术对纳米纤维进行定制或设计制造，以适应聚合物基体的应用需求。碳纳米纤维以自由流动粉末形态存在（99%的质量以纤维形式存在）。

单个纳米纤维由催化剂颗粒沉积而成，中空的核心被圆柱形纤维包围，纤维柱由高度晶化石墨的基面堆叠而成，与纤维纵轴约成25°（见图7.3）。这种形态称为"堆叠杯"或"人字形"，在纳米纤维的整个内外表面上产生了暴露的边缘面。相对石墨的基面而言，这些边缘位点具有反应性，因此促进了纤维表面的化学修饰，在聚合物复合材料中实现了最大的结合，增强了机械性能。

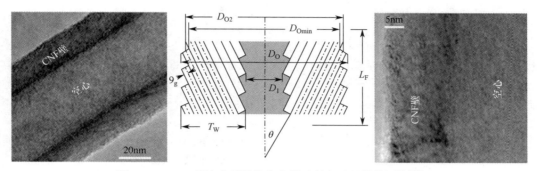

图 7.3 PR-25 碳纳米纤维的高分辨透射电子显微镜图像[75]

人们对将 CNF 增强聚合物纳米复合材料作为电子、汽车和航空航天领域中轻量且高效的 EMI 材料进行了研究和报道[76, 77]。然而，具有更高碳纳米纤维含量的复合材料可能展现出与 CNT 填充复合材料相当的 EMI SE。事实上，EMI 屏蔽并不仅仅依赖于电导率，许多其他参数也影响着屏蔽效能，但电导率是其中的一个重要参数。根据电逾渗现象，可以用导电填料在整个聚合物基体中形成的导电网络来计算聚合物复合材料的电导率与 SE。导电网络的形成取决于称为逾渗阈值的填料临界浓度。因此，要想用较低的填料含量赋予聚合物基体导电性，填料的纵横比是一个至关重要的影响因素，绝缘聚合物基体因具有导电性而获得了 EMI SE。这就是基于单壁碳纳米管（SWCNT）和多壁碳纳米管（MWCNT）的复合材料在电导率方面的表现优于纤维素纳米纤维（CNF）和传统填料的原因。虽然如此，CNF 作为用于 EMI 屏蔽的优异导电填料，还是吸引了业内和研究人员的关注，因为 CNF 比 SWCNT 和 MWCNT 的生产成本低且可大量生产。

对碳纳米纤维增强聚醚酮（PEK）熔融共混复合材料的电磁辐射屏蔽效能进行了研究，结果表明复合材料的 EMI SE 为-40dB。当 PEK 基体中的 CNF 含量为 14 vol.%（20wt%）时，屏蔽效能最高，吸收（-37dB）是主要屏蔽机制。EMI 的吸收部分及 SE 主要归因于在 PEK 基体内形成了 CNF 导电网络，表明 CNF 电荷与入射电磁辐射（EMR）之间发生了耦合，在 PEK 基体中导电 CNF 的存在增强了界面极化带来的吸收屏蔽效能[78]。研究了碳纳米纤维和铁磁金属纳米粒子（CNF-M，M = Fe、Co 和 Ni），即碳化电纺聚丙烯腈纳米纤维的电磁波吸收性能。结果表明，CNF-M 混杂纳米纤维具有强吸收能力、低密度，以及良好的物理和化学稳定性，非常适合各种电磁波吸收应用[79]。

制备了直径为 200～300nm 的 Fe_3O_4/碳复合纳米纤维。结果显示，与纯 CNF 相比，Fe_3O_4 能够提高所制备复合材料的电导率和磁滞性能[80]。

与纯碳纳米线圈相比，经严格控制磁性材料包覆后的碳纳米线圈具有同轴多层纳米结构，微波吸收性能得到明显改善。吸波性能的增强主要归因于提高了复介电常数和复磁导率、手性形貌和多层结构。有报道指出，复介电常数和复磁导率、手性形貌和多层结构有利于优化阻抗匹配，而介电-磁性多重损耗机制的结合有利于微波吸收[81]。利用回流法，制备了混合结构的碳-磁铁矿纳米复合材料。评估了 TPU-CNF-Fe_3O_4 复合材料的 EMI 屏蔽效能与其成分和厚度的变化关系。据报道，在 Fe_3O_4 的合成介质中存在氧化 CNF 可感应出一维排列的磁铁矿纳米颗粒，显著减少磁铁矿的聚集现象。此外，与单一填料制备的复合材料相比，将 CNF 加入多组分复合材料，形成了具有多种填料的分层结构，提高了 EMI 屏蔽效能[82]。

总之，CNF 存在于聚合物基体中可通过形成 CNF 的导电网络来增强导电性能，进而以较低的成本提高 SE。

7.4 基于石墨烯的聚合物 EMI 屏蔽复合材料

导电聚合物/石墨烯复合材料也可用作各种电致变色器件的电极材料。聚合物/石墨烯柔性电极在 LED、显示器和太阳能电池透明导电涂层中都有一些商业应用。石墨烯聚合物复合材料的其他商业应用包括轻量化汽油罐、塑料容器、燃料效率更高的飞机和汽车零部件、更坚固的风力涡轮、医疗植入物和运动器材。发现石墨烯作为纳米填料，为制备轻质、低成本和高性能复合材料打开了新维度。

石墨烯片[83]由 sp^2 键碳原子构成的厚度仅为一个原子的二维层状结构，具有非同寻常的特性。应用这些性质的可行途径之一是，将石墨烯片结合到复合材料中[84]。原始石墨价格低廉且供应量大，加上溶液工艺简单，使得石墨烯成为制备导电泡沫复合材料中导电填料的潜在选择。石墨烯的高纵横比有助于在较低负载下增强聚合物材料。

然而，纳米复合材料的物理化学性能的提高取决于石墨烯层在聚合物基体中的分布，以及石墨烯层与聚合物基体之间的界面结合。石墨烯与聚合物基体之间的界面结合，决定了石墨烯增强聚合物纳米复合材料的最终性能。未经处理的石墨烯与有机聚合物并不相容，因此无法形成均匀的复合材料。相反，含有羟基、环氧基、二元醇、酮和羧基官能团的氧化石墨烯（GO）片能够显著改变范德华相互作用，进而与有机聚合物更相容[85-88]。还有一些额外的羰基和羧基位于氧化石墨烯片边缘，使氧化石墨烯片具有很强的亲水性，进而使其在水中易于膨胀和分散[89,90]。因此，氧化石墨烯作为聚合物纳米复合材料的纳米填料受到了广泛关注。然而，氧化石墨烯片只能分散在水中，而不溶于大多数有机聚合物中。此外，氧化石墨烯是电绝缘体，与石墨烯不同，不适用于合成导电纳米复合材料。对石墨烯进行表面改性是获得聚合物基体中单层石墨烯分子级分散的关键步骤。通过化学还原氧化石墨烯（GO），恢复 sp^2 键的石墨网络，可以提高所得纳米复合材料的电导率。

早期的报告中已对纯石墨烯和 CNT 薄膜的 EMI 屏蔽效能进行了测试。大多数实际的 EMI 屏蔽应用场景需要柔和的轻质材料，石墨烯基聚合物复合材料是很有前景的材料。

八（氨基苯基）倍半硅氧烷（OAPS）-氧化石墨烯的胺功能化表面，促进了在聚酰亚胺（PI）聚合物基体中的均匀分散，使得 5.0wt% OAPS-GO/PI 复合薄膜的介电常数降低[91]。将层状石墨烯薄膜发泡成多孔石墨烯泡沫，可用于电磁屏蔽、催化和超电容。考虑到层状石墨烯薄膜发泡成多孔石墨烯泡沫的电磁屏蔽应用，泡沫化可得到更好的 EMI 屏蔽效能。屏蔽效能的提升还归因于石墨烯-泡沫中微发泡结构引起的内部多次反射，这种多次反射主要发生在多孔单元格与基体界面上[92]。随着功能化石墨烯含量的提高，功能化石墨烯（f-G）/聚偏二氟乙烯（PVDF）泡沫复合材料表现出了良好的电导率和 EMI SE。EMI 屏蔽效能的提升归因于导电功能化石墨烯互连网络；导电可提高复合材料的电导率。SE 主要来自反射机制而非吸收机制，这里的反射指复合材料的高电导率导致的功能化石墨烯/PVDF 泡沫复合材料的介电常数和介质损耗的变化[92]。宏观泡沫形态还原氧化石墨烯纸用于高效屏蔽材料，表现出了良好的导电性、优异的 SE 性能和良好的柔韧性。还原 GO 纸的高电导率是在还原过程中共轭重构获得的[93]。

钴-镍（CoNi）纳米晶体固定在氮-掺杂石墨烯纳米片上构成复合材料，CoNi 纳米晶体与氮掺杂石墨烯之间的界面相互作用，使其表现出了优异的微波吸收性能[94]。基于氧化石墨烯（GO）和纤维素制备了具有导电、疏水和防火功能的混合气凝胶。由 GO 的原位还原和石墨烯纳米片/纤维素气凝胶的热解反应制备得到的复合材料，其吸收主导机制表现出了良好的 EMI 屏蔽效能[95]。

石墨烯基复合材料在 EMI 屏蔽应用中具有成本低、性能优异、质量小的优点。目前，尽管采用碳基的纳米复合材料以 CNT 为主要增强体，但其固有的集束态、来自催化剂的内在杂质和高成本限制了它们的应用。与 CNT 和 CNF 增强聚合物复合材料相比，石墨烯增强的聚合物复合材料具有优异的结构、电学性能和机械性能[96]。与聚合物相比，石墨烯的优越性能也体现在聚合物/石墨烯纳米复合材料中，表现出了优异的机械、热、气体阻隔、电学和阻燃性能[84, 97-104]。与黏土或其他碳填料聚合物纳米复合材料相比，石墨烯聚合物纳米复合材料的机械性能和电性能得到了显著提高[84, 102-104]。尽管碳纳米管的机械性能与石墨烯的相当，但就某些方面如热导和电导而言，石墨烯仍然是比 CNT 更好的纳米填料。

7.5 小结

在过去几十年间，聚合物/纳米填料复合材料作为先进材料已应用于各个领域，引起了学术界和工业界的极大兴趣。这些纳米填料具有突出的机械、电、光和热性能，非常适用作聚合物基体。与宏观或微观填料相比，纳米级填料的使用有着许多优点。近年来，随着电子设备在军事、工业、商业和消费领域的广泛应用，产生了一种新型污染——电磁辐射干扰（EMI），它会降低电子设备的性能。

因此，将基于纳米填料的复合材料用作 EMI 屏蔽材料，可以防止 EMI 造成的不良影响。这些填料可为电子元件提供有效屏蔽。然而，基于纳米填料的复合材料也有一些缺点，比如用碳作为填料的屏蔽材料的柔韧性是有限的。将石墨烯、CNT 和 CNF 作为填料的复合材料已用在 EMI 屏蔽的研究中，但分散性控制及在低填料含量下实现高 SE 是其主要问题。未来的主要目标是在更低的纳米填料含量下获得更高的 SE，减少这些填料的团聚，进而实现优异的分散。这些目标的实现将成为聚合物纳米复合材料领域的重要里程碑。

参 考 文 献

1 Neelakanta, P.S. (1995). *Handbook of Electromagnetic Materials: Monolithic and Composite Versions and their Applications*. CRC Press.

2 Knott, J.F., Schaeffer, and Tuley, M.T. (1993). *Radar Cross Section*, 2a edição. USA: Artech House Inc.

3 Giancoli, D.C. (2000). *Physics for Scientists and Engineers Prentice Hall*. NJ: Upper Saddle River.

4 Pozar, David M. Microwave Engineering 3e. (2006): 470–472.

5 M.D., Lakshmanadoss, U., Chinnachamy, P., and Daubert, J.P. (2011). Electromagnetic Interference of Pacemakers. In: *Modern Pacemakers - Present and Future* (ed. M.R. Das). InTech. ISBN: 978-953-307-214-2.

6 Oliva, R., Daganzo, E., Kerr, Y.H. et al. (2012). SMOS radio frequency interference scenario: status and actions taken to improve the RFI environment in the 1400–1427-MHz passive band. *IEEE Transactions on Geoscience and Remote Sensing* 50 (5): 1427–1439.

7 Huo, J., Wang, L., and Haojie, Y. (2009). Polymeric nanocomposites for electromagnetic wave absorption. *Journal of Materials Science* 44 (15): 3917–3927.

8 Mingzhong, W., Huahui, H., Zhensheng, Z., and Xi, Y. (2000). Electromagnetic and microwave

absorbing properties of iron fibre-epoxy resin composites. *Journal of Physics D: Applied Physics* 33: 2927.

9 Isacks, B. and Molnar, P. (1971). Distribution of stresses in the descending lithosphere from a global survey of focal-mechanism solutions of mantle earthquakes. *Reviews of Geophysics* 9 (1): 103–174.

10 Henderleiter, J., Smart, R., Anderson, J., and Elian, O. (2001). How do organic chemistry students understand and apply hydrogen bonding? *Journal of Chemical Education* 78 (8): 1126.

11 Callister, W.D. and Rethwisch, D.G. (2007). *Materials Science and Engineering: An Introduction*, vol. 7. New York: Wiley.

12 Yuzcelik, C.K. (2003). *Radar absorbing material design*. Monterey CA: NAVAL POSTGRADUATE SCHOOL.

13 Yang, S., Lozano, K., Lomeli, A. et al. (2005). Electromagnetic interference shielding effectiveness of carbon nanofiber/LCP composites. *Composites Part A: Applied Science and Manufacturing* 36 (5): 691–697.

14 Wang, D.-K., Huang, H., Yu, K. et al. (2009). Synthesis and microwave absorption of the silica-coated Fe nanocomposites. *Journal of Inorganic Materials* 24: 340–344.

15 Ge, F.-d., Zhu, J., and Chen, L.-m. (1996). Scattering and absorption cross sections of ultrafine particles. *Acta Electronica Sinica* 24: 82–86.

16 Wu, Y., Cheng, J., Zhou, W. et al. (2015). *Extinction performance of microwave by core–shell spherical particle*. 2015 Global Conference on Polymer and Composite Materials (PCM2015) 16–18 May 2015, Beijing, China, IOP Conference Series: Materials Science and Engineering, vol. 87, no. 1, 012001. IOP Publishing.

17 Jarriel, G.W., Riggs, L.S., and Baginski, M.E. (1997). A simple method for optimizing radar absorbent material coatings on HF rope antennas for the increased attenuation of unwanted reflections. *IEEE Transactions on Electromagnetic Compatibility* 39 (4): 324–331.

18 Wei, X.J., Jiang, J.T., Zhen, L. et al. (2010). Synthesis of Fe/SiO2 composite particles and their superior electromagnetic properties in microwave band. *Materials Letters* 64 (1): 57–60.

19 Meng, X.-F., Shen, X.-Q., and Liu, W. (2012). Synthesis and characterization of Co/cenosphere core–shell structure composites. *Applied Surface Science* 258 (7): 2627–2631.

20 Zhang, X.F., Dong, X.L., Huang, H. et al. (2006). Microwave absorption properties of the carbon-coated nickel nanocapsules. *Applied Physics Letters* 89 (5): 3115.

21 Zhang, H., Wu, X., Jia, Q., and Jia, X. (2007). Preparation and microwave properties of Ni–SiC ultrafine powder by electroless plating. *Materials & Design* 28 (4): 1369–1373.

22 Ni, X., Zheng, Z., Xiao, X. et al. (2010). Silica-coated iron nanoparticles: shape-controlled synthesis, magnetism and microwave absorption properties. *Materials Chemistry and Physics* 120 (1): 206–212.

23 Lin, H.-M., Chen, Y.-L., Yang, J. et al. (2003). Synthesis and characterization of core–shell GaP@ GaN and GaN@ GaP nanowires. *Nano Letters* 3 (4): 537–541.

24 Che, R., Peng, L.-M., Duan, X.F. et al. (2004). Microwave absorption enhancement and complex permittivity and permeability of Fe encapsulated within carbon nanotubes. *Advanced Materials* 16 (5): 401–405.

25 Lee, C.-C. and Chen, D.-H. (2007). Ag nanoshell-induced dual-frequency electromagnetic wave absorption of Ni nanoparticles. *Applied Physics Letters* 90 (19): 193102.

26 Zhu, J., Wei, S., Haldolaarachchige, N. et al. (2011). Electromagnetic field shielding polyurethane nanocomposites reinforced with core–shell Fe–silica nanoparticles. *The Journal of Physical Chemistry C* 115 (31): 15304–15310.

27 Yan, X., Chai, G., and Xue, D. (2011). The improvement of microwave properties for Co flakes after silica coating. *Journal of Alloys and Compounds* 509 (4): 1310–1313.

28 Wang, W. and Cao, M. (2016). Ni 3 Sn 2 alloy nanocrystals encapsulated within electrospun carbon nanofibers for enhanced microwave absorption performance. *Materials Chemistry and Physics* 177: 198–205.

29 Liu, X., Cui, X., Chen, Y. et al. (2015). Modulation of electromagnetic wave absorption by carbon shell thickness in carbon encapsulated magnetite nanospindles–poly (vinylidene fluoride) composites. *Carbon* 95: 870–878.

30 Huang, Y., Zhang, H., Zeng, G. et al. (2016). The microwave absorption properties of carbon-encapsulated nickel nanoparticles/silicone resin flexible absorbing material. *Journal of Alloys and Compounds* 682: 138–143.

31 Wu, T., Liu, Y., Zeng, X. et al. (2016). Facile hydrothermal synthesis of Fe_3O_4/C Core–Shell Nanorings for efficient low-frequency microwave absorption. *ACS Applied Materials & Interfaces* 8 (11): 7370–7380.

32 Chen, Y.J., Gao, P., Zhu, C.L. et al. (2009). Synthesis, magnetic and electromagnetic wave absorption properties of porous Fe_3O_4/Fe/SiO_2 core/shell nanorods. *Journal of Applied Physics* 106 (5): 054303.

33 Zhu, C.-L., Zhang, M.-L., Qiao, Y.-J. et al. (2010). Fe_3O_4/TiO_2 core/shell nanotubes: synthesis and magnetic and electromagnetic wave absorption characteristics. *The Journal of Physical Chemistry C* 114 (39): 16229–16235.

34 Xu, P., Han, X., Wang, C. et al. (2008). Synthesis of electromagnetic functionalized nickel/polypyrrole core/shell composites. *The Journal of Physical Chemistry B* 112 (34): 10443–10448.

35 Arjmand, M., Mahmoodi, M., Gelves, G.A. et al. (2011). Electrical and electromagnetic interference shielding properties of flow-induced oriented carbon nanotubes in polycarbonate. *Carbon* 49 (11): 3430–3440.

36 Al-Saleh, M.H. and Sundararaj, U. (2008). Electromagnetic interference (EMI) shielding effectiveness of PP/PS polymer blends containing high structure carbon black. *Macromolecular Materials and Engineering* 293 (7): 621–630.

37 Strumpler, R. and Glatz-Reichenbach, J. (1999). Conducting polymer composites. *Journal of Electroceramics* 3 (4): 329–346.

38 Jiang, M.J., Dang, Z.M., Bozlar, M. et al. (2009). Broad-frequency dielectric behaviors in multiwalled carbon nanotube/rubber nanocomposites. *Journal of Applied Physics* 106 (8): 084902(1-6).

39 Li, Z., Luo, G., Wei, F., and Huang, Y. (2006). Microstructure of carbon nanotubes/PET conductive composites fibers and their properties. *Composites Science and Technology* 66: 1022–1029. doi: 10.1016/j.compscitech.2005.08.006.

40 Martin, C.A., Sandler, J.K.W., Shaffer, M.S.P. et al. (2004). Formation of percolating networks in multi-wall carbon-nanotube–epoxy composites. *Composites Science and Technology* 64: 2309–2316. doi: 10.1016/j.compscitech 2004.01.025.

41 Wang, Q., Dai, J., Li, W. et al. (2008). The effects of CNT alignment on electrical conductivity and mechanical properties of SWNT/epoxy nanocomposites. *Composites Science and Technology* 68: 1644–1648. doi: 10.1016/j.compscitech.2008.02.024.

42 Zhang, L., Wan, C., and Zhang, Y. (2009). Morphology and electrical properties of polyamide 6 polypropylene/multiwalled carbon nanotubes composites. *Composites Science and Technology* 69: 2212–2217. doi: 10.1016/j.compscitech.2009.06.005.

43 Gao, X., Zhang, S., Mai, F. et al. (2011). Preparation of high performance conductive polymer fibres from double percolated structure. *Journal of Materials Chemistry* 21: 6401–6408. doi: 10.1039/C0JM04543H.

44 Ebbesen, T.W., Lezec, H.J., Hiura, H. et al. (1996). Electrical conductivity of individual carbon nanotubes. *Nature* 382 (6586): 54.

45 Micheli, D., Vricella, A., Pastore, R., and Marchetti, M. (2014). Synthesis and electromagnetic characterization of frequency selective radar absorbing materials using carbon nanopowders. *Carbon* 77: 756–774.

46 Song, W.-L., Cao, M.-S., Fan, L.-Z. et al. (2014). Highly ordered porous carbon/wax composites for effective electromagnetic attenuation and shielding. *Carbon* 77: 130–142.

47 Liu, X., Zhang, L., Yin, X. et al. (2016). Flexible thin SiC fiber fabrics using carbon nanotube modification for improving electromagnetic shielding properties. *Materials & Design* 104: 68–75.
48 Ajayan, P.M., Stephan, O., Colliex, C., and Trauth, D. (1994). Aligned carbon nanotube arrays formed by cutting a polymer resin -nanotube composite. *Science* 265: 1212.
49 Thostenson, E.T., Li, C., and Chou, T.-W. (2005). Nanocomposites in context. *Composites Science and Technology* 65: 491.
50 Rozenberga, B.A. and Tenne, R. (2008). Polymer-assisted fabrication of nanoparticles and nanocomposites. *Progress in Polymer Science* 33: 40–112.
51 Iijima, S. (1991). Helical microtubules of graphitic carbon. *Nature* 354 (6348): 56.
52 Ajayan, P.M., Schadler, L.S., Giannaris, C., and Rubio, A. (2000). Single-walled carbon nanotube-polymer composites: strength and weakness. *Advanced Materials* 12: 750–753.
53 Dürkop, T., Kim, B.M., and Fuhrer, M.S. (2004). Properties and applications of highmobility semiconducting nanotubes. *Journal of Physics: Condensed Matter* 16: R553. 22 M. Oliveira and A. V. Machado.
54 Fan, Y., Yang, H., Liu, X. et al. (2008). *Journal of Alloys and Compounds* 461: 490.
55 Gürkan, N. (2008). Studies on interaction of electromagnetic waves with barium hexaferrite ceramics. In: *Department of Metallurgical and Materials Engineering*. Ankara: Middle East Technical University.
56 Huang, C.-Y. and Wu, C.-C. (2000). *European Polymer Journal* 36: 2729.
57 Dishovsky, N. and Grigorova, M. (2000). *Materials Research Bulletin* 35: 403.
58 Cheng, K.B., Ramakrishna, S., and Lee, K.C. (2000). *Composites Part A: Applied Science and Manufacturing* 31: 1039.
59 Chin, W.S. and Lee, D.G. (2007). *Composite Structures* 77: 457.
60 Xing, H., Liu, Z., Lin, L. et al. (2016). Excellent microwave absorption properties of Fe ion-doped SnO2/multi-walled carbon nanotube composites. *RSC Advances* 6 (48): 41656–41664.
61 Zhang, K., Xie, A., Wu, F. et al. (2016). Carboxyl multiwalled carbon nanotubes modified polypyrrole (PPy) aerogel for enhanced electromagnetic absorption. *Materials Research Express* 3 (5): 055008.
62 Alam, R.S., Moradi, M., and Nikmanesh, H. (2016). Influence of multi-walled carbon nanotubes (MWCNTs) volume percentage on the magnetic and microwave absorbing properties of BaMg 0.5 Co 0.5 TiFe 10 O 19/MWCNTs nanocomposites. *Materials Research Bulletin* 73: 261–267.
63 Rostami, M., Moradi, M., Alam, R.S., and Mardani, R. (2016). Characterization of magnetic and microwave absorption properties of multi-walled carbon nanotubes/Mn-Cu-Zr substituted strontium hexaferrite nanocomposites. *Materials Research Bulletin* 83: 379–386.
64 Luo, J., Xu, Y., and Gao, D. (2014). Synthesis, characterization and microwave absorption properties of polyaniline/Sm-doped strontium ferrite nanocomposite. *Solid State Sciences* 37: 40–46.
65 Kim, H.M., Kim, K., Lee, C.Y. et al. (2004). Electrical conductivity and electromagnetic interference shielding of multiwalled carbon nanotube composites containing Fe catalyst. *Applied Physics Letters* 84 (4): 589–591.
66 Li, N., Yi, H., Feng, D. et al. (2006). Electromagnetic interference (EMI) shielding of single-walled carbon nanotube epoxy composites. *Nano Letters* 6 (6): 1141–1145.
67 Yang, Y., Gupta, M.C., Dudley, K.L., and Lawrence, R.W. (2005). Novel carbon nanotube-polystyrene foam composites for electromagnetic interference shielding. *Nano Letters* 5 (11): 2131–2134.
68 Yim, Y.-J., Rhee, K.Y., and Park, S.-J. (2016). Electromagnetic interference shielding effectiveness of nickel-plated MWCNTs/high-density polyethylene composites. *Composites Part B: Engineering* 98: 120–125.
69 Lin, J.-H., Lin, Z.-I., Pan, Y.-J. et al. (2016). Polymer composites made of multi-walled carbon nanotubes and graphene nano-sheets: effects of sandwich structures on their electromagnetic interference shielding effectiveness. *Composites Part B: Engineering* 89: 424–431.

70 Sui, G., Jana, S., Zhong, W.H. et al. (2008). Dielectric properties and conductivity of carbon nanofiber/semi-crystalline polymer composites. *Acta Materialia* 56 (10): 2381–2388.
71 Chung, D.D.L. (2001). *Carbon* 39: 279.
72 Jana, P.B., Mallick, A.K., and De, S.K. (1992). Electromagnetic compatibility. *IEEE Transactions* 34: 478.
73 Luo, X. and Chung, D.D.L. (1999). *Composites: Part B* 30: 227.
74 Nayak, L., Rahaman, M., Khastgir, D., and Chaki, T.K. (2011). Thermal and electrical properties of carbon nanotubes based polysulfone nanocomposites. *Polymer Bulletin* 67 (6): 1029–1044.
75 Afzal, M. Heuristic Model for Conical Carbon Nanofiber. M.S. Thesis, University of Toledo, Toledo, OH, 2004.
76 Das, A., Megaridis, C.M., Liu, L. et al. (2011). Design and synthesis of superhydrophobic carbon nanofiber composite coatings for terahertz frequency shielding and attenuation. *Applied Physics Letters* 98 (17): 174101.
77 Yang, Y., Gupta, M.C., Dudley, K.L., and Lawrence, R.W. (2005). A comparative study of EMI shielding properties of carbon nanofiber and multi-walled carbon nanotube filled polymer composites. *Journal of Nanoscience and Nanotechnology* 5 (6): 927–931.
78 Chauhan, S.S., Abraham, M., and Choudhary, V. (2016). Superior EMI shielding performance of thermally stable carbon nanofiber/poly (ether-ketone) composites in 26.5–40 GHz frequency range. *Journal of Materials Science* 51 (21): 9705–9715.
79 Xiang, J., Li, J., Zhang, X. et al. (2014). Magnetic carbon nanofibers containing uniformly dispersed Fe/Co/Ni nanoparticles as stable and high-performance electromagnetic wave absorbers. *Journal of Materials Chemistry A* 2 (40): 16905–16914.
80 Zhang, T., Huang, D., Yang, Y. et al. (2013). Fe 3 O 4/carbon composite nanofiber absorber with enhanced microwave absorption performance. *Materials Science and Engineering B* 178 (1): 1–9.
81 Wang, G., Gao, Z., Tang, S. et al. (2012). Microwave absorption properties of carbon nanocoils coated with highly controlled magnetic materials by atomic layer deposition. *ACS Nano* 6 (12): 11009–11017.
82 Durmus, Z., Durmus, A., Yunus Bektay, M. et al. (2016). Quantifying structural and electromagnetic interference (EMI) shielding properties of thermoplastic polyurethane–carbon nanofiber/magnetite nanocomposites. *Journal of Materials Science* 51: 1–13.
83 Novoselov, K.S., Geim, A.K., Morozov, S.V. et al. (2004). *Science* 306: 666.
84 Stankovich, S., Dikin, D.A., Dommett, G.H.B. et al. (2006). Graphene-based composite materials. *Nature* 442: 282–286.
85 Becerril, H., Mao, J., Liu, Z. et al. (2008). Evaluation of solution-processed reduced graphene oxide films as transparent conductors. *ACS Nano* 2: 463–470.
86 Dikin, A.K., Stankovich, S., Zimney, E.J. et al. (2007). Preparation and characterization of graphene oxide paper. *Nature* 448: 457–460.
87 Vickery, L., Patil, A.J., and Mann, S. (2009). Fabrication of graphene-polymer nanocomposites with higher-order three-dimensional architectures. *Advanced Materials* 21: 2180–2184.
88 McAllister, M.J., Li, J.L., Adamson, D.H. et al. (2007). Single sheet functionalized graphene by oxidation and thermal expansion of graphite. *Chemistry of Materials* 19: 4396–4404.
89 Nethravathi, C., Rajamathi, J.T., Ravishankar, N. et al. (2008). Graphite oxide-intercalated anionic clay and its decomposition to graphene-inorganic material nanocomposites. *Langmuir* 24: 8240–8244.
90 Szabo, T., Szeri, A., and Dekany, I. (2005). Composite graphitic nanolayers prepared by self-assembly between finely dispersed graphite oxide and a cationic polymer. *Carbon* 43: 87–94.

91 Liao, W.-H., Yang, S.-Y., Hsiao, S.-T. et al. (2014). Effect of octa (aminophenyl) polyhedral oligomeric silsesquioxane functionalized graphene oxide on the mechanical and dielectric properties of polyimide composites. *ACS Applied Materials & Interfaces* 6 (18): 15802–15812.

92 Eswaraiah, V., Sankaranarayanan, V., and Ramaprabhu, S. (2011). Functionalized graphene–PVDF foam composites for EMI shielding. *Macromolecular Materials and Engineering* 296 (10): 894–898.

93 Saini, P., Kaushik, S., Sharma, R. et al. (2016). Excellent electromagnetic interference shielding effectiveness of chemically reduced graphitic oxide paper at 101 GHz. *The European Physical Journal B* 89 (6): 1–5.

94 Feng, J., Fangzhao, P., Li, Z. et al. (2016). Interfacial interactions and synergistic effect of CoNi nanocrystals and nitrogen-doped graphene in a composite microwave absorber. *Carbon* 104: 214–225.

95 Wan, C. and Li, J. (2016). Graphene oxide/cellulose aerogels nanocomposite: preparation, pyrolysis, and application for electromagnetic interference shielding. *Carbohydrate Polymers* 150: 172–179.

96 Zhao, X., Zhang, Q., Chen, D., and Lu, P. (2010). Enhanced mechanical properties of graphene-based poly (vinyl alcohol) composites. *Macromolecules* 43 (5): 2357–2363.

97 Ansari, S. and Giannelis, E.P. (2009). Functionalized graphene sheetpoly(vinylidene fluoride) conductive nanocomposites. *Journal of Polymer Science Part B: Polymer Physics* 47: 888–897.

98 Ramanathan, T., Abdala, A.A., Stankovich, S. et al. (2008). Functionalized graphene sheets for polymer nanocomposites. *Nature Nanotechnology* 3: 327–331.

99 Lee, Y.R., Raghu, A.V., Jeong, H.M., and Kim, B.K. (2009). Properties of waterborne polyurethane/functionalized graphene sheet nanocomposites prepared by an in situ method. *Macromolecular Chemistry and Physics* 210: 1247–1254.

100 Xu, Y., Wang, Y., Jiajie, L. et al. (2009). A hybrid material of graphene and poly(3,4-ethyldioxythiophene) with high conductivity, flexibility, and transparency. *Nano Research* 2: 343–348.

101 Quan, H., Zhang, B., Zhao, Q. et al. (2009). Facile preparation and thermal degradation studies of graphite nanoplatelets (GNPs) filled thermoplastic polyurethane (TPU) nanocomposites. *Composites: Part A* 40: 1506–1513.

102 Eda, G. and Chhowalla, M. (2009). Graphene-based composite thin films for electronics. *Nano Letters* 9: 814–818.

103 Liang, J., Xu, Y., Huang, Y. et al. (2009). Infraredtriggered actuators from graphene-based nanocomposites. *The Journal of Physical Chemistry* 113: 9921–9927.

104 Kim, H. and Macosko, C.W. (2009). Processing–property relationships of polycarbonate/graphene nanocomposites. *Polymer* 50: 3797–3809.

第8章 柔性透明电磁干扰屏蔽材料

Bishakha Ray, Saurabh Parmar, and Suwarna Datar

8.1 引言

当今的电子器件日趋复杂化，因此任何电子产品都易受到电磁干扰。随着电子元件尺寸的递减，这个问题变得至关重要。复合材料具有轻质、耐腐蚀等优点，除了对此类电磁干扰（EMI）屏蔽材料进行研究，透明柔性 EMI 屏蔽材料也逐渐成为一个重要的研究领域。在一些领域，对透光系统（如窗户、触摸屏、显示器等）进行 EMI 屏蔽至关重要。这一点更具挑战性，因为除了 EMI 屏蔽，还要求材料具有透光性，以及偶尔具有柔性。

透明导电薄膜用于显示器和触摸屏的 EMI 屏蔽，以减少射频干扰（RFI）。目前，氧化铟锡（ITO）是最常用的材料之一，但它有两个缺点，即成本高昂和缺乏柔性。有报道在讨论铟价格日益上涨的问题。这就迫使研究人员重新考虑这种材料的应用。此外，ITO 是一种脆性材料，因此，需要非常薄的这种材料时，就会出现不利因素。随着材料厚度的增加，透射率降低，这是这种材料的另一个缺点[1,2]。因此，需要一种能在屈伸时提供不变电导率的 ITO 替代品。对于这类应用，片状材料电阻应小于 100Ω，透射率应大于 90%（550nm）[2]。

在商业应用中，屏蔽效能（SE）通常为 20～35dB，ITO 薄膜可以达到该效能；但在航空航天和国防等应用中，则需要高达 60dB 的屏蔽效能。长期以来，人们一直在寻找合适的材料。目前，金属网可以实现透射率和 EMI 屏蔽，其屏蔽效能超过 60dB。这种技术价格昂贵，且需要复杂的制造工艺，因此并不可行。于是，人们正在从纳米技术中寻求实现这一应用的方案。本章重点介绍这些解决方案，主要基于导电聚合物、夹层结构、碳基复合材料和薄膜。

8.2 透明电磁干扰屏蔽理论

材料对电磁辐射的传播和透射率取决于材料的导电性能。例如，金属对从长波长无线电波到短波长紫外线的各种辐射，都具有很强的反射性和吸收性。某些电介质材料如玻璃，对可见光谱是透明的。因此，每种材料都可根据需求有不同的应用。金属通常用于辐射屏蔽目的或者形成反射镜，而电介质或半导体材料则用于电波传播损耗最小的应用场景。在 EMI 屏蔽应用中，所需的材料对某些频率起屏蔽作用，而在可见光波段具有透明性[3]。

趋肤深度概念在涉及透明 EMI 屏蔽薄膜材料时起重要作用。众所周知，光在被反射之前，在金属中传播了一小段距离 δ。这个特征长度称为趋肤深度，定义为辐射强度减小到实际值约 1/e 的距离[4]。该值取决于照射到金属上的辐射波长，可以表示为

$$\delta = \frac{\lambda}{4\pi n_i} \quad (8.1)$$

式中，λ 是入射波长，n_i 是折射率的虚部。这意味着入射电磁波在被反射之前，在金属中大约传播了距离 δ。通过简单计算，发现厚度小于 10nm 的薄膜对微波辐射完全不透明，而在可见光区域却相当透明[3]。然而，这一概念在空间不连续的情况下会变得复杂并失去意义，例如在纳米结构或由基体和填料构成的通用复合材料中。在这种情况下，电磁场分布是不均匀的，因为填料尺寸与辐射波长相当。因此，在这种构成中，允许可见光传播，微波辐

射则被吸收。

对薄膜而言，薄层电阻和透射率是相关联的[2, 5, 6]。透射率 $T(\lambda)$ 定义为

$$T(\lambda) = \left(1 + \frac{188.5}{R_S}\frac{\sigma_{op}(\lambda)}{\sigma_{DC}}\right)^{-2} \quad (8.2)$$

式中，σ_{op} 和 σ_{DC} 分别是材料的光导率和直流电导率。对于 EMI 屏蔽应用，材料必须满足

$$\frac{\sigma_{DC}}{\sigma_{op}} \geqslant 35 \quad (8.3)$$

由于难以找到吉赫兹频率下具有较大 SE 值，且在可见光范围内具有高透射率的单一组分的块状材料，因此设计出了以下解决方案：封闭在聚合物基体中的金属网、玻璃或塑料基体中的金属粉末、玻璃或塑料基体上的宽带隙氧化物半导体薄膜（如 ITO）、极薄的金属薄膜等。遗憾的是，所有这些解决方案都有限制其具体应用的明显缺点。例如，金属网较为笨重、金属粉末比较昂贵等[7, 8]。总体而言，许多研究都致力于具有透明性和导电性的材料应用，如有机发光二极管（OLED）、显示器、太阳能电池等[9-11]。然而，对此类薄膜在 EMI 屏蔽和吸收方面的研究却很少。

可将所研究的柔性透明 EMI 屏蔽材料分为四类，即薄膜、纳米碳基复合材料、金属纳米线基薄膜结构和夹层结构，以及导电聚合物。

8.3 用于电磁干扰屏蔽的透明薄膜

宽带隙氧化物半导体（如 ITO、氧化锌等）薄膜可沉积在柔性基体上，用于 EMI 屏蔽。然而，如前所述，ITO 很脆，其导电性会因屈伸而改变，因此 EMI SE 会随之改变。另一种选择是根据趋肤深度使用非常薄的金属膜。研究表明，金属膜的透射率可由与金属膜厚度相同的金属-电介质交替层提高[3]。这种金属-电介质层已用于太阳能辐射控制实验[12, 13]。有必要系统地研究这类薄膜的 EMI 屏蔽应用。F. Sarto 等人使用双离子束溅射系统在聚碳酸酯和玻璃基底上沉积银-TiO_2 和银-ZnO 层，作为 EMI 屏蔽材料进行了研究[14]。表 8.1 中列出了 30kHz~1.2GHz 频率范围内的平均 SE 值、平均透射率和薄层电阻。

表 8.1　30kHz~1.2GHz 频率范围内的平均 SE 值、平均透射率和薄层电阻[14]

样品序号	样品层序及厚度（nm）	SE（dB）	R薄层（Ω/sq）	T平均（%）	参考文献
1	[TiO₂/Ag/TiO₂] [32/17/32]		1.34	63	[13]
2	[TiO₂/Ag/Ti/TiO₂] [32/17/1/32]		1.29	66.4	[13]
3	[TiO₂/Ti/Ag/Ti/TiO₂] [32/1/17/1/32]	41.5	1.3	64.6	[13]
4	[ZnO/Ag]/ZnO [109/17]/109	37.2	1.9	42.86	[13]
5	[Ag/ZnO/Ag] [11.3/81]	39.4		39.4	[12]
6	Ag/Ni 63/9	41.8	1.24	0.62	[12]

具有高折射率的 TiO_2 是良好的透明材料。需要解决的关键问题是氧的扩散和二氧化银的形成。因此，研究了阻挡层的存在及其对透射率的影响。在银的顶部和两侧沉积了一个钛夹层，以研究其影响。结果表明，在有中间层和无中间层的情况下，薄层电阻相似，由此得出氧气扩散几乎没有影响的结论。相比之下，在三种构造中，顶部的 Ti 层具有最好的透射率。ZnO-Ag 组合的 SE 值较低；TiO_2-Ag 组合的 SE 值更理想（高达 41.5dB），透射率为 64.6%。需要进一步研究，以实现更好的屏蔽效能和更高的透射率。

尽管金属-介电交替层中的 ZnO 带来了较低的 SE 值，但 ZnO 作为 ITO 的替代品已被广泛研究。ZnO 与 ITO 相比，具有无毒、廉价的特点，因此在太阳能电池透明电极和透明薄膜晶体管的应用中得到了深入研究[15]。作为一种宽带隙材料，虽然 ZnO 具有很好的透射率，但在高导电性应用中并不十分有益。通过掺杂三价金属（如 B/Al/Ga 等），大量研究致力于提高 ZnO 的导电性[16-18]。透明导电氧化物（TCO）是具有高电子浓度的宽带隙 n 型半导体，这就使得它在电磁范围内具有多种优势。它们在紫外线范围内具有高吸收性，但在可见光范围内是透明的。此外，它们在红外区域具有金属特性，在微波区域同样如此。因此，它们有望用作透明 EMI 屏蔽材料[19, 20]。Yong June Choi 等人使用原子层沉积法沉积 ZnO，因为这种方法可在相对较低的温度下进行，便于使用柔性基体[21]。他们观测到在 ZnO 基质中引入 Al 可增加导电性，同时保持良好的透射率。研究中将 TCO 作为金属和聚合物复合材料的替代物。ZnO:Al 的透射率超过 80%。然而，掺杂后对 EMI SE 的改善微乎其微，需要做大量工作来提高。在他们的实验中观测到，屏蔽效能的主要因素是反射。Gustavo 等人也报道了类似的工作[22]。他们也利用原子层沉积技术生长出交替的 ZnO/AlO$_x$ 层状异质结构。每个交替沉积层的厚度为 3～8nm。获得直流电导率超过 50000 Sm^{-1}，足以在 1～3GHz 频率范围内实现超过 20dB 的 SE。与 Yong June Choi 的研究工作相同，EMI 屏蔽主要为反射机制，因此，在此类薄膜中提高电导率是关键。Gustavo 等人的研究一定程度上实现了这一准则。Takahiro Yamada 等人试图通过 Ga 掺杂来降低 ZnO 的薄层电阻[23]。他们在 2.45GHz 频率下获得了 47dB 的最大 SE 值，透射率为 70%。

Lin Jin 等人研究了用于 EMI 屏蔽的透明不锈钢纤维（SSF）和硅树脂[24]。众所周知，纤维增强塑料（FRP）具有优异的抗弯强度和弹性模量，对可见光的透射率也很高。纤维在基体中的浓度和增强纤维的折射率对复合材料的透射率与 SE 有重要影响。增大浓度会降低透射率，但会提高 SE。因此，找到既能提供高 SE 又能提高透射率的最佳纤维浓度与尺寸是有挑战的。作者提出了一种高长径比的 SSF，以有效降低浓度并提高 SE。聚合物基体中的 SSF 分散程度在其中发挥了重要作用。他们实现了 SSF 在硅树脂中的均匀分散，因此在树脂中形成了嵌入的 SSF 互连网络。原始硅树脂的透射率为 93%，而加入 1.25wt% SFF 后的透射率降至 65%。在 300MHz～1.5GHz 频率范围内，观察到其 SE 超过 25dB。这种获得 SE 和透射率的方法是低成本的，可用于多种商业应用。对于诸如国防、航空航天等领域，SE 必须大于 60dB，因此还需要做更多的优化工作。如作者提到的，可通过改变纤维的直径、长度和处理方法来进行改进，以便在不损失光学可见度的情况下提高 SE 值。

8.4 纳米碳基柔性透明电磁干扰屏蔽材料

针对碳纳米管网络或复合材料的直流电导率和透射率，研究人员开展了一些研究工作。研究重点侧重于提高导电性和透射率，而对其 EMI SE 的研究相对较少。纳米管网络结构可为薄膜提供高柔性、导电性和透射率[25, 26]。因此，研究其 EMI SE 具有重要意义。如前所述，若一种高导电和高透明材料满足式（8.3），则可用于实现工业目标。要使该式成立，相关材料的直流电导率必须高达 10^{5}Sm^{-1}，这是有挑战性的。碳纳米管在聚合物基体中的电导率高达 10^{4}Sm^{-1}。注意，碳纳米管及其复合材料的合成机制至关重要。研究指出，对 CNT 薄膜仅做酸处理后，其光学电导率与直流电导率之比从 10:1 提高到 25:1[27]。通过一种基于过滤的制备方法，制得的聚合物-纳米管复合薄膜具有非常高的体积百分比（含量），其电导率提高到理想水平[28]。PEDOT:PSS 与碳纳米管之间的结合也制备出了具有极高电导率的复合材料[29]。研究表明，CNT 复合材料具有非常低的逾渗阈值，这是实现 EMI 屏蔽的一个重要因素，而不仅仅是薄膜的实际电导率。业已证明，能在不同频率范围内提供非常高的 SE 值。但是，有关透明 CNT 薄膜的 EMI SE 的研究很少。由 Hua Xu 等人完成的此类工作采用转印方法在聚对苯二甲酸乙二醇酯（PET）基底上制作了单壁碳纳米管（SWCNT）薄膜[30]。厚度为 10nm 的 SWCNT 的透射率达到 90%，厚度为 30nm 的 SWCNT 的透射率达到 80%，厚度为 80nm 的 SWCNT 的透射率达到 60%。他们观测到 30nm 厚度薄膜的 SE 在 10GHz 时为 33dB，在 1GHz 时为 36dB，在 10MHz 时为 46dB。这些 SE 可用于某些商业应用，但目前透明薄膜的 SE 在工作频率范围和高端应用方面还有待大幅度改进。

石墨烯及其相关材料具有独特的性能，已被证实为优异的 EMI 屏蔽材料。多篇研究论文报道石墨烯作为填料的复合材料，其 EMI SE 高于 20dB，如石墨烯-环氧树脂、石墨烯-聚苯乙烯、石墨烯-聚甲基丙烯酸甲酯等[31-33]。还有多种碳的不同衍生物，如泡沫碳、石墨烯纳米带等[34]。K. Batrakov 等人的研究表明，多层石墨和石墨烯纳米带的组合能够提高系统的导电性[35]。他们提出，若少层石墨烯（FLG）中单个石墨烯层之间的间距大于石墨中的间距，则层间的相互作用减小，这些层的导电性可通过增加层数来提高。因此，若使用介电型间隔物以可控方式将石墨烯层彼此分开，就能获得良好的 EMI SE。他们在一项研究中通过实验和理论方法，证明将石墨烯薄片夹在聚甲基丙烯酸甲酯（PMMA）薄膜的叠层之间可体现出良好的 EMI SE[36]。利用化学气相沉积（CVD）技术，首先将石墨烯生长在铜箔上。将 PMMA 旋涂到其上，然后蚀刻掉铜，并将样品放在石英基底上。制作了许多这样的石墨烯-PMMA 层，并将它们堆叠在一起。具有 6 层石墨烯层的石墨烯-PMMA 夹层结构的总厚度约为 4.2μm。800nm 厚裸石墨烯的透射率为 97%。作者测量了 30GHz 下的 EMI 屏蔽，发现多层材料的透射系数随层数增多而下降，而吸收率则随层数增多而提高，直至一定厚度后又开始下降。

在微波范围的多种国防应用中，透明柔性薄膜的理想特性是吸收大于反射。任何石墨烯复合材料的 EMI 性能，可通过提高石墨烯在体系中的比例来提高，这就使得它保持透射率变得更加困难。大多数研究的石墨烯体系都是以聚合物为主体的复合材料，其中的石墨烯比例也非常高。因此，上文讨论的石墨烯薄层交错层状结构可能会成为石墨烯基透明 EMI 材料的理想结构。Sanghoon Kim 等人报道了一种原氧化石墨烯（RGO）/聚乙烯亚胺（PEI）复合薄膜交错多层结构，该薄膜通过交替阴阳极电泳沉积工艺制作而成[37]。这种薄膜的电导率为 10^3S/m 量级。随着层数的增加，RGO/PEI 薄膜的透射率从 87% 降至 62%。SE 也随着层数的增加而提高。这种结构仅当其 SE 至少超过 20dB 时才可商用。必须设法在保持可接受透射率的情况下提高 SE 值。

8.5 导电聚合物基柔性透明电磁干扰屏蔽材料

导电聚合物是一类备受关注的材料，因为它们具有质量小、耐腐蚀、加工性好和样品导电性可控等非凡特性[38]。由于这些材料具有高导电性、高介电常数，研究人员特别对其 EMI SE 进行了广泛研究。人们可能希望看到一系列与聚苯胺（PANI）薄膜复合材料有关的 EMI 屏蔽研究工作。然而，除了 B. R. Kim 等人尝试在透明薄膜（PET）上涂覆 PANI，缺少更多的此类研究工作[39]。在 30MHz～1.5GHz 频率范围内，进行了 SE 测试。对 PANI 涂层透明薄膜进行了 SE 和透射率分析。对于厚度为 229～823nm 的薄膜，SE 从 14.28dB 提高到 52.67dB，透射率从 78% 提高到 58%。吸收屏蔽效能的贡献大于反射屏蔽效能，这是 PANI 的独特之处，因为所有金属镀膜都以反射为主。

8.6 基于纳米线的柔性透明电磁干扰屏蔽材料

基于金属纳米线的复合材料是另一类已被研究的透明 EMI 屏蔽材料。若将银纳米线均匀沉积在柔性基底上，则形成导电网络，进而制备出独立的柔性导电透明薄膜。Mingjun Hu 等人重点研究了用于 EMI 屏蔽的银纳米线基柔性透明导电薄膜的制备方法[40]。他们制备了一种聚醚砜（PES）/银纳米线/PET 薄膜的夹层结构。采用两步注入多元醇法制备了银纳米线，其中研制涂层油墨是关键环节。

如图 8.1 中的 10c、15c 等所示，利用梅耶棒缠绕不同直径（10μm、15μm、25μm、40μm、60μm）的金属丝，制备了 PET 上的银纳米线 PEO 复合膜，表明缠绕的金属丝直径会改变厚度。如图 8.1 所示，随着银纳米线膜厚度的增加，透射率降低。图 8.2 显示了 PES/PET 双层结构和 PES/银纳米线/PET 夹层结构的照片。可以看出，夹层结构的透射率相当好。图 8.2(e) 显示了不同夹层结构厚度下，8～12GHz 频率范围内的 SE 值。SE 超过 20dB 的薄膜具有 81% 的优异透射率。该技术可用于多种商业应用。

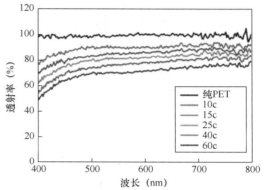

图 8.1 厚度不同银纳米线 PEO 复合膜的透射率

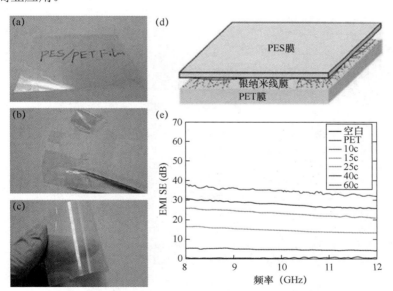

图 8.2 (a)PES/PET 双层透明膜照片；(b)和(c)PES/银纳米线/PET 夹层结构膜照片；(d)夹层膜示意图；(e)不同厚度银纳米线层的 SE

Dong-Hwan Kim 等人近期研究了银纳米线网络结构[41]，研究重点是改进外加化学镀的倒置加工工艺，以产生更有效的透明 EM 屏蔽膜。

图 8.3 显示了他们采用的倒置加工方法。独立薄膜的薄层电阻为 $500\Omega sq^{-1}$。化学镀铜可进一步提高电导率。他们采用的倒置加工方法克服了聚酰亚胺（PI）上 AgNW 涂层面临的常见附着问题。提高附着力需要额外的制造成本。作者采用的方法可在不增加额外成本的情况下提高附着力。在高达 1.5GHz 的条件下，测量了 AgNW/PI 和 Cu/AgNW/PI 样品的电磁屏蔽

效能。铜金属化提高了夹层结构的屏蔽效能（从 22dB 提高到 55dB）。这种方法可能成为柔性透明 EMI 屏蔽材料的低成本制造方法。

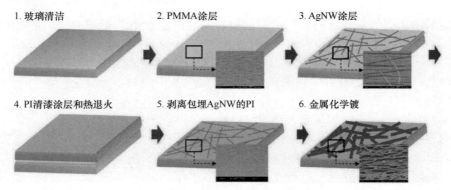

图 8.3　EMI 屏蔽用透明膜制备示意图

8.7　小结

如今，EMI 屏蔽材料除了有着重要的商业应用，在国防和航空航天设备中需要 30dB 以上的屏蔽效能。此外，在一些应用中，EMI 屏蔽期望由吸收机制而非反射机制产生。从上述讨论可以看出，大部分基于薄膜、碳纳米管、石墨烯等的研究工作都是提高柔性透明膜的电导率。因此，它们大多数致力于提高 EMI 屏蔽的反射机制。需要关注具有更多吸收特性的结构。大多数工作报道的是不同频率范围内的不同结构，因此无法直接进行比较。当银纳米线夹层结构和 RGO/聚合物夹层结构的特性可以调整时，就会具备商业应用潜力。当要求 EMI 屏蔽兼具柔性和透射率时，EMI 屏蔽任务会变得更加困难。

参 考 文 献

1. Chen, Z., Cotterell, B., and Wang, W. (2002). *Eng. Fract. Mech.* 69: 597.
2. De, S., Lyons, P.E., Sorel, S. et al. (2009). *ACS Nano* 3: 714.
3. Scalora, M., Bloemer, M.J., Pethel, A.S. et al. (1998). *J. Appl. Phys.* 83: 2377.
4. Marion, J.B. (1965). *Classical Electromagnetic Radiation*. New York: Academic.
5. Dressel, M. and Gruner, G. (2002). *Electrodynamics of Solids: Optical Properties of Electrons in Matter*. Cambridge: Cambridge University Press.
6. Hu, L., Hecht, D.S., and Gruner, G. (2004). *Nano Lett.* 4: 2513.
7. Granqvist, C.G. and Hultaker, A. (2002). *Thin Solid Films* 411 (1).
8. Sarto, M.S., Sarto, F., Larciprete, M.C. et al. (2003). *IEEE Trans. Electromagn. Compt.* 45 (4): 586.
9. Zhang, M., Fang, S., Zakhidov, A. et al. (2005). Strong, transparent, multifunctional, carbon nanotube sheets. *Science* 309: 1215.
10. Wang, X., Zhi, L., and Mullen, K. (2008). *Nano Lett.* 8: 323.
11. Kang, M.G., Xu, T., Park, H.J. et al. (2010). *Adv. Mater.* 22: 4378.
12. Szczyrbowsky, J., Brauer, G., Ruske H Schilling, M., and Zmelty, A. (1999). *Thin Solid Films* 351: 254.
13. Lee, J.H., Lee, S.H., Yoo, K.L. et al. (2002). *Appl. Opt.* 41: 3061.
14. Sarto, F., Sm Sarto, M., Larciprete, M.C., and Sibilia, C. (2003). *Rev. Adv. Mater. Sci.* 5: 329.
15. Fan, H. and Reid, S.A. (2003). *Chem. Mater.* 15: 564.
16. Lee, D.-J., Kim, H.-M., Kwon, J.-Y. et al. (2011). *Adv. Funct. Mater.* 21: 448.
17. Minami, T., Ida, S., and Miyata, T. (2002). *Thin Solid Films* 416: 92.

18 Agura, H., Suzuki, A., Matsushita, T. et al. (2003). *Thin Solid Films* 445: 263.
19 Hosono, H., Paine, D.C., and Ginley, D.S. (2010). *Handbook of Transparent Conductors*, vol. 1. Berlin: Springer.
20 Hamberg, I. and Granqvist, C.G. (1986). *J. Appl. Phys.* 60 (11): R123.
21 Choia, Y.-J., Cheol Gonga, S., Johnsonb, D.C. et al. (2013). *Appl. Surf. Sci.* 269: 92.
22 Fernandes, G.W., Lee, D.J., Kim, J.H. et al. (2013). *J. Mater. Sci.* 48: 2536.
23 Yamada, T., Morizane, T., Arimitsu, T. et al. (2008). *Thin Solid Films* 517: 1027.
24 Jin, L., Haiyan, Z., Ping, L. et al. (2014). *IEEE Trans. Electromagn. Compt.* 56 (2): 328.
25 Meitel, M., Zhou, Y., Gaur, A. et al. (1643). *Nano Lett.* 4 (2004).
26 Wu, Z., Chen, Z., Du, X. et al. (2004). *Science* 305: 1273.
27 Geng, H.Z., Lee, D.S., Kim, K.K. et al. (2008). *Chem. Phys. Lett.* 455: 275.
28 Blighe, F., Hernandez, Y., Blau, W.J., and Coleman, J.N. (2007). *Adv. Mater.* 19: 4443.
29 Wang, G.F., Tao, X.M., and Wang, R.X. (2008). *Nanotechnology* 19: 145201.
30 Xu, H., Anlage, S.M., Hu, L., and Gruner, G. (2007). *Appl. Phys. Lett.* 90: 183119.
31 Liang, J., Wang, Y., Huang, Y. et al. (2009). *Carbon* 47: 922.
32 Yan, D.X., Ren, P.G., Pang, H. et al. (2012). *J. Mater. Chem.* 22: 1872.
33 Zhang, H.B., Zheng, W.G., Yan, Q. et al. (2012). *Carbon* 14: 5117.
34 Joshi, A. and Datar, S. (2015). *Pramana* 84: 1099.
35 Batrakov, K., Kuzhir, P., Maksimenko, S. et al. (2013). *Appl. Phys. Lett.* 103: 073117-1-3.
36 Batrakov, K., Kuzhir, P., Maksimenko, S. et al. (2014). *Sci. Rep.* 4: 7191.
37 Kim, S., Joon-Suk, O., Kim, M.-G. et al. (2014). *ACS Appl. Mater. Interfaces* 6: 17647.
38 Yuping, D., Shunhua, L., and Hongtao, G. (2005). *Sci. Technol. Adv. Mater.* 6: 513.
39 Kim, B.R., Lee, H.K., Kim, E., and Lee, S.-H. (2010). *Synth. Met.* 160: 1838.
40 Hu, M., Gao, J., Dong, Y. et al. (2012). *Langmuir* 28: 7101.
41 Kim, D.-H., Kim, Y., and Kim, J.-W. (2016). *Mater. Des.* 89: 703.

第 9 章　聚合物基电磁干扰屏蔽材料

Chong Min Koo, Faisal Shahzad, Pradip Kumar, Seunggun Yu, Seung Hwan Lee, Jun Pyo Hong

9.1　引言

9.1.1　对聚合物基电磁干扰屏蔽材料的需求

现代电子设备在我们周围的环境中产生了有害电磁（EM）波，减轻其有害影响以保护设备及消除其对健康的负面影响，已成为严峻的挑战之一[1-3]。目前，正在使用和研究的几种屏蔽产品的潜在特性可以应对这些问题。金属具有极大的电导率，是电磁干扰（EMI）防护的一种自然选择。然而，其高成本、加工困难、密度大、耐腐蚀性差，以及其他一些相关的问题，使得研究人员开始关注金属以外的材料，以作为新的选择[4,5]。铁氧体和其他无机材料通过电损耗和磁损耗提供了较强的微波吸收能力，被广泛研究并用于解决 EMI 问题[6,7]。

聚合物复合材料是 EMI 屏蔽材料的主要候选材料之一，其在成本、密度和易加工性方面比其他同类材料具有诸多优势[2]。与金属相比，聚合物复合材料的一个常被忽视的优点是以吸收而非反射为主导的电磁波屏蔽能力。这一特性很重要，产生电磁信号的设备本身需要保护，也需要限制附近其他设备运行时发出的反射辐射干扰。这种特性主要适用于军事领域应用，如伪装或隐身技术。

聚合物一般分为绝缘和本征导电聚合物(ICP)两大类。大多数聚合物,包括聚苯乙烯(PS)、聚偏二氟乙烯（PVDF）、聚丙烯（PP）、聚甲基丙烯酸甲酯（PMMA）、聚乙烯醇（PVA）、聚乙烯（PE）、聚乙烯吡咯烷酮（PVP）和环氧树脂，通常都是绝缘聚合物，因此需要与导电填料复合以增大其电导率，进而满足 EMI 屏蔽的要求。金属纳米线（银、镍、铜和钢）最初用作填料，赋予绝缘聚合物以金属传导特性。然而，由于加工困难、分散性差、填料与主基体的相互作用弱，导致机械性能较差，建议使用碳质填料作为替代品[5,8]。塑料上的几种导电涂层和金属镀层也用于提供所需的 EMI 屏蔽；构建塑料表面的附加步骤和制备过程中需要添加其他的导电材料，下文将对此进行讨论。

本征导电聚合物是一种共轭聚合物，掺杂后表现出电学性能。它们是 EMI 屏蔽的另一种合适的候选材料[3]，作为一种可从绝缘转化为导电材料的聚合物基体，正在吸引人们的更多关注。尽管本征导电聚合物的合成、成本和可用性尚未达到商用水平，但正在进行的研究仍在大量使用这些聚合物。在导电聚合物中，聚苯胺（PANI）、聚吡咯（PPy）和聚 3,4-亚乙二氧基噻吩（PEDOT）是研究得最多的 EMI 屏蔽材料。类似于绝缘聚合物，由于 ICP 的 EMI SE 不足，也将其作为多种导电填料的聚合物复合材料进行研究。在填料中，最多的研究集中于碳衍生物。研究人员研究了石墨、炭黑（CB）、碳纳米管（CNT）、碳纳米纤维（CNF）和最近比较热门的石墨烯的 EMI 屏蔽应用[2]。人们还填空了无机填料，如铁氧体（Ni、Zn、Mn）、磁性铁氧化物（Fe_2O_3、Fe_3O_4）和其他金属氧化物（SnO_2、TiO_2、ZnO）的磁损耗，以提高聚合物复合材料的微波吸收能力[9-11]。研究报道称，将聚合物与导电填料混合，可以获得最大的屏蔽效能[12,13]。

聚合物复合材料的结构设计最重要，因为多种成分会影响填料的单项性能。填料-填料或填料-聚合物相互作用产生的独特性能,为设计混杂聚合物材料提供了新思路。实现材料中电磁波吸收的一个关键要求是,空气阻抗与屏蔽材料阻抗之间的匹配。这通常并不容易实现,因为空气和测试材料的极化能力之间总存在差异;不过,在聚合物基体中引入蜂窝状泡沫结构,可在一定程度上实现这一要求[14]。泡沫除了能在基体间隙中提供空气,还能降低密度,进而提高聚合物复合材料的 EMI SE。

制备 EMI 屏蔽材料的另一种方法是,使用完全连续的导电材料,如导电巴基纸[15,16]。几位学者提出了一种层状结构,这种结构将导电片材放在两个绝缘聚合物片材之间[17]。绝缘聚合物的性能很大程度上取决于导电填料的类型和含量[2]。形成连续导电网络结构是提供最佳性能的普遍性要求。当绝缘基体中的填料含量逐渐增加时,形成的复合材料的电导率逐渐增加并达到一个临界值,这个临界值常称逾渗极限或绝缘体/导体转变极限。逾渗极限取决于填料含量,同时取决于填料的性质,如长径比、本征电导率及与基体之间的相互作用。若填料含量进一步增加,超过逾渗极限,则电导率将显著提高。关键是在绝缘基体内部形成导电通道及填料与填料之间的接触。然而,这种逾渗行为在 ICP 中并不存在。最近的几种方法利用隔离结构和排列填料,得到了填料与填料之间的接触[18,19]。利用核-壳聚合物结构形成导电填料连续网络,是一种提高性能的方法。

9.1.2 影响电磁干扰屏蔽效能的因素

理想的电磁波吸收材料应具有某些特性,以缓解 EMI 屏蔽问题。首先,自由空间(空气)与屏蔽材料表面之间的阻抗匹配有助于电磁波向材料内部传播,进而阻碍反射。其次,屏蔽材料应具有相当大的介电和磁损耗能力,以吸收电磁波[2,14,20]。

高频电磁辐射只能穿透电导体的近表面区域,即所谓的趋肤效应。渗透到导体内的平面波的电场强度随导体深度的增加而减小。当电场强度减小到入射值的 1/e 时,穿透深度称为趋肤深度(δ),

$$\delta = \frac{1}{\sqrt{\pi f \sigma \mu}} \tag{9.1}$$

式中,f 为频率,μ 为磁导率($\mu = \mu_0 \mu_r$),μ_r 为相对磁导率,$\mu_0 = 4\pi \times 10^{-7}$ H/m 为真空磁导率,σ 是以 Sm^{-1} 为单位的电导率。因此,趋肤深度随着频率、电导率或磁导率的提高而减小[4]。

由于导电填料和绝缘聚合物基体之间存在电导率失配,因此具有较大介电常数的聚合物复合材料是提供介电损耗的理想候选材料。根据麦克斯韦-瓦格纳-西拉斯(Maxwell-Wagner-Sillars,MWS)理论,两种相邻材料之间的电导率差异将导致界面处的极化和电荷积累。因此,作为协同效应,在绝缘基体中加入高导电填料可获得高 k 值材料。填料类型和颗粒在特定方向上的取向,也能提高聚合物体系的极化能力[21]。

类似于介电极化率,另一个重要因素是磁导率。大磁导率或大磁损耗材料往往能吸收更多的电磁波。一般来说,复介电常数和复磁导率是 EMI 屏蔽材料的两个关联特征。另一方面,电导率是任何 EMI 屏蔽材料的首要参数。虽然使用铁氧体等电磁波吸收体可进行 EMI 吸收,但若材料不导电,则无法实现足够大的 EMI SE。所有设计 EMI 屏蔽适用材料的努力,都需要将高电导率作为首要参数。简单的经验法则是,电导率越高,EMI SE 就越大。

同样,设计聚合物复合材料时,要考虑纳米尺度组分产生的纳米效应。众所周知,纳米粒子可提供更好的电学、磁学和光学性能。当填料的粒度小于趋肤深度时,就会产生涡流损耗,进而提高复合材料体系的微波吸收性能[20]。频率也会影响 EMI SE。理论上讲,吸收带来的屏蔽随频率的提高而提高;因此,一些聚合物复合材料体系更适合在高频下对设备进行电磁波屏蔽[22]。

在非本征参数中，厚度是另一个 EMI 屏蔽的控制因素。简单地增大材料厚度就可获得高 EMI SE；然而，考虑成本和密度要求时，这样的做法总有一些限制。这个参数在航空航天应用中特别重要，因为质量是一个重要问题。

9.2 聚合物基体类型

9.2.1 绝缘聚合物

聚合物一般分为两类：绝缘聚合物和本征导电聚合物（ICP）。大多数聚合物都具有电绝缘性，包括但不限于 PS、PVDF、PP、PMMA、PVA、PE、PVP 和环氧树脂。绝缘聚合物分为热塑性和热固性两种，具体取决于其固有的热机械特性和加热行为。热塑性聚合物具有热可塑性，意味着加热时会软化。大多数常见的聚合物都具有热塑性，如 PE、PP 和 PS，它们被视为最简单的大分子链模型。这些聚合物具有优异的加工性和机械性能，在各个工程领域中极具吸引力。此外，高性能热塑性塑料（又称工程塑料）的开发，为特定应用提供了热稳定性、化学稳定性和优异的机械强度等属性。聚酰胺（PA）、聚缩醛、聚苯硫醚（PPS）和聚对苯二甲酸乙二醇酯（PET）是典型的工程塑料。

热固性树脂是具有交联大分子链的聚合物化合物，可形成三维网络结构。复杂分子结构具有不可逆性和耐久性，当交联密度提高时，将增强其热稳定性和耐化学性。热固性聚合物如聚酯、环氧和三聚氰胺甲醛树脂等被广泛用作包装材料，要求具有抗冲击强度、尺寸稳定性和形状稳定性。

然而，绝缘聚合物本身不能用于 EMI 屏蔽应用。如表 9.1 所示，绝缘聚合物具有非常小的 EMI SE，原因是它们具有较差的电导率。

表 9.1 典型聚合物的电导率和 EMI SE

聚合物	化学结构式	σ (Sm^{-1})	SE (dB)	f(GHz)	参考文献
PE		$10^{-13} \sim 10^{-17}$	<5	8~12	[18]
PS		10^{-14}	<1	12~18	[23]
PA（尼龙）		10^{-12}	<0.1	0.3~0.8	[24]
环氧树脂（双酚 A 型）		10^{-10}	<3	26~40	[25]
PANI（双醌式）		3000~20000	<45	0.01~13.5	[26]

（续表）

聚 合 物	化学结构式	σ (Sm^{-1})	SE (dB)	f (GHz)	参考文献
PPy	![structure]	$10^4 \sim 7.5 \times 10^5$	<30	10	[27]
PTP	![structure]	$1000 \sim 10^5$	15	2~18	[28]

9.2.2 本征导电聚合物

Shirakawa、MacDiarmid 和 Heeger 发现掺杂碘后的聚乙炔具有极高的电导率（1.7×10^5 Sm^{-1}），可与几种金属的电导率相媲美[29]。此后，许多研究工作集中于寻找新型导电聚合物，这种聚合物应具有环保的合成方法，以及良好的机械、光学和电学性能；它们的电学性能适用于开辟新的尖端设备技术领域，如传感器、制动器、太阳能电池和存储器件；也适用于工程材料如导电黏合剂、电工材料和 EMI 屏蔽材料，以取代金属材料。

合成态导电聚合物表现出相对低的电导率和高带隙特征。经掺杂处理后，产生电荷载流子，掺杂聚合物变成高导电性聚合物。在掺杂聚合物中，由于能垒降低，π 电子很容易从价带进入导带。这种受激电子会在分子中移位，导致流动电子的电导。沿单向聚合物链观测到了解离 π 电子与自由基相互作用；因此，这种电导定义为准一维传输的跳跃电导[26]。

最近开发了各种结构的导电聚合物。芳香族化合物基导电聚合物（尤其是 PANI[26]、聚噻吩（PTP）[28]和 PPy[27]）具有显著的高电导率、良好的加工性和热/化学稳定性等优点。

在这些重要的导电聚合物中，PANI 因其合成简单、环保、环境稳定性和易于掺杂而备受关注。对于合成过程中的氧化状态，带隙为 3.9eV 的 PANI 可分为全氧化态、双醌式和全还原态结构。特别是双醌式结构具有部分氧化态，有利于控制各种掺杂剂的掺杂水平。基于这些优点，PANI 被优先用于 EMI 屏蔽应用。

Hong 等人用 N-甲基-2-吡咯烷酮（NMP）溶液制备掺盐酸双醌基聚苯胺薄膜，合成了 EMI 屏蔽材料[26a]。对于导电率为 1000Sm^{-1} 的独立 PANI 薄膜，在 50MHz~13.5GHz 频率范围内研究了其 EMI SE。厚度为 20μm 的薄膜在上述两个频率下的屏蔽效能分别约为 6.1dB 和 4.6dB。当薄膜厚度增加到 90μm 时，EMI SE 在上述两个频率下分别增加到 18.6dB 和 17.6dB。PANI 薄膜的固有环境稳定性使其在很长一段时间内保持可靠的 EMI SE。Kumar 等人分别用对甲苯磺酸和 4-氯-3-甲基苯酚作为第一掺杂剂和第二掺杂剂，制备了独立的 PANI 薄膜[26b]。厚度为 600μm 的掺杂 PANI 薄膜，在 0.1MHz~1000MHz 频率范围内的 EMI SE 分别高达 33dB 和 45dB，且在三年内保持稳定，几乎没有下降。与掺杂樟脑-10-磺酸的 PANI 薄膜相比，掺杂对甲苯磺酸的 PANI 薄膜具有更高的电导率和 EMI SE，表明导电聚合物的电导率与掺杂水平直接相关，且取决于掺杂剂的类型。此外，PANI 的应用还扩展到了涂料行业，因为它们具备较好的可加工性能。Trivedi 和 Dhawan 制备了一种带有聚苯胺层的柔性织物，用于 EMI 屏蔽应用。即使 PANI 层的厚度仅为 1~10μm，该产品在 0.1~1GHz 频率范围内的 EMI SE 仍然可达 16~18dB[30]。

与 PANI 相似，PPy 也是一种重要的导电聚合物，它具有良好的热稳定性、环境稳定性和高电导率。然而，与 PANI 不同的是，由于 PPy 骨架中键内或键间的强相互作用，一般不溶于普通溶剂，因此将其作为原始块状产品时会受到可加工性的限制。合成态 PPy 具有 2.5eV

的带隙，这有利于根据不同类型的掺杂剂进行 p 掺杂处理。PPy 的本征电导率很大程度上取决于初始电聚合工艺[31]。

Yoshino 等人首次报道了 PPy 在 3～300MHz 频率范围内的 EMI SE[32a]。在厚 35μm 的导电玻璃阳极上掺杂对甲苯磺酸阴离子，采用电化学聚合法制备了 PPy。掺杂的 PPy 具有 2500Sm^{-1} 的大电导率和 30dB 的高 EMI SE。Kaynak 等人报道了采用相同工艺但掺杂水平不同的 PPy 的 EMI SE[32b]。掺杂剂浓度为 0.060M 的高掺杂 PPy 在 10GHz 频率下的电导率为 2300Sm^{-1}，EMI SE 为 30dB，而低掺杂 PPy 的电导率为 10^{-1}Sm^{-1}，具有高传输电磁波的能力。

最近，聚噻吩（PTP）也被用于导电应用。带隙为 2.0eV 的 PTP，通过修饰噻吩分子端官能团而具有化学多样性。PTP 特殊的化学结构使其能够合成各种化学衍生物，具有高溶解度、良好的加工性和更高的电导率。熟知的导电聚合物，如聚 3-己基噻吩、聚 3-辛基噻吩和 PEDOT，都是 PTP 的衍生物。然而，到目前为止，仅有少量有关原始 PTP 衍生物 EMI 屏蔽的研究报道。

Wu 等人报道了以 2,5-二溴-3,4-乙烯二氧噻吩（DBEDOT）为单体，通过固态聚合方法制备的 PEDOT，用于 2～18GHz 频率范围内的 EMI 屏蔽[28]。2mm 厚 PEDOT 样品的 EMI SE 为 15dB。

如上所述，导电聚合物（也称合成金属）被视为有效的 EMI 屏蔽材料。然而，如表 9.1 所示，ICP 本身不具有足够大的 EMI SE 来满足实际应用，需要在其中加入多种不同的填料，如各种碳、磁性材料和金属填料，以提高 EMI SE。

9.3 用于 EMI 屏蔽的聚合物复合材料

聚合物复合材料由聚合物基体和导电或磁性填料组成。聚合物具有许多优点，包括易于加工、密度低、成本低和持久的机械性能。然而，由于较差和不足的 EMI SE，需要在聚合物中加入导电填料或磁性填料，以提高其 EMI SE。

9.3.1 碳基填料

碳的几种衍生物[2,31]如石墨、碳黑、碳纳米纤维、碳纳米管和石墨烯，因其优异的导电性、可加工性、可用性和较低的逾渗阈值，已被广泛用作 EMI 屏蔽应用的填料。

1. 石墨

石墨是一种资源丰富且经济的材料；因此，最初的碳材料研究都集中于石墨——将其用作聚合物复合材料中的碳填料。石墨具有层状结构，碳片之间通过范德华力键合为层，室温电导率高达 10^3Scm^{-1}[18]。有人提出了几种制备石墨/聚合物体系的方法，但复合物的聚集和较差的电导率阻碍了它的实际应用。Krueger 和 King 报道在石墨含量相当高（25vol.%）的情况下，EMI SE 达到 12dB[24]。Panwar 和 Mehra 制备了一种石墨聚乙烯复合材料，当填料含量为 18.7vol.%时，EMI SE 高达 33dB[33]。如此高的填料含量和较大的厚度，促使研究人员应用新技术来改善逾渗阈值，并通过减小厚度来提高 EMI SE。为了实现这一目标，可在聚合物复合材料中形成隔离结构，在低导电填料含量的情况下，也可获得高电导率和 EMI SE[34]。利用这种方法，Jiang 等人[18]通过机械混合聚合物和石墨颗粒，在超高分子量聚乙烯（UHMWPE）中制备出了一种隔离结构来连接导电石墨颗粒，随后在 200℃下进行热压，得到了致密的结构。图 9.1 显示了填料含量为 0.43～7.05vol.%时，复合材料的 EMI SE 变化。与原始聚合物基体相比，随着石墨的添加，所有复合材料的 EMI SE 都在提高。当石墨含量增至 7.05vol.%时，EMI SE 高达 51.6dB，表明只有 0.0007%的电磁波透过了屏蔽材料。

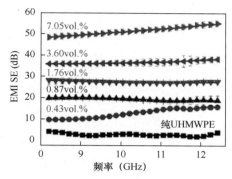

图 9.1 纯 UHMWPE 和不同石墨含量的石墨/UHMWPE 隔离结构复合
材料样品，EMI SE 随 X 波段频率变化的规律[18]

Sachdev 等人[35]采用 90℃～110℃和 75MPa 条件下的翻滚混合工艺，制备了石墨/丙烯腈-丁二烯-苯乙烯共聚物（ABS）复合材料。在 8～12GHz 的频率范围内，测定了 ABS 基体中不同石墨含量的反射和吸收屏蔽效能（见图 9.2）。随着石墨含量的增加，反射和吸收部分都有所提高，特别是在填量为 15wt%、厚度为 3mm 时，吸收屏蔽高达 60dB。石墨/聚合物复合材料的高 EMI SE 要归因于石墨的优异电导率和加工方法。

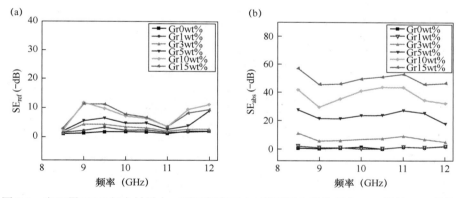

图 9.2 在石墨/ABS 复合材料中，不同频率下 SE 随石墨含量的变化：(a)反射；(b)吸收

2. 碳纤维

碳纳米纤维是碳材料的另一种衍生物，这种衍生物以其高电导率和高长径比著称，具有独特的 EMI 屏蔽特性[36]。碳纤维可通过气相生长法合成，以低成本获得高电导率和高长径比。在一次此类实验中，Al-Saleh 和 Sundararaj[37]研究了熔体混合条件对 PS 基体中气相生长碳纳米纤维（VGCNF）的分散程度和长径比的影响。加工温度为 180℃～250℃，产生了不同微观结构的复合材料。图 9.3 显示了加工温度对 7.5vol.%的 VGCNF/PS 复合材料的 EMI SE 的影响，其 24dB 的 EMI SE 足以衰减 99.6%的电磁辐射。这一衰减水平足以满足笔记本电脑和台式电脑的应用要求[38]。

复合材料的泡沫结构可提高填料颗粒的互连性，并相应地提高电学和 EMI SE 性能。大多数研究集中于使用批量发泡体系制造的复合材料，而很少关注使用注塑工艺制造的发泡导电复合材料。在其中的一项实验中，Ameli 等人[39]介绍了采用注塑工艺制备的碳纤维（CF）含量为 0～10vol.%的发泡和固体 PP/CF 复合材料之间的差异。发泡使注塑成形的 PP/CF 复合材料的密度降低了约 25%，并改善了其电学性能。图 9.4 显示了发泡复合材料的 EMI SE 随 CF 含量的变化情况。结果表明，发泡复合材料达到一定 EMI SE 所需的最终 CF 含量明显低于相应的固态复合材料。在发泡复合材料中，6vol.%的最终 CF 含量足以使 EMI SE 超过 20dB。

3. 碳纳米管

自 20 世纪 90 年代初发现碳纳米管（CNT）以来，由于其高电导率和相关的 EMI SE 性能，CNT/聚合物复合材料在学术界和工业界都引发了极大的关注，其固有的高电导率和长径比使得聚合物复合材料可在较低的填料含量下实现逾渗现象。传统 CNT 复合材料是采用熔融混合或溶液混合技术制备的。Singh 等人[40]制备的 CNT 含量为 20.0wt%的 CNT/环氧树脂复合材料，其 EMI SE 可达 60.0dB。最近，Jia 等人[19]报道了一种聚乙烯基体中的 CNT 隔离结构，以解决高填料含量问题。制备这种隔离结构时，一般首选具有高密度特性的聚合物，因为它们的黏度较大，而这对精细结构设计至关重要。图 9.5 显示了 s-CNT（隔离结构碳纳米管）/PE 复合材料在不同填料含量下的 EMI SE 变化。含有 1.0wt% CNT 的复合材料样品在频率为 12.4GHz 时的 EMI SE 为 20.8dB，随着填料含量的增加，EMI SE 进一步提高。5.0wt% CNT 含量的 EMI SE 为 46.2dB，考虑到填料含量很小，这个屏蔽效能已经非常高了。

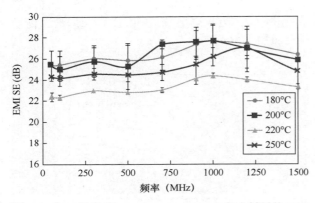 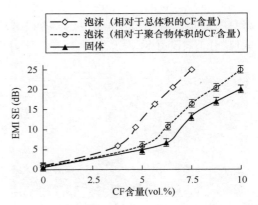

图 9.3　加工温度对 7.5vol.% VGCNF/PS 复合材料的 EMI SE 的影响

图 9.4　固态和发泡 PP/CF 复合材料的 EMI SE 随 CF 含量的变化

在另一项研究中，Gupta 和 Choudhary[41]通过熔融复合不同含量的 MWCNT，制备出了聚对苯二甲酸三乙酯（PTT）/多壁碳纳米管（MWCNT）复合材料，作为 12.4～18GHz 频率范围（Ku 波段）使用的有效轻质 EMI 屏蔽材料。研究发现，该复合材料的电导率、介电常数和 EMI SE 取决于 MWCNT 含量，且随 MWCNT 含量的增加而提高。在逾渗极限之后，电导率没有明显的变化，而 EMI SE 则随着含量的增加而提高（见图 9.6）。当填料含量非常低（1wt%）时，能实现电逾渗；当 MWCNT 含量为 10wt%时，EMI SE 为 36～42dB。

4. 炭黑

炭黑（CB）是另一种碳产品，它易于获得且适用于高导电要求的应用。一些研究人员对 CB/聚合物复合材料的 EMI SE 进行了研究[24, 42-45]。Rahaman 等人[43]比较了使用两种不同类型 CB 的聚合物复合材料的 EMI SE 与电导率。他们观测到在相同的填料含量下，具有高度隔离结构的 CB 表现出了更大的电导率和 EMI SE。它可按各种形式添加到聚合物中。Im 等人[46]报道，在 800MHz～4GHz 频率范围内，厚度为 0.5mm 的含有电纺纤维和炭黑的碳复合材料样品，其 EMI SE 为 50dB。对炭黑做氟化处理后，可提高填料在聚合物基体中的分散性，进而获得 3800Sm^{-1} 的高电导率[46]。在另一份报告中，Mohammed 等人[47]介绍了高结构炭黑（HS-CB）/PP 复合材料在 X 波段范围内的 EMI SE 和电导率。图 9.7 显示了填料含量和复合材料厚度对 HS-CB/PP 复合材料的 EMI SE 的影响。观察到随着填料含量和屏蔽板厚度的增大，其 EMI SE 随之提高。EMI SE 随填料含量的增加而提高，主要归因于 EMI SE 中反射和吸收部分的贡献增大，而 EMI SE 随厚度的增大而提高主要归因于吸收贡献的增大。

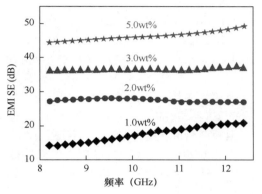

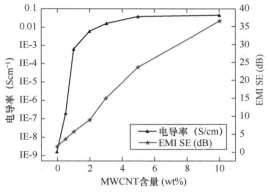

图 9.5　s-CNT/PE 复合材料的 EMI SE 随 CNT 含量的变化关系

图 9.6　MWCNT 含量对 PTT/MWCNT 复合材料 EMI SE 和电导率的影响

　　Kuester 等人[48]采用熔融混合方法，使用配备混合室的扭矩流变仪开发了使用导电聚苯乙烯-b-乙烯-ran-丁烯-b-苯乙烯（SEBS）填充的 CB。图 9.8 显示了填料含量对 SEBS 复合材料的 EMI SE 的影响。如预期的那样，由于导电复合材料的 EMI SE 取决于绝缘聚合物基体中导电通路的形成，因此 EMI SE 随导电填料含量的增加而提高。当填料含量为 15wt%时，EMI SE 的最大值为 19dB，表明了 CB 作为碳基聚合物复合材料填料的高效性。

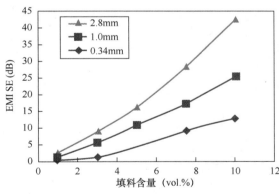

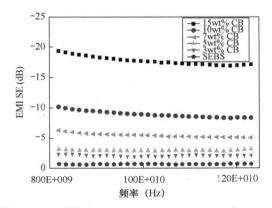

图 9.7　X 波段范围内 HS-CB/PP 复合材料的 EMI SE 随填料含量和复合材料厚度的变化关系

图 9.8　CB 含量为 3wt%、5wt%、7wt%、10wt%和 15wt%时，SEBS/CB 复合材料的 EMI SE 变化规律

5. 石墨烯

　　石墨烯是聚合物复合材料中以各种形式使用的主要填料。由于复合材料的 EMI SE 主要取决于填料的本征电导率、介电常数和长径比，因此使用原子级厚度、大长径比和高电导率的石墨烯有望获得较高的 EMI SE[1, 49-51]。几篇论文报道了使用原始还原氧化石墨烯颗粒、石

墨烯薄膜和石墨烯粉末以及一些磁性填料的情况。为了提高其屏蔽效能，还原石墨烯薄片也可分散到导电聚合物中[52, 53]。Bingqing 等人[22]比较了单壁碳纳米管（SWCNT）和石墨烯片填充 PANI（GS/PANI）的 EMI SE 性能。作者发现，GS/PANI 复合材料的电导率和 EMI SE 均优于 SWCNT/PANI 复合材料。Song 等人[54]研制了具有良好机械柔性的多层石墨烯/聚合物复合材料薄膜夹层结构，以评估其 EMI SE。据报道，厚度仅为 0.3mm 的蜡基夹层结构的 EMI SE 高达 27dB，足以屏蔽 99%以上的入射电磁波辐射，可作为轻质材料替代厚聚合物基复合材料屏蔽体。Liang 等人[49]将部分还原石墨烯片分散到环氧树脂前驱体中，然后对薄膜做退火处理，制备出了一种复合材料。这种复合材料的逾渗阈值较低，填料含量仅为 0.52vol.%。图 9.9 显示了石墨烯/环氧树脂复合材料在不同填料含量下的 EMI SE 变化。在 X 波段，石墨烯含量为 15wt%时获得最大的 EMI SE（21dB），表明石墨烯基聚合物复合材料可用作轻质有效 EMI 屏蔽材料。

在另一篇论文中，Shahzad 等人[23]报道了硫掺杂对改善 RGO/PS 复合材料的 EMI SE 的影响。观测到在 PS 基体中填充 7.5vol.%的硫-掺杂 RGO 后，EMI SE 为 24.5dB，比填料含量相似但未掺硫的 RGO/PS 复合材料的 EMI SE（21.4dB）高 15%。图 9.10 显示了填料含量对复合材料 EMI SE 的影响。吸收产生的屏蔽比反射产生的屏蔽更明显，因为填料具有更好的导电性，且能在聚合物复合材料中产生介电损耗。掺杂样品的趋肤深度更浅，表明掺杂在提高电磁特性方面起到了有益的作用。

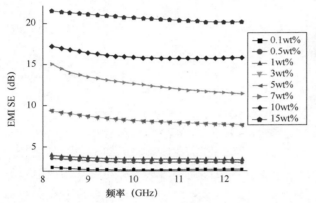

图 9.9 不同石墨烯（SPFG）含量的石墨烯/环氧树脂复合材料的 EMI SE 随 X 波段频率的变化

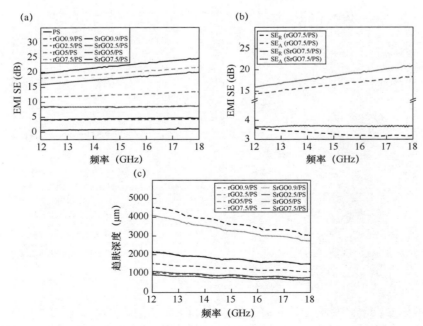

图 9.10 (a)RGO/PS 和 SRGO/PS 纳米复合材料的 EMI SE$_{total}$；(b)RGO7.5/PS 和 SRGO7.5/PS 的 SE$_A$ 与 SE$_R$；(c)RGO/PS 和 SRGO/PS 复合材料的趋肤深度

表9.2比较了各种碳基聚合物复合材料的EMI SE以及填料含量和厚度的影响。

表9.2 碳基聚合物复合材料的EMI SE以及填量含量和厚度的影响

基体/填料	制备方法	填料（%）	t (mm)	σ (Sm^{-1})	SE (dB)	f (GHz)	参考文献
PE/石墨	机械共混	7.05vol.%	2.5	10	51.6	8.2~12.4	[18]
PE/石墨	机械共混	18.7vol.%	3	—	33	8.2~12.4	[33]
PA 6,6/石墨	机械共混	25vol.%	3.2	—	12	0.2~1.2	[24]
PU/石墨	原位	6.5vol.%	1	10	19.3	0.9~1	[55]
ABS/石墨	机械共混	15wt%	3	16	60	8.2~12.4	[35]
环氧树脂/石墨	溶液共混	2wt%	5	2.6	11	8~18	[56]
PDMS/CB/CNF	电纺丝	—	—	38	50	0.8~4	[46]
SEBS/CB	熔融共混	15wt%	5	22	20	8.0~12.0	[48]
PS/CNF	熔融共混	7.5vol.%	2	—	22~26	0.1~1.5	[37]
PP/CF	熔融共混	10vol.%	3.2	10	25	8.2~12.4	[39]
环氧树脂/CNT	溶液共混	0.5wt%	5	2	9	8~18	[56]
PTT/MWCNT	熔融共混	10wt%	2	80	36~42	12.4~18	[41]
PS/G-MWCNT	原位溶液共混	3.5wt%	5.6	—	20.2	8.2~12.4	[57]
PS/MWCNT	溶液共混	20wt%	2	1	63	8.2~12.4	[58]
PS/CNT	溶液共混	7wt%	—	5×10^{-3}	~20	8.2~12.4	[59]
PE/CNT	机械共混	5wt%	2.1	80	46.4	8.2~12.4	[19]
环氧树脂/SPEG	原位	15wt%	—	—	21	8.2~12.4	[49]
PS/FGS	溶液共混	30wt%	2.5	1.25	29.3	8.2~12.4	[60]
PS/SRGO	溶液共混	7.5vol.%	2	33	24.5	12~18	[23]
PS/RGO	溶液共混	3.47vol.%	2.5	—	48	8.2~12.4	[61]
PE/RGO	原位	1.5wt%	2.5	3.4	32.4	8.2~12.4	[62]
PMMA/RGO	溶液共混	4.23vol.%	3.4	10	30	8.2~12.4	[63]
PMMA/RGO	溶液共混	1.8vol.%	2.4	3.1	13~19	8.2~12.4	[64]
PEI/RGO	溶液共混	5.87vol.%	2.3	4.8×10^{-6}	20	8.2~12.4	[65]
PDMS/石墨烯	CVD	0.7wt%	2.5	1800	30	0.03~1.5	[66]
PS/SRGO	溶液共混	7.5vol.%	2	33	24.5	12~18	[23]

9.3.2 磁性填料

1. 绝缘聚合物基体中的磁性填料和碳材料

以导电或绝缘聚合物为基体的、含有一种或两种磁性成分且与碳材料结合的几种聚合物复合材料，可用于EMI屏蔽应用。石蜡、环氧树脂、聚偏二氟乙烯（PVDF）和聚乙烯醇-醋酸乙烯酯（PVA）等常见聚合物被广泛用作黏合剂[67-72]。氧化铁作为一种重要的磁性填料，其微波吸收特性已被人们广泛研究。据报道，当RGO/Fe$_2$O$_3$复合材料的填料含量为15wt%时，其微波吸收率高达-32.5dB，为石蜡赋予导电性和磁性，足以衰减99.9%以上的入射电磁波[67]。Shen等人[9]研究了Fe$_3$O$_4$-石墨烯/聚醚酰亚胺（PEI）复合材料泡沫的EMI SE，报道称含有10wt%填料的复合材料的EMI SE达到41.5dBcm^3/g。使用简单的蒸发诱导组装法，制备了由RGO和磁性石墨烯（MG）颗粒组成的人工混杂薄膜，它以PVA为黏合剂[71]。在0.36mm的极小厚度下，观测到 X 波段范围内的总 EMI SE 为 20.3dB（见图 9.11）。此外，还研究了混杂薄膜的 SE_A 和 SE_R 随频率变化的关系。MG 混杂薄膜的 SE_A 值大于 RGO 薄膜，表明其具有更好的 EMI 吸收特性。在这些含有磁性颗粒的混杂薄膜中，吸收部分对 EMI SE 的贡献大于反射部分，因此支持了当磁性纳米颗粒与导电石墨烯一起使用时可增强 EMI SE 的假设。这种使用 PVA 的柔性薄膜在复杂形状屏蔽应用场景中是很好的选择。

Bayat 等人[73]的研究表明，加入与碳纳米纤维相结合的 Fe_3O_4 可为 EMI SE 带来积极影响（见图 9.12）。样品的填料为 10PAN900、A3F900 和 A5F900，分别含有 0wt%、3wt%和 5wt%的 Fe_3O_4。随着填料含量的增加，电导率和 EMI SE 都有所提高。良好的性能归因于磁损耗和介电损耗两者的提高，在导电碳纳米纤维基体中加入磁铁矿纳米填料（Fe_3O_4），碳纳米纤维基体的特殊纳米纤维结构形成了具有较大长径比的随机排列的纳米纤维结构。

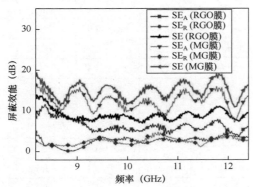

图 9.11　厚为 0.23mm 的 RGO 和磁性石墨烯混杂薄膜的 EMI SE_A 和 SE_R 随频率的变化

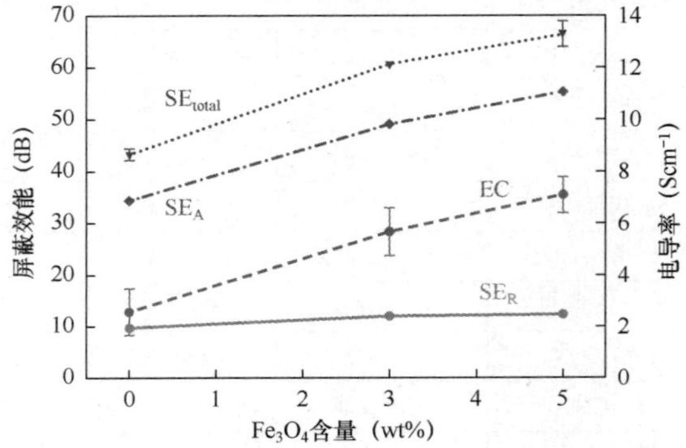

图 9.12　在 10.4GHz 频率下，含有 0wt%、3wt%和 5wt% Fe_3O_4 的 10PAN900、A3F900 和 A5F900 样品的 SE_{total}、SE_A 和 SE_R（样品厚度均约为 0.7mm）

Pawar 等人[13]介绍了一种新方法，即通过填充石墨烯和磁性颗粒来调节聚合物复合材料的电导率和 EMI SE。如图 9.13 所示，在 X 和 Ku 两个频段，对含有石墨烯和镍装饰石墨烯（G-Ni）纳米颗粒的 PC（聚碳酸酯）/SAN（苯乙烯-丙烯腈共聚物）聚合物共混物，评估了其电磁衰减能力。石墨烯含量为 1wt%的混合物，其 EMI SE 为-6.6dB，且随着石墨烯含量的增加，EMI SE 明显提高。与石墨烯混合物相比，G-Ni 混合物的 EMI SE 有异乎寻常的提高。这种提高是因为 G-Ni 纳米粒子很好地分散到了基体中，导致电磁辐射衰减。在 18GHz 频率下，含有 3wt% G-Ni 混合物的 EMI SE 为-29.4dB，明显高于含有 3wt%石墨烯的混合物（-13.7dB）。

2. 导电聚合物基体中的磁性填料和碳材料

为了进一步提高聚合物复合材料的 EMI SE，相关研究人员报道了其他导电聚合物，如 PANI、PPy 和 PEDOT[10-12, 53, 74-81]。除了加入磁性氧化铁作为填料，也有报道使用 Mn[11, 79]和 Zn[12]铁氧体的。同样，使用碳材料和磁性填料也是解决 EMI 问题的有效方法[53,74,76,78]。在利用导电聚合物复合材料、碳衍生物和磁性纳米粒子的一项研究中，Singh 等人[74]制备了一种三维纳米结构，它由化学改性石墨烯/Fe_3O_4（GF）和 PANI 构成。图 9.14 显示了在苯胺和石墨烯的不同比例下，吸收和反射屏蔽随频率的变化。样品命名遵循以下方法：苯胺:GF 为 1:1（PGF1）、苯胺:GF 为 1:2（PGF2）、苯胺:Fe_3O_4 为 1:2（PF12）。有趣的是，PGF 复合材料的吸收特性比反射特性更好，在测量频率范围内表现出优异的频率稳定性，并随 GF 含量的增加而提高。在 12.4~18GHz 频率范围内，PGF2 样品的 SE_A 值（22~26dB）和 SE_R 值（4.7~6.3dB）大于 PGF1 样品的值（SE_A = 21dB 和 SE_R = 4.5dB）。然而，在相同频率范围和试样厚度（2.5mm）

下,与 PGF 系列复合材料相比,PANI-Fe_3O_4(PF12)的 SE(SE_A = 7~9dB 和 SE_R = 1.5~2.5dB)较小。加入磁性石墨烯混杂物后,吸收率提高,主要是因为石墨烯和 Fe_3O_4 与 PANI 的协同效应导致了较大的介电损耗和磁损耗,并且整体提高了 EMI SE。

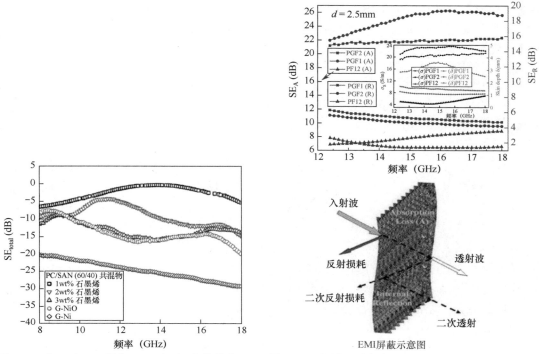

图 9.13 在 X 和 Ku 频段 PC/SAN 混合物的总 SE 随频率的变化

图 9.14 当样品厚度为 2.5mm 时,PF12、PGF1 和 PGF2 复合材料的 SE(SE_A 和 SE_R)随频率的变化;还显示了 EMI SE

Tung 等人[53]报道通过聚离子液体(PIL)介导杂化方法,制备了在 PEDOT 中填入 Fe_3O_4 的功能化石墨烯。图 9.15 显示了厚度为 10μm 的 PEDOT-PIL 和 Fe_3O_4-RGO/PIL-PEDOT 复合材料薄膜在 20~1000MHz 频率范围内的 EMI SE 变化。当 Fe_3O_4-RGO 含量为 1wt%时,Fe_3O_4-RGO/PIL-PEDOT 复合材料薄膜的 EMI SE 约为 22dB,大于 PEDOT-PIL 的值(16dB)。这一观测结果表明了磁性颗粒在增强聚合物微波吸收特性方面的重要性。

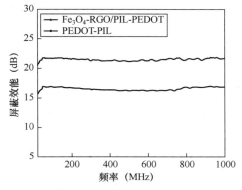

图 9.15 含有 1wt% Fe_3O_4-RGO 的复合材料的 SE(上方曲线)与原始 PEDOT-PIL 的 SE(下方曲线)的变化

3. 绝缘聚合物基体中的全磁填料

全磁性填料，如铁氧体[82]、氧化铁和其他金属氧化物[72]，也是普遍使用的 EMI 屏蔽材料，因为吸收剂的 EM 特性与微波吸收性能直接相关。Guan 等人[72]使用了具有良好介电损耗的二氧化锰纳米粒子，其良好的电磁波衰减特性主要归功于片状和条状微观形貌，以及较高的多次反射和散射截面。如图 9.16 所示，除了图 9.16(d)中的样品，随着二氧化锰含量的增加，反射率随之提高，峰值向低频段移动。例如，样品 1［见图 9.16(a)］在 11.75GHz 处只有一个 −11.02dB 的峰值，但样品 2［见图 9.16(b)］的峰值却移到了 10.43GHz 处的−15.17dB。样品 3 和样品 4 的峰值分别移到了 8.43GHz 和 8.96GHz 处，反射率峰值分别提高至-24.73dB 和 −18.92dB。样品 4 的反射率和衰减峰值降低［见图 9.16(d)］，因为 MnO_2 浓度的进一步提高导致 MnO_2 聚集相的数量和尺寸增加，降低了复合材料的衰减性能。

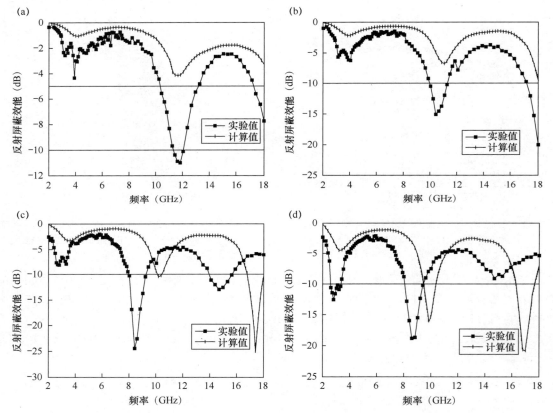

图 9.16　MnO_2 含量不同的复合材料的微波反射率计算值和实验值：(a)10vol.%；(b)20vol.%；(c)30vol.%；(d)40vol.%

Zhu 等人[83]研究了核-壳结构纳米粒子对聚合物复合材料微波吸收特性的影响。磁性粒子表面的绝缘二氧化硅（SiO_2）层有助于提高聚合物纳米复合材料的电阻率，降低涡流损耗，提高各向异性，对获得较高电磁波吸收［如反射损耗（RL）］和宽吸收带宽至关重要。通过表面引发聚合（SIP）方法，制备了 Fe@FeO 和 Fe@SiO_2 纳米粒子填充聚氨酯（PU）纳米复合材料。图 9.17 显示了 Fe@SiO_2/PU 和 Fe@FeO/PU 复合材料的计算反射损耗值，样品厚度从 1mm 到 3mm 不等。厚度为 1.8mm 的 Fe@SiO_2/PU 样品在 11.3GHz 处的最小 RL 值为−21.2dB ［见图 9.17(a)］。此外，RL 值低于−10dB 的吸收带宽高达 7.5GHz，而 Fe@FeO/PU 复合材料的

RL 值低于−10dB 的吸收带宽仅为 3.4GHz，即使吸收体厚度增至 3mm，其最小 RL 值也无法达到−20dB［见图 9.17(b)］。Fe@SiO$_2$/PU 复合材料表现出最小的 RL 值、更宽的吸收带宽、更小的吸收体厚度，表明二氧化硅壳对 Fe@SiO$_2$/PU 纳米复合材料的微波吸收性能起积极作用，有望成为非常有应用前景的新型电磁波吸收材料。

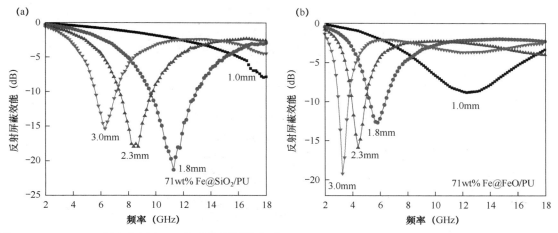

图 9.17　2～18GHz 频率范围内 RL 与吸收层厚的关系：(a)71wt% Fe@SiO$_2$/PU；(b)71wt% Fe@FeO/PU PNC

4．导电聚合物基体中的全磁填料

与绝缘聚合物基体中全磁纳米填料复合材料类似，有关使用导电聚合物基体的研究成果也有报道。Xu 等人合成了钡铁氧体/PPy 纳米复合材料[10]和镍/PPy 核-壳纳米复合材料[84]。作者发现，与只使用钡铁氧体或镍相比，纳米复合材料具有更好的 RL 性能。与此类似，Li 等人[12]报道了 ZnFe$_2$O$_4$/PPy 核-壳纳米复合材料与单独的 ZnFe$_2$O$_4$ 相比具有更好的微波吸收性能。Xiao 等人[80]报道了在 PPy 基体中原位形成 α-FeOOH 纳米棒。PPy 纳米复合材料表现出了良好的导电性和反铁磁行为。根据传输线理论计算的 RL 值表明，比值[Py]/[Fe^{2+}]为 1.0 的 PPy 纳米复合材料在 2～18GHz 频率范围内具有最好的微波吸收性能。图 9.18 显示了厚度为 2mm 时，复合材料的 RL 测量结果与频率的函数关系。据观测，最小 RL 值的频率随比值[Py]/[Fe^{2+}]的提高而降低。样品最小 RL 值的频率 15.8GHz（−17dB）和 7.4GHz（−7.16dB）分别对应比值[Py]/[Fe^{2+}] 1.0 和 2.5。其中，尽管样品比值[Py]/[Fe^{2+}]为 10 时电导率很高，但其微波吸收能力却较弱。有学者提出，导电聚合物（如 PPy）的微波吸收参数与其电导率并不成正比[84, 85]。一步法合成 PPy 复合材料和具有价格竞争力的 α-FeOOH 纳米棒，使得这种纳米复合材料在实际应用中成为可行的微波吸收材料。

在另一种类似的聚合物体系中，Singh 等人[81]报道了制备填充磁性粒子的亚铁磁导电聚合物复合材料。PEDOT-g-Fe$_2$O$_3$ 复合材料以存在十二烷基苯磺酸（DBSA）为条件，通过 EDOT 与铁氧体粒子的化学氧化聚合而成，DBSA 在水性介质中起掺杂剂和表面活性剂的作用。图 9.19 中显示了 PEDOT-DBSA 和 PEDOT-g-Fe$_2$O$_3$ 复合材料在 12.4～18GHz 频率范围内的 EMI SE 变化。PEDOT-DBSA 的计算 SE$_R$ 和 SE$_A$ 值在 15.2GHz 处分别为 1.63dB 和 8.41dB，而 PEDOT-g-Fe$_2$O$_3$ 复合材料的 SE$_R$ 和 SE$_A$ 值分别为 3.82dB 和 20.7dB。PEDOT-g-Fe$_2$O$_3$ 复合材料还具有较高的饱和磁化强度（M_s）（20.56emug^{-1}）和电导率（0.4Scm^{-1}），表明它可以作为一种新型微波吸收材料加以应用。

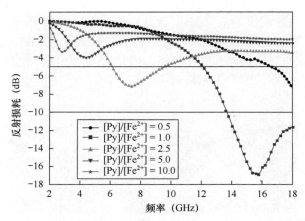

图 9.18 不同比值 [Py]/[Fe^{2+}] 下（试样厚度为 2mm），α-FeOOH 纳米棒/PPy 复合材料的反射损耗（RL）随频率的变化

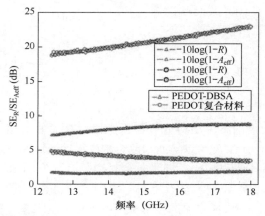

图 9.19 PEDOT-DBSA 和 PEDOT-铁氧体复合材料的 SE$_{Aeff}$ 和 SE$_R$ 随 P 波段（12.4～18GHz）频率的变化

表 9.3 中比较了嵌入磁性填料和碳填料的不同聚合物复合材料的 EMI SE，列出了填料含量和厚度的影响，以及聚合物复合材料的制备方法。

表 9.3 聚合物基体中填充磁性粒子和碳材料的 EMI SE

基体/填料	制备方法	填料含量	t(mm)	σ (Sm^{-1})	(M_s) emu·g^{-1}	SE(dB)	最大 RL (dB)	f(GHz)	参考文献
石蜡/RGO-Fe$_2$O$_3$	溶液混合	15wt%	3	—	—	—	−32.5	2～18	[67]
石蜡/RGO/γ-Fe$_2$O$_3$	溶液混合	45wt%	2.5	1.8×10^{-5}	—	—	−59.6	10	[68]
石蜡/RGO/Fe$_3$O$_4$@Fe/ZnO	溶液混合	20wt%	5	—	13.8	—	−30	2～18	[69]
石蜡/Fe$_3$O$_4$/MWCNT	溶液混合	—	3	—	31.4	—	−75	2～18	[70]
PVA/RGO/Fe$_2$O$_3$	溶液混合	—	0.36	—	5.2	20.3	—	8.2～12.4	[71]
PVA/MnO$_2$/SiO$_2$	机械混合	30vol.%	8	—	—	—	−25	2～18	[72]
PVDF/RGO/Fe$_2$O$_3$	溶液混合	5wt%	2	—	—	—	−43.97	2～18	[86]
PVDF/Ni-铁氧体	固态	—	2	—	—	67	—	8.2～12.4	[82]

(续表)

基体/填料	制备方法	填料含量	t(mm)	σ (Sm^{-1})	(M_s) emu·g^{-1}	SE(dB)	最大 RL (dB)	f(GHz)	参考文献
PVDF/RGO/MnFe$_2$O$_4$	溶液混合	5wt%	3	—	44.2	—	−29	2~18	[87]
PVDF/RGO/Co$_3$O$_4$	溶液混合	10wt%	4	—	—	—	−25.05	2~18	[88]
PP/ash/Fe$_2$O$_3$	原位合成	60%	2	1	13.55	25.5	—	12.4~18	[89]
PS/RGO/Fe$_3$O$_4$	溶液混合	2.2vol.%	—	21	81	30	—	9.8~12	[90]
环氧树脂/CNF/Fe$_3$O$_4$	溶液混合	10wt%	13	0.2	—	20	—	1~18	[91]
PU/Fe@SiO$_2$ 纳米粒子	溶液混合	71wt%	2	—	137	—	−20	2~18	[83]
PDMS/Fe$_3$O$_4$/CNF	溶液混合	5wt%	0.7	—	67.9	—	—	8.2~12.4	[73]
PAN/Fe$_3$O$_4$/CNF	电纺纱	2wt%	2	120	13.53	—	−45	2~18	[92]
PVC/RGO/Fe$_3$O$_4$	溶液混合	10wt%	1.8	7.7×10^{-4}	12	13	—	8~12	[93]
PEO/RGO	溶液混合	2.6vol.%	2	—	—	—	−38.8	2~18	[94]
PEI/RGO/Fe$_3$O$_4$	相分离	10wt%	2.5	10^{-4}	3.09	14~18	—	8~12	[9]
SDS/RGO/Fe$_3$O$_4$	溶液混合	>85wt%	—	—	12	33	—	12.4~18	[95]
PC/SAN/RGO/Ni	溶液混合	>4wt%	1.5	—	28	−29.4	—	8~18	[13]
PANi/RGO/Fe$_3$O$_4$	原位合成	—	2.5	260	—	26	—	12~18	[74]
PANi/Fe$_2$O$_3$/TiO$_2$	原位合成	—	—	—	—	—	−45	8.2~12.4	[75]
PANi/CIP/Fe$_3$O$_4$	机械混合	—	1.76	—	123	—	−48.3	9.6	[76]
PANi/Fe$_3$O$_4$	原位合成	40wt%	2	—	—	—	−33.5	2~18	[77]
PANi/RGO/Fe$_2$O$_3$	原位合成	60%	2.5	5383	2.47	51	—	8.2~12.4	[78]
PANi/MnFe$_2$O$_4$	原位合成	15wt%	1.4	—	1.59	—	−15.3	8~12	[11]
PANi/RGO/Ni	原位合成	—	3.5	—	20.8	—	−51.3	2~18	[96]
PPY/MnFe$_2$O$_4$	原位合成	15wt%	1.5	—	10	—	−12	2~18	[79]
PPY/α-FeOOH	原位合成	30wt%	2	1610	4.8	—	−17	2~18	[80]
PPY/石蜡中 BaFe$_{12}$O$_{19}$	原位合成	38.2wt%	2	>1	2.5	—	12	2~18	[10]
石蜡中 PPY ZnFe$_2$O$_4$ 核壳	原位合成	50wt%	2.7	—	17.8	—	−28.9	2~18	[12]
PPY/CIP	原位合成	50wt%	2.2	—	—	—	−39.5	2~18	[97]
PEDOT/Fe$_2$O$_3$	原位合成	—	6	40	20.56	22.8	—	12.4~18	[81]
PEDOT/RGO/Fe$_3$O$_4$	溶液混合	1wt%	0.01	—	0.19	22	—	0.02~1	[53]
PEDOT/Ba 铁氧体	原位合成	—	—	—	—	22.5	—	12.4~18	[98]

9.3.3 金属基填料

金属是优异的电导体，能够反射、吸收和传输电磁波[2]。传统上，金属以薄膜或涂层的形式用在聚合物基体上。随着时间的推移，由于受到腐蚀和密度过大等限制，金属利用的重点转向到聚合物基体中的纳米粒子或纤维形式。尽管小单元尺寸的金属不便分散到基体中，但比大尺寸金属具有更有效的 EMI 屏蔽应用。几种金属已作为聚合物基体填料，以制备复合材料用于 EMI 屏蔽应用。例如，具有高电导率和使用价值的金属（如铝、镍、银和铁）已得到最大限度的开发利用。

铝的价格相对便宜,但在空气中易被氧化。铝表面的氧化层导致电导率降低。另一方面,铝纤维由于具备在较小的填料含量下达到逾渗极限的能力,因此可能具有优势。然而,由于在加工过程中发生团聚,铝纤维很难与聚合物复合。镍是另一种具有高导电性的金属,常用在 EMI 屏蔽聚合物复合材料中。但是,镍的密度相对较高,加工难度大;因此,研究人员研究了不同聚合物基体的复合材料[99-103]。例如,Gargama 等人研究了不同成分(f_{con})的偏聚二氟乙烯(PVDF)/Ni 复合材料的屏蔽效能[102]。研究结果表明,复合材料在逾渗阈值(f_c)附近具有较大的介电常数,这是金属填料的典型特征。当填料含量从 0.2vol.%增加到 0.4vol.%时,复合材料的 EMI SE 从 11dB 增加到 23dB(见图 9.20)。镍还与碳填料(如碳纳米管和碳黑)一起使用,或者作为导电填料的涂层材料[100,101]。金属/碳混杂填料具有一定的优势;例如,它们可实现高电导率和介电常数。一些金属(包括镍在内)可提高磁导率,而这是吸收电磁能量的一个关键参数。

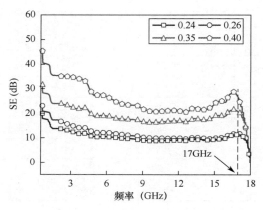

图 9.20　PVDF/Ni 复合材料的屏蔽效能

银是另一种多功能金属元素,在所有金属中具有最高的导电性和导热性[104]。这些独特的性能使得银在商业应用中大有可为;然而,成本因素限制了银在某些应用中的使用。一些研究人员对以粒子、金属丝和镀层材料形式的银纳米复合材料进行了研究[104-107]。Li 等人研究了镀银碳纤维(APCF)/环氧树脂复合材料。当复合材料中的填料含量增至 7wt%时,其体积和表面电阻率都有所下降[106]。填料含量为 4.5wt%的复合材料,在 X 波段(8.2～12.4GHz)的 SE 为 38～35dB [见图 9.21(a)]。复合材料的热导率也有所提高,约为相同成分的碳纤维(CF)/环氧复合材料的 2.5 倍。作者认为热量可沿着复合材料中的互连网络传递。还观测到 APCF 可显著提高冲击强度和弯曲强度 [见图 9.21(b)]。

最近,Kim 等人使用等离子处理和化学镀 Cu 纳米线,研究了透明柔性银纳米线/聚酰亚胺复合材料的 EMI SE[105]。10μm Cu/AgNW/PI 薄膜的 EMI SE 为 55dB(见图 9.22),适用于需要透明性和柔韧性的各种电子器件。

铜是一种具有延展性、高电导和热导能力的金属。由于良好的电气性能和低成本,铜被广泛应用在电子产品中。然而,铜易被氧化大大降低了其电气性能。为避免这一缺点,研究人员对铜复合材料进行了研究,利用多种技术实现了很高的 EMI SE[108-110]。

总之,金属是屏蔽电磁波的优秀候选材料,具有高电导率、高介电常数和一定程度的磁导率。为了改善金属的缺点,研究人员进行了大量的研究,以制备重量轻、易加工、强 EMI 屏蔽的复合材料。表 9.4 中列出了不同的金属填充聚合物复合材料及其 EMI SE。

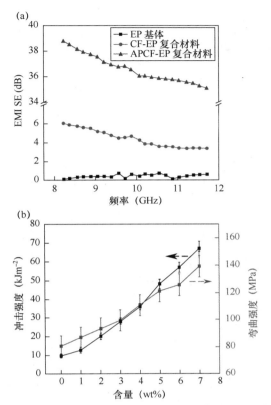

图 9.21 APCF/环氧树脂复合材料的性能：(a)EMI SE；(b)机械强度

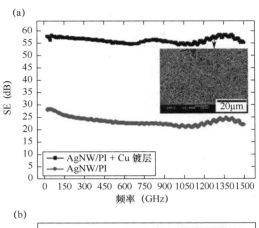

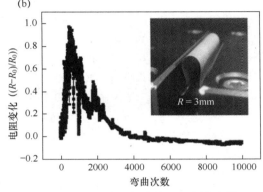

图 9.22 Cu/AgNWS/PI 薄膜的性能：(a)频率高达 1.5GHz 时 SE 的变化；(b)反复弯曲至 3mm 半径时的电阻变化。(a)中的插图为 SEM 图像，(b)中的插图为弯曲测试装置的图片

表 9.4 不同的金属填充聚合物复合材料及其 EMI SE

基体/填料	制备方法	填料含量	t (mm)	$\sigma(Sm^{-1})$	SE (dB)	f (GHz)	参考文献
PP/Ni	溶液混合	10vol.%	3	100	20	0.3	[111]
酚醛树脂/Ni-CB	溶液混合	50wt%	1	31.6	85~90	1.0~15	[112]
PS/Ni-CF	熔融混合	40phr	—	619	40	0.03~1	[113]
PVDF/Ni	熔融混合	40vol.%	1.95	$6.19×10^{-4}$	20~23	8.2~12.4	[102]
PI/Cu/Ag	溶液混合	涂层	0.01	—	55	0~1500	[105]
环氧树脂/Ag-CF	固化	4.5wt%	2.5	—	35~38	8.2~12.4	[106]
PMMA/Ag-RGO	溶液混合	3vol.%	2.5	—	26.8	8.2~12.4	[107]
环氧树脂/Ag	固化	75phr	0.04	4761	12~35	3~17	[104]
PVC/G Cu	机械混合	20wt%	2	80	50~70	1~20	[108]
PS/Cu	溶液混合和熔融混合	1.79vol.%	0.21	10^3	35~40	8.2~12.4	[109]
玻璃/SnCu	溅射	20~40wt%	$7.1×10^{-4}$	—	—	0.05~3	[110]

9.4 电磁干扰屏蔽的结构化聚合物复合材料

针对高性能 EMI SE，研究人员对诸如泡沫、夹层和隔离结构的各种结构复合材料进行了研究，主要目的是在保持可接受屏蔽效能的同时，减轻复合材料的重量并提高其柔性。事实上，结构化材料可以提高 EMI SE，对未来技术的发展大有裨益。本节介绍三种用作 EMI 屏幕材料的不同结构化聚合物复合材料。

9.4.1 泡沫结构

泡沫型复合材料在 EMI 屏蔽应用中具有很大的优势。首先，可以有效减轻复合材料的重量，这对传输应用和快速发展的下一代便携式电子器件来说至关重要。其次，材料内部存在空气，可降低介电常数的实部，进而降低材料表面的反射率。

Yang 等人首先报道了这种基于碳纤维和碳纳米管填充的 PS 泡沫体系[59, 114]。这种泡沫复合材料由聚合物与溶液中的化学发泡剂（偶氮异丁腈）混合而成。利用这种方法，得到了可与铜金属片相媲美的非常高的比 EMI SE（33dBcm^{3}g^{-1} vs. 10dBcm^{3}g^{-1}，8～12GHz）。与碳纤维填料相比，低含量碳纳米管填料可获得 20dB 的 EMI SE（7wt% vs. 20wt%，8～12GHz），因为其有较高的长径比。然而，碳纳米管（CNT）泡沫的反射率（$T + A + R = 1\% + 18\% + 81\%$）与非泡沫样品的反射率（$T + A + R = 0.25\% + 10.21\% + 89.54\%$）相比下降不多，依然以反射为其主要屏蔽机制，这可能源自较高的 CNT 含量（7wt%）。在其他研究中，利用超临界 CO_2 对聚己酸内酯（PCL）/CNT 复合材料进行了泡沫化[115]。在非常低的 CNT 含量下，得到了非常高的 SE（0.249vol.%时为 60dB，0.107vol.%时为 20dB，$t = 2$cm）。这种优异的性能源于泡沫化基础上 CNT 的优异分散性和提高的电导率，例如，含 0.107vol.%的多壁碳纳米管（MWNT）泡沫与含 0.16vol.%的 MWNT 非泡沫样品相比，具有相同的电导率［见图 9.23(a)］。与此相似，含 0.249vol.%的 MWNT 泡沫样品的电导率，是含 0.48vol.%的 MWNT 非泡沫样品的电导率的 2 倍。此外，泡沫中引入空气，在给定的电导率下带来了较低的介电常数。实际上，含 0.24vol.%的 MWNT 填充 PCL 泡沫的介电常数［$\varepsilon_r = 3.5$，30GHz，见图 9.23(c)］与含 0.16vol.%和 0.48vol.%的 MWNT 非泡沫 PCL 的介电常数［$3 < \varepsilon_r < 4$，见图 9.24(c)］相近，但前者的电导率是后者的 3～4 倍［见图 9.23(a)］。因此，泡沫样品表现出了较好的 EMI SE/反射率比值［见图 9.23(b)和(d)］。

在另一项研究中，Eswaraiah 等人[116]报道了功能化石墨烯（f-G）和 PVDF 的泡沫纳米复合材料的研究结果（见图 9.24）。在宽频率范围（1～18GHz）内，含有 5wt%和 7wt% f-G 的复合材料的 EMI SE 分别为 20dB 和 28dB。与含 5wt% f-G 的复合材料在 X 波段的 EMI SE（20dB）相比，含 7wt% f-G 的泡沫复合材料在 1～18GHz 范围内的 EMI SE（28dB）更大。这一观测结果可能是由泡沫复合材料在较高频率下的趋肤效应导致的。EMI SE 的提高可归因于泡沫复合材料电导率的提高，因为石墨烯纳米填料在 PVDF 基体中形成了导电网络。当 f-G 的含量增大时，导电性 f-G 互连数量也增大，导致纳米填料颗粒与入射辐射之间的相互作用和直接接触增加。

人们还对使用各种导电纳米填料的其他泡沫聚合物复合材料进行了研究，如炭黑/三元乙丙橡胶（EPDM）[117]、含有聚氨酯（PU）[118]、聚苯乙烯（PS）[60]、聚二甲基硅氧烷（PDMS）[119]和聚甲基丙烯酸甲酯（PMMA）的石墨烯片[64]，以及 EMI 屏蔽用银纳米线/聚酰亚胺（PI）。与高长径比石墨烯薄片结合的 PMMA 泡沫，在极低含量（1.8vol.%，8～12GHz，$t = 2.4$mm）下具有 15dB 的 EMI SE，以吸收为主要屏蔽机制[64]。Yan 等人利用盐浸工艺制备了石墨烯含量较高（30wt%）的 PS 泡沫，其 EMI SE 达到了 29dB（8～12GHz，$t = 2.5$mm）[60]，相当于 64.4dBcm^{-3} 的比 EMI SE。最近，Tang 等人采用化学气相沉积法使用镍模板沉积了石墨烯片。在石墨烯层上涂覆 PDMS 并刻蚀去除模板后，得到了低密度（0.06gcm^{-3}）的高柔性泡沫，其体积比 EMI SE 很高（500dBcm^{-3}，8～12GHz，t = 1mm）[119]。为了进一步提高 EMI SE 性能，开发了三元泡沫复合材料。Shen 等人[9]报道了采用相分离法得到的具有柔性和低密度（0.28～0.4gcm^{-3}）的高性能 PEI/石墨烯@Fe$_3$O$_4$ 复合材料泡沫。在得到的 PEI/石墨烯@Fe$_3$O$_4$ 复合泡沫中，石墨@Fe$_3$O$_4$ 的含量为 10wt%，在 8～12GHz 频率范围内表现出了优异的 EMI SE（41.5dBcm^{3}g^{-1}）。

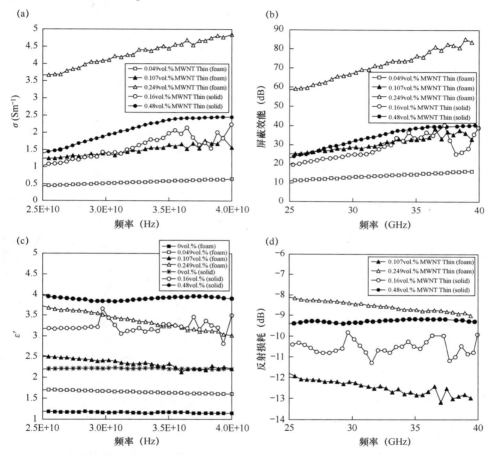

图 9.23　泡沫化和未泡沫化 MWNT/PCL 纳米复合材料的电磁性能：(a)电导率 σ；(b)SE；(c)介电常数 ε_r；(d)反射率 R

此外，通过简单有效的一锅液相发泡工艺，制备了填充三种不同形状银纳米填料的超轻聚酰亚胺（PI）复合材料，包括纳米球（AgNS）、纳米线（AgNW）和纳米线-纳米片（AgNWP）三种填料[120]。研究发现，在相同填料含量的情况下，泡沫复合材料的 EMI SE 按如下顺序依次降低：AgNWP > AgNW > AgNS（见图 9.25）。AgNWP 样品命名为 PIF-WS，AgNW 样品命名为 PIF-W，AgNS 样品命名为 PIF-P。与 AgNW 和 AgNS 泡沫复合材料相比，AgNWP 泡沫复合材料具有最大的 EMI SE 及更致密的三维导电网络。这种性能要归功于 AgNWP 的大长径比及 AgNW 对银纳米片的桥接效应，在聚合物基质中，AgNWP 相互连接，形成致密的互连网络，提供快速的电子传输路径。含 4.5wt% AgNWP 的泡沫复合材料在 200MHz 频率下的最大比 EMI SE 为 1208dBcm^{3}g^{-1}，在 600MHz 频率下的最大比 EMI SE 为 650dBcm^{3}g^{-1}，在 800～

1500MHz 频率范围内的最大比 EMI SE 为 488dBcm^{3}g^{-1}，在 8～12GHz 频率范围内的最大比 EMI SE 为 216～249dBcm^{3}g^{-1}，远超其他复合材料的最佳值。

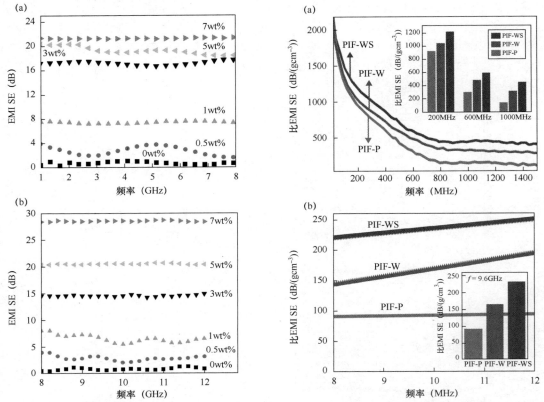

图 9.24　f-G/PVDF 复合材料的 EMI SE 变化：(a) 宽带范围 1～8GHz；(b)X 波段范围 8～12GHz

图 9.25　PI-P、PI-W 和 PI-WS 泡沫复合材料的比 EMI SE：(a)30MHz～1.5GHz；(b)8～12GHz。图(a)所示为 200MHz、600MHz 和 1000MHz 时的比 EMI SE。图(b)所示为 9.6GHz 时的比 EMI SE

利用泡沫注射成形工艺，制造了含不锈钢纤维的轻质聚丙烯（PP）复合材料泡沫（PP-SSF）[121]。含 1.1vol.% SSF 的样品的比 EMI SE 达到 75dBcm^{3}g^{-1}，远大于固体对比物。利用溶解加压氮气方法，制备了含有不同 CF 含量（0～10vol.%）的泡沫和固体 PP/CF 复合材料[39]。当 CF 含量为 10vol.%时，泡沫复合材料的 EMI SE 达到约 24.9dB，相当于对 X 波段范围内阻隔了 99.7% 的电磁波。在相同的 CF 含量下，固体复合材料的 EMI SE 约为 19.8dB。即使 CF 的含量为 7.5vol.%，泡沫复合材料的 EMI SE 也达 16.3dB，仍在计算机设备要求的范围（15～20dB）内[122]。与含 7wt% MWCNT[123]的类似电磁波阻隔水平相比，在泡沫复合材料中使用 7.5～10vol.% 的 CF 仍是更经济的选择。表 9.5 中小结了文献中报道的泡沫材料的 EMI SE。

表 9.5　X 波段范围内测量的各种泡沫材料的比 EMI SE[121]

材　料	填料含量	t (mm)	SE (dB)	比 EMI SE (dBcm^{3}g^{-1})$^{-1}$	比 EMI SE 与厚度之比 (dBcm^{3}g^{-1}mm^{-1})
PDMS/RGO	0.8wt%	1.0	20	333	333
PS/RGO	30wt%	2.5	29	64.4	25.7
PP/SSF	1.1vol.%	3.1	48	75	24.2

（续表）

材　　料	填料含量	t (mm)	SE (dB)	比 EMI SE $(dBcm^3g^{-1})^{-1}$	比 EMI SE 与厚度之比 $(dBcm^3g^{-1}mm^{-1})$
PEI/RGO	10wt%	2.3	13	44	19.2
PEI/RGO/Fe$_3$O$_4$	10wt%	2.5	17	42	16.8
Fluorocarbon/CNT	12wt%	3.8	42~48	50~57	13.2~15
PP/CF	10vol.%	3.1	25	34	10.9
PCL/MWCNT	2wt%	20	60~80	193~258	9.7~12.9
PMMA/RGO	1.8vol.%	2.4	19	24	10.0
PS/CNT	7wt%	N/A	19	33	N/A
PS/CNF	15wt%	N/A	19	N/A	N/A
PVDF/graphene	2wt%	N/A	28	N/A	N/A

9.4.2 夹层结构

夹层复合材料结构与聚合物基体相结合，实现了一类可屏蔽电磁波的轻质结构。然而，鲜有研究报道使用这种高效承重夹层结构来设计 EMI 屏蔽材料。夹层设计将轻质芯材夹在高刚度蒙皮面板之间，不仅提供优异的强度、模量和刚度重量比，而且通过精心选择各种材料设计参数（如基体化学成分、芯材和蒙皮的性质与厚度，以及芯材与夹层的厚度比），为在结构上智能集成多功能化提供了空间。多层石墨烯薄片（MLG）与石蜡和 PVA 一起，用于制造夹层结构[54]。如预期的那样，更高 MLG 含量的夹层结构表现出了更强的 EMI SE［见图 9.26(a)］。含 60vol.% MLG 的夹层结构，其最大 EMI SE 为 14dB。图 9.26(b)显示了 9GHz 时相应 EMI 屏蔽系数的变化，表明在调查范围内制备态夹层结构具有更高的反射屏蔽能力。

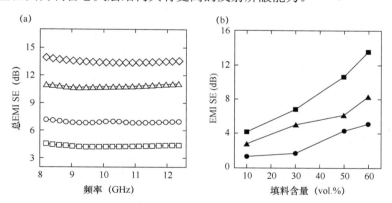

图 9.26　(a)不同 MLG 含量的 G-E 薄膜的制备态夹层结构的总 EMI SE：10vol.%（-□-）、30vol.%（-○-）、50vol.%（-△-）和 60vol.%（-◇-）；(b)9GHz 频率下，涂覆不同 MLG 含量的 G-E 薄膜夹层结构的吸收屏蔽系数（-●-）、反射屏蔽系数（-▲-）和总 EMI SE 系数（-■-）

据报道，柔性透明聚醚砜（PES）/银纳米线/聚酯（PET）夹层结构薄膜也可用作高效的 EMI 屏蔽材料[124]。EMI SE 可高达 38dB，远高于商业应用所需的 20dB，也大大优于许多导电聚合物复合材料和碳基导电薄膜的性能。银纳米线可以很容易满足这些要求。此外，银纳米线还可均匀地铺设在柔性基底上，构建具有良好透光性的导电网络，得独立的柔性透明导电薄膜，用在需要良好透射率的应用领域，如键盘、显示器和观察窗保护罩，屏蔽来自外界的 EMI 和自身的电磁辐射。Dasgupta 等人[125]开发了环氧树脂基夹层复合材料，用于高性能的 EMI 屏蔽。夹层结构材料在不同频段上的 EMI SE（见图 9.27）表明，蒙皮中存在金属（铝/铜）网层可大大提高屏蔽能力，远超 60dB，甚至在某些频率下可以达到 90dB。结果充分表明了所有夹层结构材料在中等（40dB）到非常大（大于 60dB）EMI SE 要求的应用中的高效性。

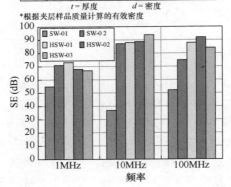

图 9.27 夹层结构复合材料细节及其 EMI 屏蔽能力。基体 A：酚醛基环氧树脂；基体 B：双酚 A 二缩水甘油醚（DGEBA）基环氧树脂

9.4.3 隔离结构

隔离结构的形成可提高导电性和 EMI SE；然而，鲜有基于隔离导电聚合物复合材料（s-CPC）的屏蔽材料的报道。在这种结构中，电纳米填料仅分布在聚合物颗粒的界面上，而非均匀地分布在聚合物基体的整个体积内。石墨烯首先用于在超高分子量聚乙烯（UHMWPE）基体中构建隔离导电网络，在 0.6vol.%的极小含量下，电导率达到 0.04Sm^{-1}[126]。图 9.28(a) 显示了在 8.2~12.4GHz 频率范围内，热还原氧化石墨烯（TRGO）与 UHMWPE 隔离复合材料的 EMI SE 变化[62]。所有受检复合材料都表现出微弱的频率依赖性；EMI SE 随 TRGO 含量的增加而大幅提高。仅含 0.660vol.%（或 1.50wt%）TRGO 的复合材料，频率范围内的 EMI SE 为 28.3~32.4dB，这是迄今为止在如此低的石墨烯含量情况下石墨烯/聚合物复合材料的最大 EMI SE。

虽然形成这种隔离结构可以改善电气和 EMI SE 性能，但一个主要问题是纳米填料在聚合物颗粒界面上的团聚限制了颗粒之间的分子扩散，导致隔离材料的机械性能较弱，进而限制了它们的应用。最近，Yan 等人报道了一种基于还原氧化石墨烯（RGO）和聚苯乙烯（PS）的高性能 EMI SE 复合材料，该材料通过高压固相压缩成形方法制备[61]。在基于 RGO 的聚合物复合材料中，最大 EMI SE 达到 45.1dB，且仅需 3.47vol.%的 RGO，这是由于在多面隔离结构中，RGO 选择性地分布在 PS 多面隔离结构的边界上［见图 9.28(b)］。这种特殊结构不仅提供了很多界面以吸收电磁波［见图 9.28(c)］，而且通过将 RGO 限制在界面上大大降低了 RGO 含量。在另一项研究中，仅用 1.8vol.%的纳米铜线（CuNW），在 CuNW/PS s-CPC 中得到了高达 38dB 的 EMI SE[109,122]。Pang 等人通过固相高压成形法制备了 GNS/PS-CPC，在相对较低的石墨烯纳米片（GNS）含量（3.47vol.%）下，得到的 EMI SE 高达 45.1dB[127]。

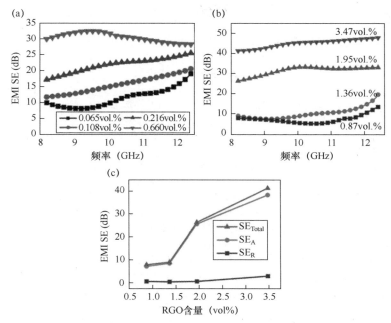

图9.28 在X波段中，EMI SE随频率的变化：(a)不同TRGO含量的TRGO/UHMWPE隔离复合材料[62]；(b)不同RGO含量的RGO/PS复合材料；(c)RGO/PS复合材料的EMI SE随含量的变化

9.5 未来展望

前面尝试采用两种主要方法来提高聚合物复合材料的EMI SE性能：一种是开发具有高导电性和电磁特性的新材料；另一种是根据材料的"结构或设计"策略开发新结构，实现所需的EMI SE性能。在过去的20多年里，材料科学家提出了许多新的多功能材料，以适应EMI屏蔽要求。从使用金属网和薄膜开始，到最近出现的碳基材料，研究人员在这一主题上付出了巨大的努力，以挑战日益关注的EMI屏蔽问题。然而，随着未来多年中通信设备使用的不断增长，解决EMI问题仍有很长的路要走，需要予以应有的关注。

设计商业产品时，EMI SE仍具有重要意义，而成本因素则不容忽视。目前，银、铜、铝和铁等金属材料还没有绝对的商业替代品，因为这些材料具有卓越的屏蔽效能，在EMI屏蔽市场上占有最大的份额。其他材料只有提供更好的性能或显著的成本优势，才能抢占市场份额。近几十年来研究得最多的材料（如铁氧体、碳材料、磁性氧化物和导电聚合物）都是很好的材料，并且有可能投入商用；然而，我们还有很多机会超越目前达到的阶段。为了推动这一想法的实现，研究人员需要发现新材料，以应对未来几年中即将激增的EMI。石墨烯是过去十年中研究得最多的材料，但它尚未完全发挥出应有的性能。最近的研究和综述文章提出了使用原始石墨烯作为EMI屏蔽材料的可能性；然而，如何充分发掘这种神奇材料的潜力仍有待人们提出创意。如果能低成本地大规模生产石墨烯，那么石墨烯会成为理想的替代材料。一旦这一挑战得到解决，保护人类免受电磁辐射的有害影响并保持设备安全工作的梦想就会在不久的将来得以实现。尽管研究取得了重大进展，但我们依然没有找到同时具有高导电性和高磁性的材料。

提高EMI屏蔽的另一种方法是，改变屏蔽产品的结构设计。我们已经看到了基于夹层结构、珍珠状薄膜、泡沫结构、隔离结构的几种新颖设计。除了具有良好电磁特性的材料，对电磁波有重大影响的因素是屏蔽材料结构的内部。已有许多精彩的报道强调了设计新颖结构的影响，但机遇是无限的。大自然一直在启发着人类，尤其是科学家。蜂窝状结构是日益增多的 EMI 屏蔽材料中的最新成员。

参 考 文 献

1. Thomassin, J.-M., Jérôme, C., Pardoen, T. et al. (2013). *Materials Science and Engineering: R: Reports* 74: 211–232.
2. Geetha, S., Satheesh Kumar, K. K., Rao, C. R. K. et al. (2009). *Journal of Applied Polymer Science* 112: 2073–2086.
3. Wang, Y. and Jing, X. (2005). *Polymers for Advanced Technologies* 16: 344–351.
4. Chung, D. D. L. (2000). *Journal of Materials Engineering and Performance* 9: 350–354.
5. Chung, D. D. L. (2001). *Carbon* 39: 279–285.
6. Moitra, D., Hazra, S., Ghosh, B. K. et al. (2015). *RSC Advances* 5: 51130–51134.
7. Zhu, W., Wang, L., Zhao, R. et al. (2011). *Nanoscale* 3: 2862–2864.
8. Chung, D. D. L. (2012). *Carbon* 50: 3342–3353.
9. Shen, B., Zhai, W., Tao, M. et al. (2013). *ACS Applied Materials & Interfaces* 5: 11383–11391.
10. Xu, P., Han, X., Wang, C. et al. (2008). *The Journal of Physical Chemistry B* 112: 2775–2781.
11. Hosseini, S. H., Mohseni, S. H., Asadnia, A., and Kerdari, H. (2011). *Journal of Alloys and Compounds* 509: 4682–4687.
12. Li, Y., Yi, R., Yan, A. et al. (2009). *Solid State Sciences* 11: 1319–1324.
13. Pawar, S. P., Stephen, S., Bose, S., and Mittal, V. (2015). *Physical Chemistry Chemical Physics* 17: 14922–14930.
14. Dhakate, S. R., Subhedar, K. M., and Singh, B. P. (2015). *RSC Advances* 5: 43036–43057.
15. Shen, B., Zhai, W., and Zheng, W. (2014). *Advanced Functional Materials* 24: 4542–4548.
16. Cao, M.-S., Wang, X.-X., Cao, W.-Q., and Yuan, J. (2015). *Journal of Materials Chemistry C* 3: 6589–6599.
17. Song, W.-L., Fan, L.-Z., Cao, M.-S. et al. (2014). *Journal of Materials Chemistry C* 2: 5057–5064.
18. Jiang, X., Yan, D.-X., Bao, Y. et al. (2015). *RSC Advances* 5: 22587–22592.
19. Jia, L.-C., Yan, D.-X., Cui, C.-H. et al. (2015). *Journal of Materials Chemistry C* 3: 9369–9378.
20. Huo, J., Wang, L., and Yu, H. (2009). *Journal of Materials Science* 44: 3917–3927.
21. Yousefi, N., Sun, X., Lin, X. et al. (2014). *Advanced Materials* 26: 5480–5487.
22. Bingqing, Y., Liming, Y., Leimei, S. et al. (2012). *Journal of Physics D: Applied Physics* 45: 235108.
23. Shahzad, F., Yu, S., Kumar, P. et al. (2015). *Composite Structures* 133: 1267–1275.
24. Krueger, Q. J. and King, J. A. (2003). *Advances in Polymer Technology* 22: 96–111.
25. Zhang, Y., Wang, Z., Zhang, B. et al. (2015). *RSC Advances* 5: 93499–93506.
26. (a) Hong, Y. K., Lee, C. Y., Jeong, C. K. et al. (2003). *Review of Scientific Instruments* 74: 1098–1102. (b) Kumar, K. K., Geetha, S., and Trivedi, D. C. *Current Applied Physics* 2005 (5): 603–608.
27. Katsumi, Y., Munehiro, T., Keiichi, K., and Toshiyuki, O. (1985). *Japanese Journal of Applied Physics* 24: L693.
28. Wu, F., Xu, Z., Wang, Y., and Wang, M. (2014). *RSC Advances* 4: 38797–38803.
29. Chiang, C. K., Fincher, C. R., Park, Y. W. et al. (1977). *Physical Review Letters* 39: 1098–1101.
30. Trivedi, D. C. and Dhawan, S. K. (1993). *Synthetic Metals* 59: 267–272.
31. Machida, S., Miyata, S., and Techagumpuch, A. (1989). *Synthetic Metals* 31: 311–318.
32. (a) Yoshino, K., Tabata, M., Kaneto, K., and Ohsawa, T. (1985). *Japanese Journal of Applied Physics* 24: L693. (b) Kaynak, A., Unsworth, J., Clout, R. et al. (1994). *Journal of Applied Polymer Science* 3: 269–278.
33. Panwar, V. and Mehra, R. M. (2008). *Polymer Engineering & Science* 48: 2178–2187.

34 Hu, H., Zhang, G., Xiao, L. et al. (2012). *Carbon* 50: 4596–4599.
35 Sachdev, V. K., Patel, K., Bhattacharya, S., and Tandon, R. P. (2011). *Journal of Applied Polymer Science* 120: 1100–1105.
36 Nanni, F., Travaglia, P., and Valentini, M. (2009). *Composites Science and Technology* 69: 485–490.
37 Al-Saleh, M. H. and Sundararaj, U. (2013). *Polymer International* 62: 601–607.
38 Markham, D. (1999). *Materials & Design* 21: 45–50.
39 Ameli, A., Jung, P. U., and Park, C. B. (2013). *Carbon* 60: 379–391.
40 Singh, B. P., Prasanta, V. C., Saini, P. et al. (2013). *Journal of Nanoparticle Research* 15: 1–12.
41 Gupta, A. and Choudhary, V. (2011). *Composites Science and Technology* 71: 1563–1568.
42 Das, N., Chaki, T., Khastgir, D., and Chakraborty, A. (2001). *Advances in Polymer Technology* 20: 226–236.
43 Rahaman, M., Chaki, T., and Khastgir, D. (2011). *Journal of Materials Science* 46: 3989–3999.
44 Aal, N. A., El-Tantawy, F., Al-Hajry, A., and Bououdina, M. (2008). *Polymer Composites* 29: 125–132.
45 Mohanraj, G., Chaki, T., Chakraborty, A., and Khastgir, D. (2004). *Journal of Applied Polymer Science* 92: 2179–2188.
46 Im, J. S., Kim, J. G., and Lee, Y.-S. (2009). *Carbon* 47: 2640–2647.
47 Mohammed, H. A.-S. and Uttandaraman, S. (2013). *Journal of Physics D: Applied Physics* 46: 035304.
48 Kuester, S., Merlini, C., Barra, G. M. O. et al. (2016). *Composites Part B: Engineering* 84: 236–247.
49 Liang, J., Wang, Y., Huang, Y. et al. (2009). *Carbon* 47: 922–925.
50 Shahzad, F., Kumar, P., Yu, S. et al. (2015). *Journal of Materials Chemistry C* 3: 9802–9810.
51 Kumar, P., Shahzad, F., Yu, S. et al. (2015). *Carbon* 94: 494–500.
52 Basavaraja, C., Kim, W. J., Kim, Y. D., and Huh, D. S. (2011). *Materials Letters* 65: 3120–3123.
53 Tung, T. T., Feller, J.-F., Kim, T. et al. (2012). *Journal of Polymer Science Part A: Polymer Chemistry* 50: 927–935.
54 Song, W.-L., Cao, M.-S., Lu, M.-M. et al. (2014). *Carbon* 66: 67–76.
55 Puri, P., Mehta, R., and Rattan, S. (2015). *Journal of Electronic Materials* 44: 4255–4268.
56 De Bellis, G., Tamburrano, A., Dinescu, A. et al. (2011). *Carbon* 49: 4291–4300.
57 Maiti, S., Shrivastava, N. K., Suin, S., and Khatua, B. B. (2013). *ACS Applied Materials & Interfaces* 5: 4712–4724.
58 Arjmand, M., Apperley, T., Okoniewski, M., and Sundararaj, U. (2012). *Carbon* 50: 5126–5134.
59 Yang, Y., Gupta, M. C., Dudley, K. L., and Lawrence, R. W. (2005). *Nano Letters* 5: 2131–2134.
60 Yan, D.-X., Ren, P.-G., Pang, H. et al. (2012). *Journal of Materials Chemistry* 22: 18772–18774.
61 Yan, D.-X., Pang, H., Li, B. et al. (2015). *Advanced Functional Materials* 25: 559–566.
62 Ding-Xiang, Y., Huan, P., Ling, X. et al. (2014). *Nanotechnology* 25: 145705.
63 Zhang, H.-B., Zheng, W.-G., Yan, Q. et al. (2012). *Carbon* 50: 5117–5125.
64 Zhang, H.-B., Yan, Q., Zheng, W.-G. et al. (2011). *ACS Applied Materials & Interfaces* 3: 918–924.
65 Ling, J., Zhai, W., Feng, W. et al. (2013). *ACS Applied Materials & Interfaces* 5: 2677–2684.
66 Chen, Z., Xu, C., Ma, C. et al. (2013). *Advanced Materials* 25: 1296–1300.
67 Chen, D., Wang, G.-S., He, S. et al. (2013). *Journal of Materials Chemistry A* 1: 5996–6003.
68 Kong, L., Yin, X., Zhang, Y. et al. (2013). *The Journal of Physical Chemistry C* 117: 19701–19711.
69 Ren, Y.-L., Wu, H.-Y., Lu, M.-M. et al. (2012). *ACS Applied Materials & Interfaces* 4: 6436–6442.
70 Cao, M.-S., Yang, J., Song, W.-L. et al. (2012). *ACS Applied Materials & Interfaces* 4: 6949–6956.
71 Yuan, B., Bao, C., Qian, X. et al. (2014). *Carbon* 75: 178–189.
72 Guan, H., Liu, S., Zhao, Y., and Duan, Y. (2006). *Journal of Electronic Materials* 35: 892–896.

73 Bayat, M., Yang, H., Ko, F. K. et al. (2014). *Polymer* 55: 936–943.
74 Singh, K., Ohlan, A., Pham, V. H. et al. (2013). *Nanoscale* 5: 2411–2420.
75 Dhawan, S. K., Singh, K., Bakhshi, A. K., and Ohlan, A. (2009). *Synthetic Metals* 159: 2259–2262.
76 He, Z., Fang, Y., Wang, X., and Pang, H. (2011). *Synthetic Metals* 161: 420–425.
77 Xiao, H. and Yuan-Sheng, W. (2007). *Physica Scripta* 2007: 335–339.
78 Singh, A. P., Mishra, M., Sambyal, P. et al. (2014). *Journal of Materials Chemistry A* 2: 3581–3593.
79 Hosseini, S. H. and Asadnia, A. (2012). *Journal of Nanomaterials* 2012: 198973.
80 Xiao, H.-M., Zhang, W.-D., and Fu, S.-Y. (2010). *Composites Science and Technology* 70: 909–915.
81 Singh, K., Ohlan, A., Saini, P., and Dhawan, S. K. (2008). *Polymers for Advanced Technologies* 19: 229–236.
82 Li, B.-W., Shen, Y., Yue, Z.-X., and Nan, C.-W. (2006). *Applied Physics Letters* 89: 132504.
83 Zhu, J., Wei, S., Haldolaarachchige, N. et al. (2011). *The Journal of Physical Chemistry C* 115: 15304–15310.
84 Xu, P., Han, X., Wang, C. et al. (2008). *The Journal of Physical Chemistry B* 112: 10443–10448.
85 Unsworth, J., Kaynak, A., Lunn, B. A., and Beard, G. E. (1993). *Journal Materials Science* 28: 3307–3312.
86 Chen, D., Quan, H., Huang, Z. et al. (2014). *Composites Science and Technology* 102: 126–131.
87 Zhang, X.-J., Wang, G.-S., Cao, W.-Q. et al. (2014). *ACS Applied Materials & Interfaces* 6: 7471–7478.
88 Wang, G.-S., Wu, Y., Wei, Y.-Z. et al. (2014). *ChemPlusChem* 79: 375–381.
89 Varshney, S., Ohlan, A., Jain, V. K. et al. (2014). *Industrial & Engineering Chemistry Research* 53: 14282–14290.
90 Chen, Y., Wang, Y., Zhang, H.-B. et al. (2015). *Carbon* 82: 67–76.
91 Crespo, M., Méndez, N., González, M. et al. (2014). *Carbon* 74: 63–72.
92 Zhang, T., Huang, D., Yang, Y. et al. (2013). *Materials Science and Engineering: B* 178: 1–9.
93 Yao, K., Gong, J., Tian, N. et al. (2015). *RSC Advances* 5: 31910–31919.
94 Bai, X., Zhai, Y., and Zhang, Y. (2011). *The Journal of Physical Chemistry C* 115: 11673–11677.
95 Gupta, A., Singh, A. P., Varshney, S. et al. (2014). *RSC Advances* 4: 62413–62422.
96 Wang, Y., Wu, X., Zhang, W., and Huang, S. (2015). *Synthetic Metals* 210: 165–170.
97 Sui, M., Lü, X., Xie, A. et al. (2015). *Synthetic Metals* 210: 156–164.
98 Ohlan, A., Singh, K., Chandra, A., and Dhawan, S. K. (2010). *ACS Applied Materials & Interfaces* 2: 927–933.
99 Eda, G., Fanchini, G., and Chhowalla, M. (2008). *Nature Nanotechnology* 3: 270–274.
100 Zhu, Y., Stoller, M. D., Cai, W. et al. (2010). *ACS Nano* 4: 1227–1233.
101 Murugan, A. V., Muraliganth, T., and Manthiram, A. (2009). *Chemistry of Materials* 21: 5004–5006.
102 Gargama, H., Thakur, A. K., and Chaturvedi, S. K. (2015). *Journal of Applied Physics* 117: 224903.
103 Panda, M., Srinivas, V., and Thakur, A. K. (2008). *Applied Physics Letters* 92: 132905.
104 Yu, Y.-H., Ma, C.-C. M., Teng, C.-C. et al. (2012). *Materials Chemistry and Physics* 136: 334–340.
105 Kim, D.-H., Kim, Y., and Kim, J.-W. (2016). *Materials & Design* 89: 703–707.
106 Li, J., Qi, S., Zhang, M., and Wang, Z. (2015). *Journal of Applied Polymer Science* 132: 42306.
107 Long, T., Hu, L., Dai, H., and Tang, Y. (2014). *Applied Physics A* 116: 25–32.
108 Al-Ghamdi, A. A. and El-Tantawy, F. (2010). *Composites Part A: Applied Science and Manufacturing* 41: 1693–1701.
109 Gelves, G. A., Al-Saleh, M. H., and Sundararaj, U. (2011). *Journal of Materials Chemistry* 21: 829–836.
110 Hung, F.-S., Hung, F.-Y., and Chiang, C.-M. (2011). *Applied Surface Science* 257: 3733–3738.

111 Wenderoth, K., Petermann, J., Kruse, K. D. et al. (1989). *Polymer Composites* 10: 52–56.
112 El-Tantawy, F., Aal, N. A., and Sung, Y. K. (2005). *Macromolecular Research* 13: 194–205.
113 Chiang, W.-Y. and Ao, J.-Y. (1995). *Journal of Polymer Research* 2: 83–89.
114 Yang, Y., Gupta, M. C., Dudley, K. L., and Lawrence, R. W. (2005). *Advanced Materials* 17: 1999–2003.
115 Thomassin, J.-M., Pagnoulle, C., Bednarz, L. et al. (2008). *Journal of Materials Chemistry* 18: 792–796.
116 Eswaraiah, V., Sankaranarayanan, V., and Ramaprabhu, S. (2011). *Macromolecular Materials and Engineering* 296: 894–898.
117 Mahapatra, S. P., Sridhar, V., and Tripathy, D. K. (2008). *Polymer Composites* 29: 465–472.
118 Bernal, M. M., Molenberg, I., Estravis, S. et al. (2012). *Journal of Materials Science* 47: 5673–5679.
119 Tang, Q., Zhou, Z., and Chen, Z. (2013). Nanoscale (5): 4541–4583.
120 Ma, J., Wang, K., and Zhan, M. (2015). *RSC Advances* 5: 65283–65296.
121 Ameli, A., Nofar, M., Wang, S., and Park, C. B. (2014). *ACS Applied Materials & Interfaces* 6: 11091–11100.
122 Al-Saleh, M. H., Gelves, G. A., and Sundararaj, U. (2011). *Composites Part A: Applied Science and Manufacturing* 42: 92–97.
123 Yang, Y., Gupta, M. C., Dudley, K. L., and Lawrence, R. W. (2005). *Journal of Nanoscience and Nanotechnology* 5: 927–931.
124 Hu, M., Gao, J., Dong, Y. et al. (2012). *Langmuir* 28: 7101–7106.
125 S. Dasgupta, K. R. Sekhar, B. N. Ravishankar, M. Kumar and S. Sankaran, Abstracts of the 10th international conference on electromagnetic interference and compatibility (INCEMIC 2008), Bangalore, 26-27 Nov. 2008.
126 Pang, H., Chen, T., Zhang, G. et al. (2010). *Materials Letters* 64: 2226–2229.
127 Pang, H., Xu, L., Yan, D.-X., and Li, Z.-M. (2014). *Progress in Polymer Science* 39: 1908–1933.

第10章 织物屏蔽材料

Julija Baltušnikaitė-Guzaitienė, Sandra Varnaitė-Žuravliova

10.1 引言

随着电子设备数量的增加,电磁干扰(EMI)已成为一个严重的问题。电子设备发出的电磁波对人体健康和其他电子设备都会产生负面影响。因此,为了防止电气和电子设备工作时发出的电磁辐射,需要使用织物屏蔽材料。

电磁屏蔽纺织材料用于制造多功能和交互式的新一代结构,可阻挡移动通信设备发出的低密度辐射和微波辐射。此外,它们还具有重量轻、柔韧和舒适等优点[1-5]。

织物材料本质上不是EMI屏蔽材料,而是绝缘材料;但是,采用新生产工艺或者调整工艺后,织物材料可成功地转变为EMI屏蔽材料[6-8]。

织物屏蔽材料由导电聚合物、金属纤维、金属丝、金属涂层纱线或复合纱线制成。复合纱线是将金属线[铝(Al)、银(Ag)、镍(Ni)、铜(Cu)和不锈钢(SS)]与棉纱、涤纶纱或羊毛纱编织在一起形成的。

EMI屏蔽是衰减有害电磁场的一种方法。许多方法可以防止EMI,如使用金属材料、Al-Mg合金和聚合物复合材料。

虽然金属容器可以提供较好的SE,但会增大产品的重量。此外,薄片状或网状传统金属防护罩也会增大产品的重量,度且金属涂层、粉末或纤维填充聚合物复合材料的耐磨性、抗划伤性也很差。

防静电应用中的材料必须比传统柔性材料(如织物)有更高的导电性。由趋肤深度的公式可知,电导率的增加可减小趋肤深度,提高屏蔽效能。但是,高屏蔽效能(SE)不一定意味着高表面电导率[9];事实上,柔性屏蔽材料的电导率不必与金属的一样,但显然要有比抗静电应用时更高的电导率。

高电导材料和高介电常数对高频电磁场提供了良好的屏蔽效能。但是,对低频而言,衰减磁场非常困难。这就是用于低频的材料需要具有较高磁导率的原因。传统上,人们利用铁磁材料来达到这个目的。最近,导电聚合物因其固有的特性而成为低频屏蔽的理想材料。

关于织物材料,可通过与防静电材料类似的工艺得到用于EM屏蔽的特定织物。整个织物可由金属纤维或丝状物、全金属交织的金属涂层组成,或由带金属网的传统非导电纱线制成[10]。复合材料越来越多地用于屏蔽。主要使用带有导电填料的聚合物基体复合材料。填料通常是金属,但也可由碳或其他材料制成[10,11]。

这种电磁屏蔽可用于高频电磁场中的工人防护服、军事建筑保护、电子器件保护和医疗等领域。

导电织物是在织物纤维中加入碳、SS、铜等导电纤维制成的。这既可在纱线阶段通过纤维混纺来实现,又可在织物阶段通过在编织织物中引入金属纱线来实现。在织物阶段,导电纱线(如细线)相互垂直铺设。这类织物属于小孔径类,如导线丝网、金属网等。金属纱线、导电聚合物纱线、含有大量导电粒子(碳、银等)的聚合物线以及导电无机薄膜,都可用于生产EMI材料[12]。

EMI 屏蔽的传统方法依赖于使用金属薄片、金属网或镀层形式的金属材料,这些材料具有优异的屏蔽效能[13]。在航空航天应用中,不期望使用重量大的金属材料。腐蚀是金属材料的另一个主要缺点,因为它会降低屏蔽体的屏蔽效能,尤其是在接合处[14]。克服重量和腐蚀问题的另一种方法是,使用各类导电复合材料,这些复合材料由不导电的聚合物基体和导电填料(如金属粒子、金属填料、炭黑和碳纤维 CF)组成。聚合物复合材料的主要优点是制造成本低、强度重量比高。但是,传统聚合物复合材料无法提供理想的 SE,尤其是在微波范围内。

目前,电磁屏蔽材料的研究已转向使用添加金属纤维[15-20]、金属泡沫[21]和金属镀层[22, 23]的轻、薄、软织物,并且成功地开发出了一些电磁屏蔽织物,但因没有弹性而应用受限。

一项研究给出了制备具有远红外和电磁屏蔽效能的竹炭/SS(BC/SS)弹性经编复合材料织物的设计方案[24, 25]。

10.2 生产 EMI 织物材料

电磁屏蔽体通常由金属材料制成[10]。金属是良导体,可吸收、反射和传输电磁干扰。屏蔽罩的常用材料是高磁导率镍铁合金,由 14%的铁、5%的铜、1.5%的铬和 79.5%的镍组成[26]。然而,金属重量大、成本高、刚性强,且易被氧化/腐蚀[10, 26, 27]。大多数金属都有一定的局限性,例如铝基材料的抗冲击性较差,而钢材的密度较高,因此限制了它们作为电磁吸收体的使用[26]。此外,屏蔽材料应有一定的柔性。为了克服这些问题,新型轻质和低成本的材料,如聚合物、含有丝状或片状导电填料的导电织物,越来越多地被用作屏蔽材料[10]。文献表明,织物增强聚合物复合材料适用于制造形状复杂的部件[12]。织物由于具有柔韧、易于成形[28]、能够静电放电(ESD)、提供 EMI 保护[29, 30]、提供射频干扰保护[31]、重量轻和热膨胀匹配[32]等特点,被广泛用作屏蔽材料。一般来说,机织、针织或无纺布形式的织物,与导电材料(如 Ag、Cu、Ni 等)一起用作屏蔽材料[2]。

最近,对人体暴露于电磁波而产生潜在有害生物效应的研究越来越多。因此,保护人类免受 EMI 侵害的需求正在逐年递增[10]。

10.2.1 EMI 织物中的聚合物

大多数聚合物都是良绝缘体(阻抗大于 $10^{12}\,\Omega\,cm$)[10]。从加工角度看,聚合物分为两类:热固性塑料和热塑性塑料。

然而,为了提高聚合物的导电性能,需要在聚合物中添加某些金属或类金属材料[33, 34]。这种填充金属粉末的聚合物复合材料的应用范围非常广泛,包括电磁干扰屏蔽、静电放电、热传导、将机械信号转换为电信号等。在热塑性聚合物中加入粉末状金属填料制成的导电聚合物复合材料,结合了金属和塑料的优点,具有成本效益高、制造速度快、设计灵活、重量轻和无腐蚀性等优点。聚合物与金属粒子混合是一种广泛使用的方法,因为这种化合物能很容易地模塑成各种复杂的形状[35]。许多金属粒子(如 Al、Zn、Cu、Fe、SS、Ag、Au 和 Ni)可用于不同的聚合物基体[33,35]。

一般来说,织物由聚丙烯(PP)、聚酯、玻璃等非导电聚合物材料制成,不能直接用作屏蔽材料[26]。

聚合物复合材料中使用了许多不同类型的导电材料,如金属涂层、金属填充和本征导电聚合物(ICP)[12, 26, 36, 37]。第一类导电材料是在聚合物表面形成导电层或导电膜形成的;第二类导电材料是在聚合物基体中加入一些导电填料(如炭黑、金属片或纤维)形成的,导电填料在聚合物内部混合后形成导电网络,用于传输电磁波;第三类导电材料即 ICP。

10.2.2 导电涂层

多年来，导电有机和无机涂层已广泛用在电路和元件中，如用于汽车、军事、消费电气和电子器件行业。导电涂层主要通过将金属或其他导电粒子分散在载体介质（如环氧树脂、丙烯酸、硅树脂或者类塑料材料）中制成。添加剂用于优化电导率和扩大应用领域。这些产品具有类似于油漆涂层的性能。涂层通常采用喷涂方式，但有时也采用刷涂、辊涂技术[38]。

对于 EMI 应用，涂层几乎都使用有机黏合剂，以确保与"塑料外壳"兼容。填料一般为贱金属或银，具体取决于成本-性能指标。目前可用的导电涂料包括[26,36]碳涂料、丙烯酸铜、环氧铜、丙烯酸石墨、环氧石墨、丙烯酸镍、聚氨酯镍、丙烯酸银、环氧银、聚氨酯银、镀银铜体系、镀银镍体系以及镀银玻璃体系。所有类型的织物上都涂有微米级和纳米级电纤维（SS 和镀银纤维）或铁磁性物质（炭黑、金属粉末等），以便引入导电性。在不同的涂层中，可以加入不同的添加剂，以便具有不同的吸收或反射电磁辐射的能力。

导电涂料或油墨也可用来为材料引入导电性。导电涂料由悬浮在树脂中的导电填料粒子组成。衰减能力受所用填料类型和表面涂料厚度的影响。在这类复合材料中，镍涂层材料是最常见的填料。铜、银和石墨也是用于这种目的的常用填料。

导电油墨由合适的高导电金属前驱体（如银、铜和金纳米粒子）和载体组成。大多数导电油墨为水基油墨，因为水是油墨的主要成分，可限制污染物。用于涂层的油墨应满足如下要求：具有高导电性、抗氧化性，在印刷过程中不会因变干而堵塞喷头，对基材具有良好的附着力，较低的颗粒团聚性，适当的黏度和表面张力。油墨还可含有添加剂，用于调整油墨性能或增加特定的性质[39,40]。

导电聚合物薄膜也可沉积在机织、针织和无纺布表面，并用光刻技术和化学蚀刻技术图案化。为了提高屏蔽效能，可在含有导电纤维的缝合/黏合无纺布上涂覆含有不同无机化合物的聚合物层作为吸收剂[12]。所用的聚合物材料包括聚苯胺、聚吡咯、聚乙炔和聚噻吩。替代在织物基体上沉积聚合物，有些研究人员开发了在织物上首先使用单体浸渍织物，然后在适当的条件下于织物上形成聚合物的方法[41]。虽然用抗静电剂浸渍的成本低且易于使用，但对满足高导电性和永久导电性的要求来说，这种方法不是可行的[38]。

10.2.3 导电填料复合化

导电填料如 SS 纤维、铝和铝合金薄片、镀银填料、镀铜玻璃纤维、黄铜纤维和镀镍石墨纤维，与聚合物混合形成导电型聚合物。混合填料时，填料的分布、分散性和长径比对聚合物的导电性起着至关重要的作用[37]。

由于其电导电性、耐化学性和低密度，各种形式的碳也用在 EMI 屏蔽应用中，主要是作为导电复合材料中的填料（纤维、颗粒、粉末、细丝、管）。与金属基吸收体相比，碳基屏蔽材料具有重量轻、柔性好、耐腐蚀和可成形等优点[42]。许多形式的碳填料如石墨、炭黑和 CF，加入了聚合物基体。碳纤维具有较好的导电性和抗拉强度，被广泛用作 EM 吸收体中的导电填料[11]。

纳米技术已在许多行业中应用，包括 EM 吸收体。借助于纳米技术，由饭岛[43]发现的碳纳米管（CNT）需求巨大。碳纳米管（包括单壁和多壁碳纳米管）具有独特的结构和性能，如直径小、高长径比、高导电性和良好的机械性能，因此非常适合作为屏蔽材料[44]。这些纳米管通常作为填料加入聚合物基体，以赋予后者导电性和良好的 SE[45]。与炭黑和碳纤维相比，CNT 具有更好的导电性和 SE。使用 CNT 的主要优点是，其逾渗阈值低、长径比高和电导率高，因此只需较低的纤维含量即可实现导电性。

10.2.4 固有（本征）导电聚合物

近年来，固有导电聚合物或本征导电聚合物（ICP）的发现使许多应用领域得以发展，尤其是抗静电应用和电磁屏蔽[10,46,47]。在电气和电子工业中，作为电子外壳材料，本征导电聚合物复合材料已取代各种屏蔽应用中的金属薄片。然而，以聚苯胺和聚吡咯为主的 ICP 因其苯环化学构象而具有刚性特征[47]。

与填充型导电塑料相比，ICP 作为屏蔽阻挡的主要优点是重量轻及导电聚合物的均匀导电性，其屏蔽效能优于可能出现间隙的颗粒的电导率。然而，大多数导电聚合物如掺杂聚乙炔、聚苯和聚对苯二甲酸丁二酯，在空气中并不稳定。与大气中的水蒸气和氧气发生反应后，掺杂材料在空气中的导电性会下降。然而，这类新型聚合物的结构具有扩展的非局域键（π 系统），可以形成与硅相似的能带结构，掺杂后可获得高电导率。这些材料的电导率与半导体和金属的电导率相似。例如，掺入 $AsFe_5$ 的聚乙炔的电导率大于 $10^5 Scm^{-1}$，而铜的电导率为 $10^6 Scm^{-1}$ [10]。最近，人们发现了几种在空气中稳定的导电聚合物。这些聚合物包括掺杂的聚吡咯和聚苯胺，最近已被用于 EMI 屏蔽。

尽管未掺杂的聚苯胺这类导电聚合物可溶于各种溶剂而几乎不溶于普通溶剂，但掺杂后可溶于浓硫酸或一定强度的酸。否则，它们就会被归类为难以处理和无法加工的材料。大量工作致力于改善它们的加工性和机械性能。聚苯胺和聚吡咯一般用作导电填料或导电薄膜，其导电胶体常用作填料，且已用于导电涂层。这些电子导电材料能够吸收一定频率范围内的电磁辐射。因此，它们也可用作 EMI 屏蔽材料。研究发现，在导电聚合物复合材料中形成导电网络，是提高复合材料的相对介电常数和损耗角正切的主要因素。

据估计，导电聚苯胺的 EMI 屏蔽效能是其介电性能、厚度和频率的函数。虽然 ICP 具有许多优点，但由于其先天特性（如脆性、无合适溶剂、不易形成等），通常多用于 ESD 领域或薄膜应用。

10.3 织物屏蔽材料的发展趋势

电磁屏蔽效能取决于屏蔽材料的导电性。

传统织物属于介电材料类，由纤维和纱线原材料的特性决定。在织物材料中引入导电性可采用多种方法[48-52]，如在织物表面涂覆导电聚合物[48,49]、在织物层中嵌入金属粒子[53-56]等。

一般来说，各种织物（机织、针织、无纺布）材料的绝缘体类型、导电性和电磁屏蔽效能，都可通过加入金属纤维、金属粒子或导电聚合物来改善[6]。用于增大织物导电性的解决方案差别很大，具体取决于应用领域。一般来说，以下几种方法可用于屏蔽电磁辐射：

（1）在绝缘织物材料中添加导电填料，如导电炭黑、碳纤维、碳纳米管[57]、金属化纤维、金属纤维（SS、Al、Cu）、金属粉末和薄片（Al、Cu、Ag、Ni）。

（2）使用导电材料作为纤维、纱线或线状物[58]。

（3）在织物中加入导电纤维或纱线[58]。

（4）使用导电材料涂层[19]。

（5）利用锌弧喷涂、锌涂料、导电涂料、离子镀、化学镀、真空金属化、阴极溅射和金属箔黏合方法，在织物表面层压导电层。

（6）使用固有导电材料/聚合物。

上述方法可分为两类，即表面处理和填料。表面处理通常耗时、耗力且成本高。以微粒、细丝和织物形式出现的导电填料正越来越多地用于屏蔽电磁辐射[34]。

10.3.1 基于导电填料的屏蔽材料

制备导电织物的一种方法是使用导电纤维。在聚合物材料中加入碳或银纳米管和碳纳米纤维等固有导电材料,可挤压出用于 EMI 屏蔽的导电长丝[57]。单丝、多丝或者双组分纤维可采用熔融纺丝法制备;此外,将短长度导电纤维与传统的非导电纤维结合,可制备出具有不同导电性能的纱线。这些工艺基于熔融纺丝或湿法纺丝等化学工艺,将纤维聚合物与金属填料相混合;或者使用机械纺丝工艺将合成纤维与金属纱线扭曲和包裹。这些技术因固有的复杂性而较少被人们采用[6]。

市场上主要有两种结构的纤维:表面导电纤维和纤芯导电纤维。有时会出现"部分表面导电纤维"这一术语,指的是导电成分部分位于纤维表面,部分嵌入到了纤维内部的纤维结构[10]。

(1)含金属纤维。金属纤维构成一大类不同类型的导电纤维,它们的导电性基于 SS 线、金属合金、金属氧化物和金属盐。SS 纤维完全是金属,可切割成短纤维。含有金属的导电纤维可被制成:① 核心导电纤维,即填充金属纱线以细金属线为核心,包覆非导电纤维制成;织物包覆层保护核心金属,有助于承受物理应力并提供绝缘性;② 外鞘-核心纤维,即金属-包覆纱线是金属和纺织纱线的复合体[59];③ 金属纤维不构成纱芯,而取代合股纱中一股或整股表面导电的纤维。导电元素可以是银、镍、铜、氧化铝、钴或金属合金。含有导电金属氧化物的纤维可制成表面导电的鞘-芯纤维、同心芯纤维或偏心芯纤维。金属氧化物颗粒嵌入纤维材料。导电元素可以是氧化锡、氧化锌、二氧化钛和氧化锑。含有导电金属盐的纤维在纤维表层通过化学方法形成盐。金属盐通常是硫化铜、碘化铜或硫化镍[10]。

与其他类型的填料相比,金属纤维和金属包覆纤维具有明显的优势。首先,纤维很细,直径通常为 6~8μm,因此在相对较短的纤维上容易实现高长径比,在较低的体积含量下具有较高的电导率。其次,所选合金(如镍和SS)是惰性的。虽然活性较高的铝、铜和铁合金与腐蚀剂接触时可能发生氧化或腐蚀,但镍和 SS 仍能保持导电性。

(2)含碳纤维。几乎所有导电纤维都基于以乙炔法制造的导电碳。以这些碳作为添加剂制备出了各种导电纤维。最早的产品在纤维上包覆含高浓度碳的树脂。现有产品主要在纤维材料中加入碳。整个纤维中可加入高浓度碳,或者在鞘-芯双组分纤维的芯部加入碳。在一些纤维中,碳掺入侧边或改性侧边双组分纤维的一个组分。碳也可在挤压阶段掺入鞘-芯双组分纤维的鞘部,或者掺入基质-原纤维双组分纤维的原纤维[10]。

(3)Mattes 等人开发了含纤维的导电聚合物[60]。可用导电聚合物对传统纤维进行包覆和浸渍,也可单独用导电聚合物或与其他聚合物混合来制备纤维。开发工作主要基于聚苯胺、聚吡咯和聚噻吩结构[10]。导电纤维也可通过切割聚合物薄膜并在薄膜端口上沉积金来制备,见 Bonderover 和 Wagner 的介绍[61]。

10.3.2 基于织物形成技术的屏蔽材料

电磁屏蔽织物的生产方法有机织、针织[62]、无纺布或与导电材料共织。导电材料涂层织物和导电织物增强复合材料也可用作织物屏蔽材料。

在编织过程中,可将金属纤维、含碳纤维或者含导电聚合物的纤维作为经纱线或纬纱线加入织物结构。织物的使用表明,织物的 SE 取决于导电填料的含量。

Perumalraj 等人[34]用铜芯纱线制备了织物,其在 200~4000MHz 频率范围内可提供 20~66dB 的衰减。Bedeloglu 等人[63]开发了一种新型 Cu 和 SS 的复合纱线,用于 EMI 屏蔽织物。

使用导电纱线针织成织物是可行的[64, 65];不过,针织要求所用的金属纤维应具有更大的柔韧性。

利用金属线股作为导电纱线，在刨花织物或绣花织物表面上进行缝合，也是在织物中加入导电线的可行方法。

用复合混纺纱（不仅包括金属纤维，而且可以混合碳纤维、玄武岩纤维和聚四氟乙烯纤维）制成的无纺布结构，可用于制作耗散范围内的导电织物。应注意织物的厚度，因为它是ES的一个非常重要的参数；为了制作出厚度更大、每平方米重量更重的无纺布，最好采用针刺技术进行织网黏合[18]。

机织或针织的导电织物因其结构有序、能够弯曲且可适应大多数形状要求，为开发新一代多功能互动织物提供了巨大的机遇[19]。导电织物已被考虑用于国防、电气和电子行业的电磁屏蔽和静电耗散（ESD）应用[16, 58, 66]。这类织物具有良好的柔韧性、ESD、EMI 保护、射频干扰保护、热膨胀匹配和轻质等理想特性。

10.3.3　基于织物表面改性的屏蔽材料

采用其他方法（如层压、涂层、喷涂、离子镀、化学镀、真空金属镀、阴极溅射、化学气相沉积等），可在织物自身的表面上使用导电材料。

传统上，最简单的体系由分散在绝缘聚合物基体中的细金属粒子组成。

导电涂料：复合材料可用传统的喷涂方法直接喷涂。这种涂料由悬浮在树脂中的导电填料颗粒组成。

化学镀：这种方法使用化学浴在聚合物表面镀上一层金属膜。将基材浸入一系列镀液，进行表面蚀刻和金属膜沉积。实现导电性的一种常用方法是，在纱线上镀一层精细的金属层。采用电化学或化学镀工艺，可在纤维表面上沉积银层、铜层或金层，使材料具有良好的表面导电性[67]。这种工艺的优点是，能获得非常好的导电性，银包覆聚酰胺纤维就是采用这种方法制备的[12, 68-71]。

电镀：这是利用电源给塑料镀上金属膜的工艺。首先必须使塑料基材具有导电性，在其上镀一个额外的金属层，这是化学镀法无法完成的。这些金属包括铬、铑、锌、锡铅合金、银及其他合金。然而，电镀法的废水处理问题是限制其商用的主要缺点。

热蒸发：最常见的方法是利用真空技术在塑料零件表面镀上导电层[72]。将样品置于真空中，使其暴露在惰性气体的等离子体中，以制备（清洁）表面，然后将所需金属蒸发到样品表面上。在这种技术中，常用铝沉积。还可沉积银、铜、镍、铬、锡或它们的合金。然而，该方法的主要问题是被蒸发材料的相与原始靶材的相可能不同。

溅射法：这种方法使用带正电荷的氩分子轰击金属盘靶（通常是铬或铬合金），使金属从靶中溅射出来，沉积到基底上。虽然溅射是在真空室内进行的，但其过程与真空金属化完全不同。基底上的金属沉积层成分与靶材成分相同。而在真空金属化过程中会发生蒸发和冷凝过程，凝结层的成分与初始合金成分不同。在真空工艺中，放电会使基底温度升高，因此应首选耐热塑料，如工程热塑泡沫材料。

离子镀：这种方法利用高速离子碰撞和离子吸引在基体上形成导电镀层。这种工艺可用于任何金属以形成薄层或多层，如在铜/铝表面镀一层铬以防止腐蚀。复杂的几何图案同样可被镀覆。这些技术都有耗时、耗力、成本高的缺点。主要替代方法是，将聚合物树脂与导电填料混合，使塑料外壳导电，进而提供理想的 EMI SE。

涂层可用在纱线、纤维或织物上。这些方法有助于提供导电材料范围内的电阻，即大于 10Ω 的电阻。最常见的是金属和导电聚合物涂层[73]。

使用化学方法时，金属化织物是一种适合工业化规模流程并赋予织物屏蔽特性的方法[74]。

另一种结合导电填料的可行方法是,在模制阶段以纤维形式注入合成树脂[75]。填料可使聚合物屏蔽电磁波。事实上,新型创新聚合物可以是固有导电体,即聚合物本身可导电而不需要填料。

事实上,金属化织物不能用作电磁波吸收体,因为高导电性会使其通过表面反射而屏蔽电磁波。新材料如 ICP,既能吸收电磁波,又能反射电磁波,与金属材料相比具有一定的优势[76]。对于织物结构,有多种导电聚合物处理方法,包括化学聚合。优化反应物浓度和合成参数后,可通过化学聚合方法在织物结构表面上形成一层均匀的薄膜。

标准途径是将完全制备好的导电聚合物分散体或粉末用于涂层。这些方法通常产生低导电材料。一种有趣的替代方法是在织物上原位聚合单体来形成导电聚合物。从根本上说,在织物上进行氧化聚合应遵循三个步骤:将氧化剂涂抹在织物上并添加单体,涂抹单体并添加氧化剂,涂抹单体和氧化剂的可聚合混合物[7, 50]。在沉积 PANI 的不同方法中,喷墨打印技术很有吸引力,它不仅能得到高分辨率和高重复性的图案,而且能得到可重复的逐层结构。喷墨打印是一种多用途方法,可控制沉积功能材料,在各种基体上形成适当的几何图形[77]。它不需要沉积系统与基体之间有任何接触。这种技术的唯一限制是,要求流体(墨水)有适当的黏度和表面张力。

在聚丙烯腈(PAN)、棉、聚对苯二甲酸乙二醇酯(PET)、棉/PET、羊毛和棉/羊毛织物上,利用过氧化二硫酸铵对盐酸苯胺或吡咯进行化学氧化,可得到聚苯胺和聚吡咯打印的织物导电层[77]。

印刷工艺的使用是赋予织物导电特性的可行方法之一。在这一工艺中,具有导电能力的物质被涂覆在平整纺织成品上[77-79]。

这些具有特殊性质的液体物质被称为油墨。根据基体的原料成分,油墨可部分渗透到纤维和纱线中,在展开面上溢出,或者在纤维状基体上形成一层膜。在丝网印刷中,使用导电浆料[80]。织物的导电特性还可通过在织物材料表面上真空沉积如 Zn、Ti、Cu、Ag 和 Al 等材料来实现[23,81]。粉末状导电材料的粒子部分渗透到织物结构中,形成表层导电层。

涂层通常不改变织物的柔韧性,并且可用在低质量的封闭式织物中。当涂层用在纱线生产过程中时,可能会得到小直径的导电纱线,进而生产出非常柔韧且重量轻的织物。市面上采用涂层技术制成的大多数导电织物都具有均匀且封闭的结构,因此展现出强大 EMI 屏蔽能力和各向同性性质[6, 82]。

10.4 屏蔽效能测量方法

只需了解材料的电磁参数,就能确定金属屏蔽体的屏蔽效能(SE);但是,对于含有缠绕金属或石墨线的材料、表面金属化塑料材料或复合材料,则只能通过实际测量来确定 SE[83]。对于平面屏蔽结构,目前还没有标准来规定如何评估尺寸仅有几厘米的小样品[83, 84]。标准化的 MIL-STD-285 和 ASTM D4935 方法常用于评估平板材料(尤其是织物)的屏蔽效能[83]。

总体而言,测量屏蔽材料的 EMI SE 的常用方法有如下几种:
(1)同轴传输线法。
(2)屏蔽箱法。
(3)屏蔽室法。
(4)旷场法或自由空间法。
(5)波导法——改进屏蔽箱法。
每种方法都有其优缺点。

10.4.1 同轴传输线法

同轴传输线法（ASTM D4935）是目前的首选方法，它克服了屏蔽箱技术的局限性。该方法由美国材料与试验协会（ASTM）于1989年根据美国国家标准局的一份报告形成，描述了用于测量平面材料电磁屏蔽效能的一种测试方法[26,83,85]。

在这种方法中，测试适配器使用一段50Ω的同轴天线，其外经与内径之比为76mm:33mm。SE测量的频率范围为30MHz～1.5GHz。实际上，从大约1MHz开始就可进行测量，由于测量设备的动态范围有限，或者更准确地说，用于这些测量的网络分析仪的动态范围有限，在较低频率下会出现某些限制。对于超过1.5GHz的频率，测试适配器内部的场不再是透射电子显微（TEM）波，因为引入了更高阶的模式。上限频率不应超过1.7GHz。测试适配器配备了一个133mm的法兰，可正确建立测试装置，以提高测量适配器之间的电容耦合。测试装置可由网络分析仪组成，以测量插入损耗和回波损耗。通过比较参比样品与测试样品的衰减差异，并考虑插入损耗和回波损耗，可以确定SE。此外，同轴传输线还可用于将数据分解为反射分量（R）或多次反射分量（B）、吸收（A）分量和透射分量。

总SE定义为三项之和，即

$$SE = A + R + B \tag{10.1}$$

测试过程包括两个阶段。第一个阶段，将参比样品放在测试适配器中，以补偿耦合电容。第二阶段，使用实际的测试样品。测试在小圆环状样品上进行[26,83-85]。

该方法可在如下条件下使用[26,83-85]：

（1）获得的测量值与材料的远场（平面波）参数相关。

（2）测量频率范围限制为30～1500MHz。

（3）被测材料的厚度不能超过开放空间中EM波波长的1/100，即1500MHz测试频率下的材料厚度不应超过2mm，1000MHz测试频率下的材料厚度不应超过3mm。

（4）对电导率和磁导率与频率无关的均质材料，只需对选定的几个频率进行测量。

（5）对较厚的材料和/或参数与频率相关的材料，应对整个频段进行测量。

（6）要保证适配器元件之间的固定距离（对样品表面施加的恒定压力——测试样品与先前校准样品相同）。

（7）频率超过200MHz时，要执行校准程序，以补偿测量适配器元件之间的电容耦合。

（8）因波的极化而表现出不同特性的材料，测试结果是平均结果。

（9）测量不确定度（假设校准程序已正确执行）应在±5dB范围内，对结果影响最大的是"人为因素"。

（10）不同实验室得到的结果具有可比性。

10.4.2 屏蔽箱法

屏蔽箱法广泛用于不同屏蔽材料试样的比较测量。该测试由一个金属盒和一条电密封组成，金属盒一侧有一个样品端口，并配有接收天线。发射天线放在盒子外部，天线接收的信号强度通过开放端口和安装在端口的测试样品进行记录。这种方法的缺点是，难以实现试样和屏蔽盒之间的充分电接触。另一个问题是，它的频率范围有限，约为500MHz。不同实验室的结果显示出较差的相关性[26]。

10.4.3 屏蔽室法

MIL-STD-285（美国于1954年颁布的用于军事目的的方法）、IEEE-STD-299和后来的标准（如 EN 61000-5-7）都基于屏蔽室法，被视为最先进的标准。这些方法的形成是为了克服屏蔽箱法的局限性。一般来说，信号源放在测试壳体外部，而测量装置放在内部，以消除可能的干扰。频率范围为 100kHz～10GHz。对同一种材料，在不同实验室测试得到的结果可能有所不同，甚至相差几 dB。这是因为腔室屏蔽壁上的开口也影响测量结果。这个开口本身形成了一副天线，其参数取决于几个因素，其中之一是尺寸。测试样品尺寸大幅增大，通常为 2.5m² 量级。获得可靠结果的频率范围大大扩展，数据可重复性也显著提高[26, 83, 86, 87]。

IEEE-STD-299 标准描述了一种测量壳体 SE 的方法，这类壳体的最小内衬尺寸至少为 2m。该方法的测量范围分为如下 3 个子范围：

（1）低频范围：9kHz（50Hz）～20MHz，用于磁分量（H）。
（2）谐振范围：20～300MHz，用于电分量（E）。
（3）高频范围：300MHz～18GHz（100GHz），用于平面波功率（P）。

在通常称为"改进的 MIL-STD-285"方法中，屏蔽材料的 SE 描述为电场（E）和磁场（H）衰减前后的比值。有时，在文献中可以看到功率参数（P）。SE 可以表示为

$$SE(dB) = 20\log(E_1/E_2) \quad (10.2)$$

$$SE(dB) = 20\log(H_1/H_2) \quad (10.3)$$

$$SE(dB) = 20\log(P_1/P_2) \quad (10.4)$$

式中，E_1（电分量）、H_1（磁分量）和 P_1（功率）为无屏蔽罩时的测量值，E_2、H_2 和 P_2 为有屏蔽罩时的测量值。SE 是频率的函数[26]。

10.4.4 旷场法或自由空间法

旷场法或自由空间法用于评估完整电子组件的主要 SE。因此，该测试用于测量产品的辐射发射。该测试并不测量任何特定材料的性能，且由于各个产品组装的不同而存在很大的差异[26]。

为了测试织物的 SE，该方法被一些研究者改进[9]。改进的测试方法涉及安装在发射天线和接收天线之间的织物试样。这种方法提供了独立确定测试样品反射率和透射率的可能性。测试系统的简图如图 10.1 所示。系统测量材料的反射率 $R(\omega)$ 和透过材料的传输信号 $T_r(\omega)$。信号在脉冲发生器中产生并通过 1 号天线发射，部分信号被材料反射并由接收天线接收，信号被记录在采样单元的第一信道中。另一部分信号通过材料传播并到达 2 号发射天线，信号被记录在采样单元的第二信道中。由于系统工作在时域脉冲中，因此可减少经由材料时的反射和信号传输（选择适当的时间窗口），并避免寄生反射（来自天花板、地板、家具的反射）。由于信号测量在时域范围内，为了获得频域信息，需要对信号进行傅里叶变换。

频率为 ω 时的反射系数 $\Gamma(\omega)$（单位为%）通过比较测试样品的反射 $R(\omega)$ 和金属板的反射 $R_m(\omega)$（与测试样品尺寸相同）来进行评估，计算公式为[88]

$$\Gamma(\omega) = \frac{R(\omega)^2}{R_m(\omega)^2} \cdot 100 \quad (10.5)$$

以%为单位的透射 $T(\omega)$ 通过比较透过材料的传输信号 $T_r(\omega)$ 与透射脉冲 $P(\omega)$（不含材料）进行评估 [$P(\omega)$ 也可假设为总入射电磁功率]，其计算公式为[88]

$$T(\omega) = \frac{T_r(\omega)^2}{P(\omega)^2} \cdot 100 \quad (10.6)$$

该参数表征电磁发射和接收天线之间插入屏蔽后的电磁传输损耗。根据反射和透射数据，由能量守恒原理计算出吸收[88]：

$$A(\omega) = 1 - \Gamma(\omega) - T(\omega) \quad (10.7)$$

传输损耗告诉我们有多少能量通过被测试样品,其反参数与屏蔽效能相关。在这种情况下,可根据公式定义以 dB 为单位的 $\mathrm{SE}(\omega)$:

$$\mathrm{SE}_{\mathrm{dB}}(\omega) = 20\log\frac{P(\omega)}{T_{\mathrm{r}}(\omega)} \tag{10.8}$$

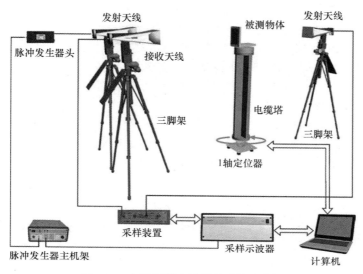

图 10.1　电磁辐射衰减测量系统示意图

10.4.5　波导法

波导法装置的基本部件是两个波导。一个波导与接收线(天线)相连。织物样品放在第二个波导的入口处。这个波导的末端填充有碳饱和泡沫,吸收通过样品的电磁场。样品垂直于电磁波方向。发射天线放在第一个波导的输入端的前方。该方法克服了屏蔽箱法的局限性。不需要特别制备测试样品,但对于特定的频率范围,需要具有特定尺寸的波导[84]。

EMI 屏蔽效能的测量需要使用专用仪器。样品电特性的测量比较简单。理论上,在足够高的频率下,只能测量电磁场的电部分,因此总 SE 与织物电阻率或电导率之间应该存在数学关系[84]。织物 SE 的基本数值模型基于元件的电特性(尤其是体电导率)[58, 89, 90],还基于对通过织物开口的泄漏分析[34]。

10.5　小结

减少电磁辐射的影响对保护那些经常使用电气设备的人们非常重要,因为电气设备会使人们暴露在不同频率的电磁波中。EMI 屏蔽材料的研究趋势是将多功能材料和合理的屏蔽结构设计相结合。含有碳材料[11]、金属粒子[91-93]、纤维[94]和导电涂层[95]的聚合物基复合材料,在 EMI 屏蔽方面极具吸引力。传统的 EMI 屏蔽方法依赖于金属材料的使用,金属材料通常提供优异的 SE。将金属材料和纺织材料相结合存在诸多理由。金属具有优异的强度和精细度,而纺织材料具有舒适性、柔韧性和轻盈的特点。金属因其结构中自由电子的反射功能,被视为迄今为止最常见的 EMI 屏蔽材料,而轻质柔韧的导电纺织材料则日益彰显出其重要性。然而,传统金属屏蔽会带来严重的负重缺点,特别是在航空航天应用领域[47]。ICP 因其重量轻、多功能、低成本和可加工性,已成为更具吸引力的材料[96]。金属芯纱线织物,含非连续导电填料的复合材料(如碳纤维、碳纳米管和金属粒子等),导电纤维无纺布,以及涂覆导电剂或导电聚合物（如聚噻吩、聚乙炔、聚吡咯和聚苯胺）的纺织材料，均可用于 EMI 屏蔽。这些产品可为保护环境和人类健康做出重要贡献[97-99]。

具有不同结构的纳米复合材料已设计并制备用于 EMI 屏蔽[100-103]。赋予织物导电性能的新型环保方法，包括使用化学气相沉积和等离子体处理手段形成纳米涂层。物理气相沉积是一种用于沉积碳或石墨烯[104]的技术。在织物基底上使用金属基油墨进行丝网印刷，具有成本廉价、灵活、快捷的优点，已成为获得轻质导电涂层织物的方法。一般来说，银化合物用于丝网印刷。在纺织合成纤维时，可将细导电金属粉末、炭黑或者碳纳米管嵌入涂料。

多层复合材料因其界面上具有极强的吸收和多次反射能力，也被视为提高 SE 和寻找宽带屏蔽应用的有效方法[105-109]。此外，在两个高导电层之间加入低导电层，因为内部界面处的相干多次反射，也有助于提高 SE[105]。

在开发新型 EMR 屏蔽纺织材料阶段，最重要的是要有一种可靠的测量方法，以便为比较设计织物样品提供依据。对每个样品使用相同的测试条件很重要——相同的测试装置形态、测试样品尺寸、测试氛围以及相同的 EMR 辐射源参数。

参 考 文 献

1. Bober, P., Stejskal, J., Šeděnková, I. et al. (2015). The deposition of globular polypyrrole and polypyrrole nanotubes on cotton textile. *Applied Surface Science* 356: 737–741.
2. Brzeziński, S., Rybicki, T., Karbownik, I. et al. (2009). Textile multi-layer systems for protection against electromagnetic radiation. *Fibres & Textiles in Eastern Europe* 17 (2 (73)): 66–71.
3. Brzeziński, T., Rybicki, T., Malinowska, G. et al. (2009b). Effectiveness of shielding electromagnetic radiation, and assumptions for designing the multi-layer structures of textile shielding materials. *Fibres & Textiles in Eastern Europe* 17 (1 (72)): 60–65.
4. Engin, F.Z. and Usta, I. (2015). Development and characterisation of polyaniline/polyamide (PANI/PA) fabrics for electromagnetic shielding. *The Journal of the Textile Institute* 106 (8): 872–879. doi: 10.1080/00405000.2014.950085.
5. Wang, X., Qiu, Y., Cao, W., and Hu, P. (2015). Highly stretchable and conductive Core–sheath chemical vapor deposition graphene fibers and their applications in safe strain sensors. *Chemistry of Materials* 27 (20): 6969–6975.
6. Bonaldi, R.R., Siores, E., and Shah, T. (2010). Electromagnetic shielding characterisation of several conductive fabrics for medical applications. *Journal of Fiber Bioengineering and Informatics* 2 (4): 237–245.
7. Engin, F.Z. and Usta, I. (2014). Electromagnetic shielding effectiveness of polyester fabrics with polyaniline deposition. Textile Research Journal doi: 10.1177/0040517513515316.
8. Kumar, R., Joon, S., Singh, A.P. et al. (2015). Self-supported lightweight Polyaniline thin sheets for electromagnetic interference shielding with improved thermal and mechanical properties. *American Journal of Polymer Science* 5 (1A): 28–39.
9. Rubežienė, V., Baltušnikaitė, J., Varnaitė-Žuravliova, S. et al. (2015). Development and investigation of electromagnetic shielding fabrics with different electrically conductive additives. *Journal of Electrostatics* 75: 90–98.
10. Nurmi, S., Hammi, T., and Demoulin, B. (2007). Protection against electrostatic and electromagnetic phenomena. In: *Multifunctional Barriers for Flexible Structure* (ed. S. Duquesne, C. Magniez and G. Camino), 63–83. Berlin Heidelberg: Springer.
11. Chung, D.D.L. (2001). Electromagnetic interference shielding effectiveness of carbon materials. *Carbon* 39 (2): 279–285.
12. Maity, S., Singha, K., Debnath, P., and Singha, M. (2013). Textiles in electromagnetic radiation protection. *Journal of Safety Engineering* 2 (2): 11–19.
13. Singh, A.P., Mishra, M., Chandra, A., and Dhawan, S.K. (2011). Graphene oxide/ferrofluid/

cement composites for electromagnetic interference shielding application. *Nanotechnology* 22 (46): 465701.

14 Kumar, S.A., Singh, A.P., Saini, P. et al. (2012). Synthesis, charge transport studies, and microwave shielding behavior of nanocomposites of polyaniline with Ti-doped γ-Fe2O3. *Journal of Materials Science* 47 (5): 2461–2471.

15 Chen, H.C., Lin, J.H., and Lee, K.C. (2008). Electromagnetic shielding effectiveness of copper/stainless steel/polyamide fiber co-woven-knitted fabric reinforced polypropylene composites. *Journal of Reinforced Plastics and Composites* 27: 187–204.

16 Cheng, K.B., Cheng, T.W., Nadaraj, R.N. et al. (2006). Electromagnetic shielding effectiveness of the twill copper woven fabrics. *Journal of Reinforced Plastics and Composites* 25 (7): 699–709.

17 Ortlek, H.G., Saracoglu, O.G., Saritas, O., and Bilgin, S. (2012). Electromagnetic shielding characteristics of woven fabrics made of hybrid yarns containing metal wire. *Fibers and Polymers* 13 (1): 63–67.

18 Rajendrakumar, K. and Thilagavathi, G. (2012). Electromagnetic shielding effectiveness of copper/PET composite yarn fabrics. *Indian Journal of Fibre and Textile Research* 37 (2): 133–137.

19 Roh, J.S., Chi, Y.S., Kang, T.J., and Nam, S.W. (2008). Electromagnetic shielding effectiveness of multifunctional metal composite fabrics. *Textile Research Journal* 78 (9): 825–835. doi: 10.1177/0040517507089748.

20 Su, C.I. and Chern, J.T. (2004). Effect of stainless steel-containing fabrics on electromagnetic shielding effectiveness. *Textile Research Journal* 74 (1): 51–54.

21 Xu, Z. and Hao, H. (2014). Electromagnetic interference shielding effectiveness of aluminum foams with different porosity. *Journal of Alloys and Compounds* 617: 207–213.

22 Karbownik, I., Malinowska, G., and Rybicki, E. (2009). Textile multi-layer systems for protection against electromagnetic radiation. *Fibres & Textiles in Eastern Europe* 17 (2): 73.

23 Lai, K., Sun, R.J., Chen, M.Y. et al. (2007). Electromagnetic shielding effectiveness of fabrics with metallized polyester filaments. *Textile Research Journal* 77 (4): 242–246.

24 Lin, J.H., Huang, Y.T., Li, T.T. et al. (2015). Manufacture technique and performance evaluation of electromagnetic-shielding/far-infrared elastic warp-knitted composite fabrics. *The Journal of the Textile Institute* 1–11. doi: 10.1080/00405000.2015.1045253.

25 Lin, J.H., Huang, Y.T., Lin, C.M. et al. (2013, February). Process technique and property evaluation of bamboo charcoal/polyamide/stainless steel elastic warp-knitted fabrics. *Advanced Materials Research* 627: 333–337.

26 Geethe, S., Satheesh Kumar, K.K., Rao, C.R. et al. (2009). EMI shielding: methods and materials – a review. *Journal of Applied Polymer Science* 112 (4): 2073–2086.

27 Cheng, K.B., Ramakrishna, S., and Lee, K.C. (2000). Electromagnetic shielding effectiveness of copper/glass fiber knitted fabric reinforced polypropylene composites. *Composites Part A: Applied Science and Manufacturing* 31 (10): 1039–1045.

28 Sandrolini, L., and Reggiani, U. (2008, December). Investigation on the shielding effectiveness properties of electrically conductive textiles. In Microwave Conference, 2008. APMC 2008. Asia-Pacific (pp. 1–4). IEEE. doi 10.1109/APMC.2008.4958135.

29 Håkansson, E., Amiet, A., Nahavandi, S., and Kaynak, A. (2007). Electromagnetic interference shielding and radiation absorption in thin polypyrrole films. *European Polymer Journal* 43 (1): 205–213.

30 Wang, L.L., Tay, B.K., See, K.Y. et al. (2009). Electromagnetic interference shielding effectiveness of carbon-based materials prepared by screen printing. *Carbon* 47 (8): 1905–1910.

31 Neelakandan, R., Giridev, V.R., Murugesan, M., and Madhusoothanan, M. (2009). Surface resistivity and shear characteristics of polyaniline coated polyester fabric. *Journal of Industrial Textiles* 39 (2): 175–186.

32 Cheng, K.B., Ueng, T.H., and Dixon, G. (2001). Electrostatic discharge properties of stainless steel/polyester woven fabrics. *Textile Research Journal* 71 (8): 732–738.

33 Mamunya, Y.P., Davydenko, V.V., Pissis, P., and Lebedev, E.V. (2002). Electrical and thermal conductivity of polymers filled with metal powders. *European Polymer Journal* 38 (9): 1887–1897.
34 Perumalraj, R., Dasaradan, B.S., Anbarasu, R. et al. (2009). Electromagnetic shielding effectiveness of copper core-woven fabrics. *The Journal of the Textile Institute* 100 (6): 512–524.
35 Kalyon, D.M., Birinci, E., Yazici, R. et al. (2002). Electrical properties of composites as affected by the degree of mixedness of the conductive filler in the polymer matrix. *Polymer Engineering and Science* 42 (7): 1609.
36 Hoback, J.T. and Reilly, J.J. (1988). Conductive coatings for EMI shielding. *Journal of Elastomers and Plastics* 20: 54–69.
37 Huang, J.C. (1995). EMI shielding plastics: a review. *Advances in Polymer Technology* 14 (2): 137–150.
38 Marchini, F. (1991). Advanced applications of metalized fibers for electrostatic discharge and radiation shielding. *Journal of Coated Fabrics* 20: 153–166.
39 Stoppa, M. and Chiolerio, A. (2014). Wearable electronics and smart textiles: a critical review. *Sensors* 14 (7): 11957–11992.
40 Tiberto, P., Barrera, G., Celegato, F. et al. (2013). Magnetic properties of jet-printer inks containing dispersed magnetite nanoparticles. *The European Physical Journal B* 86 (4): 173–179.
41 Kuhn, H. H., and Kimbrell Jr, W. C. (1987). U.S. Patent No. 4803096. Washington, DC: U.S. Patent and Trademark Office.
42 Liu, Z., Bai, G., Huang, Y. et al. (2007). Reflection and absorption contributions to the electromagnetic interference shielding of single-walled carbon nanotube/polyurethane composites. *Carbon* 45 (4): 821–827.
43 Iijima, S. (1991). Helical microtubules of graphitic carbon. *Letters to Nature* 354 (6348): 56–58.
44 Iijima, S. and Ichihashi, T. (1993). Single-shell carbon nanotubes of 1-nm diameter. *Letters to Nature* 363 (17): 603–605.
45 Baughman, R.H., Zakhidov, A.A., and de Heer, W.A. (2002). Carbon nanotubes – the route toward applications. *Science* 297 (5582): 787–792.
46 Dhawan, S.K., Singh, N., and Rodrigues, D. (2003). Electromagnetic shielding behaviour of conducting polyaniline composites. *Science and Technology of Advanced Materials* 4 (2): 105–113.
47 Wang, Y. and Jing, X. (2005). Intrinsically conducting polymers for electromagnetic interference shielding. *Polymers for Advanced Technologies* 16 (4): 344–351.
48 Babu, K.F., Senthilkumar, R., Noel, M., and Kulandainathan, M.A. (2009). Polypyrrole microstructure deposited by chemical and electrochemical methods on cotton fabrics. *Synthetic Metals* 159 (13): 1353–1358.
49 Cucchi, I., Boschi, A., Arosio, C. et al. (2009). Bio-based conductive composites: preparation and properties of polypyrrole (PPy)-coated silk fabrics. *Synthetic Metals* 159 (3): 246–253.
50 Knittel, D. and Schollmeyer, E. (2009). Electrically high-conductive textiles. *Synthetic Metals* 159 (14): 1433–1437.
51 Neruda, M. and Vojtech, L. (2012). Verification of surface conductance model of textile materials. *Journal of Applied Research and Technology* 10 (4): 579–585.
52 Yildiz, Z., İsmail, U., and Gungor, A. (2013). Investigation of the electrical properties and electromagnetic shielding effectiveness of polypyrrole coated cotton yarns. *Fibres & Textiles in Eastern Europe* 21 (2(98)): 32–37.
53 Al-Ghamdi, A.A. and El-Tantawy, F. (2010). New electromagnetic wave shielding effectiveness at microwave frequency of polyvinyl chloride reinforced graphite/copper nanoparticles. *Composites Part A: Applied Science and Manufacturing* 41 (11): 1693–1701.
54 Chen, H.C., Lee, K.C., and Lin, J.H. (2004). Electromagnetic and electrostatic shielding

properties of co-weaving-knitting fabrics reinforced composites. *Composites Part A: Applied Science and Manufacturing* 35 (11): 1249–1256.
55 Cheng, L., Zhang, T., Guo, M. et al. (2015). Electromagnetic shielding effectiveness and mathematical model of stainless steel composite fabric. *The Journal of the Textile Institute* 106 (6): 577–586.
56 Perumalraj, R. and Dasaradan, B.S. (2010). Electromagnetic shielding effectiveness of doubled copper cotton yarn woven materials. *Fibres & Textiles in Eastern Europe* 18 (3): 74–80.
57 Laforgue, A., Champagne, M.F., Dumas, J., and Robitaille, L. (2012). Melt-processing and properties of coaxial fibers incorporating carbon nanotubes. *Journal of Engineered Fibers and Fabrics* 7 (3): 118–124.
58 Chen, H.C., Lee, K.C., Lin, J.H., and Koch, M. (2007). Fabrication of conductive woven fabric and analysis of electromagnetic shielding via measurement and empirical equation. *Journal of Materials Processing Technology* 184 (1): 124–130.
59 Ramachandran, T. and Vigneswaran, C. (2009). Design and development of copper core conductive fabrics for smart textiles. *Journal of Industrial Textiles* 39 (1): 81–93.
60 Mattes, B.R., Wang, H.L., and Yang, D. (1999). Electrically conductive polyaniline fibers prepared by dry-wet spinning techniques. *Conductive Polymers and Plastics* 135–141.
61 Bonderover, E. and Wagner, S. (2004). A woven inverter circuit for e-textile applications. *Electron Device Letters, IEEE* 25 (5): 295–297.
62 Tezel, S., Kavusturan, Y., Vandenbosch, G.A., and Volski, V. (2013). Comparison of electromagnetic shielding effectiveness of conductive single jersey fabrics with coaxial transmission line and free space measurement techniques. *Textile Research Journal* 84 (5): 461–476. doi: 10.1177/0040517513503728.
63 Bedeloglu, A., Sunter, N., Yildirim, B., and Bozkurt, Y. (2012). Bending and tensile properties of cotton/metal wire complex yarns produced for electromagnetic shielding and conductivity applications. *Journal of the Textile Institute* 103 (12): 1304–1311.
64 Bedeloglu, A. (2013). Electrical, electromagnetic shielding, and some physical properties of hybrid yarn-based knitted fabrics. *The Journal of the Textile Institute* 104: 1247–1257.
65 Perumalraj, R. and Dasaradan, B.S. (2009). Electromagnetic shielding effectiveness of copper core yarn knitted fabrics. *Indian Journal of Fibre and Textile Research* 34 (2): 149.
66 Cheng, K.B., Lee, K.C., Ueng, T.H., and Mou, K.J. (2002). Electrical and impact properties of the hybrid knitted inlaid fabric reinforced polypropylene composites. *Composites Part A: Applied Science and Manufacturing* 33 (9): 1219–1226.
67 Ersoy, M.S. and Onder, E. (2014). Electroless silver coating on glass stitched fabrics for electromagnetic shielding applications. *Textile Research Journal* 84: 2103–2114. doi: 10.1177/0040517514530025.
68 Chung, D.D.L. (2000). Materials for electromagnetic interference shielding. *Journal of Materials Engineering and Performance* 9 (3): 350–354.
69 Gelves, G.A., Al-Saleh, M.H., and Sundararaj, U. (2011). Highly electrically conductive and high performance EMI shielding nanowire/polymer nanocomposites by miscible mixing and precipitation. *Journal of Materials Chemistry* 21 (3): 829–836.
70 Kirstein, T. (ed.) (2013). *Multidisciplinary Know-how for Smart-Textiles Developers*. Cambridge: Woodhead Publishing, Elsevier.
71 Rakshit, A.K. and Hira, M.A. (2014). Electrically conductive fibre substrates. *International Journal of Fiber and Textile Research* 4 (3): 44–48.
72 Tęsiorowski, Ł., Gniotek, K., Stempień, Z., and Tokarska, M. (2012). Using vacuum deposition technology for the manufacturing of electro-conductive layers on the surface of textiles. *Fibres & Textiles in Eastern Europe* 20 (2): 91.
73 Šafářová, V. and Militký, J. (2014). Electromagnetic shielding properties of woven fabrics made from high-performance fibers. *Textile Research Journal* 84 (12): 1255–1267.
74 Das, A., Kothari, V.K., Kothari, A. et al. (2009). Effect of various parameters on electromagnetic

shielding effectiveness of textile fabrics. *Indian Journal of Fibre and Textile Research* 34 (2): 144.

75 Avloni, J., Ouyang, M., Florio, L. et al. (2007). Shielding effectiveness evaluation of metallized and polypyrrole-coated fabrics. *Journal of Thermoplastic Composite Materials* 20 (3): 241–254.

76 Avloni, J., Lau, R., Ouyang, M. et al. (2008). Polypyrrole-coated nonwovens for electromagnetic shielding. *Journal of Industrial Textiles* 38 (1): 55–68.

77 Stempien, Z., Rybicki, T., Rybicki, E. et al. (2015). In-situ deposition of polyaniline and polypyrrole electroconductive layers on textile surfaces by the reactive ink-jet printing technique. *Synthetic Metals* 202: 49–62.

78 Gniotek, K., Frydrysiak, M., Zięba, J., Tokarska, M., and Stempień, Z. (2011, May). Innovative textile electrodes for muscles electrostimulation. In Medical Measurements and Applications Proceedings (MeMeA), 2011 IEEE International Workshop on (pp. 305–310). IEEE. doi:10.1109/MeMeA.2011.5966678.

79 Kazani, I., Hertleer, C., De Mey, G. et al. (2013). Dry cleaning of electroconductive layers screen printed on flexible substrates. *Textile Research Journal* 83 (14): 1541–1548.

80 Rius, J., Manich, S., Rodríguez, R., and Ridao, M. (2007). Electrical characterization of conductive ink layers on textile fabrics: Model and experimental results. In XXII Conference on Design of Circuits and Integrated Systems, Sevilla, Spain.

81 Pawlak, R., Korzeniewska, E., Frydrysiak, M. et al. (2012). Using vacuum deposition technology for the manufacturing of electro-conductive layers on the surface of textiles. *Fibres & Textiles in Eastern Europe* 2 (91): 68–72.

82 Kim, B., Koncar, V., and Dufour, C. (2006). Polyaniline-coated PET conductive yarns: study of electrical, mechanical, and electro-mechanical properties. *Journal of Applied Polymer Science* 101 (3): 1252–1256.

83 Więckowski, T.W. and Janukiewicz, J.M. (2006). Methods for evaluating the shielding effectiveness of textiles. *Fibres & Textiles in Eastern Europe* 5 (59): 18–22.

84 Šafarova, V. and Militky, J. (2012). Comparison of methods for evaluating the shielding effectiveness of textiles. *Vlakna a Textil* 19 (3): 50–56.

85 ASTM D4935 – 10. (2010) Standard Test Method for Measuring the Electromagnetic Shielding Effectiveness of Planar Materials.

86 IEEE Std 299-1997. (1997) IEEE Standard method for measuring the effectiveness of electromagnetic shielding enclosures.

87 MIL-STD-285 – 1954. (1954) Military standard attenuation measurements for enclosures, electromagnetic shielding, for electronic test purposes, method of Department od Defence of USA.

88 Stratton, J.A. (2007). *Electromagnetic Theory*, 615. Hoboken: Wiley.

89 Shinagawa, S., Kumagai, Y., and Urabe, K. (1999). Conductive papers containing metallized polyester fibers for electromagnetic interference shielding. *Journal of Porous Materials* 6 (3): 185–190.

90 Vojtech, L., Neruda, M., and Hajek, J. (2011). Planar materials electromagnetic shielding efficiency derivation. *International Journal on Communications Antenna and Propagation* 1 (1): 21–28.

91 Azadmanjiri, J., Hojati-Talemi, P., Simon, G.P. et al. (2011). Synthesis and electromagnetic interference shielding properties of iron oxide/polypyrrole nanocomposites. *Polymer Engineering and Science* 51 (2): 247–253.

92 Byeon, J.H. and Kim, J.W. (2011). Aerosol based fabrication of a Cu/polymer and its application for electromagnetic interference shielding. *Thin Solid Films* 520 (3): 1048–1052.

93 Gong, C., Duan, Y., Tian, J. et al. (2008). Preparation of fine Ni particles and their shielding effectiveness for electromagnetic interference. *Journal of Applied Polymer Science* 110 (1): 569–577.

94 Huang, C.H., Lin, J.H., Yang, R.B. et al. (2012). Metal/PET composite knitted fabrics and

composites: structural design and electromagnetic shielding effectiveness. *Journal of Electronic Materials* 41 (8): 2267–2273.

95 Song, W.L., Cao, M.S., Lu, M.M. et al. (2014). Flexible graphene/polymer composite films in sandwich structures for effective electromagnetic interference shielding. *Carbon* 66: 67–76.

96 Tantawy, H.R., Aston, D.E., Smith, J.R., and Young, J.L. (2013). Comparison of electromagnetic shielding with polyaniline nanopowders produced in solvent-limited conditions. *ACS Applied Materials and Interfaces* 5 (11): 4648–4658.

97 Li, T.T., Wang, R., Lou, C.W. et al. (2013). Manufacture and effectiveness evaluations of high-modulus electromagnetic interference shielding/puncture resisting composites. *Textile Research Journal* 83: 1796–1807.

98 Ozen, M.S. and Sancak, E. (2016). Investigation of electromagnetic shielding effectiveness of needle punched nonwoven fabrics with staple polypropylene and carbon fibres. *The Journal of the Textile Institute* 107: 249–257.

99 Subhankar, M., Kunal, S., Pulak, D., and Mrinal, S. (2013). Textiles in electromagnetic radiation protection. *Journal of Safety Engineering* 2: 11–19.

100 Gashti, M.P. and Eslami, S. (2012). Structural, optical and electromagnetic properties of aluminum–clay nanocomposites. *Superlattices and Microstructures* 51 (1): 135–148.

101 Liu, W., Zhong, W., Jiang, H. et al. (2006). Highly stable alumina-coated iron nanocomposites synthesized by wet chemistry method. *Surface and Coatings Technology* 200 (16): 5170–5174.

102 Parvinzadeh, M. and Eslami, S. (2011). Optical and electromagnetic characteristics of clay–iron oxide nanocomposites. *Research on Chemical Intermediates* 37 (7): 771–784.

103 Trung, V.Q., Tung, D.N., and Huyen, D.N. (2009). Polypyrrole/Al2O3 nanocomposites: preparation, characterisation and electromagnetic shielding properties. *Journal of Experimental Nanoscience* 4 (3): 213–219.

104 Shateri-Khalilabad, M. and Yazdanshenas, M.E. (2013). Fabricating electroconductive cotton textiles using graphene. *Carbohydrate Polymers* 96 (1): 190–195.

105 Joo, J. and Lee, C.Y. (2000). High frequency electromagnetic interference shielding response of mixtures and multilayer films based on conducting polymers. *Journal of Applied Physics* 88 (1): 513–518.

106 Ma, X., Zhang, Q., Luo, Z. et al. (2016). A novel structure of Ferro-aluminum based sandwich composite for magnetic and electromagnetic interference shielding. *Materials & Design* 89: 71–77.

107 Micheli, D., Apollo, C., Pastore, R. et al. (2012). Optimization of multilayer shields made of composite nanostructured materials. *IEEE Transactions on Electromagnetic Compatibility* 54 (1): 60–69.

108 Moučka, R., Mravčáková, M., Vilčáková, J. et al. (2011). Electromagnetic absorption efficiency of polypropylene/montmorillonite/polypyrrole nanocomposites. *Materials & Design* 32 (4): 2006–2011.

109 Ning, J. and Tan, E.L. (2009). Simple and stable analysis of multilayered anisotropic materials for design of absorbers and shields. *Materials & Design* 30 (6): 2061–2066.

第 11 章 石墨烯和碳纳米管基电磁干扰屏蔽材料

M. D. Teli, Sanket P. Valia

11.1 石墨烯和碳纳米管简介

11.1.1 石墨烯基材料简介

石墨烯是单原子层厚的石墨平面,是迄今为止最薄的材料,其特点是 sp^2 键合碳原子,以蜂窝状晶格形式高密度堆积。石墨烯具有独特的性质,可用来开发现代精密电子设备。这些性质包括大表面积、不透气性、高导热性、高刚度和高导电性。石墨烯是有两个面的一个表面,其中几乎没有空隙,因此石墨烯的电子和光学性质可被改变,有时通过应变和变形即可改变性质[1]。石墨烯具有可维持比铜高 6 个数量级的电流密度的能力。由于具有这些优异的电学和热学性能,石墨烯是制备不同类型复合材料中探索得最多的功能材料之一,已广泛应用于现代电子设备、航空航天工业和医疗器械[2]。

工业上,二维石墨烯薄片通过超声解离技术生产,将强层状石墨机械劈裂为单个石墨烯平面。因此,初始的化学松散石墨受到超声插层作用,分离出石墨烯原子平面[3,4]。

在石墨烯中,电子波在一个原子厚度的平面内传播,这种材料对不同的探针都很敏感,利用石墨烯可以开发出具有高介电、超导和铁磁特性的材料[1]。因此,石墨烯化学对开发这类新产品具有重要意义。

11.1.2 碳纳米管基材料简介

碳纳米管(CNT)由卷曲的石墨烯片构成,呈圆柱状,直径可达 100nm,长度可达 1μm。它们最初由 Iijima[5]提出,其特征取决于石墨烯片卷成大长径比圆柱形的单壁碳纳米管(SWCNT),或卷成若干同心同轴壁的多壁碳纳米管(MWCNT),几乎可称其为一维材料。它们形成了一个极其复杂的固态网络,具体取决于由碳原子构成的六角环的直径和螺旋度,带来了类似金属或半导体的特殊电学特性和不同的电导率[6,7]。

CNT 的电气、电子和机械性能也受结构、尺寸和拓扑结构的影响[8,9]。据报道,MWCNT 的层间距离约为 3.4Å[6],MWCNT 中最内层和最外层碳纳米管的内外径在 0.4nm 和 100nm 之间变化[10]。

MWCNT 是同轴放置的圆柱形 SWCNT,或同心 SWCNT 的集合体,因此与 SWCNT 相比,其比表面积大大减小。一项研究表明,SWCNT 的外部比表面积为 $1315m^2g^{-1}$,而 MWCNT 的外部比表面积为 $50m^2g^{-1}$[11]。它们的长度和直径也有所不同。CNT 的性质及应用还会根据其特性而变化。SWCNT 或 MWCNT 的性质不同,因此它们的应用也不尽相同,为此在批量生产、表征和分离这两种碳纳米管方面面临着持续的挑战。许多作者都对 CNT 的结构-性质关系和应用进行了报道[12-15],本章将进一步对此进行综述。

11.2 电磁干扰屏蔽材料合成概述

11.2.1 石墨烯基材料合成概述

石墨烯是石墨的单层晶格,而氧化石墨烯是氧化石墨的单层晶格。早在 1859 年就有报道称，石墨在 60℃下用 KClO$_3$ 和 HNO$_3$ 处理 3~4 天，得到分子式为 C$_{2.19}$H$_{0.80}$O$_{1.00}$ 的氧化产物。经 220℃加热后，失去碳氧化物和碳酸，得到分子式为 C$_{5.51}$H$_{0.48}$O$_{1.00}$ 的石墨酸[16]。然后，对该方法进行改进，除了使用氯酸盐和 HNO$_3$，还使用 H$_2$SO$_4$ 来提高反应混合物的酸度，进而可在单容器中进行该反应[17]。

另一种成功氧化超纯石墨粉的方法是，在 H$_2$SO$_4$ 中用 NaNO$_3$ 进行处理，然后加入 KMnO$_4$ 进行催化和氧化。经稀释和 H$_2$O$_2$ 处理后，棕灰色凝胶转化为黄褐色残留物，超声处理后得到氧化石墨悬浮液[18]。事实上，Mn$_2$O$_7$ 的存在导致了不饱和脂肪族双键对芳香双键的选择性氧化[19]。前两种方法都有缺点，如产生有毒且不环保的 ClO$_2$ 气体，最后一种方法因所需时间较短且不释放 ClO$_2$ 而被人们广泛接受。但是，这种方法也存在高锰酸根离子过度污染的局限性，使用 H$_2$O$_2$ 并彻底洗涤处理，可以去除高锰酸根离子[20]。

采用几种不同方法，如热剥离和机械剥离氧化石墨为单层片，可得到氧化石墨烯（GO）。热剥离已成为一种被人们广泛接受的制备石墨烯的方法。如图 11.1(a)和图 11.1(b)所示，该方法在大气压下热处理至约 550℃，在此过程中附着在碳平面上的官能团分解成含氧气体如 CO、CO$_2$ 和 H$_2$O，并横向扩散而使其剥离。另一种方法是在低温条件下，利用高真空促进膨胀，同时去除氧[21-24]。

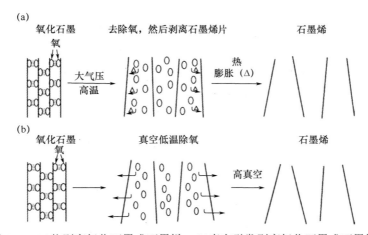

图 11.1 (a)热剥离氧化石墨成石墨烯；(b)真空引发剥离氧化石墨成石墨烯

将氧化石墨转化为剥离 GO 的一种替代方法是，在水或这类极性溶剂中使用超声或机械搅拌。人们可以结合这些方法来实现完全剥离。图 11.2 中描述了剥离工艺[25-27]。

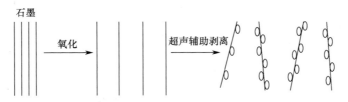

图 11.2 在水介质中超声辅助剥离氧化石墨

可通过还原氧化石墨烯得到石墨烯。用于还原 GO 的方法包括热还原、化学还原和多步还原。通常，要从 GO 中去除含氧基团以获得石墨烯。常态 GO 的化学成分范围是从 C$_8$O$_2$H$_3$ 到 C$_8$O$_4$H$_5$，对应的 C:O 为 4:1~2:1[21]。在还原过程中，这一比例提高到 12:1~246:1[28]。

热还原包括利用热辐照[26,29-32]、微波辐射[33,34]和光子辐射[35,36]。

化学还原法使用还原剂，如 Na$_2$S$_2$O$_4$、Na$_2$S$_2$O$_3$、NaHSO$_3$、Na$_2$SO$_3$、SO$_2$、硼氢化钠、氢碘

酸加醋酸、氢氧化钠/氢氧化钾、肼、酒精、TiO_2 纳米粒子、氧化锰等[37]，其中广泛使用的方法是在水的沸腾温度（100℃）下用肼，并在水冷式冷凝器下放置 24 小时。这会将 GO 胶体悬浮液转化为"还原 GO"（RGO），其最高电导率为 $99.6Scm^{-1}$[38]。最终产物的 C:O 约为 12.5:1[21]。紫外敏化的纳米 TiO_2 也可光催化还原 GO 悬浮液得到 RGO，其颜色从浅棕色变为深棕色，再变为黑色[39]。另一方面，利用电化学还原法去除 GO 中的含氧基团，可得到 RGO[40, 41]。Zhou 等人[42]报道了 RGO 样品的制备方法，其 C:O 为 23.9:1，电导率为 $85Scm^{-1}$。

综上所述，石墨烯可用多种方法制备，如化学气相沉积法、电化学和化学法、外延生长法、微机械剥离法、电弧放电法、石墨插层法、碳纳米管解聚法等。在化学方法中，石墨氧化后，利用还原剂还原为石墨烯。石墨烯可利用重铬酸盐氧化石墨，再用肼还原而合成出来[43]。石墨烯纳米片也可通过电泳沉积（EPD）方法合成。例如，通过 EPD 方法将石墨烯片沉积在泡沫镍[44]和铝[45]上。Kumar 等人[46]采用微波等离子体增强化学气相沉积（PECVD）方法，制备了氮掺杂石墨烯；Florescu 等人[47]利用激光热解技术合成了多层石墨烯；Guo 等人[48]在氢气中应用直流电弧放电法，利用石墨电极得到了石墨烯。Soldano 等人[49]报道了合成石墨烯的不同方法，它们都有优缺点。例如，从氧化石墨烯中获取石墨烯是一种通用且快速的工艺，但其胶体悬浮液的稳定性有限，在还原过程中观察到仅有部分转化。机械剥离法经济实惠，不需要特殊设备，但会形成不均匀膜，而且费力。最均匀且具有大表面积的薄膜，是利用外延生长技术获得的。然而，这是一个能量密集型过程，其形貌难以控制。对于石墨烯合成，从效率角度看，等离子体增强化学气相沉积法（PECVD/热 CVD）是首选方法，可获得较好结晶度的石墨烯。PECVD 可在任何衬底上形成石墨烯薄膜，因此用途广泛。

11.2.2 碳纳米管基材料的合成概述

虽然有多种 CNT 的合成方法，但只有电弧放电法、激光烧蚀法和化学气相沉积法被人们广泛采用。

1. 电弧放电法

合成 CNT 的最早方法之一是电弧放电法[50, 51]，CNT 最初形成在阴极上，碳原子则从阳极提供。这是因为在惰性气体中，50～100A 的电流通过一对彼此非常接近的石墨电极[10, 52]。阳极表面的碳蒸发自然导致阳极长度变短，而碳团簇则以 MWCNT 形式排列并沉积在阴极上[53-55]。

利用 Fe、Co、Ni、Cu、Ag、Al、Pd、Pt、Fe/Co、Fe/Ni 等金属纳米粒子，催化剂沉积以促进 SWCNT 生长[56-59]。这些金属纳米粒子用于催化 SWCNT（直径为 1～5nm，长为 1μm）的生长[60]。与其他方法相比较，该方法得到的产物具有更好的性能。尽管需要约 1500℃的高温，但其产率很高[61]。

2. 激光烧蚀法

这种技术利用强激光在热氦（He）或氩（A）气氛中烧蚀碳靶。在这种方法中，脉冲激光束照射石墨，同时将石墨在炉中加热到约 1200℃，蒸发的碳被载气带至较冷的铜收集器上，CNT 则冷凝沉积于其上[6, 52]。用过渡金属催化剂预浸渍石墨靶也可生成 SWCNT。据报道，几毫秒就可生长 SWCNT[59, 62, 63]。此外，使用该技术还得到了具有不同直径的 MWCNT 及其他产品，如富勒烯和碳副产物[64]。工艺参数如光强、炉温、碳氢化合物类型和载气，决定了 CNT 的形态结构和性能[10]。这种技术的唯一限制是要求高纯度石墨棒，这无疑增加了生产成本[6, 65, 66]。

3. 化学气相沉积法

这是一种相对缓慢的方法[67, 68]，可大量生产长 CNT。它使用预先用 He 或 Ar 等惰性气体冲洗10分钟的石英管,然后在400℃左右的氢气气氛中使用还原催化剂(担载在MgO、CaCO$_3$、Al$_2$O$_3$或Si上的Fe、Co、Ni或Mo)处理半小时。在有催化系统的石英管内,加热碳氢化合物源(气态乙炔/甲烷、苯/醇等液体或樟脑/萘等固体)到700℃~1000℃。在理想催化体系上热解含碳氢化合物分子合成出CNT,这些催化剂为CNT的生长提供了成核位点[61]。从分解的碳氢化合物中获得的碳原子,溶解并扩散到金属表面,最终以CNT的形式排列和沉淀[69]。研究发现,基于混合二元金属催化体系可得到更高产率的MWCNT和SWCNT[70, 71]。

11.3 EMI屏蔽材料的一般特性

11.3.1 石墨烯材料的一般特性

在石墨烯层内,C—C键长约1.42Å,且键合非常强,而相邻层之间的键合较弱。Stoller等人[72]报道了单片石墨烯的比表面积为2630m^2g^{-1}。除了高杨氏模量(1.0TPa)和非常高的载流子迁移率(约200000cm^2Vs^{-1})[73],石墨烯也具有优异的光学性能(透光率大于97.7%),带隙为0~0.25eV[74]。

一些具有巨大应用潜力的重要特性如下:

- 高杨氏模量约为1000GPa。
- 有效防潮。
- 导电性与铜的相似。
- 密度是铜的1/4。
- 导热率是铜的5倍。
- 解聚的CNT,其高表面积约为2500m^2g^{-1}。

石墨烯及其复合材料异乎寻常的导电性,使其可用于半导体。Enoki等人[75]报道了纳米石墨烯的优异磁性能及其在电子和磁性器件中的应用潜力。石墨烯的导热率随碳同位素^{12}C和^{13}C的相对比值变化[76]。总体而言,石墨烯在现代电子产品、航空航天、医疗仪器、汽车工业等领域中有着广阔的应用前景。

11.3.2 碳纳米管基材料的一般特性

SWCNT有三种形式——"扶手椅型""手性"和"锯齿型",它们由碳原子六角形晶格相对于纳米管轴线方向的取向程度决定。不同形式CNT的理论模型在文献中有报道[7, 52, 61, 77]。

除手性外,石墨化程度及其直径[52]也会影响CNT的特性。与石墨烯类似,碳纳米管具有以下特性:

- 高长径比。
- 大表面积,低质量密度。
- 优异的抗拉强度,即机械强度高。
- 高导热性。
- 优异的导电性。
- 电子行为多样性[6-8],作为"量子线"具有半导体或金属性能[7-9]。

在CNT中,石墨烯片卷曲成圆柱体,此时π轨道在纳米管道外变得更加离域,使得σ键稍微偏离平面[10]并导致π-σ再杂化,提高了机械强度、电导率和导热性[78]。CNT的高电导率是因为π轨道的离域化。一般来说,若导带和价带之间的带隙是0eV,则视其为金属;若导带和价带之间的带隙为0.4~0.7eV,则视其为半导体型SWCNT。然而,具有较大带隙的SWNT

将用作绝缘材料。由于 MWCNT 的带隙较小，因此大多数表现为半金属[10]。

由于 CNT 的电阻率低（$10^{-6}\Omega m$）且存在少量缺陷，因此通过改变其晶格结构可极大限度地影响 CNT 的导电性[10]。若气体分子或掺杂剂被吸附在 CNT 表面或 CNT 束之间，则其电学特性和导电性将发生改变[79]。据报道，对 CNT 进行硼或氮替位掺杂，几乎可将其电导率提高 10 倍[80-83]。

在 SWCNT 中，石墨烯片折叠后，σ 键的轴向分量显著增加，因此观测到最高的杨氏模量和拉伸强度[10]，且与 CNT 直径成反比。当 SWCNT 束的直径从 3nm 增至 20nm 时，杨氏模量从 1TPa[8, 10]降至 100GPa[84]。由于 MWCNT 中存在许多同心纳米管，且管与管之间存在范德华力，因此它们对强度和杨氏模量的贡献远高于 SWCNT[10]，其中一些的强度是钢的 20 倍[8]。

11.4 电磁干扰屏蔽材料的电磁干扰屏蔽效能

11.4.1 石墨烯基材料的电磁干扰屏蔽效能

在日常生活中，日益增多的电子电气设备正使得我们的生活变得越来越舒适。然而，各种电子产品（手机、电脑和电视）由于诸多因素无法发挥其最佳性能，其中的一个障碍是由多个设备发出的电磁波相互交叉引起的电磁干扰（EMI）。另一方面，有报道指出，由于过度暴露于电磁波，可能会对一些生物（包括人类）健康带来负面影响。因此，谨慎的做法是，将新一代电子设备完全或部分地封闭在 EMI 屏蔽体中，阻碍和防止电磁辐射的进入或逸出，进而避免干扰。使用这种 EMI 屏蔽体后，不仅会显著提高设备性能，而且可以提供额外的安全性，防止可能的健康危害。这种带有 EMI 屏蔽体的设备具有被人们广泛接受的应用前景[85]。屏蔽材料的其他几个应用包括携带信号的屏蔽电缆，保护其不受外部 EM 辐射的影响。

由于石墨烯的电导率与其作为屏蔽材料的效能直接相关，据报道石墨烯的电导率随石墨烯层数的增加而降低，最终接近石墨的电导率值[86]。一般来说，电磁干扰屏蔽效能（EMI SE）可视为吸收屏蔽效能（EMI SE_{abs}）和反射屏蔽效能（EMI SE_{ref}）之和[87]。

电磁屏蔽机制如图 11.3 所示。

当电磁波入射到几乎均匀的屏蔽材料上时，电磁波的入射功率（P_{in}）会被反射（P_{ref}）、透射（P_{trans}）和吸收（P_{abs}），因此[88]可分成多种形式：

$$P_{in} = P_{ref} + P_{trans} + P_{abs}$$

一般来说，屏蔽效能是透射功率与入射功率之比的对数，即 EMI SE (dB) = $10\log(P_{trans}/P_{in})$。

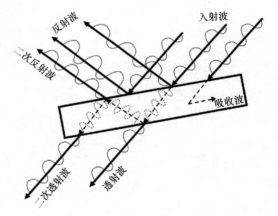

图 11.3 电磁屏蔽机制

Saini 等人也给出了屏蔽效能（SE）的表达式[89]，可用标量或向量网络分析仪（SNA 或 VNA）进行测量。屏蔽的理论部分已在本书的前几章中论述，在此不再赘述。

非导电材料如聚酯和聚丙烯能够完全传输电磁波而不损耗功率，因此不提供保护，导电材料（石墨烯和 CNT）、具有高介电常数的材料（钡和钛）以及具有磁导率的材料（铁/氧化铁），提供可吸收电磁波的磁偶极子。在大多数情况下，这种屏蔽材料吸收电磁波，以热量形式耗散，并且提供屏蔽效应[90, 91]。

采用物理气相沉积方法，可以制备不同重量比的石墨烯和碳纳米纤维。石墨烯碳纳米纤维复合材料纸的 EMI SE 为-15dB。最大屏蔽效能为-34.5dB，相应的损耗率为 99.97%，即这种复合材料具有显著的吸收性能，这是由于纸张微表面的不规则性及石墨烯的最高电导率[92]。

据报道，一种石墨烯基 EMI 屏蔽材料[26]涉及在部分还原石墨烯（RGO）薄片悬浮液中加入环氧/固化剂（在丙酮中为 4:1）溶液。将搅拌和超声处理后的悬浮液放入模具，使溶剂完全蒸发。将切割的复合材料样品在 250℃氮气下退火 2 小时，即可完整提供 RGO 基复合材料[26]。在 15wt%的填料含量下，这种复合材料在 8.2～12.4GHz（X 波段）频率范围内的 EMI SE 为 21dB，展现出作为屏蔽材料的巨大潜力。结果表明，这种轻质石墨烯/环氧树脂复合材料具有广阔的应用前景[93]。

具有交替单碳键和双碳键的环氧树脂产生空间离域电子系统。因此，石墨烯和具有极高电导率的碳纳米管等填料可用于制备含有这些碳基粒子的 EMI 屏蔽复合材料。当 CNT 和石墨烯嵌入这种树脂时，可制成具有高 EMI SE 的复合材料。然而，复合材料的几何形状、成分、填充量以及复合材料的性质和形态[94]决定了复合材料提供电磁辐射防护的最终性能。例如，要获得相同的电导率，在聚合物基体中添加的 CNT 量比添加的石墨烯量要小得多。随着 CNT 添加量的增加，微波吸收率也随着介电损耗的增加而提高，而其损耗源于波反射而非吸收[95]。当石墨烯含量低至 2.6vol.%时，16GHz 处的微波吸收为 38.8dB[96]。镀镍石墨烯由于介电损耗而显示出微波吸收，在 1～18GHz 频率范围内的吸收从 6.5dB 提高到 16.5dB。这是镍涂层将石墨烯从顺磁性状态转变为铁磁性状态的结果。当石墨烯含量为 1.8vol.%时，聚甲基丙烯酸甲酯（PMMA）/石墨烯复合材料在 9.25GHz 处的最大吸收为 18dB[97]。

采用高压压缩成形技术制备了多孔石墨烯/聚苯乙烯复合材料。这种轻质复合材料的 EMI SE 为 $64.4dBcm^3g^{-1}$，这是厚度为 2.5mm 的聚合物基屏蔽材料的最大值。这种轻质材料可用于航空航天工业[98]。

利用电感耦合等离子体（ICP）化学气相沉积得到的单层石墨烯的 EMI SE 为 2.27dB，相当于 40%的入射辐射屏蔽率。使用单层或多层石墨烯制备了这样的超薄、超轻、透明和柔韧 EMI 屏蔽材料。这种产品可用于手机、透明电子产品等领域[99]。

从石墨直接剥离出几层的石墨烯后，用石蜡制备得到了石墨烯/蜡复合材料。与石墨/蜡复合材料相比，该复合材料的 EMI SE 有所提高。这种效果要归因于石墨烯片的排列增强了内部反射和吸收，进而提高了屏蔽效能[100]。

在聚氨酯衬底上采用化学气相沉积法生长出了石墨烯（单层），这种石墨烯/PU 复合材料在 X 波段表现出微波衰减，体现了作为微波吸收体的潜力。这种轻质、柔韧且透明（透光率为 90%）的材料在现代电子产品中具有广泛的应用潜力[101]。

高导电性铁磁流体复合材料中含有还原氧化石墨烯（RGO）和 Fe_3O_4 纳米粒子（直径为 5～20nm），由此制备的高性能微波屏蔽材料的 EMI SE 为 41dB（99.9%的衰减）。拉曼光谱证实 RGO 和 Fe_3O_4 粒子之间存在强相互作用，这种作用体现为 RGO 在较低波长处的偏移。如此高的屏蔽水平是由铁流体的自然共振和涡流效应带来的磁损耗累积贡献的。RGO 引起的介电损耗，归因于自然共振、偶极弛豫、界面极化、电子极化相关弛豫、RGO 片中的残留缺陷和较高的电导率。这类材料在构建具有 EMI SE 的块状材料时大有作为[102]。

传统的金属类型屏蔽材料虽然非常有效，但存在易腐蚀且重量大的问题，因此石墨烯和碳纳米管（CNT）在屏蔽射频和微波范围内的电磁辐射方面具有很好的应用潜力。有研究[103]比较了采用真空过滤技术制备的石墨烯薄膜和采用化学气相沉积技术在过渡金属基合金[104]上制备的 CNT 以及它们的 EMI SE。在这两种情况下，都观测到了 99.9%的辐射衰减，表现出了极高的效能。MWNT 的 EMI SE 为 41dB，而石墨烯薄膜的 EMI SE 为 35.8dB。它们的直流电导率分别为 $143Sm^{-1}$ 和 $44.6Sm^{-1}$。

以 Fe$_3$O$_4$ 修饰 RGO（Fe$_3$O$_4$-RGO）和聚 3,4-乙烯二氧噻吩（PEDOT）为原料，使用聚离子液体制备了混杂复合材料。研究发现，聚离子液体可防止 Fe$_3$O$_4$-RGO 的聚集，并使 PEDOT 与 Fe$_3$O$_4$-RGO 纳米材料相结合。由于电阻率最低，在 1%的含量下，其 EMI SE 达到 22dB[105]。

MnO$_2$ 修饰的石墨烯纳米带具有很高的微波屏蔽效能[106]。在石墨烯纳米带（GNR）上修饰超薄化学合成的 MnO$_2$，可形成 MnO$_2$ 插层石墨烯。该材料的表征结果表明，在 GNR 中存在 MnO$_2$，这有助于增强微波作用下的电子极化和界面极化。对于 3.0mm 厚的样品，EMI SE 为-57dB（12.4~18GHz）。电磁波的屏蔽是由于吸收机制而非反射机制。这种屏蔽效能取决于样品厚度，且可根据要求进行优化。因此，这种 MnO$_2$ 涂覆石墨烯纳米带的新方法不仅环保，而且成本低廉，可形成微波吸收产品[107]。

高能球磨法可用于制备钡铁氧体修饰 RGO（BaFe$_{12}$O$_{19}$@RGO）纳米复合材料。钡铁氧体（BaFe$_{12}$O$_{19}$）纳米粒子（直径为 20~30nm）被牢固锚定并均匀地分布在 RGO 片上。复合材料中的纳米粒子增强了空间电荷极化、自然共振和多重散射；在 12.4~18GHz（Ku 波段）频率范围内，当临界厚度为 3mm 时，EMI SE 高达 32dB（99.9%衰减），因此这些复合材料可用作微波吸收材料[108]。

大长径比和高电导率的石墨烯与 CNT，是 EMI 屏蔽材料的最佳候选者，它们的应用报道有很多[73, 109]。

11.4.2 碳纳米管基材料的 EMI SE

采用简单的丝网印刷方法，制备了 CNT、石墨和炭黑片等碳基薄膜，并且评估了其 EMI 屏蔽效能。研究发现，CNT 片在 EMI 屏蔽方面更有效，这可从 150μm 厚、含 15wt% CNT 薄膜的 EMI SE 为 23dB（商业所需）这个事实看出，这个 EMI SE 与 1.5mm 厚、含 15wt% CNT 的环氧树脂/复合材料的值相媲美。由于其他两种碳材料（石墨烯片和炭黑团簇），其结构具有比 CNT 的层更大的层间距离，因此具有极高的连通性。分散良好的 CNT 具有奇高的电导率，因此增强了 EMI SE[110]。

研究了不同厚度和含量的 MWCNT/聚丙烯（PP）复合材料板。观察到的 EMI 屏蔽主要基于吸收机制，其次是反射机制。MWCNT 内表面和外表面之间的多次反射降低了整体 EMI SE。MWCNT/PP 复合材料的 EMI SE 与 MWCNT 含量和屏蔽板厚度正相关[111]。

使用 PMI 泡沫和 PE 基体，以及 SWCNT、SWCNT/MWCNT 混合 BP（Bucky papers，巴基纸）和长 MWCNT BP，制备了纳米复合材料层压板。在 2~18GHz 频率范围内，单层 BP 复合材料的 EMI SE 为 20~60dB。由于 SWCNT 或长 MWCNT BP 的高导电性，其 SE 要高得多。随着 CNT 含量、导电 BP 层数的增加以及利用双屏蔽效应（其中两个高导电性 BP 由绝缘间隙相互分开），该 SE 可提高到 45dB，甚至可接近 100dB[112]。

对多壁 CNT-聚甲基丙烯酸甲酯（MWCNT-PMMA）复合材料的 EMI SE 进行了测试。通过堆叠 7 层 0.3mm 厚的 MWCNT-PMMA 复合膜，8.2~12.4GHz 频率范围内的 EMI SE 高达 40dB，而 1.1mm 厚的复合薄膜的 SE 为 30dB。这遵从 EM 波屏蔽的吸收机制。复合材料的抗拉强度、弯曲强度和杨氏模量均优于简单聚合物片材。因此，制备结构更强的 EMI 屏蔽材料成为可能[113]。

将 MWCNT 分散液与聚苯乙烯粉末混合，得到聚苯乙烯包覆 MWCNT 颗粒。通过热压缩成形制备的微球含有极低的 MWCNT（含量为 0.05wt%）。然而，与使用碳纤维和炭黑等填料得到的复合材料相比，本例中的 EMI SE 得到了改善。为了在消费电子产品中将这种复合材料用作 EMI 屏蔽材料，其 EMI SE 至少应达到 15~20dB，因此需要增大 MWCNT 含量（5wt%），其 EMI SE 为 23.5dB[114]。

对于厚度为 2mm 的 MWCNT 和氧化石墨烯基环氧复合材料，在 8～18GHz 频率范围内研究了其微波吸收性能。结果表明，氧化石墨烯 MWCNT/环氧树脂复合材料的 EMI SE 优于单纯的 MWCNT/环氧树脂复合材料。在总填料含量为 6wt%的情况下，氧化石墨烯含量的比例是 0.4wt%～0.6wt%，反射屏蔽效能分别为-14.32dB 和-14.29dB。与含量只有 6%的 MWCNT/环氧树脂相比，这些复合材料的电磁波吸收率分别提高了 179%和 178.6%。由于氧化石墨烯和 MWCNT 具有较高的电导率与介电常数，因此均表现出较高的 EMI SE。这表明氧化石墨烯和 MWCNT 在聚合物复合材料中的协同作用可以提高屏蔽效能[115]。

MWCNT 分散在聚电解质和表面活性剂中，在去离子水中超声处理 2 小时后涂覆在棉织物上。然后，将涂有 MWCNT 的棉织物在烘箱中干燥，循环多次以增加含量。与含表面活性剂的涂层相比，含聚电解质涂层的织物具有更好的屏蔽效能，这是由于分散均匀性提高了织物的电导率和屏蔽效能。屏蔽效能随着浸渍次数的增加及织物上附着的 MWCNT 量的增加而提高，最大值为 11.48dB（92.9%的 EM 能量被织物屏蔽）。较高的吸收率（68%）遵循 EMI 屏蔽的吸收机制[116]。

与未填充的 CNT 相比，填充 Fe 的 CNT 的微波吸收能力大大增强。这种填充铁的 CNT 称为磁化 CNT。它们是用纳米粒子填充[117, 118]或涂覆[119, 120]空心 CNT 或载有 Fe 催化剂的 CNT[121]得到的。Ag 和 Sn 填充的碳纳米管提高了微波吸收带宽[74]。

11.5　结构与电磁干扰屏蔽效能的关系及其应用综述

11.5.1　石墨烯材料的结构与 EMI SE 的关系

使用原始态石墨烯可构建互连的全石墨烯电路系统，并可生产半导体。功能化石墨烯实际上是无序的，其产品类似于石墨烯纸[3]，具有较好的孔隙率，且极其脆弱，可像羽毛一样飞舞。相比之下，由氧化石墨烯制成的类似纸张则具有高强度、高刚度和高密度。这是因为官能团将单独的石墨烯层结合到了一起。石墨烯是在电子领域具有巨大应用潜力的材料。石墨烯用于透射电子显微镜，作为一个单晶和一种低原子质量膜，为原子级分辨率 TEM 提供了最好的支撑。基于石墨烯的电池、场发射器和超级电容器也有报道。石墨烯悬浮液可用于涂层和任何有需要的电磁屏蔽。石墨烯也是纳米机电系统的最佳材料，原因是其高刚度、低质量可用于传感操作[122]。

具有隔离结构的原位热 RGO/聚乙烯（TRGO/UHMPE）导电复合材料，在 RGO 含量低至 0.660vol.%时，也能提供高达 28.3～32.4dB 的 EMI SE。这来自吸收机制而非反射机制，因为吸收机制对 EMI SE 的贡献为总 SE 的 95.5%，而反射机制对 EMI SE 的贡献仅为 3.5%。此外，随着复合材料中 TRGO 含量的增加，SE 随之增加。因此，TRGO 和超高模量聚乙烯（TRGO/UHMPE）复合材料可用作 EMI 屏蔽或吸波材料，应用于消费、医疗和汽车电子产品等领域[123]。

多层石墨烯纳米片/聚合物（PVA、聚乙烯醇）复合材料可制备成石蜡基夹层结构。它们具有良好的柔韧性，并且表现出高 EMI SE。这主要是由于电磁波的反射。根据给定应用的 EMI SE 临界值，可对这种复合几何形状进行优化，而这可能需要改变厚度，进而增加石墨烯薄片的使用层数。优化后的屏蔽效能可达 27dB。这为实现用于 EMI 屏蔽的轻质石墨烯基复合薄膜和涂层提供了一种简单的技术[124]。

雾化沉积法用于获得厚度为 3～8μm 的分散石墨烯纳米片（GNP）薄膜。使用不同浓度的 GNP 悬浮液，EMI SE 可达 18dB。与相同条件下的 CNT 基薄膜相比，GNP 薄膜的性能更优，因为 GNP 的二维形状降低了相邻纳米结构之间的接触电阻。在 CNT 基薄膜中发现了纳米结构的无序分布，可能是因为形成了丝状聚集体。相比之下，使用浓度低至 0.5mgml^{-1} 的悬浮液的 GNP 薄膜获得了较高 EMI SE，因为在超稀悬浮液中膨胀石墨的剥离效果更好，且薄膜横截面的高度层压形态也可能是因为 GNP 的二维形状。经 250℃热退火后，GNP 薄膜的 EMI SE 为 30.6dB，是原始值的 3 倍，这要归因于在薄膜层状结构中捕获的溶剂分子的蒸发[125]。

GO 作为一种前驱体，其边缘具有丰富的含氧官能团；它们在水中具有良好的加工性和分散性。这是 GO 在获得良好分散纳米复合材料方面的重要优点之一。然而，由于 GO 中的这些含氧基团破坏了共轭碳主链，电导率受到限制，因此需要额外的还原步骤来恢复电导率。通过水铸法制备了自取向 RGO/环氧树脂纳米复合材料，发现其具有高度各向异性的机械和电学性能。由于均匀分散的高长径比（大于 30000）单层石墨烯片，在 0.12vol.%的极低含量下，得到了极高的介电常数和优异的 EMI SE。据报道，在 1kHz 下，3wt%的 RGO 实现了超过 14000 的介电常数，其中 RGO 片及其排列成层状结构起重要作用，这是公开文献报道中最高的介电常数。根据 Maxwell-Wagner-Sillar 极化原理，电荷积聚在高度排列的导电填料/绝缘聚合物界面上，这是形成如此高的屏蔽效能的原因。几乎与插入的环氧薄膜平行的 RGO 片，构成了具有高电荷存储容量的纳米电容器网络。这种电荷吸收使得其成为具有高达 38dB EMI SE 的优异材料。比较各种氧化石墨烯/聚合物和自排列 RGO/聚合物复合材料之间的 EMI SE，表明 RGO 片的这种排列方式是其性能提高的原因。在给定填料含量的情况下，具有取向 RGO 片的纳米复合材料的介电常数，至少比含有 CNT、RGO 和石墨烯的类似聚合物基纳米复合材料的介电常数高一个数量级[126-129]。结构-性质关系反映在这类观察中。因此，可以得出结论：RGO 的超大尺寸，在水性环氧树脂中的优异分散性，在原位还原过程中仍能保持的分散稳定性，以及 RGO 片自排列而成的层状结构，都是此类材料具备高 EMI SE 的因素[130]。

以含有磺酸盐官能团的水性聚氨酯（WPU）为基体，利用静电纺丝制备了柔性的轻质 RGO 基复合材料。采用逐层（L-b-L）技术首次制备了氧化石墨烯（GO）/WPU 复合材料。在这种情况下，使用两种带相反电荷的 GO 悬浮液，一种含有吸附阳离子表面活性剂［二十二烷基（二甲基）溴化铵，DDAB］的 GO，另一种含有阴离子的 GO，并用这种 GO 双层包覆 WPU 纤维。这些 GO 包覆的 WPU 静电纺丝纤维建立了良好连接。随后，用氢碘酸对其进行还原，得到了界面表面积增大的 RGO/WPU 复合材料。这种柔韧的轻质复合材料表现出了极高的电导率（约为 16.8Sm^{-1}），以及在 8.2～12.4GHz 频率范围内的高 EMI SE（约为 34dB）。这些材料可用于软便携式电子产品、健康监测电子皮肤和卷轴式显示器。

众所周知，高导电性和导电网络完整性对复合材料的 EMI SE 起至关重要的作用[111, 131, 132]。经过 L-b-L 组装循环后的 WPU 纳米纤维提供了连续的导电路径，还原后形成 RGO，进而提高了 EMI SE。纳米复合材料界面上 RGO 片表面积的增大，使其能够吸收电磁波并防止外泄，进而将电磁波转化为热能，表现出较高的 EMI SE。这种效应主要归因于电磁辐射的吸收，因为吸收的 EMI SE 几乎接近 EMI SE 总值，而反射的贡献可以忽略不计。WPU 上 RGO 层数增至 15 层，有利于提高 EMI SE。然而，当 RGO 层数增至 20 层时，EMI SE 不再简单提高，因为氢碘酸无法还原下层的 GO，也就无法形成连接的网络[133]。

低密度石墨烯纸（GP）较厚，限制了其在消费电子产品中的应用。因此，需要超薄的 GP。据报道，这种材料具有高效的屏蔽能力（厚度为 0.1mm 时 SE 为 19.0dB，厚度为 0.3mm 时 SE 为 46.3dB）。这是超薄 GP 中最好的一种。据报道，双层 GP 或屏蔽衰减器在厚度为 0.1mm 时 SE 高达 47.7dB[134]。

与未发泡的聚碳酸酯/石墨烯纳米板复合材料相比，发泡复合材料的 EMI SE 提高了 100 倍，这里使用超临界二氧化碳作为发泡剂。这种 EMI 屏蔽主要基于反射机制，由发泡过程中形成的随机取向石墨烯颗粒产生，其 EMI SE 高达 78dBcm^{3}g^{-1}，是固体铜的 7 倍[135]。

大多数红外透明材料都是电绝缘体，而人们对透明材料的需求巨大。以不同几何结构的铜网作为基体，采用化学气相沉积法制备了石墨烯网状织物（GNF）。观测到 EMI SE 和 IR 透光率的变化呈相反趋势，当频率为 10GHz 时，最大 EMI SE 为 12.86dB，IR 透光率为 70.85%；当 IR 透光率增至 87.85%时，观测到的 EMI SE 仅为 4dB。然而，有可能通过优化 GNF 的结构获得商业上预期的超过 90%的 IR 透光率，同时获得至少高达 20dB 的 EM 屏蔽效能[136]。

导电聚合物如聚吡咯（PPY）基复合材料含有另一种导电材料，如多层石墨烯（MLG），而 MLG 通过原位氧化聚吡咯锚定在二氧化钛（TiO$_2$）上。在 12.4～18GHz 频率范围内，PPY/MLG/TiO$_2$（占复合材料的 5%）的最大 EMI SE 为 53dB[137]，其中 46dB 来自吸收机制。

以镍粉为催化剂，可通过 CVD 合成石墨烯小球，也可通过简单压制转化成石墨烯纸。后者表现出高电导率和良好的断裂应力。厚度为 50μm 时，该石墨烯纸的 EMI SE 达到 60dB[138]。

11.5.2　CNT 基材料的结构与 EMI SE 的关系

光致发光光谱、X 射线光电子能谱（XPS）、扫描隧道显微镜（STM）、中子衍射、X 射线衍射、透射电子显微镜、红外光谱和拉曼光谱是用于了解 CNT 结构特征的一些物理表征技术[139]。在各种方法中，TEM 分析可给出壳层间距、手性指数和螺旋度。红外光谱学可提供合成过程中的残留杂质信息。拉曼光谱是一种快速、无损的方法，也是表征碳纳米管最有力的技术。在交流双向电泳作用下，SWNT 具有感应偶极矩，这有助于分离这些 SWCNT[140]。

在表面活性剂如十二烷基硫酸钠中可进行超声操作，可分离 SWCNT 管束。借助于双向电泳，在电极上沉积金属类型的管，而半导体类型仍保持在悬浮液中。Chattopadhyay 等人[141]的研究表明，SWCNT 在四氢呋喃（THF）的十八烷基胺（ODA）中形成稳定悬浮液，归因于沿 SWNT 侧壁 ODA 分子的物理吸附与组织。金属型管的性质不敏感，而半导体型纳米管的电学性质可通过吸附烷基胺改变[142]。

利用 MWCNT 填充氟碳聚合物，再加入更多的聚合物、固化剂和发泡剂对其进行稀释，制备了一种新型弹性体发泡纳米复合材料。这种含 MWCNT 的碳氟化合物轻质泡沫表现出了电磁静电放电（ESD）和 EMI SE。结果表明，泡沫化使重量减轻了 30%，而对其 ESD 或 EMI 特性的影响微乎其微。研究发现，逾渗阈值约为 2wt% CNT，饱和电导率则出现在 8wt% CNT[143]。

当 CNT 的官能团与活性乙烯三聚物（RET）的环氧链环反应时，得到高度分散的一体化 CNT/RET 复合材料。它具有低电逾渗体积比（约为 0.1vol.%）和出色的 EMI SE。单壁和多壁 CNT 基复合材料的 EMI SE 均因这种反应而提高。与 RET 基体中分散的非官能化 SWNT 相比，用-COOH 官能化 CNT 的 SE 要高出一个数量级。-COOH 官能化 CNT 的均匀分散提高了连接度，表现出了更高的 SE。SWCNT 的含量越高，EMI SE 就越高。有趣的是，与官能化的 MWCNT/RET 复合材料相比，官能化的 SWCNT 的 EMI SE 几乎高出 100 倍。这是由于与 SWCNT 相比，MWCNT 的长径较短，导致逾渗减小，降低了 SE[144]。

利用 Haake 混合器稀释母料（15wt% MWCNT），然后注射成形，制备了多壁 CNT/聚碳酸酯（MWCNT/PC）复合材料。通过改变操作条件参数，创建了各种 MWCNT 排列。随着 MWCNT 含量的提高及屏蔽材料厚度的增大，由反射机制和吸收机制产生的 EMI SE 随之提高[145]。

制备了不同纳米管含量的聚对苯二甲酸丙二醇酯（PTT）/MWCNT 复合材料。在 12.4～18GHz 频率范围内，对于 10% (w/w)的 MWCNT，PTT/MWCNT 复合材料的 SE 为 36～42dB。

屏蔽主要以吸收机制为主，因此该复合材料可安全地用作轻质 EMI 屏蔽材料，尤其是用于微波和雷达[146]。

屏蔽材料的表面积对最终的屏蔽效能起重要作用。泡沫材料或具有高表面积的材料会导致非常高的多次反射，也会导致电磁波的透射衰减[147]。高导电材料更容易引起电磁波的反射，反射程度则取决于屏蔽材料的导电性及其磁导率。因此，总体而言，电磁波的屏蔽源于反射、多次反射以及耦合偶极子极化的吸收机制。

作为复合材料填料时，与碳纳米纤维（CNF）相比，具有大长径比、小直径、高电导率的 CNT 能更有效地屏蔽电磁波。换句话说，获得相同 20dB 的 EMI SE，所需的 CNT 重量仅为 CNF 重量的四分之一；或者当填充材料的重量相同时，与 CNF 复合材料相比，CNT 基复合材料具有非常高的 SE。

与 SWCNT 相比，MWCNT 具有更高的导电性，能提供更好的 EMI SE。在 12.4～18GHz 频率范围内，当聚苯乙烯基体中的填料含量都是 5%时，比较 MWCNT 和 Ag 纳米粒子的电导率贡献，MWCNT 的 SE 为 22dB，而银纳米粒子的 SE 为 0.46dB。MWCNT 的导电性增强是由于其大长径比、分散，以及在 PS 复合材料中形成了连续导电网络[148]。此外，研究发现屏蔽材料（复合材料）的厚度越大，其 EMI SE 就越高。在较高的频率范围内，复合材料的厚度影响很大，因此导电材料应该很好地分散在复合材料中。

当将含有 Fe 的 MWCNT 作为 PMMA 基体填料时，可以提高入射辐射的吸收，且有助于增强射频和微频率范围的 EMI 屏蔽[121]。据报道，负载 Fe_3O_4 和 Fe 填料的 MWCNT 在环氧树脂中分散后，显示出了非常高的 EMI 屏蔽水平[149]。填料的几何形状在屏蔽中也起重要作用。大表面积的 CNT 厚膜，其 EMI SE 为 61～67dB[150]。大 SE 要归因于形成了高度互连的导电网络，增强了移动载流子通道，因为 CNT 厚膜实际上包含缠结的纳米管束。磁性纳米颗粒在 CNT 中的排列也能增强屏蔽效能。CNT 填充的聚乙烯分散在聚丙烯基体中表现出了各向异性的导电行为，纵向上的电导率非常高，而横向上的电导率则完全不同。这是由于聚丙烯在厚度方向上表现出的绝缘行为有助于各向异性电导率[151]。

CNT 薄膜与聚 N-异丙基丙烯酰胺（PNIPAM）基体形成纳米复合材料，这是一种环境安全且具有生物相容性的多孔水凝胶。结果表明，CNT/PNIPAM 复合材料在几微米厚度下的 EMI SE 为 20～30dB，通常需要 10 倍厚的 CNT 聚合物复合材料才能达到这个值。电子束交叉关联，有助于在不牺牲薄膜光学透明度的情况下增强电导率[152]。

利用各种技术如激光烧蚀或化学气相沉积，可将超声处理后的 SWCNT 和 MWCNT 喷涂到基材上。这种涂层材料最近面临着挑战——需要有 90%及以上的高透光率才能得到非常好的透明度，以及约 20dB 及以上的屏蔽效能。这种技术在笔记本电脑面板、移动设备等方面具有应用潜力。

采用共沉淀法制备了 CNT/聚 ε-己内酯（PCL）纳米复合材料[153]，采用超临界 CO_2 对纳米复合材料进行了发泡，得到了不同浓度 CNT 的泡沫。在这种结构中，发现 CNT 提高了泡沫层的电导率，而不同泡沫结构可使入射能量进入复合材料内部，降低反射率。在这种结构中，吸收机制占主导地位，因此在泡沫内部耗散能量。在这种情况下，分散过程和发泡过程实际上控制了电导率[154]。

当用 MWCNT/环氧复合材料测量电磁干扰屏蔽效能时，发现随着长径比的增大，逾渗阈值降低，电导率提高；例如，当长径比提高 5.5 倍时，屏蔽效能提高了 40dB。复合材料厚度也与屏蔽效能正相关；即使是 MWCNT 的含量低于 10%，屏蔽效能也会增至 90dB。这种材料在航空航天工业中具有很大的应用潜力[155]。

11.6 未来这些材料的研究和应用范围

随着人们生活方式的改变，对新一代消费电子产品的需求明显增加，这些产品提供的额外属性有利于当今以消费为导向的全球贸易环境。事实上，创新已成为获得竞争力的热门词汇，具有一些特殊性能的产品每天都出现在市场上。这不仅在消费电子产品中很明显，而且在医疗器械、汽车、航空航天工业等领域发生着革命性变化。这些材料已应用于可充电电池、水过滤器和体育用品等。这种需求推动了石墨烯和CNT的生产，全球年产量达到数千吨。CNT创新合成方法的出现，以及CNT的超纯化和改性，使得大表面积涂层集成薄膜电子产品能够达到卓越的机械强度、电导率和导热性。这本身就进一步加速了它们的应用潜力。通过对石墨烯和CNT加工，获得不同性能的复合材料至关重要。私营部门正在进行多方面的努力，研究石墨烯和CNT材料的创新应用，包括透明导体、风力涡轮机叶片、抗弹道废料、热界面等。然而，许多此类努力的数据仍然保密，不对外公开。

石墨烯和CNT的生产、管理，以及处理这些包含石墨烯和CNT的产品，正缓慢但稳步地引发环境保护机构和消费者的关注。电气和电子工程师协会（IEEE）和中国政府已经发布了一些管理和表征MWCNT的标准[156]，拜耳公司则主张CNT的暴露极限为$0.05 mgm^{-3}$[157]。石墨烯和CNT作为最轻的材料，可能会在空气中产生颗粒物，造成严重的处理问题。废物回收过程中也可能产生交叉污染，因此应由私营部门、大学和政府等各个利益攸关方共同努力，研究与这些产品有关的健康、安全和环境问题。这种对具有一种或多种属性的可持续产品的要求，如环保加工技术、符合生物相容性、透明度、轻薄性、高导热性和出色的EMI SE，进一步鼓舞了全球研究者的热情。对CNT需求的增加，自然会推动石墨烯的发展。除了许多即将问世的创新产品，用于热界面的三维CNT石墨烯网络[158]和抗疲劳石墨烯涂层气凝胶[159]也将在全球范围内得到越来越多的关注。

11.7 小结

目前，石墨烯和CNT在电子领域的变革中发挥着稳定而重要的作用，并且日益渗透到科学技术的各个领域。随着生活方式的不断改变，现代消费者的需求日益复杂，有时甚至出现截然相反的需求，如高EMI SE和高透明度，这些都推动了对此类产品的需求。随着石墨烯和CNT合成方法的进一步精细化，以及具有高质量、高精度的批量生产成为可能，基于石墨烯和CNT复合材料的设备将因为规模经济带来的价格降低而被更广泛的人群使用。文献综述清楚地表明，石墨烯和CNT材料的纯度、与聚合物基体结合的复合材料的厚度、重量、透明度、与基体的反应性、CNT网络的表面积、电连通性、CNT的金属纳米粒子填充、复合材料网络的发泡等，都对电磁干扰屏蔽效能有很大的影响。由于所有这些结构和工艺参数与EMI SE、导热系数等之间的关系均与基于反射、吸收、内部反射、极化等的屏蔽机制相关，通过对这些参数进行调控以提高最终性能，如所需的EMI SE，已在科学上成为可能。然而，并非所有石墨烯和CNT基复合材料都需要在一种材料中具备所有性能，因此其最终的特定用途将决定哪些性能需要增强和微调。从健康、安全和环保的角度看，生态友好的生产方式、应用、安全控制和处置过程将引起越来越多的关注。

随着越来越多的可穿戴电子产品的普及，对更好、性能更卓越产品的渴望将继续推动创新。因此，石墨烯和CNT领域将成为研发的中心舞台，它们将在EMI屏蔽材料中发挥关键作用。

参 考 文 献

1. Pereira, V.M., Neto, A.C., and Peres, N.M.R. (2009). *Phys. Rev. B* 80 (4): 045401.
2. Novoselov, K.S., Geim, A.K., Morozov, S.V. et al. (2004). *Science* 306 (5696): 666–669.
3. Hernandez, Y., Nicolosi, V., Lotya, M. et al. (2008). *Nat. Nano.* 3: 563–568.
4. Dikin, D.A., Stankovich, S., Zimney, E.J. et al. (2007). *Nature* 448 (7152): 457–460.
5. Iijima, S. (1991). *Nature* 354 (6348): 56–58.
6. Terrones, M. (2003). *Annu. Rev. Mater. Res.* 33 (1): 419–501.
7. Saito, R., Fujita, M., and Dresselhaus, M.S. (1992). *Phys. Rev. B* 46 (3): 1804–1811.
8. Dresselhaus, M.S. (2001). *Science* 292 (5517): 650–651.
9. Ajayan, M. and Zhou, O. (2001). *Carbon Nanotubes: Synthesis, Structure, Properties, and Applications*, 391–425. Berlin: Springer.
10. Meyyappan, M. (ed.) (2004). *Carbon Nanotubes: Science and Applications*. CRC Press.
11. Peigney, A., Laurent, C., Flahaut, E. et al. (2001). *Carbon* 39 (4): 507–514.
12. Mintmire, J.W. and White, C.T. (1995). *Carbon* 33 (7): 893–902.
13. Dresselhaus, M.S., Dresselhaus, G., and Saito, R. (1995). *Carbon* 33 (7): 883–891.
14. Ruoff, R.S. and Lorents, D.C. (1995). *Carbon* 33 (7): 925–930.
15. Ajayan, P.M. and Ebbesen, T.W. (1997). *Rep. Prog. Phys.* 60 (10): 1025.
16. Brodie, B.C. (1859). *Philos. Trans. R. Soc. Lond.* 149: 249–259.
17. Staudenmaier, L. (1898). *Ber. Dtsch. Chem. Ges.* 31 (2): 1481–1487.
18. Hummers, W.S. and Offeman, R.E. (1958). *J. Am. Chem. Soc.* 80 (6): 1339.
19. Dreyer, D.R., Park, S., Bielawski, C.W., and Ruoff, R.S. (2010). *Chem. Soc. Rev.* 39 (1): 228–240.
20. Johnson, J.A., Benmore, C.J., Stankovich, S., and Ruoff, R.S. (2009). *Carbon* 47 (9): 2239–2243.
21. Pei, S. and Cheng, H.M. (2012). *Carbon* 50 (9): 3210–3228.
22. Botas, C., Álvarez, P., Blanco, C. et al. (2013). *Carbon* 52: 476–485.
23. McAllister, M.J., Li, J.-L., Adamson, D.H. et al. (2007). *Chem. Mater.* 19 (18): 4396–4404.
24. Lv, W., Tang, D.M., He, Y.B. et al. (2009). *ACS Nano* 3 (11): 3730–3736.
25. Paredes, J.I., Villar-Rodil, S., Martínez-Alonso, A., and Tascón, J.M.D. (2008). *Langmuir* 24 (19): 10560–10564.
26. Becerril, H.A., Mao, J., Liu, Z. et al. (2008). *ACS Nano* 2 (3): 463–470.
27. Zhu, Y., Stoller, M.D., Cai, W. et al. (2010). *ACS Nano* 4 (2): 1227–1233.
28. Gao, W., Alemany, L.B., Ci, L., and Ajayan, P.M. (2009). *Nat. Chem.* 1 (5): 403–408.
29. Schniepp, H.C., Li, J.L., McAllister, M.J. et al. (2006). *J. Phys. Chem. B* 110 (17): 8535–8539.
30. Mattevi, C., Eda, G., Agnoli, S. et al. (2009). *Adv. Funct. Mater.* 19 (16): 2577–2583.
31. Yang, D., Velamakanni, A., Bozoklu, G. et al. (2009). *Carbon* 47 (1): 145–152.
32. Wang, X., Zhi, L., and Mullen, K. (2007). *Nano Lett.* 8 (1): 323–327.
33. Zhu, Y., Murali, S., Stoller, M.D. et al. (2010). *Carbon* 48 (7): 2118–2122.
34. Hassan, H.M.A., Abdelsayed, V., Abd El Rahman, S.K. et al. (2009). *J. Mater. Chem.* 19 (23): 3832–3837.
35. Cote, L.J., Cruz-Silva, R., and Huang, J. (2009). *J. Am. Chem. Soc.* 131 (31): 11027–11032.
36. Zhang, Y., Guo, L., Wei, S. et al. (2010). *Nano Today* 5 (1): 15–20.
37. Mao, S., Pu, H., and Chen, J. (2012). *RSC Adv.* 2 (7): 2643–2662.
38. Stankovich, S., Dikin, D.A., Piner, R.D. et al. (2007). *Carbon* 45 (7): 1558–1565.
39. Lu, G., Zhou, X., Li, H. et al. (2010). *Langmuir* 26 (9): 6164–6166.
40. Wang, Z., Zhou, X., Zhang, J. et al. (2009). *J. Phys. Chem. C* 113 (32): 14071–14075.
41. An, S.J., Zhu, Y., Lee, S.H. et al. (2010). *J. Phys. Chem. Lett.* 1 (8): 1259–1263.
42. Zhou, M., Wang, Y., Zhai, Y. et al. (2009). *Chem. Eur. J.* 15 (25): 6116–6120.
43. Chandra, S., Sahu, S., and Pramanik, P. (2010). *Mater. Sci. Eng. B* 167 (3): 133–136.
44. Chen, Y., Zhang, X., Yu, P., and Ma, Y. (2010). *J. Power Sources* 195 (9): 3031–3035.
45. Ata, M.S., Sun, Y., Li, X., and Zhitomirsky, I. (2012). *Colloid Surface A.* 398: 9–16.

46 Kumar, A., Voevodin, A.A., Paul, R. et al. (2013). *Thin Solid Films* 528: 269–273.
47 Florescu, L.G., Sandu, I., Dutu, E. et al. (2013). *Appl. Surf. Sci.* 278: 313–316.
48 Guo, G.F., Huang, H., Xue, F.H. et al. (2012). *Surf. Coat. Technol.* 228: S120–S125.
49 Soldano, C., Mahmood, A., and Dujardin, E. (2010). *Carbon* 48 (8): 2127–2150.
50 Iijima, S. and Ichihashi, T. (1993). *Nature* 363: 603–605.
51 Ebbesen, T.W. and Ajayan, P.M. (1992). *Nature* 358 (6383): 220–222.
52 Poole, C.P. Jr. and Owens, F.J. (2003). *Introduction to Nanotechnology*. Wiley.
53 Wilson, M., Kannangara, K., Smith, G. et al. (2002). *Nanotechnology: Basic Science and Emerging Technologies*. CRC Press.
54 Ajayan, P.M., Redlich, P., and Rühle, M. (1997). *J. Mater. Res.* 12 (01): 244–252.
55 Gamaly, E.G. and Ebbesen, T.W. (1995). *Phys. Rev. B* 53: 2083.
56 Ajayan, P.M., Lambert, J.M., Bernier, P. et al. (1993). *Chem. Phys. Lett.* 215 (5): 509–517.
57 Lambert, J.M., Ajayan, P.M., Bernier, P. et al. (1994). *Chem. Phys. Lett.* 226 (3): 364–371.
58 Journet, C., Maser, W.K., Bernier, P. et al. (1997). *Nature* 388 (6644): 756–758.
59 Zhang, Y. and Iijima, S. (1999). *Appl. Phys. Lett.* 75 (20): 3087–3089.
60 Reynhout, X. E. E.; Reijenga, J. C.; Notten, P. H. L.; Niessen, R. A. H.; Daenen, M., de Fouw, R. D.; and Veld, M. A. J. The Wondrous World of Carbon Nanotubes- a review of current carbon nanotube technologies. Eindhoven University of Technology, 2003.
61 Li, D., Müeller, M.B., Gilje, S. et al. (2008). *Nat. Nano.* 3 (2): 101–105.
62 Yudasaka, M., Ichihashi, T., Komatsu, T., and Iijima, S. (1999). *Chem. Phys. Lett.* 299 (1): 91–96.
63 Sen, R., Ohtsuka, Y., Ishigaki, T. et al. (2000). *Chem. Phys. Lett.* 332 (5): 467–473.
64 Guo, T., Nikolaev, P., Rinzler, A.G. et al. (1995). *J. Phys. Chem. A* 99 (27): 10694–10697.
65 Puretzky, A.A., Geohegan, D.B., Fan, X., and Pennycook, S. (2000). *J. Appl. Phys.* 70 (2): 153–160.
66 Yudasaka, M., Kokai, F., Takahashi, K. et al. (1999). *J. Phys. Chem. B* 103 (18): 3576–3581.
67 Ren, Z.F., Huang, Z.P., Xu, J.W. et al. (1998). *Science* 282 (5391): 1105–1107.
68 Kong, J., Soh, H.T., Cassell, A.M. et al. (1998). *Nature* 395 (6705): 878–881.
69 Biris, A.R., Biris, A.S., Lupu, D. et al. (2006). *Chem. Phys. Lett.* 429 (1): 204–208.
70 Seraphin, S. and Zhou, D. (1994). *Appl. Phys. Lett.* 64 (16): 2087–2089.
71 Seraphin, S., Zhou, D., Jiao, J. et al. (1994). *Chem. Phys. Lett.* 217 (3): 191–195.
72 Stoller, M.D., Park, S., Zhu, Y. et al. (2008). *Nano Lett.* 8 (10): 3498–3502.
73 Geim, A.K. and Novoselov, K.S. (2007). *Nat. Mater.* 6 (3): 183–191.
74 Zhang, L. and Zhu, H. (2009). *Mater. Lett.* 63 (2): 272–274.
75 Enoki, T. and Kobayashi, Y. (2005). *J. Mater. Chem.* 15 (37): 3999–4002.
76 Chen, S., Wu, Q., Mishra, C. et al. (2012). *Nat. Mater.* 11 (3): 203–207.
77 Saito, R., Fujita, M., Dresselhaus, G., and Dresselhaus, M.S. (1992). *Appl. Phys. Lett.* 60 (18): 2204–2206.
78 Geetha, S., Satheesh Kumar, K.K., Rao, C.R. et al. (2009). *J. Appl. Polym. Sci.* 112 (4): 2073–2086.
79 Krüger, M., Widmer, I., Nussbaumer, T. et al. (2003). *New J. Phys.* 5 (1): 138.
80 Zhao, J., Buldum, A., Han, J., and Lu, J.P. (2000). *Phys. Rev. Lett.* 85 (8): 1706.
81 Ajayan, P.M. (1999). *Chem. Rev.* 99 (7): 1787–1800.
82 Liu, X., Lee, C., Zhou, C., and Han, J. (2001). *Appl. Phys. Lett.* 79 (20): 3329–3331.
83 Czerw, R., Terrones, M., Charlier, J.C. et al. (2001). *Nano Lett.* 1 (9): 457–460.
84 Delaney, P., Choi, H.J., Ihm, J. et al. (1998). *Nature* 391 (6666): 466–468.
85 Saini, P. and Arora, M. (2012). Microwave absorbtion and EMI shielding behavior of nanocomposites based on intrinsically conducting polymers, graphene and carbon nanotubes. In: *New Polymers for Special Applications* (ed. A. De Souza Gomes), 71. InTech.
86 Nirmalraj, P.N., Lutz, T., Kumar, S. et al. (2011). *Nano Lett.* 11 (1): 16–22.
87 Cao, M.S., Song, W.L., Hou, Z.L. et al. (2010). *Carbon* 48 (3): 788–796.

88 Jagatheesan, K., Ramasamy, A., Das, A., and Basu, A. (2014). *Indian J. Fibre Text.* 39 (3): 329–342.
89 Saini, P., Choudhary, V., Singh, B.P. et al. (2009). *Mater. Chem. Phys.* 113 (2): 919–926.
90 Chung, D.D.L. (2000). *J. Mater. Eng. Perform.* 9 (3): 350–354.
91 Motojima, S., Noda, Y., Hoshiya, S., and Hishikawa, Y. (2003). *J. Appl. Phys.* 94 (4): 2325–2330.
92 Huang, L., Chen, D., Ding, Y. et al. (2013). *Nano Lett.* 13 (7): 3135–3139. doi: 10.1021/nl401086t.
93 Lianga, J., Wanga, Y., Huanga, Y. et al. (2009). *Carbon* 47 (3): 922–925.
94 Qin, F. and Brosseau, C. (2012). *J. Appl. Phys.* 111 (6): 061301.
95 Schmidt, R.H., Kinloch, I.A., Burgess, A.N., and Windle, A.H. (2007). *Langmuir* 23 (10): 5707–5712.
96 Bai, X., Zhai, Y., and Zhang, Y. (2011). *J. Phys. Chem. C* 115 (23): 11673–11677.
97 Zhang, H.B., Yan, Q., Zheng, W.G. et al. (2011). *ACS Appl. Mater. Interfaces* 3 (3): 918–924.
98 Yan, D.X., Ren, P.G., Pang, H. et al. (2012). *J. Mater. Chem.* 22 (36): 18772–18774.
99 Hong, S.K., Kim, K.Y., Kim, T.Y. et al. (2012). *Nanotechnology* 23 (45): 455704.
100 Song, W.L., Cao, M.S., Lu, M.M. et al. (2013). *Nanotechnology* 24 (11): 115708.
101 Barbosa, G.M., Mosso, M.M., Vilani, C. et al. (2014). *Microw. Opt. Technol. Lett.* 56 (3): 560–563.
102 Mishra, M., Singh, A.P., Singh, B.P. et al. (2014). *J. Mater. Chem. A* 2 (32): 13159–13168.
103 Eswaraiah, V.; Sankaranarayanan, V.; Mishra, A. K.; and Ramaprabhu, S. (2010) Electromagnetic interference (EMI) shielding of carbon nanostrcutured films, in 2010 International Conference on Chemistry and Chemical Engineering (ICCCE 2010), pp. 150–152. IEEE.
104 Reddy, A.L., Shaijumon, M.M., and Ramaprabhu, S. (2006). *Nanotechnology* 17 (21): 5299.
105 Tung, T.T., Feller, J.F., Kim, T. et al. (2012). *J. Polym. Sci. A Polym. Chem.* 50 (5): 927–935.
106 Ma, S.B., Ahn, K.Y., Lee, E.S. et al. (2007). *Carbon* 45 (2): 375–382.
107 Gupta, T.K., Singh, B.P., Singh, V.N. et al. (2014). *J. Mater. Chem. A* 2 (12): 4256–4263.
108 Verma, M., Singh, A.P., Sambyal, P. et al. (2015). *Phys. Chem. Chem. Phys.* 17 (3): 1610–1618.
109 Geim, A.K. (2009). *Science* 324 (5934): 1530–1534.
110 Wang, L.L., Tay, B.K., See, K.Y. et al. (2009). *Carbon* 47 (8): 1905–1910.
111 Al-Saleh, M.H. and Sundararaj, U. (2009). *Carbon* 47 (7): 1738–1746.
112 Park, J.G., Louis, J., Cheng, Q. et al. (2009). *Nanotechnology* 20 (41): 415702.
113 Pande, S., Singh, B.P., Mathur, R.B. et al. (2009). *Nanoscale Res. Lett.* 4 (4): 327–334.
114 Sachdev, V.K., Bhattacharya, S., Patel, K. et al. (2014). *J. Appl. Polym. Sci.* 131 (24): 1–9.
115 Arooj, Y., Zhao, Y., Han, X. et al. (2015). *Polym. Adv. Technol.* 26 (6): 620–625.
116 Zou, L., Yao, L., Ma, Y. et al. (2014). *J. Appl. Polym. Sci.* 131 (15): 1–9.
117 Lin, H.Y., Zhu, H., Guo, H.F., and Yu, L.F. (2008). *Mater. Res. Bull.* 43 (10): 2697–2702.
118 Zhao, D.L., Li, X., and Shen, Z.M. (2009). *J. Alloys Compd.* 471 (1): 457–460.
119 Feng, X., Liao, G., Du, J. et al. (2008). *Polym. Eng. Sci.* 48: 1007.
120 Zhao, D.L., Li, X., and Shen, Z.M. (2008). *Compos. Sci. Technol.* 68 (14): 2902–2908.
121 Kim, H.M., Kim, K., Lee, C.Y. et al. (2004). *J. Appl. Phys. Lett.* 84 (4): 589–591.
122 Robinson, J.T., Zalalutdinov, M., Baldwin, J.W. et al. (2008). *Nano Lett.* 8: 3441–3445.
123 Yan, D.X., Pang, H., Xu, L. et al. (2014). *Nanotechnology* 25 (14): 145705.
124 Song, W.L., Cao, M.S., Lu, M.M. et al. (2014). *Carbon* 66: 67–76.
125 Acquarelli, C.; Rinaldi, A.; Tamburrano, A.; De Bellis, G.; D'Aloia, A. G., and Sarto, M. S. Graphene-based EMI shield obtained via spray deposition technique (2014) Electromagnetic Compatibility (EMC Europe), International Symposium, pp. 488–493, IEEE.
126 Fan, P., Wang, L., Yang, J. et al. (2012). *Nanotechnology* 23 (36): 365702.
127 Zhao, X., Koos, A.A., Chu, B.T. et al. (2009). *Carbon* 47 (3): 561–569.
128 Li, Q., Xue, Q., Hao, L. et al. (2008). *Sci. Technol.* 68 (10): 2290–2296.
129 Wang, D., Zhang, X., Zha, J.W. et al. (2013). *Polymer* 54 (7): 1916–1922.
130 Yousefi, N., Sun, X., Lin, X. et al. (2014). *Adv. Mater.* 26 (31): 5480–5487.

131 Zhang, H.B., Zheng, W.G., Yan, Q. et al. (2012). *Carbon* 50 (14): 5117–5125.
132 Chung, D.D.L. (2001). *Carbon* 39 (2): 279–285.
133 Hsiao, S.T., Ma, C.C.M., Liao, W.H. et al. (2014). *ACS Appl. Mater. Interfaces* 6 (13): 10667–10678.
134 Song, W.L., Fan, L.Z., Cao, M.S. et al. (2014). *J. Mater. Chem. C* 2 (25): 5057–5064.
135 Gedler, G., Antunes, M., Velasco, J.I., and Ozisik, R. (2015). *Mater. Lett.* 160: 41–44.
136 Han, J., Wang, X., Qiu, Y. et al. (2015). *Carbon* 87: 206–214.
137 Gupta, A., Varshney, S., Goyal, A. et al. (2015). *Mater. Lett.* 158: 167–169.
138 Zhang, L., Alvarez, N.T., Zhang, M. et al. (2015). *Carbon* 82: 353–359.
139 Belin, T. and Epron, F. (2005). *Mater. Sci. Eng. B-Solid* 119 (2): 105–118.
140 Krupke, R., Hennrich, F., Löhneysen, H.V., and Kappes, M.M. (2003). *Science* 301 (5631): 344–347.
141 Chattopadhyay, D., Galeska, I., and Papadimitrakopoulos, F. (2003). *J. Am. Chem. Soc.* 125 (11): 3370–3375.
142 Kong, J. and Dai, H. (2001). *J. Phys. Chem. B* 105 (15): 2890–2893.
143 Fletcher, A., Gupta, M.C., Dudley, K.L., and Vedeler, E. (2010). *Compos. Sci. Technol.* 70 (6): 953–958.
144 Park, S.H., Theilmann, P.T., Asbeck, P.M., and Bandaru, P.R. (2010). *Nanotechnology* 9 (4): 464–469.
145 Arjmand, M., Mahmoodi, M., Gelves, G.A. et al. (2011). *Carbon* 49 (11): 3430–3440.
146 Gupta, A. and Choudhary, V. (2011). *Compos. Sci. Technol.* 71 (13): 1563–1568.
147 Brzeziński, S., Rybicki, T., Karbownik, I. et al. (2009). *Fibres Text East Eur.* 17 (2): 66–71.
148 Yang, Y., Gupta, M.C., and Dudley, K.L. (2007). *Micro Nano Lett.* 2 (4): 85–89.
149 Liu, Y., Song, D., Wu, C., and Leng, J. (2014). *Compo. Part B-Eng.* 63: 34–40.
150 Wu, Z.P., Li, M.M., Hu, Y.Y. et al. (2011). *Scr. Mater.* 64 (9): 809–812.
151 Yu, F., Deng, H., Zhang, Q. et al. (2013). *Polymer* 54 (23): 6425–6436.
152 Kim, J. H.; Fernandes, G. E.; Deisley, D.; Jung, S.W.; Jokubaitis, M.; Kim, H.M.; Kim, K.B.; Xu, J.M. Carbon nanotube composite for EMI shielding and thermal signature reduction. Presented at 18th International Conference on Composite Materials, 2006.
153 Thomassin, J.M., Lou, X., Pagnoulle, C. et al. (2007). *J. Phys. Chem. C* 111 (30): 11186–11192.
154 Huynen, I.; Bednarz, L.; Thomassin, J. M.; Pagnoulle, C. and Detrembleur, C. Microwave absorbers based on foamed nanocomposites with graded concentration of carbon nanotubes (2008) 38th European Microwave Conference, pp. 5–8 IEEE.
155 Mehdipour, A., Rosca, I.D., Trueman, C.W. et al. (2012). *IEEE Trans. Electromagn. Compat.* 54 (1): 28–36.
156 Zhang, Q., Huang, J.Q., Zhao, M.Q. et al. (2011). *ChemSusChem.* 4 (7): 864–889.
157 Pauluhn, J. (2010). *Regul. Toxicol. Pharmacol.* 57 (1): 78–89.
158 Hong, S.W., Du, F., Lan, W. et al. (2011). *Adv. Mater.* 23 (33): 3821–3826.
159 Kim, K.H., Oh, Y., and Islam, M.F. (2012). *Nat. Nanotechnol.* 7 (9): 562–566.

第12章　纳米复合材料基电磁干扰屏蔽材料

Hossein Yahyaei, Mohsen Mohseni

12.1　纳米材料和纳米复合材料

当材料的尺寸减小时，就会出现新的效应，产生特殊的性能。例如，在纳米尺度上，重力可以忽略不计，而电磁力占主导地位，并且决定着材料的行为。在纳米尺度的材料中，波的行为变得更加显著。这种行为的结果之一是隧道现象。量子限域也是粒子波特性的结果之一。最著名也最重要的小尺寸粒子结果是其巨大的表面积，且表面上会形成粒子与其周围环境之间的鲜明界面。纳米粒子具有相对于体原子的大量表面原子。简单计算表明，表面积与体积的比率与粒子直径成反比。

材料在微米或更大尺度上不透明，而在纳米尺度上会变得透明。此外，纳米尺度下的大表面积提高了表面能和摩擦力，导致粒子间的相互作用增强。纳米填料根据其纳米尺度可划分为三类：第一类是直径小于100nm、长径比大于100的纤维状或管状填料；第二类是厚度为几纳米、长径比为2～25的层状或片状填料；第三类是三维纳米尺度填料。纳米尺度材料很少单独使用，需要分散在基体中以获得纳米复合材料。

纳米复合材料是由具有不同属性（有机和无机）的材料组成的，其中至少有一个相位在纳米尺度上。术语"纳米复合材料"已被普遍接受，用于描述非常大的一类结构在纳米尺寸范围（如1～100nm）内的材料，因为其尺寸使得材料特性受到广泛关注，而这种特性通常与块状基体的特性不同[1]。聚合物是用作基体的优秀候选材料。聚合物纳米复合材料具有低密度和延展性。与传统复合材料相比，纳米复合材料在填料含量较低的情况下也可获得所需的性能，且纳米填料的加入不影响其密度和光学透明度。

随着科学技术的进步，在聚合物基体中添加少量分散良好的纳米级或分子级填料，就能制成聚合物纳米复合材料，并成为传统聚合物复合材料的全新替代品。均匀分散的纳米级填料粒子在分散相和聚合物之间产生巨大的单位体积界面积。这种巨大的内部界面积和相之间的纳米尺寸形成一种混杂结构，而这种结构从根本上区别于传统聚合物复合材料[2]。大表面积与体积比提高了基体-纳米填料之间的相互作用，进而提供了特殊的性能。纳米复合材料的独特之处之一是，在低填料含量下其性能可得到显著改善，进而产生具有与基体相似光学性能的轻质材料[3]。纳米填料和基体的组合增强种类繁多，聚合物纳米复合材料在制备方法、形貌表征和基础物理方面具有共性[4]。纳米复合材料制造工艺的关键是调控聚合物-纳米粒子界面。聚合物与纳米填料之间通常不相容，尤其是金属氧化物，纳米填料在聚合物基体中的均匀分散是一个实际挑战。纳米填料与聚合物链之间的界面强度是实现所需性能的关键。聚合物基体与纳米填料之间的相互作用不足时，会增加纳米填料聚集的趋势，进而降低体系总能量。在大多数情况下，利用与纳米颗粒表面离子缔合或化学键合的有机改性剂实现适当的分散。表面改性剂的功能通常很复杂，如降低界面自由能、催化界面相互作用或引发聚合，进而提高聚合物-填料之间的相互作用强度。在填充聚合物中，结构的形成在增强效应中起重要作用。这一过程取决于各种因素，如基体聚合物类型、表面化学性质，以及填充粒子的尺寸和形状。此外，两种效应（粒子-粒子之间的相互作用和聚合物-填料之间的相互作用）是决定这种聚合物中填料结构强度的常见因素。

纳米复合材料研究和制造的主要挑战是，设计合成材料、开发和了解结构-特性关系，以及发展具有成本效益和可编程的生产技术[5, 6]。聚合物纳米复合材料由其纳米尺度结构产生的新性能组合，提供了超越传统增强聚合物的机会，进而促进了纳米工程材料的应用前景。如上所述，纳米尺度的许多特性（尤其是电学特性）发生了变化。因此，纳米复合材料最重要的应用之一是作为电磁干扰（EMI）屏蔽材料，详见下一节中的讨论。

12.2 EMI屏蔽材料

电子器件和通信设备的发展对人类生活产生了巨大影响。如今，电子器件无处不在，并且造成了一些问题。几十年来，由于手机、计算机和电力线等电子与通信设备的生产和使用不断发展，电磁污染有所增加。实际上，这种污染是指电源以不同频率发射的电磁辐射。这种辐射会对电气设备和电子器件造成干扰，导致其电气性能受到损坏及出现故障。EMI定义为由电路发出的传导和/或辐射电磁信号运行时，会干扰周围电气设备的正常运行，或者对活体/生物物种造成辐射损伤[7]。这一问题提高了在各种应用中对新型有效EMI屏蔽材料解决方案的需求。屏蔽定义为调节电磁波传输的屏障，而材料的EMI屏蔽是指其反射和吸收不同频率的电磁辐射的能力。屏蔽体必须具有移动载流子，与辐射中的电磁场相互作用[8]。这意味着屏蔽体是一种导电材料。

最早出现的EMI屏蔽材料是金属，如铜、铝、镍、不锈钢等[9]，它们具有高导电/导热性和良好的机械性能。

然而，金属基复合材料存在许多问题[10]，如高反射率、易腐蚀、质量大和加工困难。为了克服这些问题，人们找到了两种解决方案：① 使用适当的材料取代金属；② 使用具有屏蔽效能的材料对金属进行涂覆。

聚合物材料具有良好的力学性能、低密度、可加工性和耐腐蚀性，是解决上述问题的良好候选材料。然而，大多数聚合物是电绝缘体，具有较差的电、介电或磁性能，且对电磁辐射透明[11]，而导电聚合物价格昂贵，并且存在一些机械性能差的问题。

此外，导电聚合物复合材料是替代金属的良好候选材料，因为它们是一类特殊的材料，具有电、热、介电、磁和/或机械性能的独特组合，可以实现所需的电磁干扰屏蔽效能[12]。在某些情况下，不可能用聚合物替代金属，此时导电涂层就成为广泛使用的EMI屏蔽材料。导电涂层是通过将金属颜料或石墨加入聚合物黏合剂来制备的[13]。作为EMI屏蔽体，复合材料的性能很大程度上取决于聚合物基体、填料类型，以及基体和填料的相互作用。如前所述，纳米复合材料具有特殊的性能，是EMI屏蔽的良好选择。

12.3 电磁波与EMI屏蔽机制

电磁波由两个主要部分组成，即相互垂直的磁场（H）和电场（E），并且它们的相对幅度取决于波形和波源。E与H之比称为波阻抗[13]。

磁场和电场的特性和相对幅度取决于波与源的距离，以及源的类型[14]。根据距离，可将源的周围空间划分为两个区域。靠近源的区域称为近场或感应场，该场的性质主要由源的特性决定。当距离大于$\lambda/2\pi$（λ为波长）时，该区域称为远场或辐射场[14]，在这一区域内，场的性质主要取决于场在其中传播的介质。介于近场和远场之间约$\lambda/2\pi$的区域称为过渡区域[15]。

EMI屏蔽的主要机制通常是反射。反射损耗是由自由空间和屏蔽材料之间的阻抗错配造成的。对于屏蔽体的辐射反射，屏蔽体中必须含有与辐射中电磁场相互作用的可移动载流子（电子或空穴）。因此，屏蔽体往往是导电体，但不需要太高的导电率，且1Ωcm量级的体电阻率通常就已足够[8]。金属是迄今为止最常见的EMI屏蔽材料。

电磁干扰屏蔽的第二种机制是吸收。吸收损耗是指动态损耗过程导致分子摩擦及介质中的感应电流，进而产生欧姆损耗并加热材料。对于屏蔽体的足够辐射吸收，其中应具有与辐射中电磁场相互作用的电偶极子/磁偶极子。多次反射是另一种屏蔽机制，是指屏蔽体中各种表面或界面的反射。穿过屏蔽体厚度到达另一面的入射波被部分地反射回第一面，在第一面再次部分地反射到第二边界，进而再次继续该过程。为了实现这种机制，屏蔽体中要求有大的表面积或界面积。泡沫和多孔材料提供了大表面积，而含有填料的复合材料是具有大界面积的屏蔽体[8]。如上所述，纳米复合材料可以发挥良好EMI屏蔽体的作用。对于纳米复合材料的EMI屏蔽，大部分电学和电磁性能主要由掺入的填料（本性和浓度）决定，而基体仅起固定填料粒子的作用，并提供机械性能[16]。特定填料的选择取决于所需的性能，例如当导电性能重要时选用导电填料，而当需要介电/磁性能时选用具有磁/电偶极子的填料。下面讨论赋予聚合物基体电/磁性能以提供EMI屏蔽特性的纳米填料。

12.4 碳基EMI屏蔽纳米复合材料

碳是元素周期表中最重要的元素之一，因为它遍及全球且广泛存在，与许多不同的元素形成大量的键合。固相碳以三种同素异形体的形式存在。石墨（石墨烯和碳纳米管属于石墨的子集）、金刚石和巴克明斯特富勒烯是碳的不同形式。

在金刚石的晶体结构中，每个sp^3杂化碳原子与其他四个碳原子键合成四面体堆积形式。晶体网络使金刚石具有高硬度（已知最硬的物质）和优异的导热性能[17]。sp^3杂化键决定其电绝缘性和光学透明度。石墨由sp^2杂化碳键合为六角密排的层状片材组成。化学键的不同几何形状使石墨柔软且导电。与金刚石相反，石墨烯片中的每个碳原子仅与其他三个原子形成键合；电子可从未杂化的p轨道自由移动到另一个轨道，形成无限离域π键网络，进而产生导电性。巴克明斯特富勒烯或富勒烯是碳的第三种同素异形体，由其所有碳原子sp^2杂化的球形或圆柱形分子族组成[18]。本节介绍属于石墨同素异形体类的石墨烯和碳纳米管，以及主要用作聚合物纳米填料的碳纳米纤维。

12.4.1 石墨烯

石墨烯是一种单原子厚度的平面片，由sp^2键碳原子密堆在蜂窝状晶格中构成。单个碳原子有4个价电子，其基态电子壳层组态为$[He]2s^2 2p^2$。就石墨烯而言，碳-碳化学键的杂化轨道由$2s$、$2p_x$和$2p_y$轨道叠加产生。剩余自由的$2p_z$轨道呈π对称取向，这些轨道态在相邻原子之间的重叠对石墨烯的电学特性起重要作用。因此，描述石墨烯电子结构的一个较好近似是，采用正交最近邻紧束缚近似，假设其电子态可简单地用$2p_z$轨道的线性组合来表示。由于原子层中sp^2杂化状态的二维π-π共轭，石墨烯纳米片（GN）预计表现出一系列独特的性质，如高长径比[19]、优异的机械硬度[20]和柔韧性[21]、显著的光学透光率[22]、非凡的热响应[23]和优异的电传输性能[24]。因此，石墨烯在分子电子学[25]、能量/储氢材料[26]、聚合物和陶瓷复合材料的增强与能量耗散纳米填料[27]、独立的"纸状"材料[28]甚至生物医学材料[29]等领域具备应用潜力。

1. 石墨烯合成

石墨烯合成的新方法包括使用化学技术聚合和环脱氢化简单的芳香族前驱体，获得原子精确的石墨烯纳米结构。这种方法由Müllen和Fasel团队首创，他们最初将蒽和三苯衍生物暴露在热的金表面上，以合理设计的几何形状组装石墨烯纳米带（GNR）[30]。最近的进展包括用这些纳米带构建工作器件[31]，以及合成可溶性和异质原子来取代纳米带[32]。这种合成化学家和材料科学家之间的跨学科努力，有望使纳米材料自下而上的合成路线成为材料的逐个原子控制合成。原始石墨烯与有机聚合物不相容，并且不能形成均质复合材料。相反，氧化石墨烯（GO）片是高度氧化的石墨烯（带有羟基、环氧化物、二醇、酮和羧基官能团），可以显著改变范德瓦尔斯相互作用，且与有机聚合物更为相容[20, 33]。在片材边缘还存在一些额外的羰基和羧基，使GO薄片具有强亲水性而易于在水中膨胀和分散[34, 35]。因此，GO作为聚合物纳米复合材料的纳米填料引起了广泛关注。然而，GO薄片只能分散在水性介质中，与大多数有机聚合物不相容。此外，与石墨烯不同，GO是电绝缘的，不适用于合成导电纳米复合材料。这样形成的纳米复合材料的电导率可通过化学还原GO来提高，可能源于sp^2键石墨网络的恢复[18]。

2. 实例研究

Hsiao及其同事[36]制备了柔性的轻质GN/水性聚氨酯（WPU）复合材料，具有较高的导电性和电磁干扰屏蔽效能。纳米石墨（NGP）由化学气相沉积工艺合成，厚度小于100nm。改进的Hummers法[32, 33]用于将NGP氧化成GO。甲基丙烯酸氨基（AEMA）通过自由基聚合形成AEMA-GN，其上接枝了$-NH_3^+$官能团，可有效抑制GN的重新堆叠和聚集。此外，由于具有静电吸引力，AEMA-GN与接枝磺化官能团的WPU基体之间表现为高相容性，可使AEMA-GN均匀分散于WPU基体中。

由于AEMA-GN与WPU基体的高度相容性，AEMA-GN表现为均匀分散而不聚集，且在WPU基体中仍保持大表面积。此外，讨论了具有不同浓度AEMA嵌段的AEMA-GN。由于3:1的AEMA-GN中接枝AEMA嵌段的高浓度，其表现出强相互作用及与WPU基体的较高相容性，与1:1的AEMA-GN相比具有更低的导电逾渗阈值。然而，3:1的 AEMA-GN石墨结构不如1:1的AEMA-GN石墨结构完整。受扰石墨结构限制了GN的固有电导率。此外，GN上的高浓度AEMA嵌段限制了电子迁移。尽管在WPU基体中1:1的AEMA-GN比3:1的AEMA-GN具有更高的逾渗阈值，但GN含量为5vol.%的1:1 AEMA-GN/WPU复合材料仍然表现出了高电导率（43.64Sm^{-1}），以及在8.2～12.4GHz频率范围内的高EMI SE（38dB）。因此，这些复合材料的导电性和EMI SE受到GN与聚合物基体之间相容性及GN石墨结构完整性的影响。

Kashi及其同事[37]制备了可生物降解的聚乳酸（PLA）/石墨烯纳米片（GNP）纳米复合材料，其中含0～15wt%（0～9.1vol.%）的纳米填料。扫描电子显微镜（SEM）显示，GNP在低浓度PLA中分散良好，而当浓度高于6wt%时GNP发生物理接触，在基体内形成三维网络。X射线衍射结果表明，GNP对PLA的半晶体结构有显著影响，差示扫描量热法（DSC）测量证实了这一点。添加15wt%的GNP后，纯PLA的结晶度从29.6%提高到41.9%。在C波段和X波段（5.85～12.4GHz）上，测定了纳米复合材料的电磁性能和EMI SE。材料对电磁波的响应由磁导率（μ）、介电常数（ε）和电导率（σ）决定。结果表明，在PLA中加入GNP不改变其磁导率，但显著提高了其介电常数。显然，介电常数对GNP的含量非常敏感。介电常数的实部和虚部均随GNP浓度的增加而提高。随着GNP含量从0增至15wt%时，介电常数的实部从2.78显著增至42.86，而介电常数的虚部从几乎0增至13以上。这种介电常数和介电损耗的显著提高，是由于添加导电GNP而导致PLA/GNP纳米复合材料的电导率和偶极矩提高。GNP的含量从0

增至6wt%时，电导率从0提高到0.5Sm^{-1}，但随着GNP添加量的进一步增加，σ以更快的速度提高，在15wt%时达到7.4Sm^{-1}。随着PLA中GNP量的增加，漏电流和隧道电流都提高，它们分别由片层之间更多的物理接触和更小的平均间距导致。漏电流对电导率的贡献通常比隧道电流的大。当GNP含量超过6wt%时，PLA/GNP纳米复合材料的电导率显著提高，这要归因于聚合物基体内部形成的导电通路增多，导致了更大的漏电流。SEM图像显示，在GNP含量达到6wt%之前，GNP颗粒和团聚体被PLA隔离，但在更高的含量下，它们发生物理接触并在基体中建立导电网络。基于力学特性的逾渗阈值可能低于粒子之间建立物理接触的浓度，而对于电导率，物理接触是一个决定因素。这里将EMI SE分为SE_{total}、SE_R和SE_A，其中下标T、R、A分别表示透射、反射和吸收。

原始PLA在C波段和X波段上的SE_{total}分别为0.3dB和0.5dB，因此对电磁辐射是透明的。这是因为纯PLA的介电常数和电导率都很低。由于介电常数和电导率的提高，纳米复合材料的SE_T随着GNP含量的增加而提高。PL15在C波段和X波段的最大SE_{total}分别为14.6dB和15.5dB。

在C波段（7GHz）中，反射率从纯PLA的小于0.1，急剧上升到GNP含量为6wt%时的0.6，然后渐渐上升到GNP含量为15wt%时的0.8。当GNP含量为15wt%时，吸收率仅提高至0.14。可以看出，在C波段上，所有GNP浓度（15wt%除外）的反射和吸收几乎与频率无关，因此它们的总SE随频率变化不大。在X波段，对于低浓度GNP，反射和吸收与频率无关。然而，随着填料量的增加，它们表现出很强的频率依赖性。对于12wt%和15wt%的GNP浓度，反射随频率提高而减小，而吸收却随频提高而提高。低GNP浓度的PLA/GNP纳米复合材料，其反射和吸收功率与频率的无关性要归因于其介电常数的频率独立性。据报道，含15wt% GNP的样品，其SE_R和SE_A在9GHz频率时分别为7.5dB和6.7dB。在C波段和X波段上，反射是PLA/GNP纳米复合材料的主要屏蔽机制。然而，吸收对SE_{total}的贡献随着GNP含量的增加而提高。

Joshi等人[38]用聚苯胺（PANI）改性GNR，并将其添加到由环氧树脂LY 1564和硬化剂XB 3486组成的聚合物基体中。结果表明，复合材料的抗拉强度和杨氏模量随GNR/PANI组合的增加而降低，原因是GNR的粒子尺寸导致样品中出现了应力点。普通环氧树脂对电磁波是透明的，没有任何屏蔽作用。随着环氧树脂基体中GNR/PANI复合成分的含量从2.5wt%增至5wt%，3.4mm厚度时的屏蔽效能从平均值-34dB增至-44dB。对比研究表明，复合材料薄膜的屏蔽效能随其厚度的变化而变化。对于含量为2.5wt%的样品，平均屏蔽效能从-34dB提高到-50dB，而对于含量为5wt%的样品，屏蔽效能从-44dB提高到-68dB。电磁波的相互作用引起体积电极化，迫使电子随波的频率变化而振动，进而导致电磁波的吸收。由于环氧基体中GNR/PANI的存在，电偶极子的增加导致吸收。从得到的结果可以得出结论：吸收是合成复合材料EMI屏蔽的主要机制。

Chen及其同事[39]将热还原的氧化石墨烯（TGO）和磁性羰基铁（CI）结合在一起，制备了一种环氧纳米复合材料。TGO片的加入不仅在环氧树脂基体中形成了互连的导电网络，而且防止了过量CI组分的聚集。与CI组分的结合带来了磁导率、磁损耗和EMI SE的明显提高。在不同形状的CI组分中，球形CI粒子具有最佳的EMI SE。三元纳米复合材料表现出了优异的屏蔽效能（在9.5～12GHz频率范围内大于36dB），频率为11.7GHz时的最大值约为40dB，远高于相同含量TGO的环氧树脂/TGO纳米复合材料（约20dB）。这种环氧纳米复合材料的主要EMI屏蔽机制是吸收损耗。

Plyushch等人[40]检验了热处理对低含量GNP（最高4wt%）的环氧树脂的EM性能是否有显著和积极的影响。石墨烯纳米片是通过微解理剥离膨胀石墨产生的。Epikote 828在真空（1～3mbar）下脱气12～14小时，接着放入65℃的烘箱。同时，将GNP分散到丙醇中，并将悬浮液置于超声波中1.5小时。然后，将GNP的酒精悬浮液与树脂混合，得到最终含量为0.25wt%、

1wt%、2wt%、3wt%和4wt%的GNP填料。将得到的混合物置于130℃～150℃的烘箱中以蒸发酒精。缓慢地手动混合约7分钟，将固化剂（改性TEPA）加入树脂和填料的混合物。然后，将混合物倒入模具，在室温下固化20小时，最后在烘箱中80℃放置4小时。室温下固化后，将样品在353K的烘箱中处理4小时。

环氧纳米复合材料的电磁特性已在20Hz～2THz频率范围内研究了80多年。结果表明，此类体系的逾渗阈值为2.87wt%。根据低温分析，其导电性是通过隧穿机制产生的。当第一次退火处理接近和高于逾渗阈值的样品时，以2wt%的GNP为例，其介电常数和电导率分别急剧提高了3倍和6个数量级。

退火处理也被证明是显著提高GNP基复合材料屏蔽能力的一种简单方法。事实上，2mm厚含4wt% GNP的制备态复合材料样品提供了86%的电磁衰减，而同一样品在退火后达到92%。退火后，2wt% GNP的复合材料也能达到85%的EMI SE。将这一现象与阻抗形式相联系，研究发现发生了麦克斯韦-瓦格纳弛豫。加热后，弛豫时间RC下降了3个数量级，冷却时则保持不变。分析指出，在GNP团簇进行重新分布的过程中，导电团簇平均尺寸及其距离都减小。这导致了电导率的大幅上升，并将逾渗阈值降至1.4wt%。经过第二次或第三次退火后，弛豫时间和电导率未发生明显变化，表明在第一次热循环后即完成GNP的再分布过程。

Yan等人[41]制备了一种基于还原的氧化石墨烯（RGO）和聚苯乙烯（PS）的高性能EMI屏蔽复合材料，并做了高压固相压缩成形处理。仅用3.47vol.%的RGO含量即可实现45.1dB的优异屏蔽效能，这在RGO聚合物复合材料中是最高值，因为RGO选择性地占据了PS多层面边界，构成了多面隔离结构。这种特殊结构不仅提供了许多界面以吸收电磁波，而且将RGO限制在界面处，大大降低了RGO的含量。隔离结构提供了大量的反射和吸收导电界面（RGO导电层），实现了优异的EMI SE及以吸收为主导的屏蔽机制。

Zhang等人[42]将聚甲基丙烯酸甲酯（PMMA）与石墨烯片混合，然后用亚临界二氧化碳作为环境友好型发泡剂进行发泡。石墨烯片的加入使绝缘PMMA泡沫具有高导电性，提高了EMI SE，微波吸收是其主要EMI屏蔽机制。新型石墨烯-PMMA纳米复合材料微孔泡沫具有导电性，与块状纳米复合材料相比，其绝缘体到半导体的转变移向了更低的石墨烯含量。石墨烯含量为1.8vol.%的石墨烯-PMMA泡沫不仅表现出了$3.11Sm^{-1}$的高导电率，而且在8～12GHz频率范围内具有13～19dB的EMI SE。由于存在大量微孔，石墨烯-PMMA泡沫与块状泡沫相比，极大地提高了延展性和拉伸韧性。

Ma等人[43]研究了石墨烯片的表面化学性质对聚碳酸酯（PC）纳米复合材料的微观结构和性能的影响。使用了两种类型的石墨烯片。热剥离石墨烯是通过热剥离及在1050℃下还原GO得到的，GO-PPD是在95℃和3小时的条件下，利用对苯二胺为GO同时进行官能化和还原制备的。

PC纳米复合材料泡沫是以超临界二氧化碳为发泡剂，采用间歇式发泡工艺制备的，其块状样品经过饱和发泡过程，以获得有限制或无限制的发泡。与热剥离石墨烯相比，GO-PPD表现出了与PC基体更好的相容性，因为PPD在GO-PPD中的分散性更均匀。有趣的是，即使PC/GO-PPD纳米复合材料经过模具限制发泡后，GO-PPD薄片形成的导电网络仍然存在，因此与固态对比物相比，纳米复合材料泡沫表现出了相似甚至更高的导电率。

Ling等人[44]报道了一种通过相分离工艺来生产轻型微孔聚醚酰亚胺（PEI）/GN纳米复合材料泡沫的简便方法。微孔生长过程中产生的强拉伸流动，导致了石墨烯在微孔壁上的富集和取向。这一作用将导电阈值从PEI/GN纳米复合材料的0.21vol.%降至PEI/GN泡沫材料的0.18vol.%。此外，发泡过程显著提升了比EMI SE——从17dB$(gcm^{-3})^{-1}$提高到44dB$(gcm^{-3})^{-1}$。

Gedler等人[45]研究了泡沫聚碳酸酯/GN纳米复合材料的多孔与复合形貌对介电和EMI SE的影响。研究发现，电导率、相对介电常数和EMI屏蔽都强烈依赖于结构和多孔形貌，因此也取决于发泡工艺条件。所有这三种特性都表现出对结构特征和孔形态的复杂依赖关系，但主要受逾渗石墨烯网络不足的影响，尽管泡沫化可提高石墨烯在聚碳酸酯中的分散性。电导率很大程度上取决于频率。与固体复合材料和纯聚碳酸酯相比，泡沫复合材料的电导率、相对介电常数和电磁干扰屏蔽效能更大。泡沫复合材料的最大比EMI SE为39dB$(gcm^{-3})^{-1}$，约为未发泡复合材料［1.1dB$(gcm^{-3})^{-1}$］的35倍。此外，研究发现相对介电常数增加了3.25倍。结果表明，石墨烯填充聚合物泡沫可以增强电子器件的性能。

Eswaraiah等人[46]制备了由功能化石墨烯（f-G）和聚偏氟乙烯（PVDF）组成的泡沫纳米复合材料。石墨烯使用硫酸和硝酸对其进行功能化，并分散在DMF中。将黑色悬浮液添加到PVDF和AIBN（发泡剂）的混合物中。随着绝缘PVDF基体中f-G浓度的增加，电导率随之提高。研究发现，电导率从绝缘PVDF的$10^{-16}Sm^{-1}$急剧变化到0.5wt% f-G增强PVDF复合材料的$10^{-4}Sm^{-1}$，这要归因于f-G纳米填料的高长径比和高导电性，且在聚合物中形成了导电网络。5wt% f-G的泡沫复合材料在X波段（8～12GHz）范围内的EMI SE为20dB，而在宽带（1～8GHz）范围内的EMI SE为18dB。EMI SE的提高归因于石墨烯纳米填料在PVDF基体中形成的导电网络，以及泡沫复合材料电导率的提高。随着聚合物中f-G含量的增加，导电f-G互连数量增加，导致纳米填料与入射波之间出现更多的相互作用，而这会有效提高屏蔽效能。在f-G/PVDF泡沫复合材料中，主要的EMI屏蔽机理是反射，这可通过5wt% f-G/PVDF泡沫复合材料的反射率得到证实。

12.4.2 碳纳米管

纳米管是细长的富勒烯，其管壁由碳原子六边形阵列组成。笼状形式的这些碳表现出了优异的材料性质，是其对称性结构的结果。许多研究人员报道了碳纳米管的力学性能超过了此前任何已知的材料。不同的理论和实验结果显示出了极高的弹性模量［大于1TPa（金刚石的弹性模量是1.2TPa），是最强的钢的10～100倍］。金刚石形成三维金刚石立方晶体结构，在四面体阵列中，每个碳原子都有四个最近邻原子；与此不同，石墨由碳原子的二维片排列成六边形阵列。在这种情况下，每个碳原子有三个最近邻原子。纳米管的性质取决于原子排列、管的直径与长度，以及形貌或纳米结构。根据石墨烯片的层数，纳米管可以是单壁或多壁结构（见图12.1）；多壁碳纳米管（MWCNT）由同心单壁碳纳米管（SWCNT）简单构成。与相同直径的富勒烯相比，纳米管承受较小的应变，碳原子表现出较低程度的sp^3杂化。

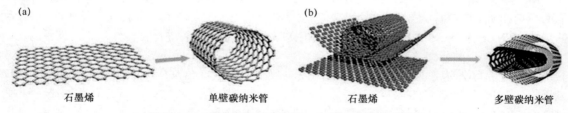

图12.1 (a)单壁碳纳米管结构；(b)多壁碳纳米管结构

SWNT和MWNT之间存在一些主要的区别。这两类碳纳米管都由不同直径和长度的物质组成。除了尺寸，卷曲石墨烯层呈管状的方式主导了最终材料的特性。根据卷曲原始石墨烯的方式，可能产生三类碳纳米管：

- 锯齿型碳纳米管。石墨烯层的卷起方式使开口管的理想末端成为锯齿状边缘（见图12.2）。这意味着卷起过程平行于石墨烯晶格的单位向量a_1（见图12.2）。
- 扶手椅型碳纳米管。与锯齿型碳纳米管相比，石墨烯片在卷起之前旋转30°。完美的终点是由最后一行六元环边组成的边线。
- 手性碳纳米管。当石墨烯层的旋转角度为0°~30°时，可得到手性碳纳米管。

1. 单壁碳纳米管

单壁碳纳米管由一个石墨烯片组成，石墨烯片卷曲成包裹管的纵轴的空心圆柱体（见图12.2）。基础石墨烯层的尺寸和取向，对所考虑纳米管的结构至关重要。图12.2显示了碳纳米管未卷曲的片段。显然，某些结构元素是以严格的周期顺序排列的。这些不断重复的元素称为平动晶胞。它们构成CNT的最小重复单元。石墨烯片上有两个优先方向，与六边形晶格的两维基本单元的单位向量平行。这些特殊碳纳米管的晶胞非常短小。然而，考虑具有较大晶胞的碳纳米管时，其复杂性迅速增大，因为石墨烯是以某个角度θ卷曲的。显然，需要一种普遍适用的步骤，以明确的方式描述任何可确信碳纳米管的结构。碳纳米管的长度通常要比其直径大很多倍。MWNT由同心排列的单壁纳米管组成，其层间距通常是恒定的。一些例子表明只使用两个纳米管［将其中的一个纳米管放入另一个纳米管（所谓的DWNT）］和许多壳层物质（超过50个）。后者的直径为几纳米，可能很难与传统碳纤维相区别，只有电子显微镜可以显示这种差异。

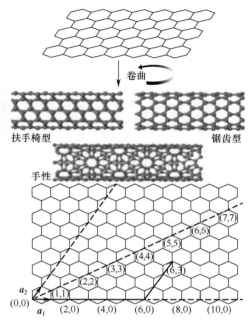

图12.2 不同类型的碳纳米管及其向量

2. 碳纳米管特性

碳纳米管的直径与其长度相比较小。这个特征使其可用于纤维增强复合材料的生产。与传统碳增强塑料类似，添加纳米管后各种聚合物的应用范围更加广泛，因为它能提高机械、化学和电学性能。聚合物与填料（碳纤维或纳米管）之间接触表面的相互作用，在稳定复合材料的形成中也发挥重要作用。碳纳米管的尺寸相对较小，且连接了大量官能团，因此更易分散在聚合物中。然而，纳米管有很强的形成束状的趋势，阻碍了其在聚合物中的均匀分布。碳纳米管非常适合纤维增强复合材料的生产，因为它们的大外表面使强界面交换成为可能。它们的固有特性如导电性和机械耐久性，开辟了广泛的应用，已在低浓度下产生了显著效果。

1）机械性能

CNT的一维结构、低密度、高长径比和非凡的力学性能，使其作为复合材料的强化组元受到人们的特别关注。碳纳米管具有优异的力学性能，即高杨氏模量、高拉伸强度、高长径比、低密度等[47]。这些卓越特性使得CNT成为理想的增强材料。数以千计的研究人员正在努力研究，以提高碳纳米管/聚合物纳米复合材料的力学性能[48,49]。

2）电学特性

CNT已清楚地证实了其作为各种多功能纳米复合材料中的填料的能力。聚合物基体中的CNT在极低的逾渗阈值（小于0.1wt%）下，电导率提高了几个数量级，而不影响聚合物的其他性能，如低质量、光学透明度、低熔体黏度等。纳米管填充聚合物可应用于透明导电涂层、静电耗散、静电喷涂和EMI屏蔽等[47]。

3. 案例研究

Al-Saleh和Sundararaj[50]在PP中加入了20wt%的MWCNT/聚丙烯母料，熔体流动指数和密度分别为0.5g/10min和0.9gml^{-1}。用纯PP稀释母料，在Haake Rheomix分批搅拌器中制备了含1vol.%、2.5vol.%、5vol.%和7.5vol.% MWCNT的MWCNT/PP复合材料。模塑成三种不同的厚度（0.34mm、1.0mm和2.8mm），表征了其EMI SE和电阻率。结果表明，增加MWCNT的含量可降低所有厚度样品的电阻率，提高EMI SE。此外，在MWCNT含量恒定的情况下增大厚度时，EMI SE提高。因此，在5vol.%的CNT下，0.34mm厚样品的EMI SE为8dB，而当厚度增至1mm和2.8mm时，EMI SE分别提高到15dB和25dB。实验结果表明，MWCNT/PP复合材料的吸收屏蔽取决于MWCNT颗粒之间的距离和/或复合材料的电阻率。研究发现，反射屏蔽取决于复合材料样品的电导率和厚度，以及MWCNT的浓度。

Kuester等人[51]通过熔融化合碳纳米管和聚苯乙烯-乙烯-丁基-丁乙烯-苯乙烯（SEBS），制备了SEBS/CNT纳米复合材料以用于电磁干扰屏蔽。在8.2~12.4GHz（X波段）微波频率范围内，评估了纳米复合材料的介电性能、屏蔽机制和EMI SE。实验结果表明，CNT适当分散和分布在SEBS基体中，而未明显破坏其结构。对于1wt%的CNT，观察到非常急剧的绝缘体-导体转变，反映了电逾渗阈值。添加超过2wt%的CNT后，电导率提高了17个数量级；加入8.0wt%的CNT后，达到最大电导率1Scm^{-1}。加入15wt%的CNT后，EMI SE为30.07dB，相当于减少了99.9%的入射辐射。吸收是所有SEBS/CNT纳米复合材料的主要屏蔽机制。磁导率结果证实，CNT不存在明显的磁损失。介电常数的实部和虚部随着CNT含量的增加而提高。

在Joseph等人的工作中[52]，利用溶液混合工艺制备了BR-SWCNT复合材料。制备了2wt%BR的甲苯溶液。SWCNT在甲苯中超声30分钟，将BR溶液（1~8份）加入橡胶基体，超声60分钟后在60℃真空烘箱中干燥12小时。在X波段和Ku波段（8.2~18GHz）内，评估其EMI SE。添加8份SWCNT，使BR的EMI SE在频率10GHz和15GHz下分别从0增至10dB和12dB。结果表明，EMI屏蔽的主要机制是吸收。对于含有8份SWCNT的样品，EMI SE在测量频率范围内从9dB变化到13dB。研究发现，BR-SWCNT复合材料的介电性能和电导率随SWCNT含量的增加而提高，这是影响该复合材料EMI SE的重要因素。在10GHz和15GHz频率下，相对介电常数随着SWCNT含量的增加而提高。当SWCNT含量从0增至8份时，在相同填料含量的情况下，频率10GHz下相对介电常数从2.4提高到14，频率15GHz下相对介电常数从2.3提高到13。直流电导率从10^{-12}Sm^{-1}提高到6×10^{-5}Sm^{-1}。研究发现，不同SWCNT含量的BR-SWCNT复合材料，其趋肤深度与频率和电导率成反比。由于电导率的增加，趋肤深度随着SWCNT含量和频率的增加而减小。电导率和频率越高，有效EMI屏蔽样品越薄。当频率为10GHz时，随着SWCNT含量从0增至8份，趋肤深度从0.06m降到0.007m。在10GHz和15GHz频率下，BR-8SWCNT复合材料的趋肤深度分别为0.007m和0.003m。

Farukh等人[53]报道聚3,4-乙基二氧噻吩（PEDOT）/多壁碳纳米管（PCNT）复合材料表现出了极高的电磁干扰屏蔽效能，在Ku波段的最大屏蔽衰减为58dB。在PEDOT基体中加入MWCNT显著提高了复合材料的电导率和屏蔽效能。在18GHz频率下，对于15%的PCNT，观察到最大屏蔽效能约为58dB。电子显微图片证实MWCNT包裹PEDOT后，导致了强界面、电子和空间电荷极化。主要的EMI屏蔽机制是吸收，而不是反射，因为碳纳米管具有手性结构和量子尺寸，其电子能级分裂产生能隙，并与微波能量水平相对应，进而增强了电磁波的吸收。据报道，PEDOT的电导率为0.86Scm^{-1}，加入5wt%、10wt%和15wt%的MWCNT后，其电导率分别提高到1.62Scm^{-1}、14.75Scm^{-1}和19.35Scm^{-1}。此外，加入MWCNT后增加了电荷传输和弛豫模式的数量，进而增加了欧姆损耗。

Kuang等人[54]在聚L-乳酸（PLLA）中加入MWCNT，制备了轻质、环保且廉价的可生物降解纳米复合泡沫。采用压力感应流（PIF）处理和超临界二氧化碳（SceCO$_2$）发泡组合技术，在纳米复合材料中产生泡沫。结果表明，随着MWCNT含量的增加，电导率有所提高，在相同MWCNT含量的条件下，泡沫状态样品比固体样品更导电。在8.00～12.48GHz频率范围内测量了EMI SE；结果表明，复合材料泡沫的屏蔽效能在测量范围内表现出较弱的频率依赖性，但在相同频率范围内随着MWCNT含量的增加而逐渐提高。含0.5wt% MWCNT的样品的EMI SE约为2.5dB，而增至10wt% MWCNT时提高到23dB。在该论文中，作者提出了一个新概念：制备低密度（0.3gcm^{-3}）泡沫时关注样品质量，将其EMI SE除以密度，引入了比EMI SE。PLLA中含有10wt% MMWCNT的样品的比EMI SE为77dBg^{-1}cm^{-3}。Thomassin等人[55]之前报道了含有聚己内酯和2wt% MWCNT的纳米复合材料，其EMI SE为60～80dB，比EMI SE为193～258dBg^{-1}cm^{-3}。该文中的另一个重要问题是考虑了厚度EMI SE，它是将比EMI SE除以厚度得到的。尽管文献[5]中样品的比EMI SE低于文献[17]中样品的比EMI SE，但在考虑厚度时，文献[5]中样品的比EMI SE［30.8dB(gcm^{-3})$^{-1}$mm^{-1}］要好于文献[17]中样品的比EMI SE［9.7～12.9dB(gcm^{-3})$^{-1}$mm^{-1}］。

Al-Saleh[56]通过湿法混合，将CNT颗粒置于超高分子量聚乙烯（UHMWPE）粉末的外表面，制备了导电纳米复合材料。研究压缩成形后纳米复合材料的微观结构、电学特性和EMI SE，发现EMI SE随CNT含量的增加而提高。由10wt% CNT/UHMWPE纳米复合材料制成的1.0mm厚板的EMI SE为50dB。与精细且分散良好的CNT/聚合物纳米复合材料相比，CNT/UHMWPE的独特结构（具有厚且分离的CNT网络）通过吸收增强了EMI屏蔽，减少了EMI的反射。

Kim等人[57]指出，金属作为EMI屏蔽的高潜力受到其质量和腐蚀的限制。因此，他们通过电镀法在MWCNT表面涂覆了纳米尺度的Ni层。使用ASTM D4935-99方法，在0.5～1.0GHz频率范围的远场区域内，检测了Ni-MWCNT增强环氧树脂基纳米复合材料的EMI SE。Ni镀层的可用时间可变（5分钟、10分钟、20分钟和30分钟），加入EP树脂作为基质［双酚a的二苯醚（DGEBA）与环氧化物等量185～190geq^{-1}］，加入4,4'-二氨基二苯甲烷（DDM）作为固化剂。测量了Ni-MWCNT/EP复合材料的表面电导率，发现其随着MWCNT上Ni镀层时间的增加而提高（从纯 CNT/EP的1.0×10^{-7}Scm^{-1}到Ni-30/EP的4.2×10^{-7}Scm^{-1}），表明高含量Ni粒子可使Ni-MWCNT/EP复合材料具有良好的表面电导率。

纯环氧树脂（Neat EP）和制备态MWCNT/环氧树脂（Neat CNT/EP）样品在1.0GHz下的EMI SE分别约为1dB和4dB。所有Ni-MWCNT/EP样品的EMI SE均高于Neat EP和Neat CNT/EP。有趣的是，Ni-MWCNT/EP样品的EMI SE不能达到Ni-20/EP样品的值。另一方面，1.0GHz时Ni-30/EP的EMI SE提高到6.5dB（增加63%）。这表明在MWCNT上，Ni粒子的存在可提高MWCNT/EP复合材料的EMI SE。此外，在超过30分钟的特定电镀时间内，Ni-MWCNT/EP的EMI SE显著提高，表明Ni-MWCNT/EP纳米复合材料的EMI SE可能存在一个金属含量阈值。由于MWCNT/EP复合材料的表面电导率略有增加，因此电磁反射率随镀敷时间略有提高。同时，随着镀敷时间的延长，电磁吸收率显著提高，表明在MWCNT上引入Ni粒子有助于复合材料的电磁吸收性质。

Saini等人[58]采用原位聚合法合成了PANI/MWCNT纳米复合材料。所需的MWCNT质量是以MWCNT相对于苯胺单体所需的百分比计算的，即PCNT-5、PCNT-10、PCNT-20和PCNT-25分别为5%、10%、20%和25%。FTIR和XRD结果显示，随着MWCNT相的增加，PANI特征带和峰发生系统性移动，表明相之间存在显著的相互作用。SEM和TEM图片表明，在单个MWCNT的表面有一层厚且均匀的PANI涂层。当MWCNT的浓度很低时，PANI包覆管以球状团聚物的形式存在（PCNT-5）。然而，在MWCNT的某个临界浓度（PCNT-25）下，聚合只发生在MWCNT的表面。PCNT-25的高电导率19.7Scm^{-1}（甚至优于MWCNT颗粒的体电导率19.1Scm^{-1}或PANI的电导率2.0Scm^{-1}）要归因于两个互补相（PANI和MWCNT）的协同效应。屏蔽测量结果表明，随着CNT含量的增加，反射屏蔽效能从−8.0dB增至−12.0dB，而吸收屏蔽效能从−18.5dB迅速增至−28.0dB。吸收在−27.5~−39.2dB总屏蔽效能范围内占主导，表明这些材料适用于Ku波段（12.4~18.0GHz）的屏蔽。

12.4.3 碳纳米纤维

碳纳米纤维（CNF）归类为sp^{2}基（一个双键、两个单键）不连续线状纤维，其长径比大于100，特点是很柔韧[59]。生产碳纳米纤维主要有两种方法。

1. 蒸气生长CNF

气相生长碳纳米纤维（VGCNF）的结构类似于沿纤维轴螺旋折叠石墨烯层，因此提供了中空芯。石墨层与纤维轴成一定角度折叠，出现分层或堆叠的杯子外观。这种杯状堆叠结构将其与CNT区分开来，而CNT的外观是平行于CNT轴的单个圆柱体，或由石墨烯层组成的多个同心圆柱体。

VGCNF的结构和性能受其制备工艺影响。化学气相沉积（CVD）是生产VGCNF的常用工艺。在CVD工艺中，500℃~1200℃范围内铁、镍、钴和铜等过渡金属催化剂粒子与碳源（如一氧化碳或碳氢化合物气体）结合使用[60]。催化剂粒子尺寸决定了CNF石墨结构的尺寸[61]。为了解释为何使用金属催化剂来生长石墨结构，研究人员提出了几种模型[62,63]，催化剂粒子的尺寸范围通常为10~100nm，这决定了所生成CNF的外径[63]。

进一步发展的CVD方法如等离子体增强CVD，在比传统CVD方法更低的温度（$T \geqslant 650℃$）下，使用辉光放电等离子体生产碳纳米结构[64]。

2. 静电纺丝CNF（ECNF）

另一种生产CNF的途径是通过静电纺丝[65]。这种溶胶-凝胶工艺中使用尖针注射器，在针尖处的液滴上施加高电压，使溶液从针尖喷射到目标靶上。

当表面张力高到足以防止溶液破裂成细小液滴时，形成纤维结构并在目标靶处进行收集。碳层沿纤维表面径向分布，但沿纤维芯轴观察到随机颗粒结构[66]。静电纺丝过程中纤维的内外温度不同，纤维受到剪切力作用，形成表皮-核芯结构[67]。CVD工艺通常倾向于产生超高模量的CNF[59,68]。

然而，大量催化剂残留物、较低的产率及所用设备昂贵，成为CVD工艺的局限[65]。与CVD采用的"自下而上"生产方式相比，静电纺丝利用了"自上而下"制造工艺的优点，有利于生产、集聚和排列[69]。

CNF的导电性和导热性可与力学性能相结合，以便开发复合材料的多功能性。CNF增强复合材料实现了良好的力学性能[70]、低热膨胀系数[71]和高电导率[59]。

3. 案例研究

Das等人[72]制备了一种具有高导电性的超疏水碳纳米纤维/PTFE填充纳米复合涂层，并且首次报道了此类涂层作为EMI屏蔽材料的效能数据。干燥后，涂层显示出高达158°的静态水接触角（超疏水），液滴滚动角为10°，表明涂层具有自清洁能力及高电导率（高达309Sm^{-1}）。在X波段（8.2~12.4GHz），对100μm厚的涂层估计了EMI SE。结果表明，屏蔽效能高达25dB，在固定成分下，其随频率变化很小，表明这些涂层在EMI屏蔽应用、其他需要极拒液性和高导电性的技术方面是具有潜力的。

Yang等人[73]对比了聚苯乙烯基体中碳纳米纤维和MWCNT的EMI SE。与碳纳米纤维填充PS复合材料相比，碳纳米管填充PS复合材料具有更高的电导率和更低的逾渗阈值。碳纳米纤维和纳米管填充复合材料的直流体电导率测量结果表明，其电导率随纳米纤维或纳米管添加量的增加而提高。观察到电导率从$1×10^{-14} Sm^{-1}$（纯聚苯乙烯）急剧提高到$3.2×10^{-4} Sm^{-1}$（4wt%的纳米纤维添加量）或$2.3×10^{-4} Sm^{-1}$（1wt%的纳米管添加量）。作者得出结论：添加纳米纤维的逾渗阈值为4wt%，而添加纳米管的逾渗阈值为1wt%。结果表明，在所测量频率范围内，所有复合材料的EMI SE几乎都与频率无关，且随着纳米纤维和纳米管添加量的增加而提高。有趣的是，在相同的填料添加量下，碳纳米管填充PS复合材料比碳纳米纤维填充PS复合材料表现出更高的屏蔽效能。例如，添加量为5wt%的碳纳米管填充复合材料在8.2～12.4GHz频率范围内的屏蔽效能为23.6～24.6dB，远高于相同添加量的碳纳米纤维填充PS复合材料的7.3～7.7dB。这些差异可归因于碳纳米管的较小尺寸，而较小的尺寸可能提供更大的界面面积；因此，纳米管间的连接数量增加，形成了许多可用的导电路径。

Chen及其同事[74]采用电泳沉积法在碳纤维表面沉积了氧化石墨烯。他们将氧化石墨烯沉积的碳纤维（GO-CF）和CF切割为3～5mm的多段，然后将其以0.1wt%、0.2wt%、0.3wt%和0.4wt%的含量加入水泥。对于CF/水泥复合材料和GO-CF/水泥复合材料，两者的SE均随着纤维含量的增加而增加，主要屏蔽机制是吸收。GO-CF在改善水泥基复合材料的EMI屏蔽方面比CF更有效，特别是在GO-CF含量为0.4wt%的情况下。在GO-CF含量为0.4wt%、屏蔽厚度为5mm的情况下，X波段（8.2～12.4GHz）的屏蔽效能达到34dB，与相同含量的CF/水泥的效能（26dB）相比提高了31%。对于GO-CF/水泥复合材料，其SE的提高以增加吸收为主。

Chen及其同事在另一项研究中[75]，用$NaBH_4$溶液还原CF上的GO片，并将其加入不饱和聚酯（UP），以制备RGO-CF/UP纳米复合材料。含量为0.75%的GO-CF和RGO-CF复合材料，在12.4GHz下的SE分别为34.7dB和37.8dB，比CF/UP的EMI SE（32.5dB）分别提高了6.8%和16.3%。此外，吸收是主要的EMI屏蔽机制。

Huang和Wu[76]共混镍包覆碳纤维（NCF）、聚碳酸酯（PC）与丙烯腈-丁二烯-苯乙烯（ABS），以制备用于EMI屏蔽的导电复合材料。采用熔融共混法，制备了质量比为90/10、70/30、50/50、30/70和10/90%的不同PC/ABS复合材料。结果表明，增大ABS含量可以提高PC/ABS/NCF的加工性能，加入NCF可以提高PC/ABS/NCF的机械强度。

PC/ABS/NCF复合材料的EMI SE随着NCF含量的增加而提高。作者解释这一现象时指出，随着碳纤维含量的增加，纤维变得足够接近，并使电子跨越纤维之间的间隙或者转移到其他纤维上，当无限链网增加时，就达到逾渗阈值浓度。另一方面，当更多的纤维分散到基体中时，纤维很容易相互接触形成网络。结果表明，含镍包覆纤维的复合材料具有较高的EMI SE。在所有PC/ABS/NCF中，最佳EMI SE约为47dB。然而，由于PC和ABS之间的相分离，氧可以扩散到PC/ABS基体中，随着热处理与Ni反应，并且逐渐生成氧化物。填料上的氧化层增大比电阻，随着热处理时间的增加，EMI SE显著降低。

Wang及其同事[77]使用镀镍碳纤维作为硅橡胶中的导电填料，用于EMI屏蔽应用。他们观察到，混合在硅橡胶中的镀镍碳纤维随机定向并相互交联，形成了一个三维的导电通路网络。

随着NCF含量的增加，硅橡胶复合材料的体电阻率降低。这主要是由于随着NCF含量的增加，孤立的导电NCF在复合材料中逐渐被互连，最终形成了完全导电的网络。当填料含量进一步增加时，体电阻率的提高变得相对缓慢。这是由于大多数纤维已与其他纤维相互接触，使得新形成的导电路径不再明显增加。随着NCF含量的增加和体电阻率的下降，硅橡胶复合材料的EMI SE迅速提高。体电阻率的较小下降将大大提高复合材料的EMI SE。填料的网络结构对提高复合材料的EMI SE起重要作用，因为复合材料的EMI SE依赖于电阻损耗和界面极化损耗。据报道，含有80份镀镍碳纤维的硅橡胶复合材料样品，其体电阻率为0.042Ωcm，在30~1200MHz测试频率范围内，其EMI SE通常约为80dB。

Tzeng和Chang[78]采用胶结和化学沉积技术，对ABS碳纤维做了铜和镍包覆。复合材料纤维长度分布测量结果表明，制备后的复合材料中，铜包覆碳纤维长度比镍包覆碳纤维更短。ABS复合材料中的金属包覆碳纤维，以化学法镀镍的碳纤维，由于较长的纤维分布及镍层与纤维的良好黏合，因此具有最好的EMI屏蔽能力。而采用胶结技术沉积的金属涂层在化合过程中倾向于与纤维分离，因此其复合材料的EMI SE较差。

12.5 其他EMI屏蔽纳米复合材料

金属及其氧化物是纳米复合材料制造中非常普遍的纳米填料，其中一些纳米填料（如氧化铁）具有磁/电特性，是EMI屏蔽材料的良好候选材料。本节介绍金属纳米粒子，然后讨论包含这些纳米填料的EMI屏蔽纳米复合材料。

纳米金属（定义为晶粒尺寸减小到100nm以下的纯金属或合金）已成为一个广泛研究的课题，并推进了多种制备路线的发展。

金属尺寸减小时会出现巨大的性能变化，金属与聚合物的复合材料在功能应用方面非常有趣。在纳米尺度金属（介观金属）中观察到的新性质，是由量子尺寸效应（电子限域和表面效应）产生的。这些属性与尺寸有关，并且可以通过改变尺寸来调整。限域效应发生在纳米尺度金属范围内，由于传导电子在非常小的空间（与其德布罗意波长相当）中移动，因此它们的能态会被量子化。表面效应的产生是因为随着尺寸的减小，物质由越来越多的表面原子而非内部原子组成。因此，物质的性质慢慢从那些由内部原子的特征决定转变为由表面原子的特征决定。此外，纳米尺度物体的表面性质与宏观物体的有很大不同。宏观固体晶体表面的原子主要位于基面上，但是随着尺寸的减小，它们几乎完全转变为边缘和角原子。由于配位数很低，边缘原子和角原子与基面上的原子相比，具有高化学活性、超催化活性和高极化性等。

由于量子尺寸效应，介观金属表现出一系列与其块体对应物完全不同的特性。有趣的是，与尺寸相关的铁磁性和超顺磁性适用于所有金属。纳米金属的许多独特化学-物理特性，在嵌入聚合物后并未改变（如光学、磁性、介电和热输运特性），因此可来为聚合物提供特殊的功能。下面将介绍一些属性。

12.5.1 机械性能

一般来说，纳米金属具有很高的屈服应力，因为晶粒尺寸是影响机械强度的主要微观结构参数。当晶粒尺寸减小到纳米范围时，机械强度显著提高。纳米金属的抗拉强度通常是传统微晶金属的2~3倍。纳米金属的机械强度也受到晶粒尺寸均匀性的影响，这可通过一个称为变异系数（CV）的参数来量化，CV定义为标准偏差与晶粒尺寸平均值的比值。结果表明，将晶粒尺寸均匀性从CV = 0.07降至CV = 0.41，平均晶粒尺寸约为30nm，则屈服强度降至约100MPa。注意，在这种情况下，纳米金属非常容易出现晶粒尺寸的较大非均匀性，这意味着由纳米多晶金属构成的晶粒，其尺寸有很大的差异。传统微晶金属的CV值通常不超过0.35，而纳米金属的CV值往往高于0.45。

疲劳强度是工程材料最重要的力学性能之一。人们普遍认为，由于高静态强度，纳米金属有着更好的高周疲劳性能和较差的低周疲劳性能[14]，这是因为其延展性降低，并且以剪切带形式出现了较强的局部应变趋势。低周疲劳性能的降低，伴随着疲劳裂纹扩展速率的提高。

12.5.2 耐腐蚀性

减小晶粒尺寸最重要的结果之一是，单位体积金属晶界表面积的显著增加。这有助于提高纳米金属的反应性和扩散性。因此，表面钝化膜可能会快速形成。此外，纳米细化金属通常具有较高的化学均匀性，这意味着合金元素的分布更加均匀。

12.5.3 电导率

金属通常具有良好的导电性，其中的一些金属如铜或铝，尤其适用导电应用。如上所述，纳米晶粒细化会对机械强度产生巨大影响，有利于电线、高压线路上的应用，且可用于制备电磁干扰屏蔽纳米复合材料。然而，高密度缺陷对电导率有不利影响。电阻率测量结果表明，具有相对较高密度位错和小角度晶界的样品，表现出了较高的电阻率。随着纳米晶粒结构的形成，其电阻率仅略高于粗晶粒材料。

最后，聚合物-嵌入方式代表了一种利用纳米金属介观特性的有效方法。大量先进功能设备可基于这种简单的材料类别。在过去几年里，研究人员开发了制备金属-聚合物纳米复合材料的许多先进技术。特别地，基于特殊有机金属前驱体热解的原位技术似乎是非常有前途的。

12.5.4 金属纳米粒子的合成

金属胶体的化学合成产生嵌入配体或稳定剂层的纳米粒子，可防止粒子的聚集。所用的稳定剂包括表面活性剂，如长链硫醇或胺、聚合物配体、聚乙烯吡咯烷酮（PVP）。还原溶解在适当溶剂中的金属盐，可产生尺寸分布不同的小金属粒子。多种还原剂用于还原反应。这些试剂包括电子化合物、醇、二醇、金属硼氢化物和某些专用试剂，如四（羟甲基）氯化鏻。

纳米晶体的合成也可在两相界面处使用软模板进行，这被称为反胶束法。反胶束法可成功用于制备Ag、Au、Co、Pt和Co纳米晶体。在空气-水界面（如Langmuir-Blodgett膜）或液-液界面处合成纳米晶体，目前引发了广泛关注。金属、半导体和氧化物纳米晶体薄膜可以用水-甲苯界面制备。传统上，在真空中烧蚀金属靶，然后对羽流进行质量选择来产生团簇束，可生成控制尺寸的团簇。这种团簇束可用于原位研究，或引到基体上。

12.5.5 案例研究

El Kamchi及其同事[79]通过在PANI中添加磁性纳米粒子，提高了其电磁性能，且研究了其对电磁波反射和吸收的影响。他们制备了两种PANI基复合材料。第一种基于含PU的PANI，其中分散碳包覆CCo和FeNi纳米颗粒。多层结构的电导率为$10^4 Sm^{-1}$，在8～18GHz频率范围内屏蔽效能为90dB。第二种基于PANI和环氧树脂基体，其中分散有FeNi纳米粒子，得到了具有中等电导率和高电磁波衰减的厚材料。结果表明，厚度为9.7mm和6.5mm的PANI PTSA/FeNi/环氧树脂复合材料，分别具有反射屏蔽效能值-22dB（9.52GHz）和-20.7dB（14.7GHz）。作者得出结论：可以优化精细结构混杂材料的电磁特性，提高其电磁反射-吸收性能。

Wei等人[80]设计并合成了含有三氟甲基单元的氨基功能化聚醚醚酮（AFPEEK，具有良好的溶解度），并将其添加到了通过溶胶-凝胶法制备的$Co_{0.2}Fe_{2.8}O_4@SiO_2$纳米粒子基体中。由于有机基质是疏水性的，而无机纳米粒子是亲水性的，因此使用3-异氰基丙基-三乙氧基硅烷作为偶联剂将两相共价连接到一起。SEM和TEM图片表明，即使纳米粒子含量为40wt%，无机相和有机相之间的强相互作用也能显著提高其分散性和相容性。有机聚合物与无机纳米粒子的功能化结合，带来了混杂材料的优异综合性能，如高透明度、热稳定性、力学性能及对基材的高附着性，有利于作为涂层材料。这种高性能材料表现出了良好的超顺磁性能，还表现出了良好的宽带微波吸收能力，厚度为5mm时反射屏蔽效能达到-34.1dB（13.1GHz）。

Belgin和同事[81]使用了密度为5.26gcm^{-3}的三角晶体结构的赤铁矿；约86%的赤铁矿矿物为Fe_2O_3，其余由多种杂质组成。

对聚酯（PES）树脂进行自由基聚合并交联，形成了PES热固性材料的刚性三维晶格。在聚合过程中使用辛酸钴（Coct）催化剂，甲基乙基酮（MEKP）作为自由基源。在10%和50%的添加量之间，使用5种不同填料制备了复合材料。研究了复合材料对伽马射线和X射线的屏蔽效能，这些射线属于电离电磁辐射（IEMR）类型，具有足够高的能量来电离相互作用物质的原子。

赤铁矿填充PES基复合材料具有良好的IEMR屏蔽效能，特别是在高填料含量的情况下。在低IEMR能量下，复合材料密度影响复合材料的IEMR屏蔽效能，但随着IEMR能量的增大，密度对IEMR屏蔽效能的影响变得无效。性能最好的复合材料含50%的赤铁矿，其屏蔽效能参数mM值达到元素铅的98%，而质量轻约58%。

Gargama等人[82]采用简单的弯曲和热成形技术，制备了含有纳米Fe和聚偏氟乙烯（PVDF）的纳米复合材料。使用微波散射参数计算了每种复合材料的复介电常数和磁导率。PVDF基体中n-Fe的vol.%越高，介电/磁损耗就越大。PVDF/n-Fe复合材料的吸收能力以损耗因子作为含量vol.%的函数，表明该复合材料在填料含量为0.26vol.%时的吸收性能最好。填料含量分别为35vol.%和20vol.%的复合材料，其EMI SE和RC（单层吸收结构）分别为40.21dB和-20.97dB（8.68GHz），厚度分别为1.93mm和1.90mm。观察到的吸收峰可通过厚度变化来调节。注意，在逾渗阈值（$f_c = 0.15$）附近观察到了吸收高电磁辐射的最佳雷达吸收结构。研究发现，最佳SE的主要机制是反射损耗。然而，较低的RC值可能由材料内部的阻抗匹配条件、介电损耗和磁损耗导致。

Ma及其合作者[83]合成了三种不同形状的银纳米填料：银纳米球（AgNS）、银纳米线（AgNW）和银纳米线-银纳米片（AgNWP）。采用简单有效的一锅液相发泡工艺，制备了填充这三种银纳米填料的超轻质PI复合材料泡沫。发现在相同的纳米填料含量下，复合材料泡沫的EMI SE下降顺序为AgNWP > AgNW > AgNS。AgNWP/PI复合材料泡沫表现出了最高的EMI SE，因为与AgNW和AgNS相比，AgNWP具有更密集的三维导电网络；无缝互连的AgNWP网络提供快速的电子传输通道。当AgNWP含量为4.5wt%时，最大比EMI SE为1208dB(gcm^{-3})$^{-1}$（200MHz）、650dB(gcm^{-3})$^{-1}$（600MHz）、488dB(gcm^{-3})$^{-1}$（800~1500MHz）和216~249dB(gcm^{-3})$^{-1}$（8~12GHz），远超其他复合材料的最佳值。泡沫内部AgNWP互连网络的反射，与泡沫内部界面处的多次反射产生的吸收相结合，形成了屏蔽效应。作者证实，AgNWP/PI复合泡沫在需要轻量化高性能EMI屏蔽材料中具有极大的应用潜力。

参 考 文 献

1　Capek, I. (2006). *Nanocomposite Structures and Dispersions*, Studied in Interface Science, vol. 23. Elsevier.
2　Carrado, K.A. (2000). *Applied Clay Science* 17 (1–2): 1.
3　Galgali, G., Ramesh, C., and Lele, A. (2001). *Macromolecules* 34 (4): 852.
4　Vaia, R.A. and Giannelis, E.P. (1997). *Macromolecules* 30 (25): 7990.
5　Kornmann, X., Lindberg, H., and Berglund, L.A. (2001). *Polymer* 42 (4): 1303.
6　Kornmann, X., Lindberg, H., and Berglund, L.A. (2001). *Polymer* 42 (10): 4493.
7　Thomassin, J.-M., Je'roˆme, C., Pardoen, T. et al. (2013). Polymer/carbon based composites as electromagnetic interference (EMI) shielding materials. *Materials Science and Engineering R* 74: 211–232.

8 Chung, D.D.L. (2001). Electromagnetic interference shielding effectiveness of carbon materials. *Carbon* 39: 279–285.
9 Tjong, S.C. (2012). Polymer nanocomposites for electromagnetic interference (EMI) shielding. In: *Polymer Composites with Carbonaceous Nanofillers, Properties and Applications*, 331–350. Wiley-VCH.
10 Saini, P. (2013). Electrical properties and electromagnetic interference shielding response of electrically conducting thermosetting nanocomposites. In: *Thermoset Nanocomposites* (ed. V. Mittal), 211–237. Wiley Online Library.
11 Saini, P., Choudhary, V., Singh, B.P. et al. (2011). Enhanced microwave absorption behavior of polyaniline–CNT/polystyrene blend in 12.4–18.0 GHz range. *Synthetic Metals* 161 (15–16): 1522–1526.
12 Pomposo, J.A., Rodriguez, J., and Grande, H. (1999). Polypyrrole-based conducting hot melt adhesives for EMI shielding applications. *Synthetic Metals* 104 (2): 107–111.
13 Geetha, S., Satheesh Kumar, K.K., Rao, C.R.K. et al. (2009). EMI shielding: methods and materials – a review. *Journal of Applied Polymer Science* 112: 2073–2086.
14 Tong, X.C. (2009). *Advanced Materials and Design for Electromagnetic Interference Shielding*. New York: CRC Press - Taylor & Francis Group.
15 Ott, H. (1988). *Noise Reduction Techniques in Electronic Systems*, 2e. New York: Wiley.
16 Kuilla, T., Bhadra, S., Yao, D. et al. (2010). Recent advances in graphene based polymer composites. *Progress in Polymer Science* 35: 1350–1375.
17 Hennrich, F., Chan, C., Moore, V. et al. (2006). The element carbon. In: *Carbon Nanotubes, Properties and Applications* (ed. M.J. O'Connell), 1–18. New York: CRC Press - Taylor & Francis Group.
18 Stankovich, S., Dikin, D.A., Dommett, G.H.B. et al. (2006). Graphene-based composite materials. *Nature* 442: 282–286.
19 Lee, C., Wei, X., Kysar, J.W., and Hone, J. (2008). Measurement of the elastic properties and intrinsic strength of monolayer graphene. *Science* 321: 385–388.
20 Dikin, D.A., Stankovich, S., Zimney, E.J. et al. (2007). Preparation and characterization of graphene oxide paper. *Nature* 448: 457–460.
21 Nair, R.R., Blake, P., Grigorenko, A.N. et al. (2008). Fine structure constant defines visual transparency of graphene. *Science* 320: 1308–1308.
22 Balandin, A.A., Ghosh, S., Bao, W. et al. (2008). Superior thermal conductivity of single-layer graphene. *Nano Letters* 8: 902–907.
23 Heersche, H.B., Jarillo-Herrero, P., Oostinga, J.B. et al. (2007). Bipolar supercurrent in graphene. *Nature* 446: 56–59.
24 Echtermeyer, T.J., Lemme, M.C., Baus, M. et al. (2008). Nonvolatile switching in graphene field-effect devices. *IEEE Electron Device Letters* 29: 952–954.
25 Son, J.Y., Shin, Y.H., Kim, H.J., and Jang, H.M. (2010). NiO resistive random access memory nanocapacitor array on graphene. *ACS Nano* 4: 2655–2658.
26 Srinivas, G., Zhu, Y.W., Piner, R. et al. (2010). Synthesis of graphene-like nanosheets and their hydrogen adsorption capacity. *Carbon* 48: 630–635.
27 Walker, L.S., Marotto, V.R., Rafiee, M.A. et al. (2011). Toughening in graphene ceramic composites. *ACS Nano* 5: 3182–3190.
28 Chen, C.M., Yang, Q.H., Yang, Y.G. et al. (2009). Self-assembled free-standing graphite oxide membrane. *Advanced Materials* 21: 3007–3011.
29 Zhang, L.M., Xia, J.G., Zhao, Q.H. et al. (2010). Functional graphene oxide as a nanocarrier for controlled loading and targeted delivery of mixed anticancer drugs. *Small* 6 (4): 537–544.
30 Cai, J., Ruffieux, P., Jaafar, R. et al. (2010). Atomically precise bottom-up fabrication of graphene nanoribbons. *Nature* 466 (7305): 470–473.
31 Bennett, P.B., Pedramrazi, Z., Madani, A. et al. (2013). Bottom-up graphene nanoribbon

field-effect transistors. *Applied Physics Letters* 103 (25): 253114.
32 Vo, T.H., Shekhirev, M., Kunkel, D.A. et al. (2014). Large-scale solution synthesis of narrow graphene nanoribbons. *Nature Communications* 5: 3189.
33 Vickery, L., Patil, A.J., and Mann, S. (2009). Fabrication of graphene-polymer nanocomposites with higher-order three-dimensional architectures. *Advanced Materials* 21: 2180–2184.
34 Nethravathi, C., Rajamathi, J.T., Ravishankar, N. et al. (2008). Graphite oxide-intercalated anionic clay and its decomposition to graphene-inorganic material nanocomposites. *Langmuir* 24: 8240–8244.
35 Szabo, T., Szeri, A., and Dekany, I. (2005). Composite graphitic nanolayers prepared by self-assembly between finely dispersed graphite oxide and a cationic polymer. *Carbon* 43: 87–94.
36 Hsiao, S.-T., Ma, C.-C.M., Tien, H.W. et al. (2015). The effect of covalent modification of graphene nanosheets on the electrical property and electromagnetic interference shielding performance of water-borne polyurethane composite. *ACS Applied Materials & Interfaces* 7 (4): 2817–2826.
37 Kashi, S., Gupta, R.K., Baum, T. et al. (2016). Morphology, electromagnetic properties and electromagnetic interference shielding performance of poly lactide/graphene nanoplatelet nanocomposites. *Materials and Design* 95: 119–126.
38 Joshi, A., Bajaj, A., Singh, R. et al. (2015). Processing of graphene nanoribbon based hybrid composite for electromagnetic shielding. *Composites: Part B* 69: 472–477.
39 Chen, Y., Zhang, H.-B., Huang, Y. et al. (2015). Magnetic and electrically conductive epoxy/graphene/carbonyl iron nanocomposites for efficient electromagnetic interference shielding. *Composites Science and Technology* 118: 178–185.
40 Plyushch, A., Macutkevic, J., Kuzhir, P. et al. (2016). Electromagnetic properties of graphene nanoplatelets/epoxy composites. *Composites Science and Technology* 128: 75–83.
41 Yan, D.-X., Pang, H., Li, B. et al. (2015). Structured reduced Graphene oxide/polymer composites for ultra-Effi cient electromagnetic interference shielding. *Advanced Functional Materials* 25 (4): 559–566.
42 Zhang, H.-B., Yan, Q., Zheng, W.-G. et al. (2011). Tough graphene-polymer microcellular foams for electromagnetic interference shielding. *ACS Applied Materials & Interfaces* 3: 918–924.
43 Ma, H.-L., Zhang, H.-B., Li, X. et al. (2014). The effect of surface chemistry of graphene on cellular structures and electrical properties of polycarbonate nanocomposite foams. *Industrial and Engineering Chemistry Research* 53: 4697–4703.
44 Ling, J., Zhai, W., Feng, W. et al. (2013). Facile preparation of lightweight microcellular polyetherimide/graphene composite foams for electromagnetic interference shielding. *ACS Applied Materials & Interfaces* 5: 2677–2684.
45 Gedler, G., Antunes, M., Velasco, J.I., and Ozisik, R. (2016). Enhanced electromagnetic interference shielding effectiveness of polycarbonate/graphene nanocomposites foamed via 1-step supercritical carbon dioxide process. *Materials and Design* 90: 906–914.
46 Eswaraiah, V., Sankaranarayanan, V., and Ramaprabhu, S. (2011). Functionalized graphene–PVDF foam composites for EMI shielding. *Macromolecular Materials and Engineering* 296: 894–898.
47 Spitalskya, Z., Tasisb, D., Papagelis, K., and Galiotis, C. (2010). Carbon nanotube–polymer composites: chemistry, processing, mechanical and electrical properties. *Progress in Polymer Science* 35: 357–401.
48 Liu, P. (2005). Modifications of carbon nanotubes with polymers. *European Polymer Journal* 41: 2693–2703.
49 Sano, M., Kamino, A., Okamura, J., and Shinkai, S. (2001). Self-organization of PEO-graft-single-walled carbon nanotubes in solutions and Langmuir–Blodgett films. *Langmuir* 17: 5125–5128.
50 Al-Saleh, M.H. and Sundararaj, U. (2009). Electromagnetic interference shielding mechanisms

of CNT/polymer composites. *Carbon* 47: 1738–1746.
51 Kuester, S., Guilherme, M.O., Barra, J.C.F. Jr. et al. (2016). Electromagnetic interference shielding and electrical properties of nanocomposites based on poly (styrene-b-ethylene-ran-butylene-b-styrene) and carbon nanotubes. *European Polymer Journal* 77: 43–53.
52 Joseph, N., Janardhanan, C., and Sebastian, M.T. (2014). Electromagnetic interference shielding properties of butyl rubber-single walled carbon nanotube composites. *Composites Science and Technology* 101: 139–144.
53 Farukh, M., Singh, A.P., and Dhawan, S.K. (2015). Enhanced electromagnetic shielding behavior of multi-walled carbon nanotube entrenched poly (3,4-ethylenedioxythiophene) nanocomposites. *Composites Science and Technology* 114: 94–102.
54 Kuang, T., Chang, L., Chen, F. et al. (2016). Facile preparation of lightweight high-strength biodegradable polymer/multi-walled carbon nanotubes nanocomposite foams for electromagnetic interference shielding. *Carbon* 105: 305–313.
55 Thomassin, J.M., Pagnoulle, C., Bednarz, L. et al. (2008). Foams of polycaprolactone/MWNT nanocomposites for efficient EMI reduction. *Journal of Materials Chemistry* 18: 792–796.
56 Al-Saleh, M.H. (2015). Influence of conductive network structure on the EMI shielding and electrical percolation of carbon nanotube/polymer nanocomposites. *Synthetic Metals* 205: 78–84.
57 Kim, B.-J., Bae, K.-M., Lee, Y.S. et al. (2014). EMI shielding behaviors of Ni-coated MWCNTs-filled epoxy matrix nanocomposites. *Surface & Coatings Technology* 242: 125–131.
58 Saini, P., Choudhary, V., Singh, B.P. et al. (2009). Polyaniline–MWCNT nanocomposites for microwave absorption and EMI shielding. *Materials Chemistry and Physics* 113: 919–926.
59 Kim, Y.A., Hayashi, T., Endo, M., and Dresselhaus, M.S. (2013). Carbon nanofibers. In: *Springer Handbook of Nanomaterials* (ed. R. Vajtai), 1500. Berlin: Springer.
60 Martin-Gullon, I., Vera, J., Conesa, J.A. et al. (2006). Differences between carbon nanofibers produced using Fe and Ni catalysts in a floating catalyst reactor. *Carbon* 44 (8): 1572–1580.
61 Sinnott, S.B., Andrews, R., Qian, D. et al. (1999). Model of carbon nanotube growth through chemical vapor deposition. *Chemical Physics Letters* 315 (1–2): 25–30.
62 Rodriguez, N.M., Chambers, A., and Baker, R.T.K. (1995). Catalytic engineering of carbon nanostructures. *Langmuir* 11 (10): 3862–3866.
63 Terrones, H., Hayashi, T., Muñoz-Navia, M. et al. (2001). Graphitic cones in palladium catalysed carbon nanofibres. *Chemical Physics Letters* 343 (3–4): 241–250.
64 Melechko, A.V., Merkulov, V.I., McKnight, T.E. et al. (2005). Vertically aligned carbon nanofibers and related structures: controlled synthesis and directed assembly. *Journal of Applied Physics* 97 (4): 041301.
65 Zhang, L., Aboagye, A., Kelkar, A. et al. (2014). A review: carbon nanofibers from electrospun polyacrylonitrile and their applications. *Journal of Materials Science* 49 (2): 463–480.
66 Zussman, E., Chen, X., Ding, W. et al. (2005). Mechanical and structural characterization of electrospun PAN-derived carbon nanofibers. *Carbon* 43 (10): 2175–2185.
67 Pelfrey, S., Cantu, T., Papantonakis, M.R. et al. (2010). Microscopic and spectroscopic studies of thermally enhanced electrospun PMMA micro- and nanofibers. *Polymer Chemistry* 1 (6): 866–869.
68 Endo, M., Kim, Y.A., Hayashi, T. et al. (2001). Vapor-grown carbon fibers (VGCFs): basic properties and their battery applications. *Carbon* 39 (9): 1287–1297.
69 Zhou, Z., Liu, K., Lai, C. et al. (2010). Graphitic carbon nanofibers developed from bundles of aligned electrospun polyacrylonitrile nanofibers containing phosphoric acid. *Polymer* 51 (11): 2360–2367.
70 Tibbetts, G.G. (1989). Vapor-grown carbon fibers: status and prospects. *Carbon* 27 (5): 745–747.
71 Fitzer, E. (1989). Pan-based carbon fibers – present state and trend of the technology from the viewpoint of possibilities and limits to influence and to control the fiber properties by the process parameters. *Carbon* 27 (5): 621–645.

72 Das, A., Hayvaci, H.T., Tiwari, M.K. et al. (2011). Superhydrophobic and conductive carbon nanofiber/PTFE composite coatings for EMI shielding. *Journal of Colloid and Interface Science* 353: 311–315.

73 Yang, Y., Gupta, M.C., Dudley, K.L., and Lawrence, R.W. (2005). A comparative study of EMI shielding properties of carbon nanofiber and multi-walled carbon nanotube filled polymer composites. *Journal of Nanoscience and Nanotechnology* 5: 927–931.

74 Chen, J., Zhao, D., Ge, H., and Wang, J. (2015). Graphene oxide-deposited carbon fiber/cement composites for electromagnetic interference shielding application. *Construction and Building Materials* 84: 66–72.

75 Chen, J., Wu, J., Ge, H. et al. (2016). Reduced graphene oxide deposited carbon fiber reinforced polymer composites for electromagnetic interference shielding. *Composites: Part A* 82: 141–150.

76 Huang, C.-Y. and Wu, C.-C. (2000). The EMI shielding effectiveness of PC/ABS/nickel-coated carbon- fiber composites. *European Polymer Journal* 36: 2729–2737.

77 Wang, R., Yang, H., Wang, J., and Li, F. (2014). The electromagnetic interference shielding of silicone rubber filled with nickel coated carbon fiber. *Polymer Testing* 38: 53–56.

78 Tzeng, S.-S. and Chang, F.-Y. (2001). EMI shielding effectiveness of metal-coated carbon fiber-reinforced ABS composites. *Materials Science and Engineering* A302: 258–267.

79 El Kamchi, N., Belaabed, B., Wojkiewicz, J.-L. et al. (2013). Hybrid polyaniline/nanomagnetic particles composites: high performance materials for EMI shielding. *Journal of Applied Polymer Science* 127 (6): 4426–4432.

80 Wei, W., Yue, X., Zhou, Y. et al. (2013). New promising hybrid materials for electromagnetic interference shielding with improved stability and mechanical properties. *Physical Chemistry Chemical Physics* 15: 21043–21050.

81 Eren Belgin, E., Aycik, G.A., Kalemtas, A. et al. (2015). Preparation and characterization of a novel ionizing electromagnetic radiation shielding material: hematite filled polyester based composites. *Radiation Physics and Chemistry* 115: 43–48.

82 Gargama, H., Thakur, A.K., and Chaturvedi, S.K. (2016). Polyvinylidene fluoride/nanocrystalline iron composite materials for EMI shielding and absorption applications. *Journal of Alloys and Compounds* 654: 209–215.

83 Ma, J., Wang, K., and Zhan, M. (2015). A comparative study of structure and electromagnetic interference shielding performance for silver nanostructure hybrid polyimide foams. *RSC Advances* 5: 65283–65296.

第13章 银纳米线屏蔽材料

Feng Xu, Wenfeng Shen, Wei Xu, Jia Li, Weijie Song

13.1 引言

迄今为止,为应对EMI问题,人们研发出了多种先进材料。在这些材料中,本征型导电聚合物、金属/聚合物复合材料、导电填料/聚合物复合材料(CPC)是最常见且受到广泛研究的材料。金属及其聚合物复合材料具有高EMI SE,因此在EMI屏蔽材料中占主导地位。在众多的EMI屏蔽应用中,轻质、易加工及抗腐蚀性能成为重要的技术需求[1, 2]。本征型导电聚合物由于其固有的特性,能够很好地满足这些需求[3-5]。然而,它们的低电导率极大地限制了其屏蔽效能。近年来,CPC将聚合物与高电导率填料的上述特性结合在一起,引起了人们的极大兴趣[6-8]。

金属纳米线具有高电导率和良好的柔韧性。此外,由于具有大长径比,纳米线能在聚合物中以低逾渗阈值形成高电导率的互连网络。因此,金属纳米线/聚合物复合材料在电磁干扰屏蔽应用中展现出了巨大的潜力。在以往的研究中,Ag[9-13]、Au[14, 15]和Cu[16, 17]纳米线已被用在柔性或可拉伸导体中。然而,在环境条件下Cu与氧发生反应,导致快速氧化并变成非导体。此外,合成大长径比Au纳米线的方法仍然不够成熟。银纳米线(AgNW)是构建柔性导体的主体,因为它具有高导电性、柔韧,且制备流程可以扩展。

理论和实验都已经证明,由大长径比填料组成的导电复合材料可以实现较低的逾渗阈值。此外,微观尺度上单种填料或填料聚集物的均匀分布也决定着逾渗阈值[18-20]。因此,可以合理推断AgNW的大长径比和有效互连网络导电,对合成EMI屏蔽材料至关重要。

本章首先回顾规模化合成AgNW的最新进展,以及基于银纳米线/聚合物导电复合材料的屏蔽材料的制备方法;然后描述基于银纳米线/聚合物导电复合材料的屏蔽材料的基本性质,如电学性能、形貌属性和EMI性能。

13.2 规模化合成AgNW

金属纳米线的合成在过去20年里取得了显著进展。值得注意的是,在温度相对较低的液相溶液中生长金属纳米线的方法,因为成本低且比气相法更容易扩大规模而成为主流。本节重点介绍关于规模化合成AgNW的方法的最新进展。

目前,制备AgNW的方法包括多元醇法、模板辅助合成[21]、水热法[22-24]、微波辅助过程[25, 26]、电化学技术[27, 28]和湿化学法[29, 30]。与其他方法相比,多元醇法是适合大规模生产金属纳米线的最有前景的方法,其主要优势是主产品产率高、纳米线的长径比大以及易于量产。多元醇法最早由Sun、Xia及其合作者于2002年开发[31],它在约160℃的温度下,于聚乙烯吡咯烷酮(PVP)中还原乙二醇(EG)中的硝酸银。一般而言,预加热EG至约160℃,然后缓慢地将银前驱体(通常为$AgNO_3$)和PVP注入EG溶液[32]。当温度超过150℃时,EG在空气中氧化成乙醇醛(GA),其中GA是$AgNO_3$的主要还原剂[33]。该反应为

$$2HOCH_2CH_2OH + O_2 \rightarrow 2HOCH_2CHO + 2H_2O$$

作为一种面心立方(FCC)金属,银具有热力学上各向同性结构生长的内在驱动力。然

而，通过多元醇法可获得具有五重孪晶结构的AgNW，因为在此过程中动力学控制因素可诱导对称性的破裂。尽管银纳米晶体各向异性生长的准确机理尚不清楚，但确信PVP和微量Cl⁻离子是不可或缺的条件[34]。在惰性气体保护下，添加PVP（通常M_w = 55000）和微量Cl⁻离子可获得高产率的AgNW[35, 36]。Sun等人提出了一个可能的机制，即PVP吸附在AgNW的{100}侧晶面上，导致银原子沿{111}端面生长，进而形成一维纳米晶体，如图13.1所示[34]。Peng等人通过透射电子显微镜（TEM）观察到，吸附在AgNW侧面的PVP层厚度为5nm，而吸附在其顶部的PVP层厚度为2.5nm[37]。这一观察结果有力地支持了这样一个观点，即PVP分子倾向于吸附在{100}而非{111}晶面上。

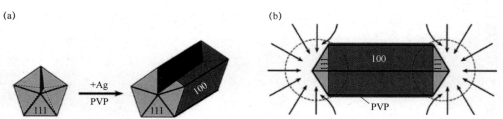

图13.1 具有五边形横截面的AgNW生长机制示意图：(a)在5个孪晶平面的限制和PVP协助下，从Ag多重孪晶纳米粒子（MTP）演化形成Ag纳米棒。纳米棒的末端在{111}晶面终止，侧面由{100}晶面围绕。PVP与{100}晶面之间的强相互作用表示为深灰色，与{111}晶面之间的弱相互作用表示为浅蓝色。端面上的红线表示孪晶边界，可作为添加Ag原子的活性位点。红色标记平面显示了5个孪晶面之一，这些面可作为从MTP向纳米棒演化的内部约束。(b)描述Ag原子向纳米棒两端扩散的示意图模型，其侧面被PVP完全钝化。图中显示了垂直于纳米棒的5个侧面之一的投影，箭头表示Ag原子的扩散通量

一方面，当反应在空气中进行时，Cl⁻/O₂优先腐蚀孪晶颗粒，因为其表面缺陷密度较高[38]。最终，经过长时间的加热后，可得到高产率的单晶纳米粒子[38]。另一方面，将Fe^{3+}/Fe^{2+}引入反应体系后，Fe^{2+}将Ag纳米结构表面的原子氧去除，避免了孪晶颗粒的氧化，得到了高产率的AgNW，如图13.2所示[35]。

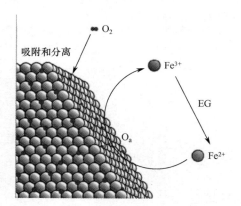

图 13.2 Fe^{2+}从银纳米结构表面去除原子氧的原理示意图。EG 的还原与原子氧的氧化相互竞争，在 Fe^{3+} 和 Fe^{2+} 之间形成平衡

考虑到生产成本，现在的反应通常在空气中进行，同时加入Fe或Cu。典型的合成过程如下。首先，将EG和$FeCl_3$或$CuCl_2$放入烧瓶，预热1小时。随后，将PVP和$AgNO_3$缓慢注入烧瓶，反应持续进行约1小时。典型的多元醇法可以合成长2～25μm、宽40～120nm的AgNW。先前的文献报道称反应温度、注入速率和反应时间均影响生长速率，进而决定纳米线的长度、宽度和产率。然而，仅通过改变上述因素依然难以合成长径比大于500或者直径小于30nm的AgNW。

近期，Ko等人称，采用连续多步生长方法合成了很长的AgNW[39]。在这种方法中，合成的纳米线作为下一阶段生长的"种子"。重复几次该过程后，纳米线生长得更长，可以获得95.1μm的平均长度和160nm的直径，如图13.3所示。然而，这些大直径纳米线同样带来了大的消光截面。此外，这种连续生长方法不适用于大规模生产AgNW。在另一项研究中，Jiu等人通过混合所有反应试剂，在相对较低的温度和无任

何搅拌的情况下,合成了极长且较细的AgNW[40]。这些AgNW的直径几乎保持为60nm,而长度为65~75μm。在这项工作中,130℃的低反应温度和无搅拌,为形成极长的AgNW提供了适宜、有效的生长环境[40]。

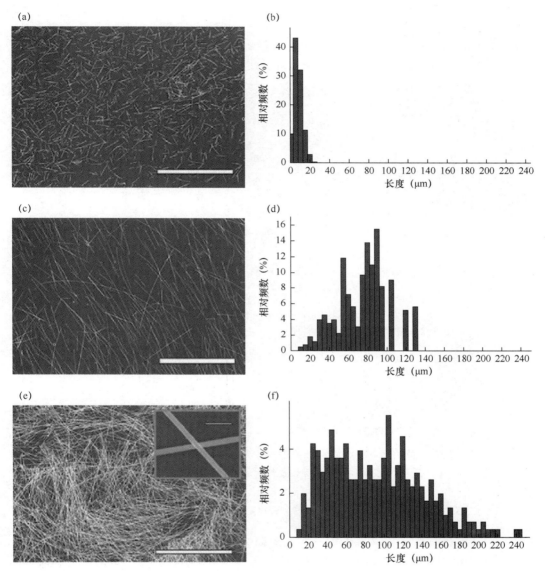

图13.3 不同实验过程合成的AgNW的SEM图像[(a), (c)和(e)]和长度分布[(b), (d)和(f)],如下所示:[(a), (b)]采用未优化的传统制备方法合成的短AgNW[25];[(c), (d)]采用优化的单步生长条件合成的长AgNW[39];[(e), (f)]采用连续多步生长(SMG)优化工艺合成的极长AgNW[39]。所有SEM图像的标尺为100μm,插图的标尺为4μm。在图(a)中,AgNW的长度小于30μm

Cui的课题组通过将Br⁻引入反应,获得了超细的AgNW。这些AgNW的平均直径可降至50nm以下,但长度不变短[13]。在另一种合成方法中,Kim的课题组证明在Br⁻存在的情况下,通过高压多元醇法制备的AgNW,其直径可控制为15~30nm,长度约为20μm[41],如图13.4所示。Ran报道了合成Ag纳米线的一种方法,其平均直径为25nm,长径比大于1000,这是利用分子量不同的PVP混合物作为封盖剂合成的[42]。在近期的一项研究中,Wiley的课题组展示了从纳米线和纳米粒子混合物中合成并纯化AgNW的工艺。在AgNW合成过程中添加2.2mM的NaBr［见图13.5(a)］，可获得直径为20nm且长径比高达2000的AgNW，但这些NW被纳米粒子所污染[43]。在这种方法中，作者开发了一种独特的纯化过程，即将丙酮缓慢加入反应溶液和水的混合物［见图13.5(b)］。由于AgNW被PVP包覆，而PVP不溶于丙酮，因此AgNW聚集并沉积到容器底部。聚集过程发生时，悬浮液的颜色从绿色变为黄色［见图13.5(c)］。用移液管去除含有短NW和纳米粒子的上清液，并将聚集的NW重新分散在含0.5wt% PVP的去离子水中。经过2～4次这种纯化过程后，获得了高纯度NW[43]。

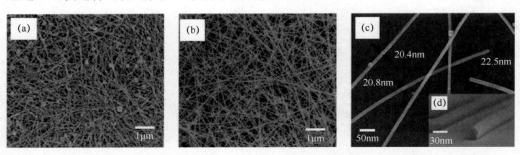

图13.4 直径为20～23nm的AgNW的SEM图像：(a)合成产物；(b)纯化产物；(c)放大图；(d)侧视图

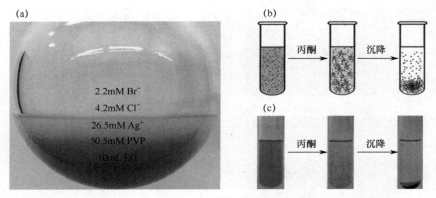

图13.5 (a)170℃下AgNW生长1小时后，反应烧瓶的照片；(b)AgNW纯化过程示意图；(c)纯化过程各阶段的图片

13.3 基于银纳米线/聚合物导电复合屏蔽材料的制备

作为一种新型导电填料，AgNW已在多项研究中用于屏蔽材料的制备。一般来说，将AgNW沉积于聚合物表面或嵌入聚合物体，可以形成导电复合材料。

Yu等人研究了基于银纳米线/导电聚合物复合材料的屏蔽材料的制备[44]。为进行比较，将AgNW和银纳米粒子（AgNP）分别添加到亲水性聚乙烯醇（PVA）树脂或疏水性环氧树脂中，制备成导电薄膜。他们得出结论：由于AgNW具有较高的长径比和较低的逾渗阈值，AgNW/PS复合材料的电导率和EMI SE优于AgNP。比较混合环氧树脂的AgNW和AgNP导电薄膜的EMI SE表明，与添加AgNP相比，添加AgNW可大幅度降低银含量；此时，EMI SE低于−20dB（大于99%）（3～17GHz）。

在另一项研究中，Hu等人报道制备了PES/AgNW/PET夹层透明薄膜，其在8～12GHz频率范围内的EMI SE达25dB，透光率为81%[45]。在典型的制备工艺中，首先在搅拌条件下混合聚环氧乙烷（PEO）与银纳米线溶液，得到银纳米线/PEO混合物溶液。然后，在聚对苯二甲酸乙二醇酯（PET）基体上，利用拉杆涂覆技术制备了不同厚度的湿态复合薄膜。在PEO的协助下，PET基体上的AgNW均匀分布。随后，利用其在大气条件下的特殊热行为，在相对较低的温度下将PEO原位热去除。最后，在银纳米线网络上涂覆一层透明的PES，以防止AgNW脱落和腐蚀。

Arjmand等人报道了AgNW/聚苯乙烯（PS）复合材料的合成[46]。为进行比较，采用相同技术来制备多壁碳纳米管（MWCNT）/PS纳米复合材料。当含量为2.0vol.%和2.5vol.%时，AgNW/PS纳米复合材料的总EMI SE分别为22.70dB和31.85dB，明显高于MWCNT对比物。

在近期的一项研究中，Kim等人制备了Cu/AgNW/PI薄膜，在高达1.5THz的频率范围内，其屏蔽效能为55dB，相比AgNW/PI复合材料增加了150%[47]。在这项研究中，化学镀铜将AgNW/PI复合材料的薄层电阻从500Ωsq^{-1}降至28Ωsq^{-1}，同时将透光率降至58%。

Ma等人制备了具有微孔结构的超轻质AgNW混杂聚酰亚胺（PI）复合材料泡沫，其密度为0.014～0.022gcm^{-3}[1]。与之前的研究相比，该报道中的聚合物复合材料泡沫的EMI SE主要在低频范围即30MHz～1.5GHz内。作者证实，由于在AgNW网络中传导连接的增加，这些泡沫的EMI SE随着AgNW的添加量及纳米线长径比的增加而提高。在含量不到0.044vol.%的AgNW喷涂复合材料泡沫中，最强的比EMI SE分别为1210dBg^{-1}cm^3（200MHz）、957dBg^{-1}cm^3（600MHz）和772dBg^{-1}cm^3（800～1500MHz）。

13.4 基于银纳米线/聚合物导电复合屏蔽材料的特性

13.4.1 形态特性

Yu等人借助SEM研究了嵌入聚合物的AgNW的形态特性[44]。图13.6(a)和图13.6(b)显示了AgNP/PVA导电薄膜每100质量份树脂中添加400份银、AgNW/PVA导电薄膜每100质量份树脂中添加50份银[44]的SEM图像。SEM结果显示，50份AgNW/PVA导电薄膜中含有更高含量的黏合剂，形成了连续的结合结构。而AgNP/PVA导电薄膜中含有较少的黏合剂，形成了不连续的结合结构。这种现象意味着在逾渗阈值处，AgNW/PVA导电薄膜比AgNP/PVA导电薄膜具有更好的机械结合稳定性。

图13.6 不同银含量的SEM图像：(a)400份AgNP/PVA-树脂；(b)50份AgNW/PVA-树脂

Hu等人研究了聚合物浓度对AgNW分布的影响[45]。图13.7显示，未添加PEO时AgNW不易形成连续的导电网络，并且明显聚集在一起[见图13.7(a)]。添加少量的PEO可以改善AgNW的分布。当浓度达到某个值（0.5g100ml^{-1}）时，AgNW在PET基体上几乎是最优分布的。

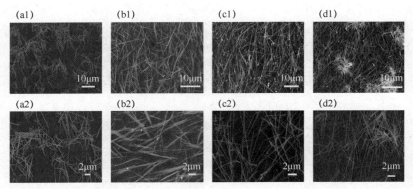

图13.7 不同PEO浓度条件下AgNW的分布状态：(a)无PEO；(b)浓度为0.25g100ml^{-1}；(c)浓度为0.5g100ml^{-1}；(d)浓度为2g100ml^{-1}。C_{Ag} = 9.6mgml^{-1}

相关人员研究了聚合物中银含量与其形态特性之间的相关性[1]。结果显示，当AgNW添加量分别为1.3wt%、2.1wt%和2.7wt%时，AgNW的平均单元尺寸降至364μm、328μm和293μm。然而，当将AgNW的添加量增至3.4wt%、4.5wt%、5.5wt%和7.8wt%时，平均单元尺寸分别增至413μm、434μm、479μm和489μm。这可归因于纳米填料在活性自由发泡系统中对形核和单元生长的影响[48-50]。图13.8显示了AgNW长径比对复合材料泡沫形态的影响；插图为每个样品所用AgNW的形貌[1]。随着纳米线长径比的增加，平均单元尺寸从513μm降至434μm。相应地，气-固界面积趋于增加，开孔率则从92.1%降至89.2%。这种现象也可用AgNW的形核理论和增黏作用解释。对于给定的纳米线长度，提高纳米线长径比即降低纳米线直径，将增加AgNW数量。因此，大量孔单元开始形成核，导致较小的孔单元。同时，提高表观黏度可限制孔单元的扩展，使孔单元尺寸减小，开孔率降低。此外，孔单元尺寸呈宽分布，这可能源于添加纳米线时单元生长过程中的聚结效应。

图13.8 AgNW/PI复合材料泡沫的FESEM显微图像与其纳米线长径比（R）的关系（PIF-13，R = 79；PIF-13-2，R = 47；PIF-13-3，R = 34；PIF-13-4，R = 25）。插图：每个样品中所用AgNW的形貌

13.4.2 电学特性

CPC的电导率在逾渗阈值浓度之上非线性增加[46]。当填料添加量接近逾渗阈值时，导电网络尚未完全建立，相邻纳米填料之间的物理接触、隧道效应和跃迁效应是CPC中电子传递

的主要机制；然而，当填料添加量远超逾渗阈值时，电导率主要由纳米填料之间的物理接触决定[46]。

相关研究报道了沉积于聚合物上的薄膜的电导率与AgNW添加量之间的关系[45]。根据缠绕在梅耶棒上的金属线直径的不同，制备态导电薄膜分别命名为10c、15c、25c、40c和60c。图13.9显示了随着银纳米线层厚度的增大，薄膜的透光率逐渐降低，薄层电阻急剧降低，表明随着AgNW添加量的提高，电学特性得到显著改善。这与前面提到的逾渗理论一致。

薄膜	纯PET	10c	15c	25c	40c	60c
550nm波长处的透光率	100%	90%	85%	81%	76%	70%
薄层电阻（Ω/sq）	∞	180	68	14.7	7.2	1.8

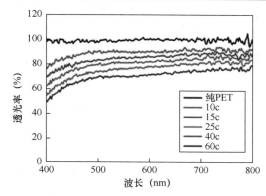

图13.9 由不同厚度银纳米线层制备的银纳米线薄膜的电导率和透光率

经验证，与AgNP相比，AgNW具有更高的电导率，这是由于其大长径比和更低的逾渗阈值，如图13.10所示[44]。当二者的体电阻率达到相同的值即$10^{-2}\Omega cm$时，AgNW与AgNP中的银含量之比为50:400。这意味着导电薄膜中银纳米材料的含量可用低含量的AgNW来显著降低，因为纳米线的长径比远高于纳米粒子。

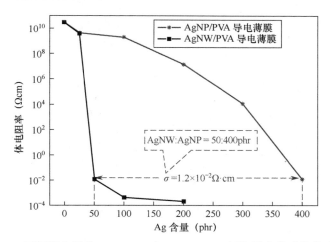

图13.10 不同银含量的AgNP/PVA和AgNW/PVA-树脂导电薄膜的体电阻率

对AgNW/PS和MWCNT/PS复合材料的电导率进行了研究[46]。从图13.11可以看出，在低填料添加量的情况下，AgNW/PS纳米复合材料的电导率比CNT/PS的差，这可能与AgNW的较小长径比有关。然而，在高填料添加量的情况下，AgNW/PS纳米复合材料的电导率显著提高。根据逾渗理论，在高填料添加量的情况下，两类纳米复合材料均能建立导电网络，因此AgNW

之间的物理接触在呈现其优越的电性能中起主导作用。

13.4.3 EMI特性

复合材料的EMI SE取决于其导电性和反射面积[44, 51]。图13.12显示了具有不同银纳米线层厚度的透明薄膜的电磁干扰屏蔽效能[45]。在8GHz频率下，60c薄膜的EMI SE高达38dB。即使对于透光率为81%的25c薄膜，其EMI SE仍超过25dB，远大于商用所需的20dB，且优于许多导电聚合物复合材料和碳基导电薄膜[52-54]。

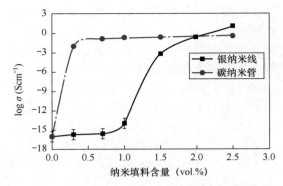

图13.11 AgNW/PS 与 MWCNT/PS 纳米复合材料的电导率随纳米填料添加量的变化关系

另一项研究也表明，在相同的频率下，屏蔽效能随着AgNW含量的增加而持续提高[1]。例如，当纳米线含量从1.3wt%增至8.2wt%时，200MHz频率下的EMI SE从12dB提高到21dB，600MHz频率下从3dB提高到11dB，1000MHz频率下从1.5dB提高到9dB。在该项研究中，同样测量了具有不同纳米线长径比的样品在30MHz~1.5GHz频率范围内的EMI SE，结果如图13.13(a)所示。在200MHz、600MHz和1000MHz频率下，不同的纳米线长径比与EMI SE和比EMI SE之间的关系，分别如图13.13(b)和图13.13(c)所示。可以看出，在相同的频率下，随着纳米线长径比的增加，屏蔽效能略有提升。这可能是由于纳米线之间较好的连接。较好的连接提高了纳米线网络的导电性，进而提高了复合材料泡沫的EMI SE。此外，具有大长径比的界面面积的增加，可能有助于增强EMI SE。鉴于上述情况，对具有大长径比的AgNW而言，较低的添加量可能足以达到有效的EMI SE。

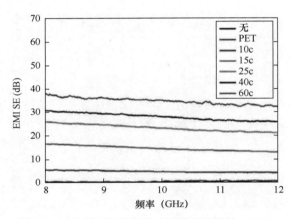

图13.12 含有不同厚度银纳米线层薄膜的 EMI SE

图13.14比较了AgNW和AgNP导电薄膜的EMI SE。当二者的质量比例为100:400时，均可实现超过99%的屏蔽效能，表明在相同的情况下，AgNW/PS复合材料的EMI SE要高于AgNP/聚合物复合材料。

图13.15中比较了8.2~12.4GHz频率范围内AgNW和碳纳米管的EMI SE[46]。观察发现，MWCNT/PS纳米复合材料的EMI SE随着导电填料添加量的增加稳定上升。当AgNW的添加量低时，AgNW/纳米复合材料表现为透波，而将AgNW的添加量增至约1.0vol.%后，并未提高AgNW/PS纳米复合材料的EMI SE（反射和吸收均未提高）。然而，添加量超过1.0vol.%后，AgNW/PS纳米复合材料的EMI SE急剧提高。当添加量为2.0vol.%和2.5vol.%时，AgNW/PS纳米复合材料的总EMI SE分别为22.70dB和31.85dB，明显高于相同添加量MWCNT的复合材料。这一趋势类似于低添加量（小于1.5%）情形下纳米复合材料导电性

的变化趋势（见图13.11）。根据逾渗理论，MWCNT/PS和AgNW/PS纳米复合材料的逾渗阈值分别为0.04vol.%和1.20vol.%，超过该浓度后，导电网络的数量增加。在更高添加量（大于1.5%）的情形下，随着AgNW添加量的增加，EMI SE的提高相比导电性的提高更显著，这与更大的反射面积有关。

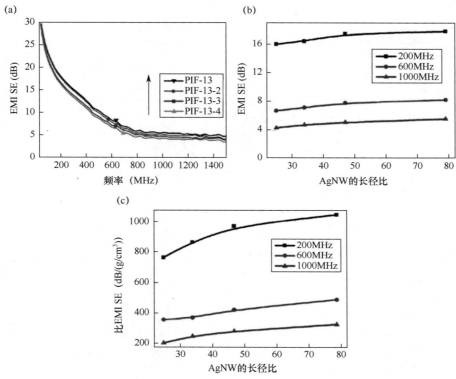

图13.13 (a)不同纳米线长径比的AgNW/PI复合材料泡沫的EMI SE与频率的变化关系。在200MHz、600MHz和1000MHz频率下，纳米线长径比相关AgNW/PI复合材料泡沫的(b)EMI SE和(c)比EMI SE

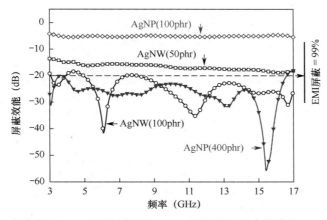

图13.14 银含量对AgNP/环氧树脂和AgNW/环氧树脂导电薄膜的EMI SE的影响

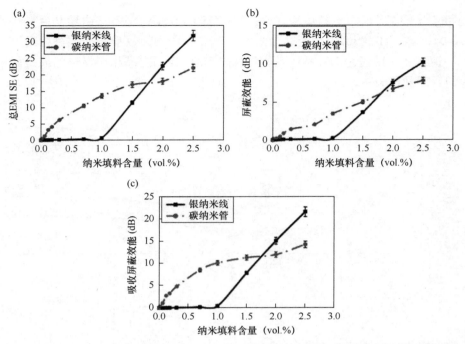

图13.15 AgNW/PS和MWCNT/PS纳米复合材料的EMI SE随导电填料含量变化的情况

13.5 小结

本章介绍了AgNW的规模化合成及其在EMI屏蔽材料中的应用。由于高电导率、良好的柔韧性和成熟的制备工艺，AgNW在柔性电子器件的制造中得以广泛应用。近期，研究人员在超长或超薄AgNW的制备方面取得了进展，充分提高了基于AgNW的器件的光电性能。根据本章引用的文献，AgNW已成功用于制造EMI屏蔽材料。与其他材料相比，AgNW/PS导电复合材料展现了更好的电学特性和EMI SE。研究表明，EMI SE随着银在聚合物中的添加量及银纳米线长径比的增加而提高。EMI SE的提高比电导率的提高快，这是因为不仅电导率影响屏蔽效能，反射面积也影响屏蔽效能。

参 考 文 献

1 Ma, J., Zhan, M., and Wang, K. (2015). Ultralightweight silver nanowires hybrid polyimide composite foams for high-performance electromagnetic interference shielding. *ACS Appl. Mater. Interfaces* 7 (1): 563–576.
2 Fletcher, A., Gupta, M.C., Dudley, K.L., and Vedeler, E. (2010). Elastomer foam nanocomposites for electromagnetic dissipation and shielding applications. *Compos. Sci. Technol.* 70 (6): 953–958.
3 Thomassin, J.-M., Pagnoulle, C., Bednarz, L. et al. (2008). Foams of polycaprolactone/MWCNT nanocomposites for efficient EMI reduction. *J. Mater. Chem.* 18 (7): 792–796.
4 Yang, Y., Gupta, M.C., Dudley, K.L., and Lawrence, R.W. (2005). Conductive carbon nanofiber–polymer foam structures. *Adv. Mater.* 17 (16): 1999–2003.

5 Li, N., Huang, Y., Du, F. et al. (2006). Electromagnetic interference (EMI) shielding of single-walled carbon nanotube epoxy composites. *Nano Lett.* 6 (6): 1141–1145.
6 Shen, B., Zhai, W., and Zheng, W. (2014). Ultrathin flexible graphene film: an excellent thermal conducting material with efficient EMI shielding. *Adv. Funct. Mater.* 24 (28): 4542–4548.
7 Song, W.-L., Wang, J., Fan, L.-Z. et al. (2014). Interfacial engineering of carbon nanofiber–graphene–carbon nanofiber heterojunctions in flexible lightweight electromagnetic shielding networks. *ACS Appl. Mater. Interfaces* 6 (13): 10516–10523.
8 Chen, M., Zhang, L., Duan, S. et al. (2014). Highly conductive and flexible polymer composites with improved mechanical and electromagnetic interference shielding performances. *Nanoscale* 6 (7): 3796–3803.
9 Jin, Y., Li, L., Cheng, Y. et al. (2015). Cohesively enhanced conductivity and adhesion of flexible silver nanowire networks by biocompatible polymer sol-gel transition. *Adv. Funct. Mater.* 25 (10): 1581–1587.
10 Fairfield, J.A., Ritter, C., Bellew, A.T. et al. (2014). Effective electrode length enhances electrical activation of nanowire networks: experiment and simulation. *ACS Nano* 8 (9): 9542–9549.
11 Nam, S., Song, M., Kim, D.-H. et al. (2014). Ultrasmooth, extremely deformable and shape recoverable ag nanowire embedded transparent electrode. *Sci. Rep.* 4: 4788.
12 Jurewicz, I., Fahimi, A., Lyons, P.E. et al. (2014). Insulator-conductor type transitions in graphene-modified silver nanowire networks: a route to inexpensive transparent conductors. *Adv. Funct. Mater.* 24 (48): 7580–7587.
13 Hu, L.B., Kim, H.S., Lee, J.Y. et al. (2010). Scalable coating and properties of transparent, flexible, silver nanowire electrodes. *ACS Nano* 4 (5): 2955–2963.
14 Maurer, J.H.M., González-García, L., Reiser, B. et al. (2015). Sintering of ultrathin gold nanowires for transparent electronics. *ACS Appl. Mater. Interfaces* 7 (15): 7838–7842.
15 Sanchez-Iglesias, A., Rivas-Murias, B., Grzelczak, M. et al. (2012). Highly transparent and conductive films of densely aligned ultrathin au nanowire monolayers. *Nano Lett.* 12 (12): 6066–6070.
16 Rathmell, A.R., Bergin, S.M., Hua, Y.-L. et al. (2010). The growth mechanism of copper nanowires and their properties in flexible, transparent conducting films. *Adv. Mater.* 22 (32): 3558–3563.
17 Song, J., Li, J., Xu, J., and Zeng, H. (2014). Superstable transparent conductive cu@cu4ni nanowire elastomer composites against oxidation, bending, stretching, and twisting for flexible and stretchable optoelectronics. *Nano Lett.* 14 (11): 6298–6305.
18 Li, J., Ma, P., Chow, W. et al. (2007). Correlations between percolation threshold, dispersion state, and aspect ratio of carbon nanotubes. *Adv. Funct. Mater.* 17 (16): 3207–3215.
19 Kim, D.Y., Yun, Y.S., Bak, H. et al. (2010). Aspect ratio control of acid modified multiwalled carbon nanotubes. *Curr. Appl. Phys.* 10 (4): 1046–1052.
20 Huang, Y., Li, N., Ma, Y. et al. (2007). The influence of single-walled carbon nanotube structure on the electromagnetic interference shielding efficiency of its epoxy composites. *Carbon* 45 (8): 1614–1621.
21 Han, Y.-J., Kim, J.M., and Stucky, G.D. (2000). Preparation of noble metal nanowires using hexagonal mesoporous silica sba-15. *Chem. Mater.* 12 (8): 2068–2069.
22 Jin, M., Kuang, Q., Jiang, Z. et al. (2008). Direct synthesis of silver/polymer/carbon nanocables via a simple hydrothermal route. *J. Solid State Chem.* 181 (9): 2359–2363.
23 Tetsumoto, T., Gotoh, Y., and Ishiwatari, T. (2011). Mechanistic studies on the formation of silver nanowires by a hydrothermal method. *J. Colloid Interface Sci.* 362 (2): 267–273.
24 Xu, J., Hu, J., Peng, C. et al. (2006). A simple approach to the synthesis of silver nanowires by hydrothermal process in the presence of gemini surfactant. *J. Colloid Interface Sci.* 298 (2): 689–693.
25 Yang, Y., Hu, Y., Xiong, X., and Qin, Y. (2013). Impact of microwave power on the preparation of silver nanowires via a microwave-assisted method. *RSC Adv.* 3 (22): 8431–8436.

26 Kou, J. and Varma, R.S. (2013). Speedy fabrication of diameter-controlled Ag nanowires using glycerol under microwave irradiation conditions. *Chem. Commun.* 49 (7): 692–694.

27 Riveros, G., Green, S., Cortes, A. et al. (2006). Silver nanowire arrays electrochemically grown into nanoporous anodic alumina templates. *Nanotechnology* 17 (2): 561–570.

28 Zhu, J., Liu, S., Palchik, O. et al. (2000). Shape-controlled synthesis of silver nanoparticles by pulse sonoelectrochemical methods. *Langmuir* 16 (16): 6396–6399.

29 Murph, S.E.H., Murphy, C.J., Leach, A., and Gall, K. (2015). A possible oriented attachment growth mechanism for silver nanowire formation. *Cryst. Growth Des.* 15 (4): 1968–1194.

30 Dongbai Zhang, L.Q., Yang, J., Ma, J. et al. (2004). Wet chemical synthesis of silver nanowire thin films at ambient temperature. *Chem. Mater.* 15: 872–876.

31 Sun, Y., Gates, B., Mayers, B., and Xia, Y. (2002). Crystalline silver nanowires by soft solution processing. *Nano Lett.* 2 (2): 165–168.

32 Sun, Y.G. and Xia, Y.N. (2002). Large-scale synthesis of uniform silver nanowires through a soft, self-seeding, polyol process. *Adv. Mater.* 14 (11): 833–837.

33 Sara, E.S., Benjamin, J.W., Munho, K. et al. (2008). On the polyol synthesis of silver nanostructures: glycolaldehyde as a reducing agent. *Nano Lett.* 8 (7): 2077–2081.

34 Sun, Y.G., Mayers, B., Herricks, T., and Xia, Y.N. (2003). Polyol synthesis of uniform silver nanowires: a plausible growth mechanism and the supporting evidence. *Nano Lett.* 3 (7): 955–960.

35 Wiley, B., Sun, Y.G., and Xia, Y.N. (2005). Polyol synthesis of silver nanostructures: control of product morphology with Fe(ii) or Fe(iii) species. *Langmuir* 21 (18): 8077–8080.

36 Korte, K.E., Skrabalak, S.E., and Xia, Y. (2008). Rapid synthesis of silver nanowires through a CuCl- or $CuCl_2$-mediated polyol process. *J. Mater. Chem.* 18 (4): 437–441.

37 Peng, P., Liu, L., Gerlich, A.P. et al. (2013). Self-oriented nanojoining of silver nanowires via surface selective activation. *Part. Part. Syst. Charact.* 30 (5): 420–426.

38 Wiley, B., Herricks, T., Sun, Y., and Xia, Y. (2004). Polyol synthesis of silver nanoparticles: use of chloride and oxygen to promote the formation of single-crystal, truncated cubes and tetrahedrons. *Nano Lett.* 4 (10): 2057–2057.

39 Lee, J.H., Lee, P., Lee, D. et al. (2012). Large-scale synthesis and characterization of very long silver nanowires via successive multistep growth. *Cryst. Growth Des.* 12 (11): 5598–5605.

40 Jiu, J., Araki, T., Wang, J. et al. (2014). Facile synthesis of very-long silver nanowires for transparent electrodes. *J. Mater. Chem. A* 2 (18): 6326–6330.

41 Lee, E.-J., Chang, M.-H., Kim, Y.-S., and Kim, J.-Y. (2013). High-pressure polyol synthesis of ultrathin silver nanowires: electrical and optical properties. *APL Mater.* 1: 042118. doi: 10.1063/1.4826154.

42 Ran, Y., He, W., Wang, K. et al. (2014). A one-step route to Ag nanowires with a diameter below 40 nm and an aspect ratio above 1000. *Chem. Commun. (Camb.)* 50 (94): 14877–14880.

43 Li, B., Ye, S., Stewart, I.E. et al. (2015). Synthesis and purification of silver nanowires to make conducting films with a transmittance of 99%. *Nano Lett.* 15 (10): 6722–6726.

44 Yu, Y.-H., Ma, C.-C.M., Teng, C.-C. et al. (2012). Electrical, morphological, and electromagnetic interference shielding properties of silver nanowires and nanoparticles conductive composites. *Mater. Chem. Phys.* 136 (2–3): 334–340.

45 Hu, M., Gao, J., Dong, Y. et al. (2012). Flexible transparent pes/silver nanowires/pet sandwich-structured film for high-efficiency electromagnetic interference shielding. *Langmuir* 28 (18): 7101–7106.

46 Arjmand, M., Moud, A.A., Li, Y., and Sundararaj, U. (2015). Outstanding electromagnetic interference shielding of silver nanowires: Comparison with carbon nanotubes. *RSC Adv.* 5 (70): 56590–56598.

47 Kim, D.H., Kim, Y., and Kim, J.W. (2016). Transparent and flexible film for shielding electromagnetic interference. *Mater. Des.* 89: 703–707.

48 Cao, X., Lee, J.L., Widya, T., and Macosko, C. (2005). Polyurethane/clay nanocomposites foams: processing, structure and properties. *Polymer* 46 (3): 775–783.
49 Li, Y. and Ragauskas, A.J. (2012). Ethanol organosolv lignin-based rigid polyurethane foam reinforced with cellulose nanowhiskers. *RSC Adv.* 2: 3347–3351.
50 Madaleno, L., Pyrz, R., Crosky, A., and Jensen, L.R. (2013). Processing and characterization of polyurethane nanocomposite foam reinforced with montmorillonite–carbon nanotube hybrids. *Compos. A: Appl. Sci. Manuf.* 44: 1–7.
51 Xiang, C., Pan, Y., and Guo, J. (2007). Electromagnetic interference shielding effectiveness of multiwalled carbon nanotube reinforced fused silica composites. *Ceram. Int.* 33 (7): 1293–1297.
52 Zhang, H.B., Yan, Q., Zheng, W.G., and He, Z. (2011). Tough graphene – polymer microcellular foams for electromagnetic interference shielding. *ACS Appl Mater Interfaces* 3 (3): 918–924.
53 Wang, L.L., Tay, B., See, K. et al. (2009). Electromagnetic interference shielding effectiveness of carbon-based materials prepared by screen printing. *Carbon* 47: 1905–1910.
54 Kim, H.M., Kim, K., Lee, C.Y. et al. (2004). Electrical conductivity and electromagnetic interference shielding of multiwalled carbon nanotube composites containing Fe catalyst. *Appl Phys Lett.* 84: 589–591.

第14章 先进碳基泡沫材料在电磁干扰屏蔽中的应用

A. R. Ajitha, Anu Surendran, M. K. Aswathi, V. G. Geethamma, Sabu Thomas

14.1 引言

碳材料在电磁干扰（EMI）屏蔽领域受到了极大的关注，其作用是处理电子设备带来的环境安全问题。EMI屏蔽主要通过吸收或反射电磁辐射，保护和屏蔽人员及其他设备免受辐射源的影响。导电材料，如金属和碳材料，主要通过反射作用来进行保护；而磁性材料通常通过吸收作用来进行保护。碳材料非常稳定，其电学特性、高比表面积和热稳定性已使其成为电磁屏蔽应用的有效候选材料。此外，离域π电子网络的存在也有利于使用碳材料制备轻质电子屏蔽材料。复合材料结合其他一些性能如机械、介电、柔性、长寿命等，可提升其EMI屏蔽能力。早期的EMI屏蔽研究主要集中于碳黑、碳纤维、碳纳米管和石墨烯[1-12]。碳原子在纳米尺度上排列，其差异性可有效地改变材料的宏观特性。由剥离的石墨烯片组成的柔性石墨烯片，就具有极高的表面积和电导率，其传导通路主要由横穿石墨烯片内部的π电子形成。碳纤维是相互交错的碳薄片，是由碳原子排列成规则六边形图案组成的。镀镍碳纤维具有高电导率、小直径和大长径比，表现出优异的EMI SE。碳黑是通过热分解碳氢化合物形成的，由小粒子尺寸的碳颜料组成。粒子的几何形状、尺寸、填料分散及其分布，均有助于制备EMI屏蔽材料。对屏蔽应用而言，碳黑添加量应尽可能高。添加量低的碳纳米管、石墨烯和氧化石墨烯因为固有的导电性和大长径比，也能用作EMI屏蔽材料。

含有碳填料的聚合物复合材料具有优异的机械、热和电性能。然而，其难度是具有小尺寸和大长径比的填料的分散性。较低的填料含量有利于加工、减小密度和降低成本。动力学和热力学方法都用于实现聚合物基体内填料的均匀分散。动力学分散方法主要是超声处理并利用剪切力，而热力学分散方法则依赖于通过化学添加剂进行共价或非共价连接来提高聚合物填料的黏附力。

近年来，碳泡沫（CF）和石墨烯泡沫由于极低的质量密度，在宽频EMI屏蔽领域中引发了极大的关注[13-15]。泡沫是一种具有蜂窝状结构（规则重复的多孔结构）的三维排列的固态物质，性质主要取决于孔单元结构、形状和三维排列方式[16, 17]。Shen等人[12]直接比较了8.2～59.6GHz频率范围内石墨烯薄膜（G-film）与相应微孔石墨烯泡沫（G-foam）的EMI SE。最近使用各种化学物质修饰碳泡沫，以增强其性能。Kumar等人[18]利用磁性镍纳米粒子提高了碳泡沫的EMI SE。类似地，Farhan等人[19]在最近的研究中，利用银粒子和原位生长银纳米线对碳泡沫进行了修饰，以提高电磁屏蔽效能。从二茂铁衍生的纳米尺度的铁粒子，有效地提高了碳泡沫的EMI SE和热稳定性[20]。

在不损害机械和热性能的前提下，可以利用先进材料来提升电磁屏蔽效能。最近的研究揭示了多种碳杂化材料具有这方面的性能。碳气凝胶已被有效利用，因为它具有超大的表面积、超低的密度和大的开放孔。其中，纤维素衍生的气凝胶尤为重要。由热解再生纤维素制备的疏水性阻燃气凝胶，已用于EMI屏蔽领域[21]。利用气相沉积的成本效益策略，制备了由

Fe_2O_3和聚吡咯功能化纤维素衍生的碳气凝胶[22]。近期采用的另一种杂化材料包括胶体石墨。胶体石墨，以5-锂磺基异苯二甲酸（LiSIPA）为掺杂剂，以聚苯胺（PANI）为基体，有助于EMI屏蔽和热稳定性[23]。

本章首先重点介绍用于EMI屏蔽的先进材料及该领域的最新进展，接着详细探讨碳材料EMI屏蔽的相关机制，然后系统报道新型碳材料（如碳泡沫、石墨烯泡沫）和碳杂化材料（如碳气凝胶、胶体石墨）的最新进展，以及它们的性能与应用；最后讨论上述新型材料在制备方面的挑战与前景。

14.2 碳杂化材料在EMI屏蔽中的应用

在EMI屏蔽领域，碳材料具有举足轻重的地位[24, 25]。几种碳杂化材料具有较高的电导率和屏蔽效能。EMI屏蔽材料应具有高介电损耗、高介电常数和高电导率；互连网络系统有助于形成连续的导电通道[26]。常用于EMI屏蔽领域的碳材料是碳纤维、碳纳米管、石墨烯、石墨粉、胶体石墨、碳黑、碳丝等。有关碳材料杂化体用于EMI屏蔽领域的多项研究成果将在下文中讨论。

14.2.1 碳泡沫

泡沫是一种含有气孔的材料，其中的气孔由气体捕获自由固体或液体后构成。碳泡沫是多孔材料，是具有许多韧带的互连网络。它有两种刚性结构，即开孔结构和闭孔结构。在碳材料中，碳泡沫由于具有低密度、大表面积、高机械强度、高导电性等，在EMI屏蔽领域中非常重要。碳泡沫的性能受气孔的尺寸、形状和三维排列方式的影响。其他应用领域包括航空航天、能量存储和阻尼吸收[27]。

材料的EMI屏蔽机制主要有三种：
（1）入射波的反射。
（2）入射波的吸收。
（3）材料内部反射引起的多次反射。然而，在材料低表面积或高吸收主导的屏蔽效能情况下，多次反射可以忽略不计。以吸收为主导机制的EMI屏蔽材料引发了人们的极大兴趣，因为它可最小化透射和反射部分[13, 19, 28]。

碳泡沫通常由热固性和热塑性聚合物制备而成。因此，绝大部分碳泡沫由酚醛树脂、煤焦油沥青（CTP）和中间相沥青衍生得到。其中，由酚醛树脂衍生的碳泡沫（热固性聚合物）在电导和热导方面，要比由CTP和中间相沥青衍生的碳泡沫差一些。然而，在各种情况下，其EMI SE都以反射屏蔽效能而非吸收屏蔽效能为主导。另一种制备方法的过程是，剥离石墨，然后压缩成泡沫结构，最后对氧化石墨烯进行还原和冷冻-干燥处理。

Roy等人通过碳化具有开放式微孔结构的三聚氰胺-甲醛（MF）泡沫（1000℃下热解MF泡沫2小时得到），制备了具有高导热性和三维导电网络的碳泡沫。图14.1显示了三聚氰胺-甲醛泡沫和碳泡沫的数码照片与SEM图像[29]。

一些文献工作侧重于CF的SE，及其作为EMI屏蔽材料的应用。近期，相关人员报道了利用生物质制备碳泡沫的方法——考虑了成本效益、环保性质以及自然环境中大量生物质材料的可用性。用于制备碳泡沫的方法包括水热处理、冷冻干燥、碳化和离子热碳化[30]。

Yuan等人利用碳化方法由面包制备了多孔碳泡沫（分级多孔结构），它具有高电导率和高EMI SE。图14.2显示了所制备碳泡沫的SEM图像。所制备泡沫能够承受高载荷而不变形，且机械强度高。图14.3所示为其EMI屏蔽机制示意图,图14.4所示为其电导率(不同碳化温度)和EMI SE(9GHz)[31]。

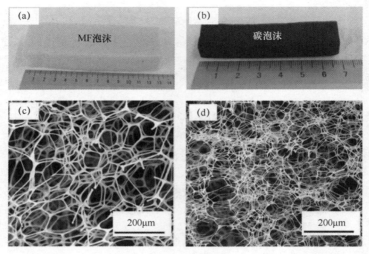

图14.1 MF泡沫[(a),(c)]和碳泡沫[(b),(d)]的数码照片与SEM图像[29]

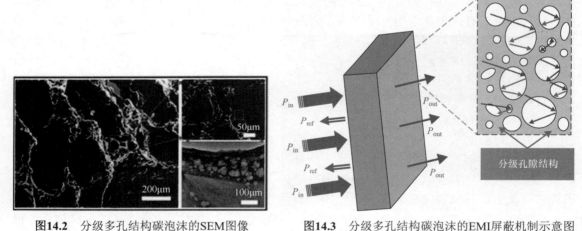

图14.2 分级多孔结构碳泡沫的SEM图像　　图14.3 分级多孔结构碳泡沫的EMI屏蔽机制示意图

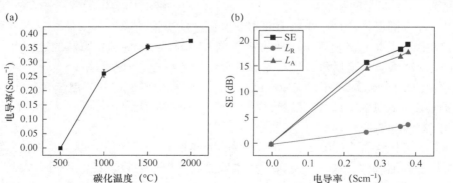

图14.4 (a)不同温度下碳泡沫的电导率;(b)EMI SE(9GHz)

Kumar等人利用牺牲模板技术,由CTP制备了碳泡沫。他们将聚氨酯作为模板,利用真空

· 222 ·

渗透技术将纳米尺度二茂铁浸入，得到的碳泡沫表现出了高SE、热稳定性和电导率。图14.5所示为使用二茂铁和不使用二茂铁合成的碳泡沫SEM图像。图14.6所示为添加不同含量二茂铁的碳泡沫的SE。观察发现，SE随CTP中二茂铁添加量的增加而提高，这是由泡沫电导率的提高导致的。这种现象与催化石墨化的增加相关[20]。

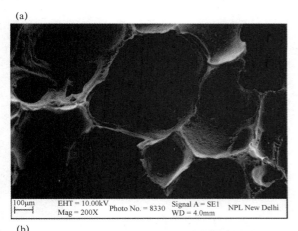

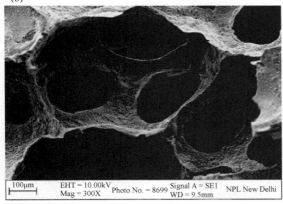

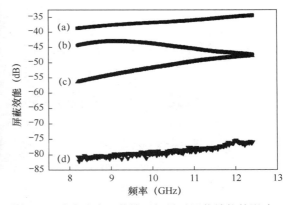

图14.5 CTP衍生碳泡沫的SEM图像：(a)不含二茂铁；(b)含10wt%的二茂铁，2500℃下热处理

图14.6 碳泡沫中二茂铁添加量对屏蔽效能的影响，添加量为：(a)0wt%；(b)2wt%；(c)5wt%；(d)10wt%

Zhang等人利用可熔性酚醛树脂中的碳微球，以碳纳米纤维为填料，制备了一种复合泡沫。当碳纳米纤维含量为2wt%时，得到的最高EMI SE为25dB[32]。M. Letellier等人研究了7种不同密度的丹宁基多孔状碳泡沫在20Hz～35GHz频率范围内和25K～300K温度区间上的EM响应特性。他们研究了泡沫尺寸、密度、厚度和温度对电学性质的影响。结果表明，碳泡沫的介电常数和电导率随温度、碳泡沫密度和厚度的增加而提高。2mm厚碳泡沫的EMI SE为18～20dB，4mm和10mm厚样品的SE分别为30dB和72dB。图14.7所示为不同密度碳泡沫的直流电导率随温度的变化关系，以及密度为0.064gcm^{-3}的样品的复相对介电常数随温度的变化关系。图14.8显示了不同密度碳泡沫的复介电常数随频率的变化关系[33]。

14.2.2 石墨烯泡沫

石墨烯泡沫某种程度上与石墨烯气凝胶相似，只是凝胶的液体部分已被空气替代[34]。石墨烯泡沫通过化学气相沉积（CVD）法制备得到，其中将金属泡沫结构与石墨烯、氢气和甲烷气体一起放在熔炉中。熔炉中的金属泡沫结构捕获石墨烯进入相似的泡沫结构，进一步蚀刻金属，进而形成石墨烯泡沫。这种具有大表面积的三维结构，在需求超轻质、高导电性以及出色的机械强度、柔韧性和弹性的领域中，有其重要应用[35]。

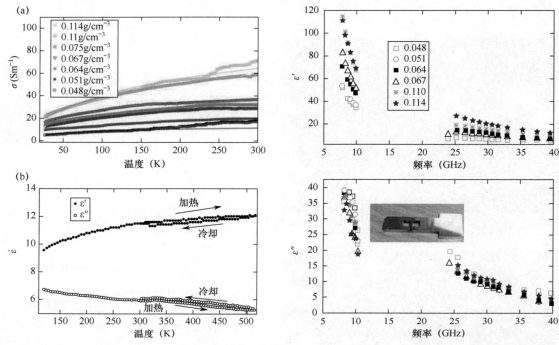

图14.7　(a)不同密度碳泡沫的直流电导率随温度的变化关系；(b)26GHz频率下密度为0.064gcm^{-3}的样品的复相对介电常数随温度的变化关系

图14.8　不同密度碳泡沫的复介电常数随频率的变化关系（插图为碳泡沫）

这些石墨烯泡沫正用于电磁屏蔽领域。石墨烯因其大表面积、高强度、杨氏模量、电学性能和热导率引发了人们的极大关注。最近，石墨烯三维互连网络多孔结构的合成，是在多孔Ni模板（蚀刻Ni模板形成的多孔结构）上利用原子碳气相沉积实现的。由于三维网络结构的存在，形成了连续的网络路径，进而提高了石墨烯泡沫（GF）的导电性。除了该性能，大表面积、低密度和电化学容量使其成为电池电极和EMI屏蔽应用的理想材料。此外，GF可作为聚合物复合材料（GF/聚合物复合材料）的理想填料[36]。

石墨烯泡沫是具有三维互连网络的开孔泡沫，其主要应用是作为EMI屏蔽材料。连续导电网络的有效性带来了高介质电导，以及对辐射的强屏蔽能力。重要的制备方法是CVD。连续蜂窝状结构石墨烯泡沫是一种理想的填料，用于具有较高导电性和EMI屏蔽能力的聚合物复合材料。引入其他导电填料如磁性粒子、CNT和金属纳米粒子，均可提高EMI SE。

Wu等人制备了轻质、高性能GF/聚3，4-乙烯二氧噻吩:聚苯乙烯磺酸盐（PEDOT:PSS）复合材料，其中PEDOT:PSS与GF的质量比不同，这种复合材料是将PEDOT:PSS滴涂在具有蜂窝状结构的自由形态石墨烯泡沫上得到的。该复合材料的SE高达91.9dB，形成了三维导电网络，导电性得到了提高。作者称，多孔结构、连续网络结构和电荷离域，是其导电性和吸收合得SE提高的原因。GF/PEDOT:PSS复合材料的高EMI SE源于极化诱导的类电容器性能，以及导电复合网络带来的类电阻性能，它们共同导致了出色的EMI屏蔽（见图14.9）。电荷离域作用在衰减辐射方面起重要作用，互连网络有助于涡流耗散[37]。

Sun等人利用基于模板的CVD法制备了石墨烯泡沫，以及孔隙率为90.8%的石墨烯泡沫/聚二甲基硅氧烷（GF/PDMS）复合材料，并且对比了GF/PDMS复合材料和GF/CNT/PDMS混杂复合材料的EMI SE。GF/CNT/PDMS复合材料的SE为75dB，比相同GF含量和孔隙率的GF/PDMS复合材料提高了近200%（见图14.10）。电磁场产生的涡流耗散会带来辐射衰减，而CNT大大提高了这种衰减，因为CNT形成了扩展的传导网络，并且引入了大量基体间的界面。其EMI屏蔽机制如图14.11所示[38]。

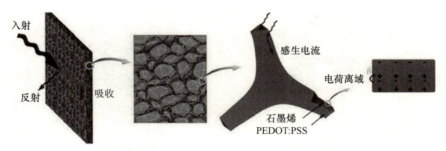

图14.9　GF/PEDOT:PSS的EMI屏蔽机制示意图

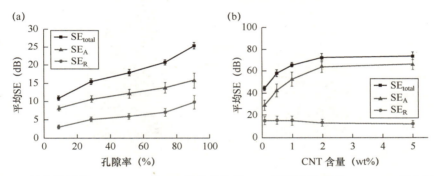

图14.10　复合材料的SE$_{total}$、SE$_A$和SE$_R$平均值比较：(a)不同孔隙率的GF/PDMS复合材料；(b)GF/CNT/PDMS复合材料

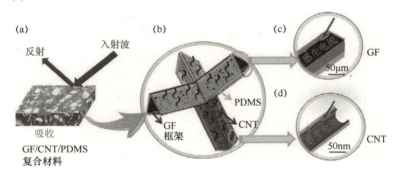

图14.11　EMI屏蔽机制示意图

Chen等人通过一步法制备了轻质柔性石墨烯/PDMS泡沫复合材料（见图14.12）：在常压1000℃条件下，甲烷经CVD在镍泡沫上形成石墨烯，然后在石墨烯表面上涂覆PDMS薄层。接着，蚀刻镍泡沫后，形成多孔石墨烯/PDMS泡沫。作者发现，即使是在极低的石墨烯含量下，PDMS泡沫复合材料仍表现出高EMI SE，且在相同频率范围内SE随石墨烯含量的增加而提高（见图14.13）[17]。

Zhang等人使用自组装方法，合成了一种电导率可调且具有超高压缩性的宏观三维独立石墨烯。他们观察到，在测量频率范围2～18GHz、26.5～40GHz和75～110GHz（总带宽为64.5GHz）内，GF表现出了良好的磁吸收能力[39]。

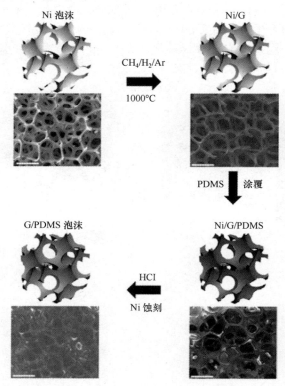

图14.12 轻质柔性制备石墨烯/PDMS泡沫复合材料的示意图，标尺为500

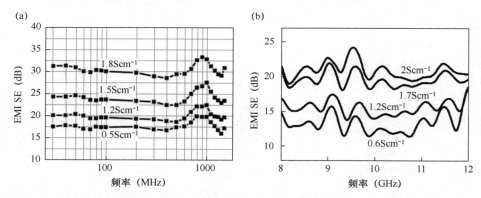

图14.13 不同电导率石墨烯/PDMS泡沫复合材料的EMI SE。测量频率范围：(a)30MHz～1.5GHz；(b)8～12GHz

14.2.3 碳-碳复合材料

碳-碳复合材料是一种特殊的复合材料,其中碳纤维增强碳基体,常称C/C复合材料或CFRC复合材料,即将连续的碳纤维放在碳基体中。主要的制备技术是化学气相渗透法（CVI）、前驱体渗透和热解法（PIP）。在制备过程中，基体和纤维之间产生孔隙与间隙。与其他技术相比，PIP会形成更多的孔隙和间隙。碳-碳复合材料具有高硬度、低密度、高机械性能、高导电性和导热性，主要应用领域包括航空航天、军事、高速车辆如高铁和赛车、生物医学设备等[40-43]。

相关研究表明，C/C复合材料具有高SE，是良好的EMI屏蔽材料。Liu等人研究了CNT增强碳纤维/热解碳（PyC）复合材料的EMI SE[44]，发现CNT可被原位接枝到C/C复合材料的孔隙和间隙中（见图14.14）。由此形成CNT网络，进而提高CNT-C/C复合材料的导电性和EMI SE。作者观察到，CNT-C/C复合材料的电阻率随着CNT含量的增加而降低（见图14.15）。作者还报道了一种以吸收损耗为主的CNT-C/C复合材料，其EMI SE也随CNT含量的增加而提高，在5wt%的CNT含量下达到最大值（见图14.16）。

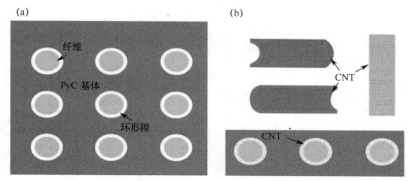

图14.14　C/C和CNT-C/C复合材料的微观结构示意图[44]

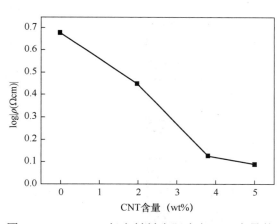

图14.15　CNT-C/C复合材料电阻率与CNT含量的关系[44]

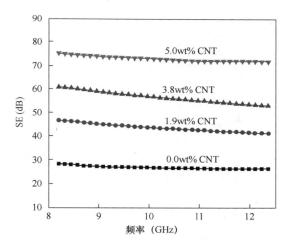

图14.16　8.2～12.4GHz频率范围内不同CNT含量的CNT-C/C复合材料的EMI SE[44]

Luo和Chung研究了连续碳纤维与碳基体、聚合物基体，以及碳纤维与不连续填料（直径为0.1mm的碳丝）结合后形成的复合材料的EMI SE。发现碳基体复合材料表现出比聚合物基体复合材料（环氧树脂基体）更高的导电性和SE，而掺入不连续碳丝的碳纤维复合材料的SE低于其他两种碳基体、聚合物基体复合材料（见表14.1）[45]。

表14.1　连续碳纤维复合材料的电阻率和衰减值

基体	填料	碳纤维层数	电阻率厚度方向（Ωm）	电阻率面方向（Ωm）	衰减透射部分（dB）	衰减反射部分（dB）	厚度（mm）
碳	纤维	—	—	2.16×10^{-5}	124.7 ± 6.9	0.02	2.40
环氧树脂	纤维	19	3.5×10^{-3}	7.2×10^{-5}	114.8 ± 9.4	0.05	2.08
环氧树脂	纤维+碳丝	12	4.5×10^{-2}	9.1×10^{-4}	98.3 ± 11.9	0.07	1.90

14.2.4 碳气凝胶

碳气凝胶是共价键合材料，具有纳米尺度、高孔隙率和高表面积，广泛用于超级电容器、传感器、催化剂等领域。通常情况下，碳气凝胶可通过有机气凝胶的碳化来合成；在惰性气氛中热解间苯二酚-甲醛气凝胶是制备碳气凝胶的常用方法[46]。由于间苯二酚-甲醛气凝胶存在毒性高、密度大和污染严重问题，近年来逐渐被天然聚合物取代。例如，再生纤维素、细菌纤维素等，对它们进行热解均可得到碳气凝胶[21,47]。相关文献报道表明，碳气凝胶具有导电性。Wan等人通过对纤维素气凝胶进行热解，获得了碳气凝胶，并且研究了其相关性质。结果表明，两种气凝胶都能形成交联三维网络，具有导电性和疏水性[21]。

碳气凝胶因优异的物理性能（低密度、大表面积、高导电性、高孔隙率和表面疏水性）变得非常重要[48-50]。此外，疏水性使其可用于吸附催化领域，而其导电三维网络有助于形成电子运动的连续导电通道，进而用于EMI屏蔽领域。图14.17所示为碳气凝胶的EMI屏蔽机制示意图。碳气凝胶的一些例子包括碳纤维气凝胶、碳纳米管海绵和海绵石墨烯气凝胶。

考虑到成本效益和无毒性，纤维素气凝胶、细菌和废生物质等可用于制备碳气凝胶。Han等人采用冷冻干燥和热解技术，利用废弃报纸制备了轻质多孔碳气凝胶。观察发现制备的碳气凝胶具有低密度和高疏水性的特点，可作为保护环境用吸收剂[51]。

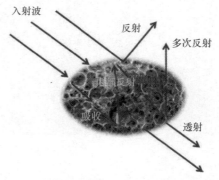

图14.17 碳气凝胶的EMI屏蔽机制示意图

Wan和Li研究了由功能化纤维素气凝胶衍生得到碳气凝胶（CDCA）的EMI SE。这一功是通过热解、气相聚合Fe_2O_3和PPy实现的。结果表明，吸收为主要屏蔽机制，与Fe_2O_3/CDCA（FCA）、PPy和酸处理的CDCA复合材料相比，Fe_2O_3/PPy/CDCA复合材料有更大的总SE（见图14.18）[22]。

由于磁性能和介电性能的互补作用，氧化铁与碳材料结合可提供出色的EMI SE。Wan等人发现将α-FeOOH（针铁矿）掺入CDCA可提高EMI SE。作者使用不同的Fe^{3+}/Fe^{2+}浓度（包括0.06M、0.03M、0.01M和0.003M）制备α-FeOOH/CDCA，制备的复合材料分别命名为Fe@C-6、Fe@C-3、Fe@C-1和Fe@C-03，以研究$FeCl_3$/$FeSO_4$盐的浓度对α-FeOOH/CDCA的EMI SE的影响。结果表明，与其他样品相比，Fe^{3+}/Fe^{2+}浓度为0.01M的样品有着最大的EMI SE（见图14.19）[52]。

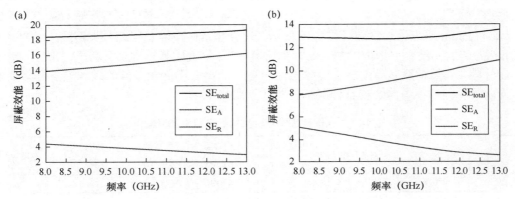

图14.18 各种CDCA复合材料的SE、SE_A和SE_R：(a)酸处理CDCA；(b)PPy；(c)FCA；(d)FPCA

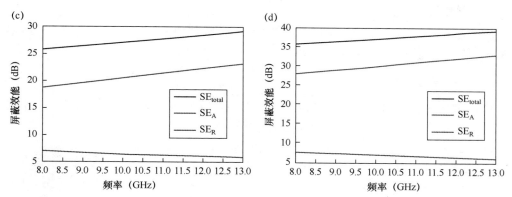

图14.18 各种CDCA复合材料的SE、SE_A和SE_R：(a)酸处理CDCA；(b)PPy；(c)FCA；(d)FPCA（续）

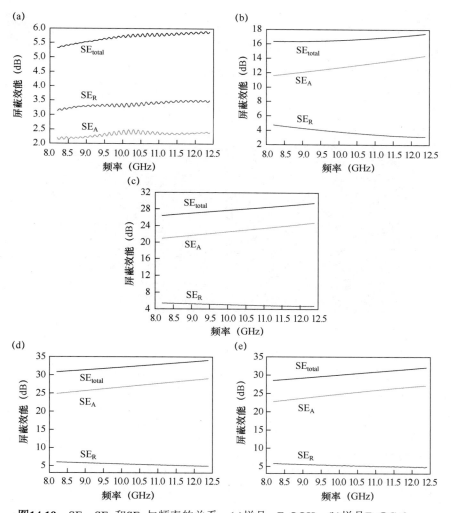

图14.19 SE、SE_A和SE_R与频率的关系：(a)样品α-FeOOH；(b)样品Fe@C-6；(c)样品Fe@C-3；(d)样品Fe@C-1；(e)样品Fe@C-03

与氧化铁和碳气凝胶结合的情况相似，关于石墨烯与碳气凝胶结合的研究也有报道。Wan和Li最初制备了石墨烯纳米片/纤维素气凝胶，通过后续热解工艺得到了具有优异EMI SE和高电导率的石墨烯纳米片/碳气凝胶（GN/CNA）复合材料[53]。

14.2.5　胶体石墨

液体载体（水、酒精、石油或其他液体）中的石墨粉体悬浮液，以及加入的少量聚合物黏合剂，通常称为胶体石墨。在一个表面上涂覆胶体石墨，液体载体完全蒸发后，可直接接触石墨颗粒，形成导电材料；所获材料适用于EMI屏蔽[54-56]。胶体石墨的EMI屏蔽机制示意图如图14.20所示。

胶体石墨常用于多种电子器件，以提升导电连接。除了导电方面的应用，胶体石墨还可用作润滑剂[57]。一些研究报道称，导电超疏水薄膜可用作非浸润EMI屏蔽材料。Bayer等人通过混合醇系胶体石墨与聚四氟乙烯亚微米颗粒，制备了超疏水薄膜[58]。结果表明，制备的胶体石墨-聚四氟乙烯复合薄膜具有导电性，可作为EMI屏蔽材料。所制备薄膜的AFM和SEM图像如图14.21所示。

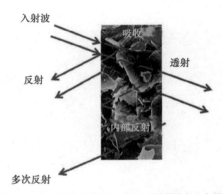

图14.20　胶体石墨的EMI屏蔽机制示意图

图14.21　(a)胶体石墨薄膜的AFM图像，箭头指示石墨烯平面的暴露边缘；(b)丙酮处理后胶体石墨薄膜断裂表面的SEM图像[58]

Wu和Chung研究了胶体石墨与直径为0.1μm、长度大于100μm的碳丝复合后的EMI SE。结果表明，加入碳丝后，胶体石墨的EMI SE得到提高[54]。Saini等人通过原位聚合法，制备了聚苯胺（PANI）和胶体石墨的复合材料。他们研究了掺杂LiSIPA和未掺杂复合材料的导电性，发现两者都有相当高的电导率。他们还观察到随着胶体石墨含量的增加，复合材料的导电性随之提高，因为胶体石墨在PANI之间起导电桥的作用，有助于形成更多的导电网络。在图14.22中，Saini等人提出的机制解释了掺杂PANI与CG之间的相互作用。作者解释称，PANI氨基中氮的孤电子对的一部分转移到了CG粒子中，形成了电荷转移络合物。他们报道称，掺杂样品的最大SE值为−39.7dB，适用于EMI屏蔽领域[23]。

Cao和Chung报道，石墨胶体可用作水泥的涂层，且能有效地屏蔽电磁辐射[57]。

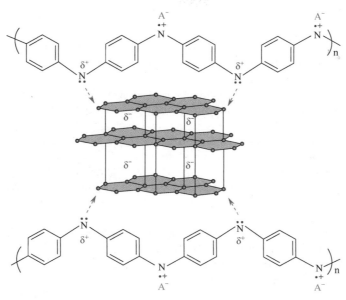

图14.22　CG与掺杂PANI之间相互作用机制示意图[23]

14.3　小结

除了常用的碳材料，如碳纳米管、石墨烯、碳纤维、碳黑等，一些杂化材料也可用作EMI屏蔽材料。此外，它们与聚合物形成复合材料后，可提高电学和力学性能，在EMI屏蔽应用中具有重要意义。

参 考 文 献

1　Yim, Y.-J. and Park, S.-J. (2014). Electromagnetic interference shielding effectiveness of high-density polyethylene composites reinforced with multi-walled carbon nanotubes. *J. Ind. Eng. Chem.* 21: 3–5. doi: 10.1016/j.jiec.2014.04.001.

2　Yan, D.X., Pang, H., Li, B. et al. (2015). Structured reduced graphene oxide/polymer composites for ultra-efficient electromagnetic interference shielding. *Adv. Funct. Mater.* 25: 559–566. doi: 10.1002/adfm.201403809.

3　Wang, H., Liu, Y., Li, M. et al. (2010). Multifunctional TiO_2 nanowires-modified nanoparticles bilayer film for 3D dye-sensitized solar cells. *Optoelectron. Adv. Mater. Rapid Commun.* 4: 1166–1169. doi: 10.1039/b000000x.

4　Zeng, Z., Chen, M., Jin, H. et al. (2016). Thin and flexible multi-walled carbon nanotube/waterborne polyurethane composites with high-performance electromagnetic interference shielding. *Carbon* 96: 768–777. doi: 10.1016/j.carbon.2015.10.004.

5　Shahzad, F., Yu, S., Kumar, P. et al. (2015). Sulfur doped graphene/polystyrene nanocomposites for electromagnetic interference shielding. *Compos. Struct.* 133: 1267–1275. doi: 10.1016/j.compstruct.2015.07.036.

6　Verma, P., Saini, P., Malik, R.S., and Choudhary, V. (2015). Excellent electromagnetic interference shielding and mechanical properties of high loading carbon-nanotubes/polymer composites designed using melt recirculation equipped twin-screw extruder. *Carbon* 89: 308–317. doi: 10.1016/j.carbon.2015.03.063.

7 Kumar, P., Shahzad, F., Yu, S. et al. (2015). Large-area reduced graphene oxide thin film with excellent thermal conductivity and electromagnetic interference shielding effectiveness. *Carbon* 94: 494–500. doi: 10.1016/j.carbon.2015.07.032.

8 Chen, Y., Wang, Y., Bin Zhang, H. et al. (2015). Enhanced electromagnetic interference shielding efficiency of polystyrene/graphene composites with magnetic Fe_3O_4 nanoparticles. *Carbon* 82: 67–76. doi: 10.1016/j.carbon.2014.10.031.

9 Chen, L., Yin, X., Fan, X. et al. (2015). Mechanical and electromagnetic shielding properties of carbon fiber reinforced silicon carbide matrix composites. *Carbon* 95: 10–19. doi: 10.1016/j.carbon.2015.08.011.

10 Phan, C.H., Mariatti, M., and Koh, Y.H. (2016). Electromagnetic interference shielding performance of epoxy composites filled with multiwalled carbon nanotubes/manganese zinc ferrite hybrid fillers. *J. Magn. Magn. Mater.* 401: 472–478. doi: 10.1016/j.jmmm.2015.10.067.

11 Zeng, Z., Jin, H., Chen, M. et al. (2016). Lightweight and anisotropic porous MWCNT/WPU composites for ultrahigh performance electromagnetic interference shielding. *Adv. Funct. Mater.* 26: 303–310. doi: 10.1002/adfm.201503579.

12 Shen, B., Li, Y., Yi, D. et al. (2016). Microcellular graphene foam for improved broadband electromagnetic interference shielding. *Carbon* 102: 154–160. doi: 10.1016/j.carbon.2016.02.040.

13 Moglie, F., Micheli, D., Laurenzi, S. et al. (2012). Electromagnetic shielding performance of carbon foams. *Carbon* 50: 1972–1980. doi: 10.1016/j.carbon.2011.12.053.

14 Yuan, Y., Liu, L., Yang, M. et al. (2017). Lightweight, thermally insulating and stiff carbon honeycomb-induced graphene composite foams with a horizontal laminated structure for electromagnetic interference shielding. Carbon doi: 10.1016/j.carbon.2017.07.060.

15 Zhang, L., Liu, M., Roy, S. et al. (2016). Phthalonitrile-based carbon foam with high specific mechanical strength and superior electromagnetic interference shielding performance. *ACS Appl. Mater. Interfaces* 8: 7422–7430. doi: 10.1021/acsami.5b12072.

16 Kumar, R., Singh, A.P., Chand, M. et al. (2014). Improved microwave absorption in lightweight resin-based carbon foam by decorating with magnetic and dielectric nanoparticles. *RSC Adv.* 4: 23476. doi: 10.1039/c4ra01731e.

17 Chen, Z., Xu, C., Ma, C. et al. (2013). Lightweight and flexible graphene foam composites for high-performance electromagnetic interference shielding. *Adv. Mater.* 25: 1296–1300. doi: 10.1002/adma.201204196.

18 Kumar, R., Kumari, S., and Dhakate, S.R. (2014). Nickel nanoparticles embedded in carbon foam for improving electromagnetic shielding effectiveness. *Appl. Nanosci.* 5: 553–561. doi: 10.1007/s13204-014-0349-7.

19 Farhan, S., Wang, R., and Li, K. (2016). Carbon foam decorated with silver particles and *in situ* grown nanowires for effective electromagnetic interference shielding. *J. Mater. Sci.* 51: 7991–8004. doi: 10.1007/s10853-016-0068-4.

20 Kumar, R., Dhakate, S.R., Saini, P., and Mathur, R.B. (2013). Improved electromagnetic interference shielding effectiveness of light weight carbon foam by ferrocene accumulation. *RSC Adv.* 3: 4145–4151. doi: 10.1039/c3ra00121k.

21 Wan, C., Lu, Y., Jiao, Y. et al. (2015). Fabrication of hydrophobic, electrically conductive and flame-resistant carbon aerogels by pyrolysis of regenerated cellulose aerogels. *Carbohydr. Polym.* 118: 115–118. doi: 10.1016/j.carbpol.2014.11.010.

22 Wan, C. and Li, J. (2017). Synthesis and electromagnetic interference shielding of cellulose-derived carbon aerogels functionalized with Fe_2O_3 and polypyrrole. *Carbohydr. Polym.* 161: 158–165. doi: 10.1016/j.carbpol.2017.01.003.

23 Saini, P., Choudhary, V., and Dhawan, S.K. (2009). Electrical properties and EMI shielding behavior of highly thermally stable polyaniline/colloidal graphite composites. *Polym. Adv. Technol.* 20: 355–361. doi: 10.1002/pat.1230.

24 Chung, D.D. (2001). Electromagnetic interference shielding effectiveness of carbon materials. *Carbon* 39: 279–285. doi: 10.1016/S0008-6223(00)00184-6.

25 Zhao, H.-B., Fu, Z.-B., Chen, H.-B. et al. (2016). Excellent electromagnetic absorption capability of Ni/carbon based conductive and magnetic foams synthesized via a green one pot route. *ACS Appl. Mater. Interfaces* 8: 1468–1477. doi: 10.1021/acsami.5b10805.

26 Kong, L., Yin, X., Yuan, X. et al. (2014). Electromagnetic wave absorption properties of graphene modified with carbon nanotube/poly(dimethyl siloxane) composites. *Carbon* 73: 185–193. doi: 10.1016/j.carbon.2014.02.054.

27 Sipahi, M., Parlak, E.A., Gul, A. et al. (2008). Electrochemical impedance study of polyaniline electrocoated porous carbon foam. *Prog. Org. Coat.* 62: 96–104. doi: 10.1016/j.porgcoat.2007.09.023.

28 Li, Q., Chen, L., Ding, J. et al. (2016). Open-cell phenolic carbon foam and electromagnetic interference shielding properties. *Carbon* 104: 90–105. doi: 10.1016/j.carbon.2016.03.055.

29 Roy, A.K., Zhong, M., Schwab, M.G. et al. (2016). Preparation of a binder-free three-dimensional carbon foam/silicon composite as potential material for lithium ion battery anodes. *ACS Appl. Mater. Interfaces* 8: 7343–7348. doi: 10.1021/acsami.5b12026.

30 Inagaki, M., Qiu, J., and Guo, Q. (2015). Carbon foam: preparation and application. *Carbon* 87: 128–152. doi: 10.1016/j.carbon.2015.02.021.

31 Yuan, Y., Ding, Y., Wang, C. et al. (2016). Multifunctional stiff carbon foam derived from bread. *ACS Appl. Mater. Interfaces* 8: 16852–16861. doi: 10.1021/acsami.6b03985.

32 Zhang, L., Wang, L.B., See, K.Y., and Ma, J. (2013). Effect of carbon nanofiber reinforcement on electromagnetic interference shielding effectiveness of syntactic foam. *J. Mater. Sci.* 48: 7757–7763. doi: 10.1007/s10853-013-7597-x.

33 Letellier, M., Macutkevic, J., Paddubskaya, A. et al. (2015). Tannin-based carbon foams for electromagnetic applications. *IEEE Trans. Electromagn. Compat.* 57: 989–995. doi: 10.1109/TEMC.2015.2430370.

34 Graphene-info (2015). Graphene foam electrodo Li.pdf.

35 Graphene Supermarket, 3D Graphene Foams :: Graphene Flex Foam. https://graphene-supermarket.com/3D-Graphene-Foams (accessed October 16, 2017).

36 Jia, J., Sun, X., Lin, X. et al. (2014). Exceptional electrical conductivity and fracture resistance of 3D interconnected graphene foam/epoxy composites. *ACS Nano* 8: 5774–5783. doi: 10.1021/nn500590g.

37 Wu, Y., Wang, Z., Liu, X. et al. (2017). Ultralight graphene foam/conductive polymer composites for exceptional electromagnetic interference shielding. *ACS Appl. Mater. Interfaces* 9: 9059–9069. doi: 10.1021/acsami.7b01017.

38 Sun, X., Liu, X., Shen, X. et al. (2017). Reprint of graphene foam/carbon nanotube/poly(dimethyl siloxane) composites for exceptional microwave shielding. *Compos. A: Appl. Sci. Manuf.* 92: 190–197. doi: 10.1016/J.COMPOSITESA.2016.10.030.

39 Zhang, Y., Huang, Y., Zhang, T. et al. (2015). Broadband and tunable high-performance microwave absorption of an ultralight and highly compressible graphene foam. *Adv. Mater.* 27: 2049–2053. doi: 10.1002/adma.201405788.

40 Rohini Devi, G. and Rama Rao, K. (1993). Carbon-carbon composites. *Def. Sci. J.* 43: 369–383.

41 Wang, X., Wang, S., and Chung, D.D.L. (1999). Sensing damage in carbon fiber and its polymer-matrix and carbon-matrix composites by electrical resistance measurement. *J. Mater. Sci.* 34: 2703–2713. doi: 10.1023/A:1004629505992.

42 Djugum, R. and Sharp, K. (2017). The fabrication and performance of C/C composites impregnated with TaC filler. *Carbon* 115: 105–115. doi: 10.1016/j.carbon.2016.12.019.

43 Li, Y.-L., Shen, M.-Y., Su, H.-S. et al. (2012). A study on mechanical properties of CNT-reinforced carbon/carbon composites. *J. Nanomater.* 2012: 1–6. doi: 10.1155/2012/262694.

44 Liu, X., Yin, X., Kong, L. et al. (2014). Fabrication and electromagnetic interference shielding effectiveness of carbon nanotube reinforced carbon fiber/pyrolytic carbon composites. *Carbon* 68: 501–510. doi: 10.1016/j.carbon.2013.11.027.

45 Luo, X. and Chung, D.D.L. (1999). Electromagnetic interference shielding using continuous carbon-fiber carbon-matrix and polymer-matrix composites. *Compos. Part B Eng.* 30: 227–231. doi: 10.1016/S1359-8368(98)00065-1.

46 Li, Y.-Q., Samad, Y.A., Polychronopoulou, K., and Liao, K. (2015). Lightweight and highly conductive aerogel-like carbon from sugarcane with superior mechanical and EMI shielding properties. *ACS Sustain. Chem. Eng.* 3: 1419–1427. doi: 10.1021/acssuschemeng.5b00340.

47 Xu, X., Zhou, J., Nagaraju, D.H. et al. (2015). Flexible, highly graphitized carbon aerogels based on bacterial cellulose/lignin: catalyst-free synthesis and its application in energy storage devices. *Adv. Funct. Mater.* 25: 3193–3202. doi: 10.1002/adfm.201500538.

48 Sun, H., Xu, Z., and Gao, C. (2013). Multifunctional, ultra-flyweight, synergistically assembled carbon aerogels. *Adv. Mater.* 25: 2554–2560. doi: 10.1002/adma.201204576.

49 Al-Muhtaseb, S.A. and Ritter, J.A. (2003). Preparation and properties of resorcinol-formaldehyde organic and carbon gels. *Adv. Mater.* 15: 101–114. doi: 10.1002/adma.200390020.

50 Fricke, J. and Emmerling, A. (1998). Aerogels – recent progress in production techniques and novel applications. *J. Sol-Gel Sci. Technol.* 13: 299–303. doi: 10.1023/A:1008663908431.

51 Han, S., Sun, Q., Zheng, H. et al. (2016). Green and facile fabrication of carbon aerogels from cellulose-based waste newspaper for solving organic pollution. *Carbohydr. Polym.* 136: 95–100. doi: 10.1016/j.carbpol.2015.09.024.

52 Wan, C., Jiao, Y., Qiang, T., and Li, J. (2017). Cellulose-derived carbon aerogels supported goethite (α-FeOOH) nanoneedles and nanoflowers for electromagnetic interference shielding. *Carbohydr. Polym.* 156: 427–434. doi: 10.1016/j.carbpol.2016.09.028.

53 Wan, C. and Li, J. (2016). Graphene oxide/cellulose aerogels nanocomposite: preparation, pyrolysis, and application for electromagnetic interference shielding. *Carbohydr. Polym.* 150: 172–179. doi: 10.1016/j.carbpol.2016.05.051.

54 Wu, J. and Chung, D.D.L. (2003). Improving colloidal graphite for electromagnetic interference shielding using 0.1 μm diameter carbon filaments. *Carbon* 41: 1313–1315. doi: 10.1016/S0008-6223(03)00033-2.

55 Gubarevich, A.V., Komoriya, K., and Odawara, O. (2011). Electromagnetic interference shielding efficiency in the range 8.2-12.4 GHz of polymer composites with dispersed carbon nanoparticles. *Eurasian Chem.-Technol. J.* 14: 55. doi: 10.18321/ectj100.

56 Senyk, I., Barsukov, V., Savchenko, B. et al. (2016). Composite materials for protection against electromagnetic microwave radiation. *IOP Conf. Ser. Mater. Sci. Eng.* 111: 12026. doi: 10.1088/1757-899X/111/1/012026.

57 Cao, J. and Chung, D.D.L. (2003). Colloidal graphite as an admixture in cement and as a coating on cement for electromagnetic interference shielding. *Cem. Concr. Res.* 33: 1737–1740. doi: 10.1016/S0008-8846(03)00152-2.

58 Bayer, I.S., Caramia, V., Fragouli, D. et al. (2012). Electrically conductive and high temperature resistant superhydrophobic composite films from colloidal graphite. *J. Mater. Chem.* 22: 2057–2062. doi: 10.1039/C1JM14813C.

第15章 航空航天电磁干扰屏蔽材料

Raghvendra Kumar Mishra, Martin George Thomas, Jiji Abraham, Kuruvilla Joseph, Sabu Thomas

15.1 引言

电磁干扰（EMI）是一个严重的问题，它源于飞机或航天器的外部（地面发射器）或内部（个人电子设备）。此外，EMI是一种不良的电磁波，会导致电子设备故障，干扰其正常运行。电子设备和电气系统，传感器、电力系统、电池、火箭有效载荷、通信单元、遥感仪器、数据处理单元、电视和手机、计算机、地下变压器、各种医疗设备、军用飞机、航天系统和航天器外部设备以及商用飞机，都受到不良电磁干扰的困扰[1-8]。这种EMI也可能来自自调节现象，如雷电、太阳耀斑和静电放电（ESD），还可能来自发射电磁波信号的小型独立电子装置等。最初，EMI引起的问题可通过法拉第笼原理解决。然而，构建和制造具有独特性质（包括高电磁屏蔽效能、耐化学性、抗腐蚀能力、高密度、柔韧性、可调控形态、易加工和低成本等）的材料较为困难。随着现代社会和相关电子设备与通信系统的快速发展，对这些材料的需求不断增加。这些材料需要非常适用个人电脑、手机、集成电路、卫星和飞机部件的电磁屏蔽。在技术发展史上，EMI屏蔽材料及其详细分析一直被视为学术界和工业界的重点。制造现代振动阻尼、耐磨、超疏水、阻燃、良好导电和EMI屏蔽复合材料，这一需求是进行此类研究的主要原因。

这些材料展示出了较好的电磁屏蔽效能，可应用在各个领域的设备和器件中，如航空航天、电气、电子、军事、通信和家用电器等领域。这些材料还提高了航天器、飞机、商用飞机和现代军事系统的性能与效率。金属泡沫、金属-聚合物复合材料和导电聚合物复合材料的当前设计，提供了电磁环境下良好的电磁屏蔽效能。这些材料具有多种物理和化学特性，如高比模量、可调节电导率、低热膨胀性能、高能量吸收能力、优异的耐腐蚀性、良好的阻尼和疲劳行为、低成本、可加工性等。随后，纳米粒子的出现进一步实现了多功能性[9-18]。这种基于纳米粒子的材料，可用于飞机机身、通信、娱乐、监视、防静电耗散、ESD防护和EMI屏蔽材料[14]。然而，若没有对这些材料进行多学科表征和机载研究，就无法最终应用这些材料。因此，需要进行热学、显微和机械测试以实现所需的目标。

此外，低估辐射环境对航天器、飞机、商用飞机和卫星来说是巨大的风险——可能导致设备和器件性能与寿命损失。过高估计辐射环境可能导致过度设计和额外成本。现代EMI屏蔽材料的生产有一个基本需求，即这些材料应当能够使飞机和航空电子设备运行良好。为了应对这一独特的需求，用于航天部件的现代复合材料应当能减少电磁屏蔽问题，并且具有更好的物理和化学性能。因此，人们投入了大量努力来开发在惯例和非常规环境条件下能够反射或吸收电磁辐射的复合材料。

15.2 空间环境中的辐射

很多观点和研究涉及对辐射环境中材料的了解与使用。主要挑战之一是理解周围辐射的特性，而材料的发展依然在努力降低辐射环境对材料的影响。对飞机和航天器的运行来说，这是必要的步骤，辐射强度对材料性能和行为可能产生巨大影响。例如，生产航空航天用屏蔽材料的一种简单且有效的方法是，在电子元件表面涂覆导电涂层，因为导电涂层可以减弱飞机中不同电子元件之间产生的电磁波的相互作用。图15.1中显示了空间环境中各种辐射的示意图。

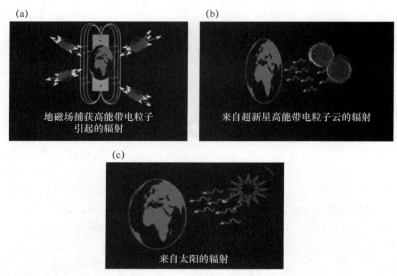

图15.1 空间环境中各种辐射的示意图：(a)俘获辐射；(b)银河宇宙辐射；(c)太阳高能粒子

下面将宇宙作为一个整体来考虑，而宇宙的组成可以说明做这种考虑的理由。宇宙由70%的真空能量和25.995%的奇异暗物质组成，剩下的4%和0.005%则是普通物质（如行星、恒星、小行星）和辐射（光、宇宙射线、伽马射线、X射线）。辐射是能量的一种转移形式。射线辐射（电磁辐射）如伽马射线、X射线、紫外线、可见光、红外辐射（热辐射）、微波和无线电波，是熟知的电磁波谱或粒子辐射。这些辐射中包含原子和亚原子粒子流，包括质子（质子风暴）、中子（中子辐射）、电子（β粒子）、阿尔法粒子（α粒子）和重核[高原子序数和能量的离子（HZE离子）]；它们有着很高的速度和能量。辐射的性质和相关来源如表15.1所示[19]。

表15.1 辐射的性质和相关来源[19]

辐射	辐射性质	电荷	质量	来源	参考文献
质子	粒子	+e	1840me 或1amu	行星辐射带（范艾伦）、太阳耀斑（质子风暴）、宇宙射线、粒子束武器等	[20-23]
中子	粒子	0	1841me	裂变与聚变反应堆、裂变与聚变火箭发动机、核弹与热核弹、一些放射性元素、宇宙射线等	[24, 25]
电子	粒子	−e	1me	行星辐射带、一些放射性元素、粒子束武器等	[26-28]
α粒子	粒子	+2e	4amu	宇宙射线、太阳耀斑、一些放射性元素等	[29]
HZE粒子	粒子	+3e	6amu	宇宙射线	[30-32]
X射线	电磁辐射	0	0	日冕、恒星、星系、辐射带、太阳耀斑、高速电子撞击金属等	
γ射线	电磁辐射	0	0	恒星、星系、受激原子核、裂变爆炸、核裂变反应堆等	[33, 34]

图15.2中显示了从低能量（长波长）无线电波到高能量（短波长）伽马射线的电磁波谱范围[19]。

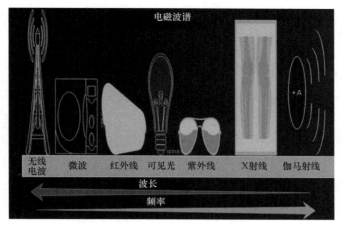

图15.2 电磁波谱

辐射可分为电离辐射和非电离辐射。电离辐射比非电离辐射更有害，但可用于医学领域。粒子辐射和高能电磁辐射均属于电离辐射。电离辐射通过与具有不稳定电荷的化学元素或化合物［如放射性原子和不稳定原子（高质量或高能量）］相互作用，产生激发和离子。这些辐射产生α粒子、β粒子、质子、中子、正电子和氘核子[35]。非电离辐射没有足够的能量来产生离子，但可激发电子，使原子变得不稳定。这种辐射包括红外和微波，以及可见光谱范围内的光。电子、质子、γ射线、α粒子（两个质子和两个中子）和β粒子（高能电子）是辐射的主要形式。次级辐射是由初级辐射与物质相互作用产生的。当辐射照射航天器或飞机材料时，不仅会产生次级辐射，而且会引起EMI[36]。

在太阳系中，太阳是辐射的主要来源，太阳辐射包括电离辐射和非电离辐射[37]。宇宙射线是来自太阳系外的高能辐射，它们产生元素周期表中元素的高能质子、电子、α粒子和重离子[38-42]。然而，它们的能量会受到地球磁层和臭氧层的阻挡与吸收。

15.3 电磁辐射场

最近，随着电子行业的发展，受限区域内的大量电子元件带来了电磁污染（电磁辐射或EMI）[43-47]。这些有害辐射不仅干扰电子元件，而且影响人类。为了控制和解决有害电磁（EM）辐射和干扰问题，采用了EM滤波和屏蔽作为EM辐射和干扰的屏障。为了提供更好的EMI屏蔽，需要很好地理解电磁辐射行为。电磁辐射是一种能量辐射形式，可在真空中以电磁波的形式传输能量。电磁波由两个振荡要素组成，即电场（E）和磁场（H），它们彼此垂直，也与波的传播方向垂直[48, 49]。

电磁场屏蔽方法很多，本节仅介绍其中的一些方法[50-52]：

- 磁场屏蔽（1000kHz，用高磁导率材料）。
- 电场屏蔽（通过导电材料相对容易）。
- 自由空间吸收体，即在特定频率或小范围频率上发生共振（与材料腔相反），用于远场屏蔽。
- 当电磁波在空间中传播时，能量从电磁辐射源传输到接收器。

能量传输速率取决于电磁场分量的强度，单位面积上的能量传输速率称为表面功率密度（P_d），它表示为

$$P_d(\mathrm{Wm^{-2}}) = EH = \frac{\mathrm{V}}{\mathrm{m}} \cdot \frac{\mathrm{A}}{\mathrm{m}} = 0.1EH \ \mathrm{mWcm^{-2}} \tag{15.1}$$

影响航天系统的主要EMI有两种：一种是低强度辐射（内部EMI），另一种是高强度辐射场（外部EMI）[27-31]。根据电磁辐射源与屏蔽外壳之间的距离，可将电磁干扰分为近场干扰、过渡区干扰和远场干扰[52]。

在近场干扰中，电磁源与接收器相距较近；在远场干扰中，电磁源和接收器相距较远。近场干扰的情况比较复杂，它基于导电性、电容耦合机制和小电偶极子。在这种干扰中，电磁波的电场和磁场可与高阻抗和低阻抗的电路相互作用[50-52]。远场干扰则基于基本电磁耦合机制和小电流环。对于近场干扰，波阻抗（H/E）随着到源的距离的增加而降低；对于远场干扰，波阻随着到源的距离的增加而升高。

15.3.1 低强度辐射场

低强度辐射场由蓝牙设备、手机、笔记本电脑、平板电脑和无线配件等电子设备产生。这些电子设备在30MHz～5GHz频率范围内工作。当这些电子设备产生的频率与通信和导航系统的频谱相匹配或相邻近时，会误导通信和导航系统的信号；误导信号由两种波频率的EMI导致[53-55]。

15.3.2 高强度辐射场

高强度辐射场既可人为产生，又可天然发生。无论哪种情况，都会恶化设备的性能并缩短其寿命。高强度辐射场通常由雷击引起。雷电携带着几十万安培的电流和大范围的电磁场。雷电会损坏军用和商用飞机的材料。此外，雷击会使得电阻加热，温度升高到室温以上，损坏飞机内部的零件，最终损坏飞机材料[56-59]。因此，需要开发用于EMI和防雷电的EMI屏蔽复合材料。为此，人们采用了各种技术来制造EMI屏蔽材料，以在EMI和雷击环境下获得所需的设备性能[60-64]。当前的复合材料技术可以满足EMI屏蔽条件[65]。

15.4 航空航天中的电磁干扰

在过去的十多年中，电磁干扰在电气、电子、通信、航空航天和军事领域有了出乎意料的增加。这些领域中的大量论文和广泛研究，正在展现电磁干扰及其屏蔽。电磁波干扰给航空航天电子、电气、通信组件（如电源和信号发射器）、计算机配件和电路控制带来了危险，因此引起了人们对干扰特性的关注。有时，高能辐射粒子会渗透到卫星和飞机内部，使得电子设备和系统（如电子单元、传感器、电源和电源子系统）突然出现故障[1-4]。图15.3简要显示了复杂的航空航天EMI源。

图15.3 复杂的航空航天EMI源

15.4.1 电磁干扰的分类

国际电信联盟（ITU）无线电规则（RR）中的条款1.166对EMI做了定义：在无线通信系统中接收到的由单个或多个发射、辐射或感应组成的无用能量的影响，表现为性能衰退、错误解读或信息丢失，这些信息若不存在这种无用的能量，是可用简单数学方法提取的。这个定义一直被认为是对EMI的定义[66,67]。表15.2中给出了以工作频率范围划分的通信设备详情。

表15.2 通信设备和相关频率范围

类别	频率	名称	应用	参考文献
射频	30～300kHz	VLF-LF	航海通信	[68-70]
微波	300MHz～1GHz	UHF	电视、微波炉、移动电话	[71-74]
微波频率带	1～2GHz	L波段	移动电话、无线局域网、雷达、GPS	[75-78]
微波频率带（短波）	2～4GHz	S波段	蓝牙	[75-78]
微波频率带	4～8GHz	C波段	卫星通信、无线电话、Wi-Fi	[75-78]
微波频率带	8～12GHz	X波段	卫星通信	[75-78]
微波频率带	12～18GHz	Ku波段	卫星通信	[75-78]
微波频率带	18～27GHz	K波段	卫星通信	[75-78]
微波频率带	27～40GHz	Ka波段	卫星通信	[75-78]
微波频率带	40～75GHz	V波段	军事和研究	[75-78]
微波频率带	75～110GHz	W波段	军事和研究	[75-78]

电磁干扰分为如下两类：
（1）窄带EMI或RFI干扰（窄带宽）。
（2）宽带EMI或RFI干扰（宽带宽）。
带宽 = $v_h - v_l$，其中v_h表示较高的频率，v_l表示较低的频率。干扰还可分为三个子类：

- 允许干扰。
- 可接受干扰。
- 有害干扰。

15.4.2 电磁屏蔽的影响

电子设备正越来越多地出现在公共场所和全球各地，且其吸收和发射的电磁波会影响其他设备的性能。表15.3表明，这些设备的电磁干扰的影响是一个关键问题。

表15.3 电磁干扰的影响[79]

分类	设备	接收电场中心频率	支持制式	最大电场强度	故障	EMI最大距离（cm）	国家
透析	透析机	125kHz, 868MHz/900MHz	RFID/GSM		屏幕晃动/不准确压力读数/泵减速和停止工作	20/50	荷兰
透析	血气电解质分析仪		GSM		钾读数错误		英国
电生理学	远程病人监测仪（遥测术）	441.3MHz		86.8Vm^{-1}	设备发射电磁波		日本
电生理学	体外起搏器	125kHz, 868MHz	RFID		起搏脉冲错误	30	美国

（续表）

分类	设备	接收电场中心频率	支持制式	最大电场强度	故障	EMI最大距离（cm）	国家
电生理学	EEC/ECG	900MHz, 1800MHz/900MHz	GPRS/GSM		来自监视器的信号失真和噪声	4/50	美国/澳大利亚
医学成像	电子式袖珍剂量计（EPD）				EPD故障，停止曝光后重置恢复	38	日本
医学成像	超声成像仪	2.4～5MHz/1802.1MHz	802,11(a,b,g)/GPRS		不清晰图像	20 et 10	丹麦/美国
医学成像	超声多普勒		802,11b		不清晰图像	400	美国
医学	输液泵	80～2500MHz	GSM	$10Vm^{-1}$@1m @2W	错误警报，停止泵送	0,1/30	意大利
医学	注射泵	80～2500MHz/2.45GHz, 5.2GHz	GSM/802.11b	$10Vm^{-1}$@1m @2W/na	错误警报，停止/不正确照明	10/40	意大利/日本
医学	恒温箱	900MHz	GSM		温度设置波动，加热元件和报警打开	25	美国
医学	血氧测定计	900MHz	GSM		饱和读数增加/重新启动不当/声音失真	25	美国
医学	体外除颤器	125kHz, 868MHz/900MHz	RFID/GSM		噪声，图形失真和声频嘈杂	125/600	荷兰/美国
医学	体温计		GSM		错误记录/显示堆积	0,1	英国
医学	婴儿保育箱		GMRS		压力显示和报警错误	80	加拿大
医学	吸入器	80MHz～2.5GHz	GSM	$10Vm^{-1}$		n/a	德国
医学	输血加热器	125kHz, 868MHz	RFID		信号消除后自动复位和恢复正常工作	50	荷兰
手术室	高频手术刀-单极	500kHz		$97.4Vm^{-1}$	设备发射电磁波		日本
手术室	高频手术刀-双极	461.8kHz		$104.5Vm^{-1}$	设备发射电磁波		日本
手术室	高频手术刀-氩气刀	620kHz		$91.1Vm^{-1}$	设备发射电磁波		日本
呼吸系统	呼吸器	868MHz, 125kHz/na	RFID/GSM, 蓝牙，射频		不正确图形和数字显示/停止和再启动（较低）	400/100	荷兰/英国
呼吸系统	呼吸暂停	80MHz～2.5GHz	GSM	$10Vm^{-1}$3A/M	错误呼吸暂停警报		美国/德国
呼吸系统	麻醉机	na/125kHz, 868MHz	GSM/RFID		不准确显示压力值和图表	50/600	英国/荷兰
呼吸系统	喷雾器		GSM		电机增速/能量过剩	n/a	英国
其他	微波炉A	2.465GHz	802.11b, 11ch	$121.3Vm^{-1}$	设备发射电磁波		日本
其他	微波炉B	2.472GHz	802.11b, 13ch	$117.2Vm^{-1}$			日本
其他	机械轮椅				不受控运动		美国
其他	荧光灯泡	80MHz～2.5GHz		$3Vm^{-1}$			加拿大
其他	加湿器		GSM, GPRS, 射频			9	澳大利亚

15.5 各种材料的电磁干扰屏蔽机制

根据洛伦兹力定律，当电磁波照射到屏蔽体表面时，屏蔽体中的电子与入射电磁波相互作用，感应出电磁场。这个感应场的方向与入射电磁波的方向相反。感应的电磁场降低入射电磁波的功率。完整的屏蔽过程涉及的机制包括反射（R）、吸收（A）和多次反射（B）（见图15.4和表15.4）[82]。反射基于屏蔽材料中的自由电荷载流子（电子）。这些移动的电荷载流子产生阻抗错配。因此，大部分入射波被反射。屏蔽体中的移动电荷载流子越多，以反射和吸收机制衰减电磁波的能力就越大[80]。若屏蔽体中的自由电子有限，则一部分波将被传输到屏蔽体的对面（屏蔽体与空气的界面），然后被反射回屏蔽体。从第二个界面反射回来的波同样是反射机制的一部分。

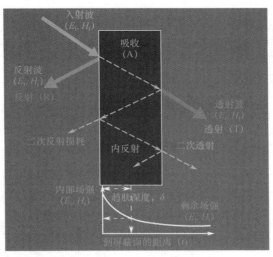

图15.4 EMI屏蔽的基本机制[80, 81]

表 15.4 材料及其相关屏蔽机制

材 料	机 制	EMI屏蔽原因
导电填料，金属、CNT、石墨烯、金属粒子等	反射或吸收（移动电荷载流子）	高电导率
$BaTiO_3$、TiO_2	吸收（电偶极子）	高介电常数
Fe_3O_4	吸收（磁偶极子）	高磁导率
导电聚合物复合材料	多次反射	非常高的界面积

当屏蔽体厚度大于屏蔽体的趋肤深度时，多次反射可忽略不计。屏蔽效能（SE）以分贝（dB）为单位进行测量，它定义为入射电场（磁场）与透射电场（磁场）之比的对数：

$$SE_{db} = SE_R + SE_A + SE_{MR} = 20\log\left(\frac{E_i}{E_t}\right) = 20\log\left(\frac{H_i}{H_t}\right) \tag{15.2}$$

式中，E_i和E_t分别是入射电场和透射电场，H_i和H_t分别是入射磁场和透射磁场。

15.6 航空航天屏蔽材料的要求

气体填充空隙金属泡沫或金属薄板、法拉第笼、金属涂层碳纤维、导电喷涂、固有导电聚合物和导电填料聚合物，都被视为EMI屏蔽材料。虽然这看似学术问题，但应记住的是，可供选择的屏蔽罩有多种形式，且它们的屏蔽效能是不同的。根据屏蔽效能和应用，可将屏蔽分为不同的类别，表15.5和表15.6中提到了这些类别。表15.5显示了专业用途屏蔽效能的屏蔽标准，表15.6显示了一般用途的屏蔽标准。

表15.5 适用于专业医疗设备、检疫材料、专业安全制服等的屏蔽效能

专业材料的屏蔽效能（dB）	性　能	电磁屏蔽（%）
>60	极好	>99.9999
60≥电磁屏蔽效能 >50	非常好	99.9999≥电磁屏蔽 > 99.999
50≥电磁屏蔽效能 >40	好	99.0≥电磁屏蔽 > 90
40≥电磁屏蔽效能 >30	适中	90≥电磁屏蔽 > 80
30≥电磁屏蔽效能 >20	一般	80≥电磁屏蔽 > 70

表15.6 适用于休闲装、办公制服、孕妇装、围裙、消费类电子产品等的屏蔽效能

专业材料的屏蔽效能（dB）	性　能	电磁屏蔽（%）
>30	极好	>99.9
30≥电磁屏蔽效能 >20	非常好	99.9≥电磁屏蔽 > 99.0
20≥电磁屏蔽效能 >10	好	99.0≥电磁屏蔽 > 90
10≥电磁屏蔽效能 >7	适中	90≥电磁屏蔽 > 80
10≥电磁屏蔽效能 >7	一般	80≥电磁屏蔽 > 70

图15.5显示了设备的屏蔽效能：(a)屏蔽体围住了设备产生的辐射发射，不干扰屏蔽罩外部的电子设备；(b)屏蔽体内部的电子设备不受来自屏蔽罩外部的辐射的干扰，但在使用铝材料进行EMI屏蔽时，其镀锌腐蚀和氧化特性是主要缺点。

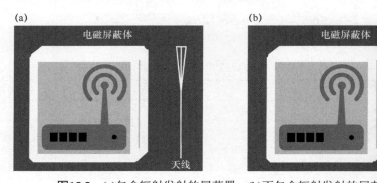

图15.5 (a)包含辐射发射的屏蔽罩；(b)不包含辐射发射的屏蔽罩

15.7 航空航天屏蔽材料的类型

近几十年来出现了用于EMI屏蔽的各种金属屏蔽罩——金属基电磁屏蔽材料。下面对其做一些评论，以便更好地理解这一主题。

15.7.1 金属罩EMI屏蔽材料

对于金属，必须考虑其较好的电导率和磁性能。从根本上讲，金属导体用于将高速设备和电气设备接地，保护它们免受散逸热和静电荷的影响[83]。表15.7和表15.8中给出了许多材料的电导率和相对磁导率。

表15.7 各种金属的电导率[84]

材料	电阻率(ρ) (Ωm), 20℃	电导率(σ) (Sm^{-1}), 20℃	材料	电阻率(ρ) (Ωm), 20℃	电导率(σ) (Sm^{-1}), 20℃
银Silver	1.59×10^{-8}	6.30×10^{7}	铂Platinum	1.06×10^{-7}	9.44×10^{6}
铜Copper	1.68×10^{-8}	5.98×10^{7}	钯Palladium	1.08×10^{-7}	9.28×10^{6}
金Gold	2.44×10^{-8}	4.52×10^{7}	锡Tin	1.15×10^{-7}	8.7×10^{6}
铝Aluminium	2.82×10^{-8}	3.5×10^{7}	硒Selenium	1.19×10^{-7}	8.35×10^{6}
铍Beryllium	4.00×10^{-8}	2.50×10^{7}	钽Tantalum	1.24×10^{-7}	8.06×10^{6}
铑Rhodium	4.49×10^{-8}	2.23×10^{7}	铌Niobium	1.3×10^{-7}	7.66×10^{6}
镁Magnesium	4.66×10^{-8}	2.15×10^{7}	钢Steel（铸态）	1.61×10^{-7}	6.21×10^{6}
钼Molybdenum	5.22×10^{-8}	1.91×10^{7}	铬Chromium	1.96×10^{-7}	5.10×10^{6}
铱Iridium	5.28×10^{-8}	1.89×10^{7}	铅Lead	2.05×10^{-7}	4.87×10^{6}
钨Tungsten	5.49×10^{-8}	1.82×10^{7}	钒Vanadium	2.61×10^{-7}	3.83×10^{6}
锌Zinc	5.94×10^{-8}	1.68×10^{7}	铀Uranium	2.87×10^{-7}	3.48×10^{6}
钴Cobalt	6.25×10^{-8}	1.60×10^{7}	锑Antimony（半导体）	3.92×10^{-7}	2.55×10^{6}
镉Cadmium	6.84×10^{-8}	1.46×10^{7}	锆Zirconium	4.10×10^{-7}	2.44×10^{6}
镍Nickel（电解产生）	6.84×10^{-8}	1.46×10^{7}	钛Titanium	5.56×10^{-7}	1.79×10^{6}
钌Ruthenium	7.59×10^{-8}	1.31×10^{7}	汞Mercury	9.58×10^{-7}	1.04×10^{6}
锂Lithium	8.54×10^{-8}	1.17×10^{7}	锗Germanium（半导体）	4.6×10^{-1}	2.17
铁Iron	9.58×10^{-8}	1.04×10^{7}	硅Silicon（半导体）	6.40×10^{2}	1.56×10^{-3}

表15.8 各种材料的相对磁导率

材料	相对磁导率	参考文献
金属	1000000	[85-88]
铁（99.95%纯Fe在H中退火）	200000	[85-88]
Mu金属	20000, 50000	[85-88]
钴-铁	18000	[85-88]
坡莫合金	8000	[85-88]
铁（99.8%纯度）	5000	[85-88]
铁素体不锈钢（退火）	1000~1800	[85-88]
马氏体不锈钢（退火）	750~950	[85-88]
碳钢	100	[85-88]
镍	100~600	[85-88]
马氏体不锈钢（硬化）	40~95	[85-88]
钕铁硼磁体	1.05	[89]
银	1	[90]
铜	1	[90]
金	1	[90]
铝	1	[90]
黄铜	1	[90]

(续表)

材　料	相对磁导率	参考文献
青铜	1	[90]
锡	1	[90]
铅	1	[90]
木材	1.00000043	[91]
超导体	0	

获得有效屏蔽的方法有两种：一是主动屏蔽，二是低频电磁场的被动屏蔽。

主动屏蔽针对入射场，产生一个反向电磁场来抵消入射磁通，用于电场传感器和发生器。被动屏蔽采用刚性电工钢，具有较高的磁导率，如铁磁材料钼金属、镍-铁合金和导电材料（包括铁、钢、铝和特殊电工钢等），如表15.9所示。良导磁与良导电材料组合后，可提高电磁屏蔽效能。

表15.9　金属材料性能与EMI屏蔽应用

金　属	性　质	EMI屏蔽应用
铁	极大的塑性、韧性、焊接能力，大压力加工，低强度、高氧化	铁线网和罩，频率为10GHz时高达60dB
钢	高拉伸强度和低成本，低腐蚀，镀锌板，用于防腐，高密度	低频RF屏蔽，低碳钢表现出较好的直流和低频屏蔽（由于高磁导率和饱和点）
铝	高耐蚀性，轻质，高电导率，低抗冲击性	高达100dB的优异屏蔽效能
铜，黄铜	良导电性和导热性，在接触区域附近有电偶腐蚀；非铁特性；高成本，低拉伸强度，耐磨性差，耐普通酸差，优于钢	射频干扰屏蔽，海洋应用；雷电屏蔽和宇宙辐射屏蔽不佳，10GHz时大于60dB
铜-铁合金	优异的电磁性能，导电，成本和加工能力	极大的电磁屏蔽效能
镁	入射电磁波的反射衰减，热导性能，减震器	优异的EMI SE
镍丝	良磁导率和抗氧化性能，优于铜	优异的屏蔽效能
铅	易成形，软，耐腐蚀，高密度，较轻，健康和环境问题	X射线屏蔽、伽马射线屏蔽、辐射防护
锡	与铜、镀锌钢、钢、铝比较，适度氧化、低氧化和高电导率	腐蚀环境中的电磁屏蔽材料，较好的屏蔽效能

基于反射的屏蔽研究表明，轻质镁合金罩在宽频谱范围内具有良好的屏蔽效能。然而，镁和铝的压铸罩在吸收方面显示出等效的屏蔽效能。用于EMI屏蔽的压铸镁合金罩，比塑料和其他金属外壳具有更多的优点[92-94]。在低频下，磁性材料（如钢）显示出比良导电材料（铝或铜）更好的磁场屏蔽效能。在高频下，良导电材料提供更好的磁屏蔽。对于非磁性材料，屏蔽效能随频率的增加而提高。对于磁性材料，由于磁导率随频率的增加而下降，屏蔽效能可能会降低。铅是最有用的经济型屏蔽材料，但它可能对人体健康和环境产生危害。

金属及其合金可通过多种方式提供电磁屏蔽，包括单层金属（单屏蔽体）、多层屏蔽体（多介质层压屏蔽体）、由绝缘干燥胶合板分隔的双层金属导电板（隔离双层屏蔽体），以及由具有特定间距的若干圆形或方形孔隙组成的屏蔽体（排孔屏蔽体）[95]。

近年来，电磁波吸收材料引起了人们的广泛关注，因为在吉赫兹范围内有越来越多的EMI屏蔽和雷达散射截面（RCS）减小等应用于民用和军用目的，如蜂窝系统、计算机、无线通信、卫星通信等（见表15.10）。传统的微波吸收材料已得到广泛研究，但这类材料的高密度严重限制了它们的潜在应用。因此，轻质、结构牢固、薄、柔软且在宽频带范围内具有强吸收能力的微波吸收材料的需求十分旺盛。

表15.10　各种结构金属、合金及其复合材料的电磁波吸收能力

材　料	优化频率（Hz）	最小RL值（dB）	厚度（mm）	参　考　文　献
Ni纳米纤维复合材料	1.3GHz	−35.4	8.4	[96]
Ni/SnO_2微球	14.7	−18.6	7.0	[97]
Ni链	9.6	−25.29	2.0	[98]
Ni纳米线	10	−8.5	3.0	[99]
核-壳Ni/SnO_2	9.8	−42.8	3.0	[97]
Ni/$Sn_6O_4(OH)_4$纳米壳	13.2GHz	−32.4	5.0	[100]
花状Ni结构	3.6GHz	−10	2.0	[101]
中空Ni球	13.4GHz	−27.2	1.4	[102]
链状CoNi	17.5GHz	−34.33	1.0	[103]
有序介孔碳-二氧化硅/FeNi纳米复合材料	11.1GHz	−45.6	3.0	[104]

1．EMI屏蔽用金属外壳的设计

（1）用丝网吸收电磁波更实用，因为与金属板相比，它们具有更低的单位面积质量。丝网的高柔性更适用于改型屏蔽应用[105]。丝网屏的屏蔽效能取决于诸多参数，如工作频率、尺寸和平面波的入射角[106]。图15.6显示了金属丝网、铁丝网、铝丝网和铜丝网的示意结构。表15.11显示了各种金属和合金的电磁屏蔽效能。

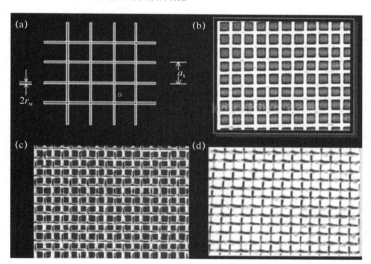

图15.6　网格结构示意图：(a)金属丝网；(b)铁丝网；(c)铝丝网；(d)铜丝网[95]

表15.11　各种金属和合金的电磁屏蔽效能

材　料	频率（Hz）	屏蔽效能（dB）	参考文献
2024 Al合金	900MHz	约67（2mm厚度）	[107]
2024 Al合金	1500MHz	约52（2mm厚度）	[107]
2024 Al/空心微球复合材料	900MHz	约80（2mm厚度）	[107]
2024 Al/空心微球复合材料	1500MHz	约80（2mm厚度）	[107]
镁	900MHz	51（2mm厚度）	[108]
镁	1500MHz	52（2mm厚度）	[108]

（续表）

材　料	频率（Hz）	屏蔽效能（dB）	参考文献
AZ31镁合金	900MHz	64（2mm厚度）	[108]
AZ31镁合金	1500MHz	55（2mm厚度）	[108]
镁合金	30～1500MHz	88～95dB（2mm厚度）	[109]
P (11.1wt%) + Ni (88.9wt%) + Co (0wt%)	1GHz	67.2（15.1μm厚度）	[110]
P (11.1wt%) + Ni (88.9wt%) + Co (0wt%)	100kHz	67.1（15.1μm厚度）	[110]
P (12.4wt%) + Ni (82.9wt%) + Co (4.7wt%)	1GHz	72.7（18.7μm厚度）	[110]
P (12.4wt%) + Ni (82.9wt%) + Co (4.7wt%)	100kHz	68.5（18.7μm厚度）	[110]
P (12.2wt%) + Ni (79.5wt%) + Co (8.3wt%)	1GHz	88.7（25.8μm厚度）	[110]
P (12.2wt%) + Ni (79.5wt%) + Co (8.3wt%)	100kHz	72.4（25.8μm厚度）	[110]
P (6.9wt%) + Ni (59.1wt%) + Co (34.0wt%)	1GHz	106.5（19.8μm厚度）	[110]
P (6.9wt%) + Ni (59.1wt%) + Co (34.0wt%)	100kHz	91.6（19.8μm厚度）	[110]
P (6.6wt%) + Ni (57.5wt%) + Co (35.9wt%)	1GHz	111.5（18.1μm厚度）	[110]
P (6.6wt%) + Ni (57.5wt%) + Co (35.9wt%)	100kHz	100.1（18.1μm厚度）	[110]
P (6.0wt%) + Ni (50.9wt%) + Co (43.1wt%)	1GHz	112.8（15.5μm厚度）	[110]
P (6.0wt%) + Ni (50.9wt%) + Co (43.1wt%)	100kHz	110.6（15.5μm厚度）	[110]
150℃×15h 老化ZK60合金	900MHz	约74（2mm厚度）	[111]
150℃×15h 老化ZK60合金	1500MHz	约72（2mm厚度）	[111]
Mg-5.18Zn-1.29Y-0.98Zr (wt%)	900MHz	约89（2mm厚度）	[108]
Mg-5.18Zn-1.29Y-0.98Zr (wt%)	1500MHz	约76（2mm厚度）	[108]
EHD喷印Ag金属网层	8～12GHz	20	[112]
BiFeO$_3$	8～12GHz	11	[113]
Ta/Al/Ta-栅网电极	6GHz	24（20和50nm Al厚度）	[114]
Ta/Al/Ta-栅网电极	6GHz	30（100nm Al厚度）	[114]
Ta/Al/Ta-栅网电极	6GHz	40（125nm Al厚度）	[114]
Ta/Al/Ta-栅网电极	6GHz	48（150nm Al厚度）	[114]
Ta/Al/Ta-栅网电极	1GHz	38～60 dB（1μm Al厚度）	[114]
ZnO膜	1GHz	0.9（100nm膜厚度）	[115]
ZnO:F (1 at.%)膜	1GHz	2.6（100nm膜厚度）	[115]
ZnO:Al (2 at.%)膜	1GHz	2.6（100nm膜厚度）	[115]
ZnO:Al (2 at.%)膜	1GHz	2.1（100nm膜厚度）	[115]
ZnO:Al (2 at.%)膜	1GHz	9.7（300nm膜厚度）	[115]
ZnO:Al (2 at.%)膜	1GHz	13.1（300nm膜厚度）	[115]
Mg(94.72%)-Zn(4.61wt%)-Cu(0wt%)-Zr(0.67wt%) 合金	900MHz	85（2mm厚度）	[108]
Mg(94.72%)-Zn(4.61wt%)-Cu(0wt%)-Zr(0.67wt%) 合金	1500	66（2mm厚度）	[108]
Mg(92.28wt%)-Zn(4.63wt%)-Cu(0.37wt%)-Zr(0.71wt%) 合金	900MHz	91（2mm厚度）	[108]
Mg(92.28wt%)-Zn(4.563wt%)-Cu(0.37wt%)-Zr(0.71wt%) 合金	1500	66（2mm厚度）	[108]
Mg(93.58wt%)-Zn(5wt%)-Cu(1wt%)-Zr(0.7wt%) 合金	900MHz	97（2mm厚度）	[108]
Mg(92.28wt%)-Zn(4.58wt%)-Cu(2.32wt%)-Zr(0.82wt%) 合金	1500MHz	77（2mm厚度）	[108]
Mg(92.84wt%)-Zn(4.74wt%)-Cu(1.61wt%)-Zr(0.81wt%) 合金	900MHz	99（2mm厚度）	[108]
Mg(92.84wt%)-Zn(4.74wt%)-Cu(1.61wt%)-Zr(0.81wt%) 合金	1500MHz	77（2mm厚度）	[108]
Mg(92.28wt%)-Zn(4.58wt%)-Cu(2.32wt%)-Zr(0.82wt%) 合金	900MHz	103（2mm厚度）	[108]
Mg(92.28wt%)-Zn(4.58wt%)-Cu(2.32wt%)-Zr(0.82wt%) 合金	1500MHz	84（2mm厚度）	[108]

（2）法拉第屏蔽体由导电材料或导电材料网格构成。这样的屏蔽体称为法拉第笼；法拉第笼的外壳可以阻挡外部静电场。法拉第笼以英国科学家迈克尔·法拉第的名字命名。法拉第笼可用于保护电子设备免受雷击和其他放电的影响。法拉第笼的屏蔽效能取决于笼内电荷的产生。

15.7.2 多孔结构EMI屏蔽材料

近年来，强度高、重量轻的不锈钢、高速钢和铝泡沫已广泛用于军事和运输领域。由于其低密度、高能量吸收能力及高机械性能，可以屏蔽X射线、γ射线和中子辐射[116-119]。金属泡沫的生产始于1948年初[120]。金属泡沫是让汞在熔化铝中气化形成的。1956年，进一步发展的铝泡沫技术开始用于生产工业级铝泡沫[121]。多孔金属分为两类[122]：

（1）闭孔多孔金属。
（2）开孔多孔金属。

两种类型的多孔金属都有自己的应用领域。例如，开孔多孔金属用作吸音材料、过滤器和生物材料等。开孔多孔金属则因其大比表面积和传热性能而被用在飞机、高速车辆中的散热器中[123]。闭孔多孔金属经常用作结构材料，如冲击能量吸收器、电磁屏蔽等[102, 124, 125]。

此后出现了制造金属泡沫的多种方法，如铸造发泡工艺（铝泡沫）或固态成形工艺[126]。几种其他方法也可用于生产金属泡沫（见图15.7）[128-130]。注意，金属海绵无法通过直接方法进行发泡[131]。此外，开孔和闭孔海绵的制造可进一步细分[122, 131]：

（1）聚合物海绵结构作为模型或载体。
（2）占位应用（金属海绵）。
（3）熔化（ML）方法。
（4）粉末冶金（PM）方法。

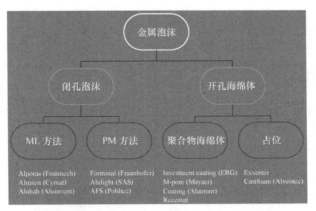

图15.7 金属泡沫和海绵商业化最相关的生产方法分类示意图[127]。SAS，斯洛伐克科学院；AFS，铝泡沫夹层；ML，熔化；PM，粉末冶金

此外，金属泡沫是由金属和气体（常为空气）组成的异质多孔结构，它以非常低的表观密度为特色。它们已应用于多个工业领域，依据是其单元拓扑结构（开孔或闭孔）、材料（铝、铜、钛等）、表观密度和孔隙大小。金属泡沫还可展现特殊的物理性质。因此，特定泡沫用于特定的工程应用，范围从机械到汽车、气体和液体过滤、热管理等[132-134]。迄今很少被人们研究的一个可能应用领域是电磁屏蔽，其中泡沫的多孔结构提供了良好的电磁屏蔽效能（见表15.12）。此外，金属泡沫的力学性质可根据特定领域和应用进行描述[132-134]。目前，低

成本金属泡沫已用于夹层板、机械阻尼、能量吸收、声学吸收和电磁屏蔽等领域。

表15.12 各种金属泡沫的电磁屏蔽效能

材 料	频 率	屏蔽效能（dB）	参 考 文 献
Al-SiC泡沫	1.44～5GHz	160（最高孔隙率）	[135]
铝泡沫夹层	100～500MHz	−118（15mm铝泡沫夹层）	[136]
铝板	100～500MHz	−57（14mm Al泡沫）	[136]
铝泡沫	130～1800MHz	25～75	[137]
Cu-Ni-CNT开孔泡沫	8～12GHz	54.6 [孔隙每英寸（PPI）= 110，1.5mm厚度]	[138]

15.7.3 EMI屏蔽聚合物复合材料

本节介绍EMI屏蔽用聚合物复合材料，描述和了解各类电磁屏蔽聚合物复合材料的制备方法。为了让读者理解聚合物复合材料面临的问题，下面提出一些观点。木材是由木质素基质中的纤维素纤维组成的自然复合材料。最初，合成复合材料是指将稻草和泥巴混合制成的建筑用砖块[139]。复合材料是由两种或多种不同组分的材料制成的。组分一词是指基体和增强的材料形式。复合材料始终根据基体、增强材料和增强形态来分类，如金属基体、陶瓷基体、聚合物基体复合材料，或者纤维、粒子等增强复合材料。这里主要介绍聚合物复合材料[140]。市场上有各种类型的聚合物复合材料，具体取决于最初的原材料。最常见的聚合物复合材料有聚烯烃、聚酯、醋酸乙烯、环氧、酚醛、聚酰胺、聚酰亚胺、聚丙烯、PEEK等[141]。最近，人们大量研究了聚合物复合材料，以制备实用的EMI屏蔽材料。这些复合材料在航空航天、国防、电子、建筑和医疗领域表现出了突出的性能。

1. 用于EMI屏蔽的金属包覆聚合物材料

使用织物和金属导体可以制备一种有趣的EMI屏蔽材料。这些金属包覆聚合物材料在汽车、航空航天、计算机、微电子和食品包装领域的应用引发了人们的广泛关注。各类材料和金属导体可供选用，如碳、聚苯胺、聚吡咯、聚丙烯、聚酯织物、玻璃纤维、纺织织物、丙烯酸酯橡胶、铜、镍、银和金属合金，还有各种技术可以利用，如化学镀、等离子体处理、离子镀、真空镀膜、火焰喷涂、电弧喷涂、阴极溅射、导电漆和清漆、电镀[142-146]。在EMI屏蔽材料中引入无机填料和纳米填料是一种很好的做法。所有上述涂层技术都是继发方法，即样品准备好后，再添加一个涂层来提供适合特定用途的样品表面。从前面的讨论中可以看出，金属涂覆的聚合物或织物（见图15.8）有助于机械性能、连续金属沉积、导电性、电磁放电、热膨胀匹配等的设计[147-150]。

图15.8 导电涂层示意图

对EMI SE的理解和提升，是以金属和聚合物之间的界面黏附力来界定的。注意，涂层黏附和质量通常取决于涂覆速率、表面形貌、表面电阻和溶液的pH值（尤其是在化学镀情况下）。然而，聚合物基体与金属的表面活性和黏附力非常低，因此通常使用机械处理、化学修饰（功能化）、等离子体表面处理等方法来提高聚合物与涂层之间的表面黏附力，而不改变聚合物的体块性能。事实上，采用这种技术可以实现均匀金属沉积、良导电性、高屏蔽效能以及对复杂形状材料的适用性。对于在聚合物基体上控制沉积金属，等离子体处理是一种优选方法，它可在聚合物基体表面产生所需的亲水基团，形成可控的沉积物。因此，使用低温反应气体等离子体处理，可提高聚合物基体表面的自由能和活性，且不改变聚合物基体的综合性能[151-155]。为此，通常使用氧气、氩气和氨气等低温反应气体来处理聚合物基体。一些研究分析了金属处理的聚合物基体的EMI SE。金属涂层对电磁吸收和EMI SE的影响如表15.13和表15.14所示。

表15.13 各种金属和合金涂覆纤维的电磁吸收性能

材 料	频 率	反射屏蔽效能（dB）	参考文献
在聚（对苯二甲酸乙二醇酯树脂）上化学镀Cu层，经NH_3等离子体处理+ $SnCl_2$、$PdCl_2$和HCl溶液	0.1～1GHz	35	[155]
在聚（对苯二甲酸乙二醇酯树脂）上化学镀Cu层，经NH_3等离子体处理+ $PdCl_2$溶液	0.1～1GHz	约45	[155]
在聚（对苯二甲酸乙二醇酯树脂）上化学镀Cu层，经O_2等离子体处理	0.1～1GHz	30	[155]
在聚（对苯二甲酸乙二醇酯树脂）上化学镀Cu层，经Ar等离子体处理	0.1～1GHz	30	[155]
化学镀Ni 21 at.%-Co 51 at.%-P 28 at.%-包覆SiC粉	9GHz	24	[156]
化学镀 Ni 75 at.%-Co 19 at.%-P 5.4 at.%-包覆SiC粉	7GHz	23	[156]
化学镀Ni 68 at.%-Co 27 at.%-P 5.7 at.%-包覆SiC粉	6GHz	33	[156]
化学镀Ni 68 at.%-Co 27 at.%-P 5.7 at.%-包覆SiC粉	7GHz	28	[156]
化学镀Ni 86 at.%-Co 7.1 at.%-P 6.7 at.%-包覆SiC粉	8GHz	24	[156]

表15.14 各种金属和合金涂覆纤维的电磁屏蔽效能

材 料	频 率	屏蔽效能（dB）	参考文献
化学镀Cu包覆PET纤维，以次磷酸盐为还原剂溶液（Cu涂层质量：20gm^{-2}）	100MHz～20GHz	约38	[157]
化学镀Cu包覆PET纤维，以次磷酸盐为还原剂溶液（Cu涂层质量：20gm^{-2}）	100MHz～20GHz	65	[157]
化学镀Cu包覆PET纤维，以次磷酸盐为还原剂溶液（Cu涂层质量：20gm^{-2}）	100MHz～20GHz	85	[157]
化学镀Cu于涤纶纤维，在溶液$SnCl_2$ + HCl + $AgNO_3$ + NaOH + NH_4OH + HCHO + $CuSO_4 \cdot 5H_2O$ + $NaKC_4H_4O_6 \cdot 4H_2O$中	2～18GHz	40	[158]

2．用于EMI屏蔽的导电聚合物材料

在介绍导电聚合物及其EMI SE之前，首先讨论电磁场对人体和设备的影响。首先要注意的是，在设备中普遍存在射频（RF）和微波带来的许多好处与问题，其中的问题源于射频和微波信号的干扰及对健康的危害[159]。电磁屏蔽只在空间上隔离外部电磁波，因为无用电磁波会干扰装置、电路、设备等的正常运行。因此，建筑电磁波屏蔽用于防止静电放电和电磁波干扰[160]。通常情况下，大多数聚合物无法提供防电磁辐射和静电放电的屏障。

下面介绍导电聚合物涂层和复合材料，描述其导电性能及能承受的恶劣环境条件[161]。1977年首次提出了分子掺杂聚乙烯醇的金属性质。对这种导电聚合物的兴趣主要源自其多样的性质，例如在30MHz～30GHz频率范围内对电磁辐射的反射和吸收能力，静电荷的消散，以及在能量存储、光电子器件和显示器件中活性电极材料的各种技术应用[162-164]。目前，导电聚合物用于织物中，生产电磁屏蔽布料，保护人类免受电磁波危害。这些聚合物也是金属的替代品，金属曾用于获得合适的屏蔽效能，而现在这些导电聚合物正被利用。此外，这些聚合物可通过吸收和反射来实现屏蔽，而基于金属的屏蔽仅通过反射机制来实现屏蔽。

因此，大多数织物都是由固有导电聚合物（ICP）制备的，包括聚吡咯（PPy）和聚苯胺涂覆的天然或合成纤维[165, 166]。由前面的讨论可知，吸收型EMI屏蔽比反射型EMI屏蔽好。注意，金属或涂覆金属材料有出色的EMI屏蔽效能。金属的趋肤深度小于导电聚合物，高频电磁辐射可渗透到金属导体的表面区域。因此，大部分电磁效能是通过表面反射获得的。导电聚合物通过增大趋肤深度来实现吸收和反射屏蔽，因导电聚合物具有较大的电导率和介电常数。然而，随着频率的提高，反射屏蔽效能受到抑制，吸收屏蔽效能随着屏蔽体厚度和频率的增加而增加。导电聚合物的导电性质可从绝缘变化到金属区域；事实上，导电聚合物的半导体和金属性质与离域分子轨道的π带被占据的程度有关。离域π键使聚合物具有导电性。总之，从EMI屏蔽角度看，导电聚合物是一种新型聚合物。表15.15中显示了各种导电聚合物涂覆织物的EMI屏蔽效能。将导电聚合物接枝到织物基底上并控制涂层厚度，对实现适当的电磁波屏蔽非常重要[174-176]。采用各种方法，如在绝缘表面上聚合导电聚合物、电化学处理以及化学或电化学氧化法，将导电聚合物接枝到织物基底上[177, 178]。从之前的各种研究可知，磺酸水杨酸、苯磺酸和对甲苯磺酸等九种芳香基磺酸可用于在织物基底上接枝导电聚合物[171]。

表15.15 各种导电聚合物基纤维的电磁屏蔽效能

材料	频率	屏蔽效能（dB）	参考文献
PPy/PET机织物	1.5GHz	13.8（体电阻率2.85Ωcm）	[167]
PPy/PET机织物	0.1GHz	12.8（体电阻率2.85Ωcm）	[167]
PPy/PET机织物	1.5GHz	20.5（体电阻率2.0Ωcm）	[167]
PPy/PET机织物	0.1GHz	19.1（体电阻率2.0Ωcm）	[167]
PPy/PET机织物	1.5GHz	27.8（体电阻率0.75Ωcm）	[167]
PPy/PET机织物	0.1GHz	25.7（体电阻率0.75Ωcm）	[167]
PPy/PET机织物	1.5GHz	36.6（体电阻率0.20Ωcm）	[167]
PPy/PET机织物	0.1GHz	36.1（体电阻率0.20Ωcm）	[167]
金属化涂层织物	800MHz	67（反射屏蔽效能 = 61.02dB，吸收屏蔽效能 = 2.47dB），4%吸收	[168]
聚吡咯（PPy）涂层织物	800MHz	22.41（反射屏蔽效能 = 16.40dB，吸收屏蔽效能 = 2.48dB），15%吸收	[168]
热塑型丙烯腈-丁二烯-苯乙烯（98% ABS）+ 聚苯胺（2% PANI）复合材料	101GHz	5.91	[168]
热塑型丙烯腈-丁二烯-苯乙烯（60% ABS）+ 聚苯胺（40% PANI）复合材料	101GHz	45.61	[168]
热塑型丙烯腈-丁二烯-苯乙烯（50% ABS）+ 聚苯胺（50% PANI）复合材料	101GHz	> 60	[168]
聚苯胺涂层织物	100～1000MHz	30～40（98%吸收）	[169]
聚苯胺-尼龙织物	0.05～5MHz	37～11	[170]
聚苯胺-尼龙织物	10MHz～1GHz	7～1	[170]
PAn-接枝E-玻璃织物，用芳香族磺酸（掺杂剂）	0.01MHz	49	[171]
PAn-接枝E-玻璃织物，用芳香族磺酸（掺杂剂）	1000MHz	7	[171]
PAn-接枝E-玻璃织物，用对甲基苯磺酸（掺杂剂）	1MHz	17（0.15mm厚度）	[172, 173]
PAn-接枝E-玻璃织物，用对甲基苯磺酸（掺杂剂）	1MHz	47（3mm厚度）	[172, 173]
PAn-接枝E-玻璃织物，用樟脑磺酸（掺杂剂）	1MHz	15（0.15mm厚度）	[172, 173]

（续表）

材料	频率	屏蔽效能（dB）	参考文献
PAn-接枝E-玻璃织物，用樟脑磺酸（掺杂剂）	1MHz	27（3mm厚度）	[172, 173]
PAn-接枝E-玻璃织物，用对甲基苯磺酸（掺杂剂）	1GHz	21（0.15mm厚度）	[172, 173]
PAn-接枝E-玻璃织物，用对甲基苯磺酸（掺杂剂）	1GHz	54（3mm厚度）	[172, 173]
PAn-接枝E-玻璃织物，用樟脑磺酸（掺杂剂）	1GHz	10（0.15mm厚度）	[172, 173]
PAn-接枝E-玻璃织物，用樟脑磺酸（掺杂剂）	1GHz	31（3mm厚度）	[172, 173]

3. 用于EMI屏蔽的碳纳米管基复合材料

如许多文章中讨论的那样，各种导电填料基复合材料是可靠的EMI屏蔽材料，适合不同的应用。基体中各种填料的导电性、介电性、分布和分散性，是产生优异屏蔽复合材料的关键。与其他替代材料相比，基于导电填料的EMI屏蔽复合材料表现出了更好的性能。以碳纳米管（CNT）、石墨烯、电介质（如$BaTiO_3$、TiO_2等）或磁介质（如γ-Fe_2O_3、Fe_3O_4、$BaFe_{12}O_{19}$等）为填料的复合材料具有良好的柔韧性、优秀的相容性和所需的电磁屏蔽效能，可与不同的聚合物基体（如热塑性、橡胶和热固性）配合使用。这些复合材料通过填料内的电/磁偶极子和自由电子来衰减电磁波。随着填料含量的增加，EMI SE提高。CPC的总EMI SE基于反射（一次）、吸收（二次）和多次反射机制。反射和吸收是主要和次要机制；多次反射不能单独估计，因为它取决于主要和次要机制二者。注意，导电性使得材料更适合电气和电磁屏蔽应用[166, 179]。在金属中，高电导率（自由电荷载流子）参与反射电磁波；然而，高反射、易被腐蚀和高重量限制了金属的使用。因此，聚合物纳米复合材料引起了人们的更多关注；纳米复合材料包含纳米填料和聚合物基体，纳米填料具有大表面积以及新型的电、热、介电、磁和/或机械性能[180,181]。目前，许多有机和无机纳米填料，如炭黑、石墨、CNT、石墨烯、介电（如TiO_2、ZnO、SiO_2、$BaTiO_3$）和磁性（如铁氧体）材料，已被用于提高聚合物复合材料的EMI SE[182-187]。本节重点介绍基于碳纳米管的聚合物纳米复合材料在EMI屏蔽领域应用的最新进展。

1991年，饭岛发表了试图制造碳纳米管（CNT）为碳同素异构体的结果[182]。重要的事实是，CNT结构看起来是由单个或多个同心圆柱形的石墨烯片折叠而成的（见图15.9）。下面介绍碳纳米管的性质和特点，进而描述基于碳纳米管的聚合物复合材料的优点。从之前的报告中可以明确的是，碳纳米管具有高导电性、高强度、良好的热性能、大长径比、三维导电网络；然而，它取决于CNT的形态和类型以及任何聚合物基体中的低逾渗。然而，逾渗阈值

图15.9 单壁碳纳米管和多壁碳纳米管示意图

不仅与CNT有关，而且与基体的性质有关。基于CNT的特殊特征，我们可以选择碳纳米管作为适合每种基体和电磁屏蔽应用的填料。例如，传统填料如炭黑、金属粒子的逾渗浓度通常要比CNT聚合物复合材料的高；使用CNT基聚合物复合材料（聚合物纳米复合材料）时，仅需较低的CNT浓度就可实现所需的机械、电气、热和电磁屏蔽效能。然而，若将更多的CNT（超过一定水平）嵌入聚合物基体，则基体中CNT的团聚和团簇形成可能会抑制复合材料的最终性能。基体中CNT的分散和团聚性质，是CNT复合材料的主要缺点之一。团聚由CNT的缠绕属性、内在电荷、碳纳米管之间的范德华力引起，CNT的超大表面积是对其分散的一种挑战[188]。然而，科学家的最近进展表明，CNT聚合物复合材料可以作为航空航天、军事、汽车、

电子等领域的屏蔽材料（见表15.16）。实验证明，CNT聚合物复合材料可通过吸收、反射、和多次反射机制来获得屏蔽效能。然而，多壁碳纳米管（MWCNT）内外表面之间的多次反射会降低屏蔽效能。以多次反射为机制的屏蔽效能，可以通过屏蔽体厚度进行调节。因此，CNT基聚合物纳米复合材料的屏蔽效能与多种因素相关，如CNT浓度、CNT取向、CNT的长径比、加工条件、分散度和分布。CNT的分布可通过表面功能化控制，但在有些情况下表面功能会干扰π-π共轭，进而降低电导率[191, 193, 201-210]。

表15.16　各种碳纳米管聚合物纳米复合材料的电磁屏蔽效能

材　料	频　率	屏蔽效能（dB）	参考文献
碳纳米管（CNT）厚膜	8.0～12.6GHz	61～67（0.004厚度）（反射[a]和吸收[b]）	[189]
MWCNT-熔接二氧化硅复合材料	8～12GHz	30～33（2mm厚度）（反射[a]和吸收[b]）	[190]
PU/SWCNT复合材料	8.2～12.4GHz	16～19（2mm厚度）	[191]
炭黑（7.5vol.% CB）/PP 复合材料	8.2～12.4GHz	-18（1.0mm厚度）（反射[a]和吸收[b]）	[192]
PP/MWCNT（7.5vol.%）复合材料	8.2～12.4GHz	-35（1.0mm厚度）（反射[a]和吸收[b]）	[192]
聚苯乙烯(PS) + 0.5wt% MWNT 泡沫复合材料	8.2～12.4GHz	2.84（反射）	[193]
聚苯乙烯(PS) + 0.5wt% 碳纳米纤维泡沫复合材料	8.2～12.4GHz	0.41（长径比和电导率，CNF < CNT）	[193]
聚苯乙烯(PS) + 1wt% MWNT泡沫复合材料	8.2～12.4GHz	5.73（反射）	[193]
聚苯乙烯(PS) + 1wt% 碳纳米纤维泡沫复合材料	8.2～12.4GHz	0.73（长径比和电导率，CNF < CNT）	[193]
聚苯乙烯(PS) + 3wt% MWNT泡沫复合材料	8.2～12.4GHz	10.30（反射）	[193]
聚苯乙烯(PS) + 3wt% 碳纳米纤维泡沫复合材料	8.2～12.4GHz	3.09（长径比和电导率，CNF < CNT）	[193]
聚苯乙烯(PS) + 7wt% MWNT泡沫复合材料	8.2～12.4GHz	18.56（反射）	[193]
聚苯乙烯(PS) + 7wt% 碳纳米纤维泡沫复合材料	8.2～12.4GHz	8.53（长径比和电导率，CNF < CNT）	[193]
MWCNT 18.0～75.0份PPy(Cl−)聚吡咯/100份rEVA纳米复合材料	1MHz～1.4GHz	45～55	[194]
SWCNT/石墨纳米片(GNS) 1.0wt/PAni纳米复合材料	0.45～1.5GHz	27.0（反射[a]和吸收[b]）	[195]
氟化MWCNT/环氧树脂	0.8～4GMHz	25～28	[196]
MWNT 5.7vol.%/PDMS复合材料	1～12.5GHz	80（CNT长径比2000～5000）	[197]
SWCNT 5.4wt%/聚碳酸酯层压	1GHz	47（3mm厚度）	[198]
MWCNT(10wt%) 填充聚丙烯酸酯复合材料膜	8.2～12.4GHz	25.1～25.8	[199]
SWCNT(10wt%) 聚碳酸酯层压	100～1000MHz	20.1～20.6	[199]
MWCNT(10wt%) 填充聚丙烯酸酯复合材料膜	50MHz～13.5GHz	～27	[200]

a. 多主导屏蔽机制；b. 少主导屏蔽机制。

4．用于EMI屏蔽的石墨烯基复合材料

现代EMI屏蔽聚合物纳米复合材料的应用，解释了单层/多层二维石墨烯片的优势。现在，人们已经了解，沿c轴剥离石墨可获得石墨烯片；这种剥离可通过机械、化学或热处理实现。石墨烯片具有sp^2键合的碳原子、蜂窝状晶格、较大的表面积、优异的弹道电导率、热性能，并且价格低于CNT。与趋肤效应一起，其巨大的表面积有利于屏蔽；由于高导电性和比表面积，石墨烯也是一类重要的EMI屏蔽材料。通过各种形式的石墨烯，我们现在能够操纵聚合物复合材料的形态、电性能、机械性能和热性能，以适合多种应用[211, 212]。最近，石墨烯基复合材料已有多种用途，包括机械、热、气体屏障、电气和阻燃。然而，石墨烯-聚合物复合材料的物理性质，与石墨烯分散、分布、浓度、石墨烯与聚合物基体之间的界面黏附相关。有时，在石墨烯片边缘接枝适当的基团可使其与有机聚合物更相容。然而，这种功能化可能

会降低石墨烯片的导电性,在大多数情况下胺类化合物被用作功能基团。研究人员指出,结合石墨烯片和金属纳米粒子基复合材料,可用作良好的电磁波吸收剂[213]。具体来说,在射频范围内,石墨烯基复合材料也可作为CNT的替代品。此外,石墨烯的取向和表面功能化可以提高聚合物基体的EMI SE(见表15.17)。

表15.17 各种石墨烯基聚合物纳米复合材料的电磁屏蔽效能

材料	频率	屏蔽效能(dB)	参考文献
功能化石墨烯片3.2vol.%/聚苯乙烯多孔复合材料	8.2~12.4GHz	29.3(2mm厚度和孔隙率60%)(吸收[a]和反射[b])	[214]
功能化石墨烯片3.2vol.%/聚苯乙烯多孔复合材料	8.2~12.4GHz	17.3(2mm厚度和孔隙率76%)(吸收[a]和反射[b])	[214]
石墨烯0.7wt%/PDMS泡沫复合材料	30MHz~1.5GHz	~30(吸收[a]和反射[b])	[215]
自排列原位氧化石墨烯(2wt% RGO)/环氧树脂	1~4GHz	38(rGO片排列和吸收)	[216]
PMMA/0.8vol.%,石墨烯纳米复合材料微蜂窝泡沫	8~12GHz	7.5(吸收)	[217]
PMMA/1.8vol.%,石墨烯纳米复合材料微蜂窝泡沫	8~12GHz	13~19(吸收)	[217]
还原氧化石墨烯层压材料	100MHz	15.5(吸收)	[218]
S掺杂还原氧化石墨烯层压材料	100MHz	33.2(S和C局域电偶极子,极化,吸收)	[218]
S/TGO/Fe_3O_4	9.8~12GHz	>30(吸收[a]和反射[b])	[219]

a. 多主导屏蔽机制;b. 少主导屏蔽机制。

15.8 小结

在新的全球经济中,现代通信和电子系统日益公认为世界范围内的应用。电子和通信系统是卫星与航空航天工业的重要组成部分,在地面和太空层面的通信中起重要作用。本章可让读者更准确、清晰和深入地理解潜在的电磁屏蔽材料。电磁干扰是一个经典问题,它既来自外部(地面发射器),也来自飞机或航天器内部(个人电子设备)。此外,EMI是一种不良的电磁波,它会干扰电子设备并扰乱其工作,降低电子设备的使用寿命。根据洛伦兹力定律,当电磁波入射到屏蔽体表面时,屏蔽体中的电子与入射电磁波相互作用,感应出一个电磁场。感应场的方向与入射电磁波的方向相反。感应的电磁场会降低入射电磁波的能量。填充气隙的金属泡沫、金属薄板、法拉第笼、金属涂层碳纤维、导电喷雾、本征导电聚合物和导电填料基聚合物复合材料,都是EMI屏蔽材料。

参 考 文 献

1 Messenger, G.C. and Ash, M.S. *The Effects of Radiaiton on Electronic Systems*, 1986. New York: Van Nostrand Reinhold.

2 Ma, T.P. and Dressender, P.V. (eds.) *Ionizing Radiation Effects in MOS Devices and Circuits*, 1989. New York: Wiley.

3 Corliss, W.R., Space Radiation, United States Atomic Energy Commission Office of Information Services, 1968.

4 Bhat, B.R. and Sahu, R.P. (1993). Radiation shielding of electronic components in INSAT-2. *Journal of Spacecraft Technology* 3: 36.

5 Jones, S. A. (1997). U.S. Patent No. 5,670,742. Washington, DC: U.S. Patent and Trademark Office.

6 Kroll, M. W. (2003). U.S. Patent No. 6,580,915. Washington, DC: U.S. Patent and Trademark Office.
7 Kovacevic, I.F., Friedli, T., Muesing, A.M., and Kolar, J.W. (2014). 3-D electromagnetic modeling of EMI input filters. *IEEE Transactions on Industrial Electronics* 61 (1): 231–242.
8 Golio, M. (ed.) (2000). *The RF and Microwave Handbook*. CRC press.
9 M.A. Shooman, Study of occurrence rates of electromagnetic interference (EMI) to aircraft with a focus on HIRF (external) high intensity radiated fields, NASA contractor report 194895, (1994).
10 Liong, S. (2005). A multifunctional approach to development, fabrication, and characterization of Fe_3O_4 composites. Dissertation, Georgia Institute of Technology.
11 Mark, H. F., Bikales, N., Overberger, C. G., Menges, G., & Kroschwitz, J. I. (1987). Encyclopedia of polymer science and engineering, Vol. 10: Nonwoven fabrics to photopolymerization.
12 Rothon, R.N. and Hancock, M. (1995). *General Principles Guiding Selection and Use of Particulate Materials. Particulate-Filled Polymer Composites*, 1–42. England: Longman Scientific & Technical.
13 Thostenson, E.T. and Chou, T.W. (2003). On the elastic properties of carbon nanotube-based composites: modelling and characterization. *Journal of Physics D: Applied Physics* 36 (5): 573.
14 Hale, J. (2006). Boeing 787 from the ground up. *Aero* 4: 17–24.
15 Zhang, R.X., Ni, Q.Q., Natsuki, T., and Iwamoto, M. (2007). Mechanical properties of composites filled with SMA particles and short fibers. *Composite Structures* 79 (1): 90–96.
16 Rafiee, M.A., Rafiee, J., Wang, Z. et al. (2009). Enhanced mechanical properties of nanocomposites at low graphene content. *ACS Nano* 3 (12): 3884–3890.
17 Karayacoubian, P., Yovanovich, M. M., & Culham, J. R. (2006, March). Thermal resistance-based bounds for the effective conductivity of composite thermal interface materials. In Semiconductor Thermal Measurement and Management Symposium, 2006 IEEE Twenty-Second Annual IEEE, IEEE, (pp. 28–36).
18 Yu, P., Chang, C.H., Su, M.S. et al. (2010). Embedded indium-tin-oxide nanoelectrodes for efficiency and lifetime enhancement of polymer-based solar cells. *Applied Physics Letters* 96 (15): 153307.
19 Chung, W. Radiation - Atomic Radiation (1995–2018).
20 COSMIC, RAYS. (2005) "PDG Review." Revised March 2002 by TK Gaisser and T. Stanev (Bartol Research Inst., Univ. of Delaware); revised September 2005 by P.V. Sokolsky (Univ. of Utah) and R.E. Streitmatter (NASA).
21 DrSircus (2015) Increasing cosmic rays. http://drsircus.com/world-news/increasing-cosmic-rays.
22 Reddit (2016) Particle beams: the ultimate hard SciFi weapon.
23 CERN (2012) Cloud.
24 Live Science (2012) What is fission.
25 Science Clarified (2007–2018) Nuclear fission.
26 Campbell, L. (2007) Particle beam weapons.
27 American Cancer Society (2017) Radiation therapy basics.
28 Chung, W. (1995–2018) Atomic radiation.
29 Wikivesity (last revised 10 January 2018) Radiation astronomy.
30 NASA (1995) Natural and induced environments, MSIS Volume 1 – Standards, Section 5.
31 NASA (last updated 2014) Why we study the sun.
32 Wikivesity (last revised 5 February 2018) Radiation astronomy/Sources.
33 Wikipedia (last revised 7 June 2018) Star.
34 Rusnak, C. (2010) Cosmic engine.
35 Knoll, G. (1989). *Radiation Detection and Measurement*. New York: Wiley.

36 Bhat, B.R. and Sahu, R.P. (1993). Radiation shielding of electronic components in INSAT2. *Journal of Spacecraft Technology* 3: 36.
37 Johnson, G.J., Hohl, J.H., Schrimpf, J.F., and Galloway, K.F. (1993). Simulating single-event burnout in n-channel power MOSFETs. *IEEE Transactions on Electron Devices* 40: 1001–1008.
38 Pike, C.P. and Bunn, M.H. (1976). A correlation study relating spacecarft anomalies to environmental data. *Progress in Astronautics and Aeronautics* 47: 45.
39 Tada, H.Y. and Carter, J.R., "Solar Cell Radiation Hand Book", NASA CR-155554.1977.
40 Hess, W.N. (1968). *The Radiation Belt and Magnetosphere*. Waltham: Blaisdell Publishing Co.
41 Space Environment Information System (last accessed June 2010) Background information: trapped particle radiation models.
42 NCRP, (1998) Guidance on Radiation Received in Space Activities, National Council on Radiation Protection and Measurements, Report 98
43 Ortlek, H.G., Saracoglu, O.G., Saritas, O., and Bilgin, S. (2012). *Fibers and Polymers* 13: 63.
44 Lou, C.W., Lin, C.M., Hsing, W.H. et al. (2011). Manufacturing techniques and electrical properties of conductive fabrics with recycled polypropylene nonwoven selvage. *Textile Research Journal* 81: 1331–1343.
45 Huang, C.H., Lin, J.H., Yang, R.B. et al. (2012). Metal/PET composite knitted fabrics and composites: Structural design and electromagnetic shielding effectiveness. *Journal of Electronic Materials* 41 (8): 2267–2273.
46 Çeken, F., Kayacan, Ö., Özkurt, A., and Uğurlu, Ş.S. (2012). The electromagnetic shielding properties of some conductive knitted fabrics produced on single or double needle bed of a flat knitting machine. *Journal of the Textile Institute* 103 (9): 968–979.
47 Ciesielska-Wróbel, I. and Grabowska, K. (2012). Estimation of the EMR shielding effectiveness of knit structures. *Electronic Medical Record* 1: 3.
48 Utracki, L.A. and Favis, B.D. (1989). *Polymer Alloys and Blends*, vol. 4, 121–185. New York: Marcel Dekker.
49 Billmeyer, W.F. Jr. (1984). *Textbook of Polymer Science*, 3e, 470. New York: Wiley.
50 Planes, J., Samson, Y., and Cheguettine, Y. (1999). Atomic force microscopy phase imaging of conductive polymer blends with ultralow percolation threshold. *Applied Physics Letters* 75 (10): 1395–1397.
51 Murthy, M. V. (1994). Permanent EMI shielding of plastics using copper fibers. In SPE Annual technical conference–ANTEC. May 1994, San Francisco, CA, USA, Society of Plastics Engineers (pp. 1396–1397).
52 Sichel, E.K. (1982). *Carbon Black-polymer Composites: The Physics of Electrically Conducting Composites*, Plastic Engineering, vol. 3. Marcel Dekker Inc.
53 Das, N.C., Chaki, T.K., Khastgir, D., and Chakraborty, A. (2001). Electromagnetic interference shielding effectiveness of ethylene vinyl acetate based conductive composites containing carbon fillers. *Journal of Applied Polymer Science* 80 (10): 1601–1608.
54 Ahmad, M.S., Zihilif, A.M., Martuscelli, E. et al. (1992). The electrical conductivity of polypropylene and nickel-coated carbon fiber composite. *Polymer Composites* 13 (1): 53–57.
55 Ramson, S. (1982). Metalloplastics: high conductivity materials. *Polymer News* 8: 124–125.
56 Das, A., Kothari, V.K., Kothari, A. et al. (2009). Effect of various parameters on electromagnetic shielding effectiveness of textile fabrics. *Indian Journal of Fibre & Textile Research* 34 (2): 144.
57 Cheng, K.B., Lee, M.L., Ramakrishna, S., and Ueng, T.H. (2001). Electromagnetic shielding effectiveness of stainless steel/polyester woven fabrics. *Textile Research Journal* 71 (1): 42–49.
58 Roh, J.S., Chi, Y.S., Kang, T.J., and Nam, S.W. (2008). Electromagnetic shielding effectiveness of multifunctional metal composite fabrics. *Textile Research Journal* 78 (9): 825–835.
59 Ramachandran, T. and Vigneswaran, C. (2009). Design and development of copper core conductive fabrics for smart textiles. *Journal of Industrial Textiles* 39 (1): 81–93.

60 Perumalraj, R. and Dasaradan, B.S. (2009). Electromagnetic shielding effectiveness of copper core yarn knitted fabrics. *Indian Journal of Fibre & Textile Research* 34 (2): 149.
61 Soyaslan, D., Çömlekçi, S., and Göktepe, Ö. (2010). Determination of electromagnetic shielding performance of plain knitting and 1X1 rib structures with coaxial test fixture relating to ASTM D4935. *The Journal of The Textile Institute* 101 (10): 890–897.
62 Rowberry, P. (1992). Investigation into the electromagnetic shielding of plastics and composites for high volume applications. In Screening of Connectors, Cables and Enclosures, IEE Colloquium on (pp. 1–5). IET.
63 Cheng, K.B. (2000). Production and electromagnetic shielding effectiveness of the knitted stainless steel/polyester fabrics. *Journal of Textile Engineering* 46 (2): 42–52.
64 Cheng, K.B., Cheng, T.W., Lee, K.C. et al. (2003). Effects of yarn constitutions and fabric specifications on electrical properties of hybrid woven fabrics. *Composites Part A: Applied Science and Manufacturing* 34 (10): 971–978.
65 Su, C.I. and Chern, J.T. (2004). Effect of stainless steel-containing fabrics on electromagnetic shielding effectiveness. *Textile Research Journal* 74 (1): 51–54.
66 ITU (2012) Radio Regulations: Articles Section VII Radio Stations and Systems – Article 1.166, definition: *interference*
67 Wikipedia (last revised 22 February 2018) Broadband.
68 Somalia amateur radio (2009) 16 – 16.7 LF, Low Frequency radio 30 kHz – 300 kHz, Amateur radio, Experimental Radio and Somalia photos 28.
69 Naval Postgraduate School (last updated 22 October 2003) HF and lower frequency radiation – introduction.
70 wiki/Low_frequency.
71 University of Central Florida (2008) 30 MHz 330 MHz VHF very high frequency v 3 MHz 30.
72 microwave-oven.
73 Microwave Road (last accessed 2018) Microwaves and application areas .
74 GlobalMicrowave (2007–2017) Microwave radio frequencies and components.
75 Wikipedia (last revised 1 June 2018) Microwave.
76 SAC (last accessed 2018) SAC Product Catalogue. RF and electronics.
77 J. Hanks (1996–2004) NEW 5.8 GHz cordless phones: are they better than 2.4 GHz?
78 Wikipedia (last updated 2018) C band (IEEE).
79 Zoabli, G. and Akimey, A.N. (2015). Management of Electromagnetic Interferences in Healthcare Facilities – A review. In: *World Congress on Medical Physics and Biomedical Engineering, June 7-12, 2015, Toronto, Canada*, IFMBE Proceedings, vol. 51 (ed. D. Jaffray). Springer.
80 Lux, F. (1993). Models proposed to explain the electrical conductivity of mixtures made of conductive and insulating materials. *Journal of Materials Science* 28 (2): 285–301.
81 Huang, J.C. and Kothari, B.P. (1994). Properties of acrylonitrile-butadiene-styrene copolymer filled with nickel coated graphite fiber. *Science and Engineering of Composite Materials* 3 (4): 253–258.
82 Miyasaka, K., Watanabe, K., Jojima, E. et al. (1982). Electrical conductivity of carbon-polymer composites as a function of carbon content. *Journal of Materials Science* 17 (6): 1610–1616.
83 Bigg, D.M. and Bradbury, E.J. (1981). Conductive polymeric composites from short conductive fibers. In: *Conductive Polymers* (ed. R.B. Seymour), 23–38. US: Springer.
84 ThoughtCo. (updated 2018) Table of electrical resistivity and conductivity. about.com/od/moleculescompounds/a/Table-Of-Electrical-Resistivity-And-Conductivity.htm
85 Als-Nielsen, J. and McMorrow, D. (2001). *Elements of Modern X-Ray Physics*. Wiley.
86 Moore, D.M. and Reynolds, R.C. (1997). *X-ray Diffraction and the Identification and Analysis of Clay Minerals*. Oxford University Press.
87 Wyckoff, R.W.G. (1963). *Crystal Structures*, vol. 1. Interscience Publishers.
88 Ramanathan, T., Abdala, A.A., Stankovich, S. et al. (2008). Functionalized graphene sheets for polymer nanocomposites. *Nature Nanotechnology* 3 (6): 327–331.

89 Spivey C. (2012) Plastics research review. Available from www.bccresearch.com: BCC Research; December 2012.

90 Ruschau, G.R., Yoshikawa, S., and Newnham, R.E. (1992). Resistivities of conductive composites. *Journal of Applied Physics* 72 (3): 953–959.

91 Frommer, J. and Chance, R. (1998). Electrical properties. In: *Electrical and Electronic Properties of Polymers: A State-of-the-Art Compendium* (ed. J.I. Kroschwitz), 101–181. New Jersey: Wiley.

92 Yenni Jr, D. M., De Souza, J. P., & Baker, M. G. (2000). U.S. Patent No. 6,090,728. Washington, DC: U.S. Patent and Trademark Office.

93 Yenni Jr, D. M., De Souza, J. P., & Baker, M. G. (2002). U.S. Patent No. 6,485,595. Washington, DC: U.S. Patent and Trademark Office.

94 Cutright, D. F. (1993). U.S. Patent No. 5,250,752. Washington, DC: U.S. Patent and Trademark Office.

95 Rai, M. and Yadav, R.K. (2014). Characterization of shielding effectiveness of general metallized structure. *International Journal of Wireless and Microwave Technologies (IJWMT)* 4 (5): 32.

96 Pan, W.W., Liu, Q., Han, R., and Wang, J. (2013). Microwave absorption properties of the Ni nanofibers fabricated by electrospinning. *Applied Physics A* 113 (3): 755–761.

97 Zhao, B., Shao, G., Fan, B. et al. (2015). Preparation of SnO2-coated Ni microsphere composites with controlled microwave absorption properties. *Applied Surface Science* 332: 112–120.

98 Wang, C., Han, X., Zhang, X. et al. (2010). Controlled synthesis of hierarchical nickel and morphology-dependent electromagnetic properties. *The Journal of Physical Chemistry C* 114 (7): 3196–3203.

99 Gao, B., Qiao, L., Wang, J. et al. (2008). Microwave absorption properties of the Ni nanowires composite. *Journal of Physics D: Applied Physics* 41 (23): 235005.

100 Zhao, B., Shao, G., Fan, B. et al. (2015). Preparation and enhanced microwave absorption properties of Ni microspheres coated with $Sn_6O_4(OH)_4$ nanoshells. *Powder Technology* 270: 20–26.

101 Zhao, B., Shao, G., Fan, B., and Zhang, R. (2014). Facile synthesis and novel microwave electromagnetic properties of flower-like Ni structures by a solvothermal method. *Journal of Materials Science: Materials in Electronics* 25 (8): 3614–3621.

102 Wang, G., Wang, L., Gan, Y. et al. (2013). Fabrication and microwave properties of hollow nickel spheres prepared by electroless plating and template corrosion method. *Applied Surface Science* 276: 744–749.

103 Zhao, B., Shao, G., Fan, B. et al. (2014). Preparation and electromagnetic wave absorption of chain-like CoNi by a hydrothermal route. *Journal of Magnetism and Magnetic Materials* 372: 195–200.

104 Li, G., Guo, Y., Sun, X. et al. (2012). Synthesis and microwave absorbing properties of FeNi alloy incorporated ordered mesoporous carbon–silica nanocomposite. *Journal of Physics and Chemistry of Solids* 73 (11): 1268–1273.

105 Casey, K.F. (1988). Electromagnetic shielding behavior of wire-mesh screens. *Electromagnetic Compatibility, IEEE Transactions on* 30 (3): 298–306.

106 Mansson, D. and Ellgardt, A. (2012). Comparing analytical and numerical calculation of shielding effectiveness of planar metallic meshes with measurements in cascaded reverberation chambers. *Progress In Electromagnetics Research C* 31: 123–135.

107 Wu, G., Huang, X., Dou, Z. et al. (2007). Electromagnetic interfering shielding of aluminum alloy–cenospheres composite. *Journal of Materials Science* 42 (8): 2633–2636.

108 Chen, X., Liu, L., Liu, J., and Pan, F. (2015). Microstructure, electromagnetic shielding effectiveness and mechanical properties of Mg–Zn–Y–Zr alloys. *Materials & Design* 65: 360–369.

109 Northern Diecast (accessed 2018) EMI Shielding. Available at: www.northerndiecast.com

110 Gao, Y., Huang, L., Zheng, Z.J. et al. (2007). The influence of cobalt on the corrosion resistance and electromagnetic shielding of electroless Ni–Co–P deposits on Al substrate. *Applied Surface Science* 253 (24): 9470–9475.

111 Chen, X., Liu, J., and Pan, F. (2013). Enhanced electromagnetic interference shielding in ZK60 magnesium alloy by aging precipitation. *Journal of Physics and Chemistry of Solids* 74 (6): 872–878.

112 Vishwanath, S.K., Kim, D.-G., and Kim, J. (2014). Electromagnetic interference shielding effectiveness of invisible metal-mesh prepared by electrohydrodynamic jet printing. *Japanese Journal of Applied Physics* 53 (5S3): 05HB11.

113 Reshi, H.A., Singh, A.P., Pillai, S. et al. (2016). X-band frequency response and electromagnetic interference shielding in multiferroic $BiFeO_3$ nanomaterials. *Applied Physics Letters* 109 (14): 142904.

114 Kumar, P., Reddy, P.V., Choudhury, B. et al. (2016). Transparent conductive Ta/Al/Ta-grid electrode for optoelectronic and electromagnetic interference shielding applications. *Thin Solid Films* 612: 350–357.

115 Choi, Y.-J., Kang, J.M., Lee, H.S., and Park, H.-H. (2015). Electromagnetic interference shielding behaviors of Zn-based conducting oxide films prepared by atomic layer deposition. *Thin Solid Films* 583: 226–232.

116 Chen, S., Bourham, M., and Rabiei, A. (2015). Attenuation efficiency of X-ray and comparison to gamma ray and neutrons in composite metal foams. *Radiation Physics and Chemistry* 117: doi: 10.1016/j.radphyschem.2015.07.003.

117 Tech Trends, International Reports on Emerginging Technologies - EMI Shielding, Conducting Plastics and Elastomer Innovation, 128, S.A. Paris, 1987.

118 Eddy Current Technology Incorporated (last updated 2013) Conductivity of metals sorted by resistivity.

119 Globus, A., & Strout, J. (2014). Orbital space settlement radiation shielding. preprint, issued July 2015. Available on-line at space.alglobus.net.

120 Sosnick, B. (1948). U.S. Patent No. 2,434,775. Washington, DC: U.S. Patent and Trademark Office.

121 Dalkin, T.W. (2006). Conduction and polarization mechanisms and trends in dielectrics. *IEEE Electrical Insulation Magazine* 22 (5): 11–28.

122 Kränzlin, N. and Niederberger, M. (2015). Controlled fabrication of porous metals from the nanometer to the macroscopic scale. *Materials Horizons* 2 (4): 359–377.

123 Boomsma, K., Poulikakos, D., and Zwick, F. (2003). Metal foams as compact high performance heat exchangers. *Mechanics of Materials* 35 (12): 1161–1176.

124 Catarinucci, L., Monti, G., and Tarricone, L. (2012). Metal foams for electromagnetics: experimental, numerical and analytical characterization. *Progress In Electromagnetics Research B* 45: 1–18.

125 Huang, X.L., Wu, G.H., Lv, Z. et al. (2009). Electrical conductivity of open-cell Fe–Ni alloy foams. *Journal of Alloys and Compounds* 479 (1): 898–901.

126 Ashby, M.F., Evans, T., Fleck, N.A. et al. (2000). *Metal Foams: A Design Guide: A Design Guide*. Elsevier.

127 Sugimura, Y., Rabiei, A., Evans, A.G. et al. (1999). Compression fatigue of a cellular Al alloy. *Materials Science and Engineering A* 269: 38–48.

128 Banhart, J. (2001). Manufacture, characterisation and application of cellular metals and metal foams. *Progress in Materials Science* 46: 559–632.

129 Ashby, M.F., Evans, A.G., Fleck, N.A. et al. (2000). *Metal Foams: A Design Guide*. Boston, MA: Butterworth-Heinemann.

130 Baumeister, J. and Weise, J. (2000). Metallic foams. In: *Ullmann's Encyclopedia of Industrial Chemistry*. Weinheim: Wiley-VCH. doi: https://doi.org/10.1002/14356007.c16_c01.pub2.

131 Kim, S. and Lee, C.-W. (2014). A review on manufacturing and application of open-cell metal foam. *Procedia Materials Science* 4: 305–309.

132 Kovacik, J., P. Tobolka, F. Simancik, J. Banhart, M. F. Ashby, and N. A. Fleck, Metal foams and

foam metal structures," Int. Conf. Metfoam'99, MIT Verlag Bremen, Germany, Jun. 1999.

133 Rajendran, R., Sai, K.P., Chandrasekar, B. et al. (2008). Preliminary investigation of aluminium foam as an energy absorber for nuclear transportation cask. *Materials & Design* 29 (9): 1732–1739.

134 Hanssen, A.G., Enstock, L., and Langseth, M. (2002). Close-range blast loading of aluminium foam panels. *International Journal of Impact Engineering* 27 (6): 593–618.

135 Kheradmand, A.B. and Lalegani, Z. (2015). Electromagnetic interference shielding effectiveness of Al/SiC composite foams. *Journal of Materials Science: Materials in Electronics* 26 (10): 7530–7536.

136 Losito, O., Barletta, D., and Dimiccoli, V. (2010). *IEEE Transactions on Electromagnetic Compatibility* 52: 75–81.

137 Xu, Z. and Hao, H. (2014). Electromagnetic interference shielding effectiveness of aluminum foams with different porosity. *Journal of Alloys and Compounds* 617: 207–213.

138 Ji, K., Zhao, H., Zhang, J. et al. (2014). Fabrication and electromagnetic interference shielding performance of open-cell foam of a Cu–Ni alloy integrated with CNTs. *Applied Surface Science* 311: 351–356.

139 Steinbach, G., Lynch, P.M., Phillips, R.K. et al. (2000). The effect of celecoxib, a cyclooxygenase-2 inhibitor, in familial adenomatous polyposis. *New England Journal of Medicine* 342 (26): 1946–1952.

140 Derek, H. (1981). *An Introduction to Composite Materials*. Cambridge University Press.

141 Trostyanskaya, E.B. (1995). *Polymer Matrix Composites*, Soviet Advanced Composites Technology Series (ed. R.E. Shalin), 1–91. London: Chapman & Hall.

142 Manenq, F., Carlotti, S., and Mas, A. (1999). Some plasma treatment of PET fibres and adhesion testing to rubber. *Die Angewandte Makromolekulare Chemie* 271 (1): 11–17.

143 Inagaki, N., Tasaka, S., Narushima, K., and Mochizuki, K. (1999). Surface modification of tetrafluoroethylene-perfluoroalkyl vinyl ether copolymer (PFA) by remote hydrogen plasma and surface metallization with electroless plating of copper metal. *Macromolecules* 32 (25): 8566–8571.

144 Sun, R.D., Tryk, D.A., Hashimoto, K., and Fujishima, A. (1998). Formation of catalytic Pd on ZnO thin films for electroless metal deposition. *Journal of the Electrochemical Society* 145 (10): 3378–3382.

145 Chu, S.Z., Sakairi, M., Takahashi, H., and Qui, Z.X. (1999). Local deposition of Ni-P alloy on aluminum by laser irradiation and electroless plating. *Journal of the Electrochemical Society* 146 (2): 537–546.

146 Karmalkar, S. and Banerjee, J. (1999). A study of immersion processes of activating polished crystalline silicon for autocatalytic electroless deposition of palladium and other metals. *Journal of the Electrochemical Society* 146 (2): 580–584.

147 Kurosaki, Y., & Satake, R. (1994). 1994 International Symposium on Electromagnetic Compatibility: [EMC '94 Sendai]; May 16–20, 1994, Hotel Sendai Plaza, Sendai-shi, Miyagi, Japan.

148 Luo, X. and Chung, D.D.L. (1999). Electromagnetic interference shielding using continuous carbon-fiber carbon-matrix and polymer-matrix composites. *Composites Part B: Engineering* 30 (3): 227–231.

149 Wang, L.L., Tay, B.K., See, K.Y. et al. (2009). Electromagnetic interference shielding effectiveness of carbon-based materials prepared by screen printing. *Carbon* 47 (8): 1905–1910.

150 Hong, Y.K., Lee, C.Y., Jeong, C.K. et al. (2001). Electromagnetic interference shielding characteristics of fabric complexes coated with conductive polypyrrole and thermally evaporated Ag. *Current Applied Physics* 1 (6): 439–442.

151 Chan, C.-M., Ko, T.-M., and Hiraoka, H. (1996). Polymer surface modification by plasmas and photons. *Surface Science Reports* 24 (1): 1–54.

152 Liston, E.M., Martinu, L., and Wertheimer, J. (1993). *Journal of Adhesion Science and Technology* 7: 1090.

153 Chin, J.W. and Wightman, J.P. (1991). Adhesion to plasma-modified LaRC-TPI I. surface

characterization. *The Journal of Adhesion* 36 (1): 25–37.
154 Gerenser, L.J. (1993). XPS studies of *in situ* plasma-modified polymer surfaces. *Journal of Adhesion Science and Technology* 7 (10): 1019–1040.
155 Oh, K.W., Kim, S.H., and Kim, E. (2001). Improved surface characteristics and the conductivity of polyaniline–nylon 6 fabrics by plasma treatment. *Journal of Applied Polymer Science* 81 (3): 684–694.
156 Li, Y., Wang, R., Qi, F., and Wang, C. (2008). Preparation, characterization and microwave absorption properties of electroless Ni–Co–P-coated SiC powder. *Applied Surface Science* 254 (15): 4708–4715.
157 Gan, X., Wu, Y., Liu, L. et al. (2007). Electroless copper plating on PET fabrics using hypophosphite as reducing agent. *Surface and Coatings Technology* 201 (16): 7018–7023.
158 Guo, R.H., Jiang, S.Q., Yuen, C.W.M., and Ng, M.C.F. (2009). An alternative process for electroless copper plating on polyester fabric. *Journal of Materials Science: Materials in Electronics* 20 (1): 33–38.
159 Kasevich, R.S. (2002). Cellphones, radars, and health. *IEEE Spectrum* 39 (8): 15–16.
160 Hemming, L.H. (2000). *Architectural Electromagnetic Shielding Handbook: A Design and Specification Guide*. Wiley.
161 Henn, A.R. (1996). Calculating the surface resistivity of conductive fabrics. *Interference Technology Engineering Master (ITEM) Update* 66–72.
162 Kaynak, A., Unsworth, J., Beard, G., and Clout, R. (1993). Study of conducting polypyrrole films in the microwave region. *Materials Research Bulletin* 28 (11): 1109–1125.
163 Kaynak, A. (1996). Electromagnetic shielding effectiveness of galvanostatically synthesized conducting polypyrrole films in the 300–2000 MHz frequency range. *Materials Research Bulletin* 31 (7): 845–860.
164 Kaynak, A., Unsworth, J., Clout, R. et al. (1994). A study of microwave transmission, reflection, absorption, and shielding effectiveness of conducting polypyrrole films. *Journal of Applied Polymer Science* 54 (3): 269–278.
165 Florio, L., and Amelia Carolina Sparavigna (2004) Polypyrrole/PET textiles as materials for safety through electromagnetic shielding. INF Meeting, Genova, 2004, Abstracts p. 193.
166 Colaneri, N.F. and Schacklette, L.W. (1992). EMI shielding measurements of conductive polymer blends. *IEEE Transactions on Instrumentation and Measurement* 41 (2): 291–297.
167 Kim, M.S., Kim, H.K., Byun, S.W. et al. (2002). PET fabric/polypyrrole composite with high electrical conductivity for EMI shielding. *Synthetic Metals* 126 (2): 233–239.
168 Avloni, J., Meng, O., Florio, L. et al. (2007). Shielding effectiveness evaluation of metallized and polypyrrole-coated fabrics. *Journal of Thermoplastic Composite Materials* 20 (3): 241–254.
169 Dhawan, S.K., Singh, N., and Venkatachalam, S. (2002). Shielding behaviour of conducting polymer-coated fabrics in X-band, W-band and radio frequency range. *Synthetic Metals* 129 (3): 261–267.
170 Jannakoudakis, P.D. and Pagalos, N. (1994). Electrochemical characteristics of anodically prepared conducting polyaniline films on carbon fibre supports. *Synthetic Metals* 68 (1): 17–31.
171 Geetha, S., Kumar, K.K.S., and Trivedi, D.C. (2005). Improved method to graft polyaniline on E-glass fabric to enhance its electronic conductivity. *Journal of Applied Polymer Science* 96 (6): 2316–2323.
172 Geetha, S., Satheesh Kumar, K.K., and Trivedi, D.C. (2005). Polyaniline reinforced conducting E-glass fabric using 4-chloro-3-methyl phenol as secondary dopant for the control of electromagnetic radiations. *Composites Science and Technology* 65 (6): 973–980.
173 Geetha, S., Kumar, K.K.S., and Trivedi, D.C. (2005). Conducting fabric-reinforced polyaniline film using p-chlorophenol as secondary dopant for the control of electromagnetic radiations. *Journal of Composite Materials* 39 (7): 647–658.

174 Geetha, S., Kumar, K.K.S., Rao, C.K.R. et al. (2009). EMI shielding: methods and materials – a review. *Journal of Applied Polymer Science* 112 (4): 2073–2086.
175 Dhawan, S.K., Kumar, D., Ram, M.K. et al. (1997). Application of conducting polyaniline as sensor material for ammonia. *Sensors and Actuators B: Chemical* 40 (2): 99–103.
176 Trivedi, D.C. and Dhawan, S.K. (1991). *Conductive Fibres in Polymer Science Contemporary Themes Vol. II.* (ed. S. Sivaram), 746. New Delhi: Tata McGraw-Hill Publishing Company.
177 Kim, H.K., Kim, M.S., Chun, S.Y. et al. (2003). Characteristics of electrically conducting polymer-coated textiles. *Molecular Crystals and Liquid Crystals* 405 (1): 161–169.
178 Dhawan, S.K. and Trivedi, D.C. (1993). Thin conducting polypyrrole film on insulating surface and its applications. *Bulletin of Materials Science* 16 (5): 371–380.
179 Joo, J. and Epstein, A.J. (1994). Electromagnetic radiation shielding by intrinsically conducting polymers. *Applied Physics Letters* 65 (18): 2278–2280.
180 Chung, D.D.L. (2001). Electromagnetic interference shielding effectiveness of carbon materials. *Carbon* 39 (2): 279–285.
181 Choudary, V. and Dhawan, S.K. (2012). Polymer based nanocomposites for electromagnetic interference (EMI) shielding. In: *EMI Shielding Theory and Development of New Materials* (ed. M. Jaroszewski and J. Ziaja), 67–100. India: Research Signpost.
182 Iijima, S. (1991). Helical microtubules of graphitic carbon. *Nature* 354: 56.
183 Ajayan, P.M., Stéphan, O., Colliex, C., and Trauth, D. (1994). Aligned carbon nanotube arrays formed by cutting a polymer resin-nanotube composite. *Science* 265: 1212–1214.
184 Kazantseva, N.E., Bespyatykh, Y.-I., Sapurina, I., and Saha, P. (2006). Magnetic materials based on manganese–zinc ferrite with surface-organized polyaniline coating. *Journal of Magnetism and Magnetic Materials* 301 (1): 155–165.
185 Yavuz, Ö., Ram, M.K., Aldissi, M. et al. (2005). Synthesis and the physical properties of MnZn ferrite and NiMnZn ferrite–polyaniline nanocomposite particles. *Journal of Materials Chemistry* 15 (7): 810–817.
186 Wan, M. and Fan, J. (1998). Synthesis and ferromagnetic properties of composites of a water-soluble polyaniline copolymer containing iron oxide. *Journal of Polymer Science Part A: Polymer Chemistry* 36 (15): 2749–2755.
187 Deng, J., Peng, Y., He, C. et al. (2003). Magnetic and conducting Fe_3O_4–polypyrrole nanoparticles with core-shell structure. *Polymer International* 52 (7): 1182–1187.
188 Mahmoodi, M., Arjmand, M., Sundararaj, U., and Park, S. (2012). The electrical conductivity and electromagnetic interference shielding of injection molded multi-walled carbon nanotube–polystyrene composites. *Carbon* 50: 1455–1464.
189 Wu, Z.P., Li, M.M., Hu, Y.Y. et al. (2011). Electromagnetic interference shielding of carbon nanotube macrofilms. *Scripta Materialia* 64 (9): 809–812.
190 Xiang, C., Pan, Y., Lui, X. et al. (2005). Microwave attenuation of multiwalled carbon nanotube-fused silica composites. *Applied Physics Letters* 87 (12): 123103.
191 Che, R.C., Peng, L.M., Duan, X.F. et al. (2004). Microwave absorption enhancement and complex permittivity and permeability of Fe encapsulated within carbon nanotubes. *Advanced Materials* 16 (5): 401–405.
192 Al-Saleh, M.H. and Sundararaj, U. (2009). Electromagnetic interference shielding mechanisms of CNT/polymer composites. *Carbon* 47 (7): 1738–1746.
193 Yang, Y.L. and Gupta, M.C. (2005). Novel carbon nanotube-polystyrene foam composites for electromagnetic interference shielding. *Nano Letters* 5 (11): 2131–2134.
194 Huang, C.-Y., Wu, J.Y., Tsao, K.Y. et al. (2011). The manufacture and investigation of multi-walled carbon nanotube/polypyrrole/EVA nano-polymeric composites for electromagnetic interference shielding. *Thin Solid Films* 519 (15): 4765–4773.

195 Chen, Y.-J., Dung, N.D., Li, Y.-A. et al. (2011). Investigation of the electric conductivity and the electromagnetic interference shielding efficiency of SWCNTs/GNS/PAni nanocomposites. *Diamond and Related Materials* 20 (8): 1183–1187.

196 Im, J.S., Park, I.J., In, S.J. et al. (2009). Fluorination effects of MWCNT additives for EMI shielding efficiency by developed conductive network in epoxy complex. *Journal of Fluorine Chemistry* 130 (12): 1111–1116.

197 Theilmann, P., Yun, D.J., Asbeck, P., and Park, S.-H. (2013). Superior electromagnetic interference shielding and dielectric properties of carbon nanotube composites through the use of high aspect ratio CNTs and three-roll milling. *Organic Electronics* 14 (6): 1531–1537.

198 Hornbostel, B., Leute, U., Pötschke, P., and Roth, S. (2008). Attenuation of electromagnetic waves by carbon nanotube composites. *Physica E: Low-dimensional Systems and Nanostructures* 40 (7): 2425–2429.

199 Li, Y., Chen, C., Zhang, S. et al. (2008). Electrical conductivity and electromagnetic interference shielding characteristics of multiwalled carbon nanotube filled polyacrylate composite films. *Applied Surface Science* 254 (18): 5766–5771.

200 Kim, H.M., Kim, K., Lee, C.Y., and Joo, J. (2004). Electrical conductivity and electromagnetic interference shielding of multiwalled carbon nanotube composites containing Fe catalyst. *Applied Physics Letters* 84 (4): 589–591.

201 Zhang, C., Yi, X.S., Yui, H. et al. (1998). Selective location and double percolation of short carbon fiber filled polymer blends: high-density polyethylene/isotactic polypropylene. *Materials Letters* 36 (1): 186–190.

202 Pötschke, P., Bhattacharyya, A.R., and Janke, A. (2003). Morphology and electrical resistivity of melt mixed blends of polyethylene and carbon nanotube filled polycarbonate. *Polymer* 44 (26): 8061–8069.

203 Arjmand, M., Apperley, T., Okoniewski, M., and Sundararaj, U. (2012). Comparative study of electromagnetic interference shielding properties of injection molded versus compression molded multi-walled carbon nanotube/polystyrene composites. *Carbon* 50 (14): 5126–5134.

204 Jou, W.S., Cheng, H.Z., and Hsu, C.F. (2006). A carbon nanotube polymer-based composite with high electromagnetic shielding. *Journal of Electronic Materials* 35 (3): 462–470.

205 Janda, N.B., Keith, J.M., King, J.A. et al. (2005). Shielding-effectiveness modeling of carbon-fiber/nylon-6,6 composites. *Journal of Applied Polymer Science* 96 (1): 62–69.

206 Zetsche, A., Kremer, F., Jung, W., and Schulze, H. (1990). Dielectric study on the miscibility of polymer blends. *Polymer* 31 (10): 1883–1887.

207 Shen, Y., Lin, Y.H., Li, M., and Nan, C.W. (2007). High dielectric performance of polymer composite films induced by a percolating interparticle barrier layer. *Advanced Materials* 19 (10): 1418–1422.

208 Qi, L., Lee, B.I., Chen, S.H. et al. (2005). High-dielectric-constant silver-epoxy composites as embedded dielectrics. *Advanced Materials* 17 (14): 1777–1781.

209 Raj PM, Balaraman D, Govind V, Wan LX, Abothu R, Gerhardt R, et al. High frequency characteristics of nanocomposite thin film "supercapacitors" and their suitability for embedded decoupling. Proceedings of 6th Electronics Packaging Technology Conference, 2004. Singapore, IEEE p. 154–161.

210 Dresselhaus, M.S. (2004). Applied physics: nanotube antennas. *Nature* 432 (7020): 959–960.

211 Bansala, T., Mukhopadhyay, S., Joshi, M. et al. (2016). Synthesis and shielding properties of PVP-stabilized-AgNPs-based graphene nanohybrid in the Ku band. *Synthetic Metals* 221: 86–94.

212 Sahoo, P.K., Aepuru, R., Panda, H.S., and Bahadur, D. (2015). Ice-templated synthesis of multifunctional three dimensional graphene/noble metal nanocomposites and their mechanical, electrical, catalytic, and electromagnetic shielding properties. *Scientific Reports* 5.

213 Pawar, S.P., Stephen, S., Bose, S., and Mittal, V. (2015). Tailored electrical conductivity, electromagnetic shielding and thermal transport in polymeric blends with graphene sheets decorated with nickel nanoparticles. *Physical Chemistry Chemical Physics* 17 (22): 14922–14930.

214 Yan, D.-X., Ren, P.-G., Pang, H., and Li, Z.-M. (2012). Efficient electromagnetic interference shielding of lightweight graphene/polystyrene composite. *Journal of Materials Chemistry* 22 (36): 18772–18774.

215 Chen, Z., Xu, C., Ma, C. et al. (2013). Lightweight and flexible graphene foam composites for high-performance electromagnetic interference shielding. *Advanced Materials* 25 (9): 1296–1300.

216 Yousefi, N., Sun, X., Lin, X. et al. (2014). Highly aligned graphene/polymer nanocomposites with excellent dielectric properties for high-performance electromagnetic interference shielding. *Advanced Materials* 26 (31): 5480–5487.

217 Zhang, H.-B., Yan, Q., Zheng, W.G. et al. (2011). Tough graphene–polymer microcellular foams for electromagnetic interference shielding. *ACS Applied Materials & Interfaces* 3 (3): 918–924.

218 Shahzad, F., Kumar, P., Yu, S. et al. (2015). Sulfur-doped graphene laminates for EMI shielding applications. *Journal of Materials Chemistry C* 3 (38): 9802–9810.

219 Chen, Y., Wang, J., Zhang, B. et al. (2015). Enhanced electromagnetic interference shielding efficiency of polystyrene/graphene composites with magnetic Fe_3O_4 nanoparticles. *Carbon* 82: 67–76.

第16章　超材料

Yogesh S. Choudhary, N. Gomathi

16.1　引言

许多材料会在克服其性能缺陷的过程中逐渐演化。然而，有些材料是在没有任何先期意图的情况下开发出来的，后来则被调整并用在特定的领域中。这样的一种材料已广泛应用在各个领域，它就是超材料。超材料的设计是为了开发一些未知科学，后来被证明在隐身斗篷、各种屏蔽和透镜等领域中非常有用。超材料是有序的宏观复合材料，具有三维、二维或一维的周期/准周期结构或非周期结构，这些结构在自然界中不存在，功能来自其结构和构成。它们被设计成对特定激发产生两个或更多响应的最佳组合。超材料受到人们如此关注的原因是其独特的性质和众多应用。它们在通信、医学成像、国防等领域中应用广泛。超材料的特征由其介电常数（ε）和磁导率（μ）确定。折射率是通过将介电常数和磁导率的乘积开方计算得出的。同样的方式可用于计算有效折射率，但需要有效介电常数和有效磁导率。由于开方项的存在，介电常数或磁导率的负值会使得折射率为虚数，因此不会有任何传输。若介电常数和磁导率均为负值，则折射率就为实数。因此，仅当介电常数和磁导率同时为负数时，才有电磁（EM）波的传播可能性[1]。然而，根据Veselago的预测，这些波应该在同时为负介电常数和负磁导率的介质中以反向传播[2]。超材料的性能通常使用优值系数（Figure Of Merit，FOM）定义。它由折射率的实部与虚部的比值给出[3, 4]。因此，通过从折射率中提取信息，我们可以了解介质（材料）的行为和电磁波在其内部的传播。根据这两个参数，超材料被分类为右手材料（RHM）和左手材料（LHM）。绘制介电常数和磁导率的关系图时，RHM位于介电常数和磁导率同时为正数的区域，而LHM位于介电常数和磁导率同时为负数的区域。在RHM中，电场（E）、磁场（H）和传播向量（k）通过右手定则相关联，而在LHM中则通过左手定则相关联。因此，在LHM的情况下，可以获得反向波传播。仅当介电常数和磁导率都为负值时，才可能出现负折射。当介电常数和磁导率的乘积为正值（第一象限和第三象限）时，波向量变为正值，这意味着传播波。当介电常数和磁导率的乘积为负值（第二象限和第四象限）时，波向量变为虚数，这意味着隐逝波或以指数衰减振幅的波。表16.1中描述了其他材料的性质随介电常数和磁导率的变化。

负折射的概念最早由俄罗斯科学家Victor Veselago于1968年引入[2]。当材料参数同时为负或者同时正时，虽然其波动方程不变，但会对单个麦克斯韦旋度方程带来改变，Veselago讨论了这一点。他使用基本的麦克斯韦旋度方程，理论上证明了在具有负折射率的介质中的反向波传播，这并不违反任何基本物理定律。尽管超材料、左手材料、反向波材料、负折射率材料等被视为相同的，但这些术语具有不同的含义。除了负折射率和反向波传播，左手材料还显示出了反向多普勒频移和反转Vavilov-Cherenkov效应等附加性质。证明负介电常数[5]、负磁导率[6]和负折射[7]的首次实验分别于1996年、1999年和2001年完成。之前对超材料的关注较少，直到1996年Pendry报道使用周期性细导电丝网格验证了人工电等离子体（$\varepsilon<0$），以及1999年使用开口谐振环验证了人工磁等离子体（$\mu<0$），人们才开始注意到超材料。Pendry物理上实现复参数后，为了扩展Veselago理论方法的物理实在性，研究人员展示了实现无限制单元胞（包括与波长相关的尺寸）的方法[8, 9]，为调整当前使用的均质化概念铺平了道路。随后，2001年，

R. A. Shelby报道了使用导线和开口谐振环组合的人工左手材料,这种材料同时具有负介电常数和负磁导率[7]。Shelby首次制造了在雷达频率范围内工作良好的具有负折射率的结构。唯一的必要条件是这些结构的尺寸必须小于所用的波长。

表16.1 依据参数ε和μ的材料分类

介电常数(ε), 磁导率(μ)	象限/轴/点	材料分类	ε-μ坐标空间
$\varepsilon = \varepsilon_0, \mu = \mu_0$	第一象限	空气	
$\varepsilon, \mu > 0$	第一象限	右手材料	
$\varepsilon < 0, \mu > 0$	第二象限	电等离子体 支持隐逝波	
$\varepsilon, \mu < 0$	第三象限	左手材料 支持反向传播波	
$\varepsilon > 0, \mu < 0$	第四象限	磁等离子体 支持隐逝波	
$\varepsilon = -\varepsilon_0, \mu = -\mu_0$	第三象限	左手材料区域中抗空气 产生完美透镜	
$\varepsilon, \mu = 0$	原点	虚无,可产生隧道效应	

(续表)

介电常数(ε), 磁导率(μ)	象限/轴/点	材料分类	ε-μ坐标空间
$\varepsilon = \mu$	第一象限和第三象限	左手和右手区域的材料与空气阻抗匹配 无反射	阻抗匹配（第一、三象限对角线）
$\varepsilon = 0$附近	近Y轴	ε接近0（ENZ）材料	ENZ（沿μ轴）
$\mu = 0$附近	近X轴	μ接近0（MNZ）材料	MNZ（沿ε轴）

反向多普勒频移理论上已被证明，并于2003年由Seddon和Bearpark首次使用电传输线在实验上观测到[10]。许多研究人员尝试在保持超材料左手性质的同时，替换其金属部分[11]。当存在足够的频率色散时，介电常数和磁导率可取负值。虽然不存在自然发生负介电常数和负磁导率的材料，但可用异质结构复合材料来制备这样的材料，其电磁特性与组成材料的固有特性不同。导体对电磁场的强响应使其成为构建EM超材料的良好候选材料，以在不同构造中排列导电散射体。若考虑光学频率，则存在一些天然材料如金、银和其他金属，它们在可见光频率下表现出负介电常数，但在光学频率下没有能提供负磁导率的磁性材料。此外，对于可见光频率，与其他材料相比，金和银因其低损耗而受到青睐[12]。在光谱范围内以损耗为主时，具有低损耗性质的金属总是首选，用于制备在光学频段工作的超材料。目前使用的超材料，或者迄今为止开发的超材料，大多被为左手材料。这导致了负折射率，这就是反向电磁波传播的原因。

16.2 电磁屏蔽的需求

由于电磁频谱包含一系列频率，因此电磁干扰（EMI）的来源可以是整个频谱。对医学成像而言，X射线至关重要。因此，它需要保护，以免受到其他频率的干扰。例如，在手机中，必须屏蔽有害高频电磁波，以免在使用时对大脑或身体的其他关键部位产生影响。一些特定应用需要特定的电磁频谱，屏蔽体应该能够从其他电磁频谱中选择所需的频段。因此，屏蔽在我们的生活中起着非常关键的作用。屏蔽应用非常广泛，设计合适的电磁波屏蔽材料标志着巨大的进步。

对于天线应用，若要求各向异性，则需要对来自同一天线的电磁波进行屏蔽，以便传播仅发生在期望的方向上。在这种情况下，吸收体将起重要作用。电子设备容易受到噪声的影响，因此需要进行适当的屏蔽。EMI可能使得所需信号失真，若不进行滤波，则可能丧失关键信息。有时这种干扰变得非常强烈，使得我们很难从信号中提取出实际信息。因此，需要有效的屏蔽机制来避免这样的严重干扰。因此，在诸如电信[13]、医学科学[14]、安全[15]、国防等领域中，屏蔽具有重要意义。

16.3　为什么超材料可以用于屏蔽

迄今为止，人们已提出了不同类型的屏蔽方法。有些专门用于电屏蔽，而其他一些则用于磁屏蔽。有些屏蔽方法对电场和磁场都有效。对于近场屏蔽，有两种重要的屏蔽体可用，即金属屏蔽体和铁氧体屏蔽体[16]。金属屏蔽体适用于磁近场。然而，这些屏蔽面临巨大的损耗。此外，使用这些屏蔽体时，质量和成本是需要考虑的关键因素。另一方面，由于金属屏蔽体的宽带性质，它们会阻挡大部分电磁波谱，选择任何特定的频率都无法进行。因此，这些金属屏蔽体缺乏有效的频率选择性。另一方面，超材料在近场磁屏蔽方面像金属屏蔽一样有效，但具有频率选择性的优势[16]。这就为超材料屏蔽体赋予了调谐能力，而铁氧体和金属屏蔽体均缺乏这一特性。

此外，屏蔽高强度、低阻抗和低频率的电磁波的任务很复杂[17]。因此，需要有效屏蔽低频电磁波的材料；对低频电磁波最有效的屏蔽材料的寻找工作仍在进行中。超材料不仅在微波方面证明了有效性（大部分早期工作都集中在微波上），而且对频率非常低的电磁波屏蔽也是有效的。

16.4　用于电磁屏蔽的超材料

我们可通过多种方法实现超材料的负折射率，其中两种方法是使用光子晶体[18-24]和使用传输线[25, 26]。由于光子晶体也表现出负折射，光子晶体和超材料之间的区别在于它们产生负折射的方式。光子晶体通过带状折叠效应产生负折射，而超材料则通过同时具有负介电常数和负磁导率的不同方式产生负折射（负介电常数使用金属结构实现，负磁导率则使用谐振结构实现）[22, 27-29]。

超材料可通过多种方式有效地用于屏蔽目的。下面介绍四种不同的屏蔽方法，可以考虑借助超材料来实现。研究人员考虑和研究了多种不同方法[30]。

第一种屏蔽方法利用了变换光学[31-36]，即变形电磁波流动的介质。这种屏蔽的概念是通过扭曲目标周围的空间及电磁波，使电磁波绕过目标并在其另一侧重新合并。因此，若目标输入端的电磁波与输出端的电磁波在所有参数上完全匹配，则可认为电磁波如同没有任何反射、吸收和失真（在任何参数上）一样传输通过目标。因此，可将目标视为从传入的电磁波中屏蔽掉。这个概念的提出主要针对隐身，但我们相信由于目标经隐身并在电磁波中得到保护后，并未发生目标和波之间的任何形式的整合，因此认为目标已被有效屏蔽。在文献报道中，这种方法[32]最初针对微波频率的近乎完美的隐形[33]，后来才用于其他频率范围[37]。

第二种屏蔽方法是用反极化材料覆盖受屏蔽材料。这种反极化材料会抵消电磁波的极化，不允许从材料上发生任何类型的反射。因此，在材料的另一侧，极化被保留，波看起来与传入波完全相同。因此，需要设计具有反极化能力的材料。这些材料可涂覆在目标材料上（需要屏蔽的材料）；当暴露于电磁波中时，极化被抵消，而在目标材料的另一侧又重新获得，给出波已穿透材料的错觉。研究人员已证明使用超材料的这种类型屏蔽方法。

第三种屏蔽方法是制备强反射器，使其能够最大限度地反射传入的电磁波，进而使受屏蔽材料不吸收波或者传输波。若所有传入的波都被完全反射，则称其为完美反射器。于是，就可防止电磁波从目标材料的一侧传输到另一侧。目标材料本身可作为完美反射器，或者可以设计并使用完美反射器来覆盖目标材料。因此，它可视为屏蔽的一种类型，即通过阻止传入的电磁波进入目标材料来实现屏蔽。因此，材料的另一侧也被免于电磁暴露。完美反射器甚至可作为良好的屏蔽材料。有报道称，使用超材料制备出了完美或接近完美的反射器。因此，超材料展示了使用这种反射波方法时所需要的屏蔽能力。

第四种屏蔽方法是通过吸收传入的波，使受屏蔽材料免受电磁波的影响。这与当代飞机试图在防御中实施隐形技术的原理相同，目的是通过完全吸收传入的波来隐藏它们。许多报告提到了使用各种技术和材料来实现接近完美的吸收。在这类屏蔽中，由于传入波被完全吸收且没有发生反射，探测器无法分析波的反射部分而无法探测到目标。因此，目标通过完全吸收传入的电磁波而被成功屏蔽。于是，这种屏蔽用的完美吸收体就成为需求。已有报道称利用超材料来制备完美或接近完美的吸收体。在利用这种吸收波的方法中，超材料显示出了所期待的屏蔽能力。

为了有效地吸收电磁波，应将反射最小化，这可通过使磁导率与介电常数相同来实现。为了找到介质内的电磁波吸收率，需要观测到折射率的虚部。由于虚部描述介质中电磁波的衰减，因此仔细观察虚部可预测介质中电磁波的吸收性质。折射率虚部的较大值表示电磁波的衰减较大，导致材料对电磁波的高吸收。此外，电磁波（光）以特定的相速度穿过真空，而当同样的光经过介质时，相速度会降低。在介质中，相速度降低因子由折射率的实部给出。超材料的吸收系数可通过阻抗匹配来改善（通过匹配超材料的阻抗与其周围环境的阻抗）。提高折射率虚部可以引入损耗。这样，在传播过程中就会损失波能量，导致传输和反射参数减小，因为发生了最大的吸收。

电磁屏蔽不仅可以通过负折射率超材料来实现，而且可以通过零折射率超材料来实现。零折射率与负折射之间唯一的区别是，零折射率超材料同时或单独具有零介电常数和/或零磁导率，而在左手超材料或负折射率超材料中，既可以介电常数为负或磁导率为负，又可以两者都为负。2011年，来自中国的团队报道了使用零折射率超材料来进行电磁屏蔽。他们通过结合零折射率超材料与电磁干扰，实现了这种屏蔽。该团队提到，由于超材料内部不存在电场，因此无须考虑电介质击穿，屏蔽体外壳可以变得超薄[38]。

下面讨论不同频段电磁波中与屏蔽相关的各种研究工作。首先讨论从微波频段的屏幕，然后讨论光学、近红外和选择频率屏蔽。

16.4.1 微波屏蔽

大部分早期屏蔽研究是在微波频段中进行的，主要原因是与电磁波的其他频段相比，在微波（或雷达）中比较容易同时获得负介电常数和负磁导率。许多微波屏蔽的研究报告重点是追求微波屏蔽效能。不同的研究团队报告了在微波频率下使用米氏共振理论的超材料吸收体[39-43]。利用相同的理论，中国团队研究表明，超材料可在微波频率下作为多波段（4个波段）的完美吸收体。这种超材料基本上由一个介电立方体阵列和金属基板组成（见图16.1），表现出了4个不同的吸收峰。这些吸收峰出现在7.31GHz、7.58GHz、7.90GHz和8.19GHz处，且在所有这些共振频率下的吸收率均超过99%。在这项工作中，研究团队报告了一种极化不敏感超材料，它能保持高吸收率，且支持大角度入射横电（TE）波和横磁（TM）波[42]。Bo等人展示了一种薄超材料的制备，适用于入射

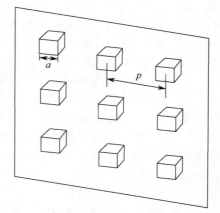

图16.1 基于米氏共振理论的超材料吸收体结构，由立方体和金属基板组成；p 是粒子间距[42]

波的任何极化,以及从近0°到50°的大范围入射角[44]。这种超材料吸收体的工作频率为9.5GHz,对TE和TM模式的入射波都表现出最少80%的吸收率,表现为完美的微波吸收材料。这是一种全波极化微波吸收体超材料。因此,这种超材料适用于屏蔽,可在很大范围的极化和入射角度下作为近乎完美的吸收体[44]。

研究人员还尝试使用不同频率下的光子晶体来实现负折射的替代方法[45]。Parimi等人使用金属光子晶体展示了微波下的负折射,提出了负折射的不同机制[27]。另一方面,许多研究人员报告了不同结构超材料的使用情况。其中一项研究讨论了渔网结构在电磁波中的性质,并为这种具有左旋特性和高透射率值(尤其是在微波频率下)的超材料渔网结构优化铺平了道路[46]。在类似的研究中,2014年来自土耳其的一个研究团队报道了一种基于环和十字线的完美超材料微波吸收体。这种超材料不仅与极化无关,与入射角也无关。实验上展示了频率2.82GHz下99.4%的吸收率;理论模拟给出了频率2.76GHz下几乎99.96%的吸收率[47]。类似地,在同一领域,马来西亚的一个研究团队设计了一种在微波范围内多频段工作的开口H形超材料。他们设计和分析了1×1单元和2×2单元的阵列构造,并且进行了比较研究。这些超材料展示了微波S波段、C波段、X波段和Ku波段的双负特性。作者获得了4个不同频率下的共振,分别为2.74GHz、7.122GHz、10.855GHz和14.337GHz。因此,这些超材料可在这些共振频率下使用,在这些频率下提供负折射;还可利用其在特定微波频率下超材料的频率选择性[48]。2013年,韩国的一个研究团队制备了一种极化无关双频段完美超材料微波吸收体。他们设计并制造了圆盘和圆圈形共振器,在其背面用介电材料隔离金属板。圆圈形共振器在超原子的基波(低频峰)和第三谐波(高频峰)磁共振下实现了双频带完美吸收。对于相同的双频段,他们还观测到了极化无关属性。由于他们使用了超材料背面的厚金属层(与工作频率范围内的趋肤深度相当),电磁波的传输几乎消失。他们报道了完美吸收的几个原因,即表面电流大小和结构周期性。高表面电流产生高吸收,因为在超材料和介电层隔离的背面金属板之间形成了电容。积聚在这些板上的电荷,成为高介质损耗的原因,因此提供了高吸收率。于是,他们获得了圆圈形结构的最大吸收[49]。

对于电磁波屏蔽用完美反射器,法国的一个研究团队使用了超材料板来进行屏蔽,这些超材料板可提供与传统金属屏蔽相同的反射特性,同时具有密度更小和重量更轻的优势,若适当调谐,还具有频率选择性。在电共振的情况下,超材料在23GHz频率下表现为完美屏蔽。此外,在20~27GHz的频段中,如从波阻抗实部看到的那样,没有波的传播[50]。Matthew Mishrikey的学位论文涉及超材料的分析和设计。他解释了如何使用基于Sievenpiper结构的电磁带隙波导滤波器来密封微波炉的微波。这基本上取代了之前所用的昂贵且不完善的扼流圈密封。他提出了这类结构的模拟和设计方法[51]。

2011年,C. Sabah和H. G. Roskos使用基于渔网的超材料结构,在微波X波段上进行了数值和实验研究。他们采用了均匀有效介质理论来表征结构,获得了有效的材料参数。对于在约10GHz下工作的渔网结构,他们获得了双负参数。该研究的独特之处是,排除了所设计的金属部分与波导壁之间的任何导电连接[52]。

微波大体上涵盖了电磁波的很大部分频谱。因此,制造能够适用于整个微波频谱的宽带吸收体仍然是一项挑战。考虑到现有的限制,使用各种不同排列方式的频率选择滤波器的组合,可能有望实现宽带吸收体。超材料吸收体的性能取决于材料的厚度、形态或结构,有时甚至取决于制造所用材料的种类。用于超材料制造的不同材料会影响其性能。超材料还取决于构建所用介电材料的厚度。

16.4.2 光学和近红外屏蔽

对所有自然材料来说，微波不能使其具有磁化率（响应外加磁场的磁化程度）。因此，为了磁化结构，使其在较高的频率下工作，不能使用自然材料。为了避免这个问题，Pendry等人提出了以下方法：适当调谐结构，利用感应来磁化非磁性材料[6]。然而，随着从微波向光学频率过渡，结构的精确定标变得困难，因为材料在微波和光学频率下显示出了不同的电磁响应。此外，随着从微波向太赫兹和光学频率过渡，超材料内在的损耗将变得显著。这些损耗基本上被视为吸收损耗。因此，对于更高的频率，随着吸收损耗变为主要部分，电磁波强度在这些频率上逐渐减弱。从屏蔽角度看，这可能被视为一种优势，但这种性质在光学波长下是我们不希望出现的。这是因为在光学频率下，屏蔽可被视为一种隐形，若吸收非常高，则光波在目标的另一侧（需要被屏蔽的一侧）将不可见，完全被吸收而无透射。因此，在光学波长下使用吸收方法进行这种隐形屏蔽，会为观测者形成部分隐形（屏蔽），因为照射到目标上的光波在目标的另一侧不可见，也无法反射回来。

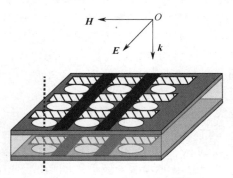

图 16.2 多层结构示意图[53]

2005年，张等人首次通过实验证明了一种基于金属-介质-金属多层结构的负折射，在近红外和可见光频率下工作。他们使用了两个金属层及中间的介质。在金属叠层上制作了周期性孔洞阵列，这有利于其与复合结构产生的表面等离子波相互作用（见图16.2）。他们使用Al_2O_3作为介电层，在玻璃基板上有2层金膜，在这种多层结构上制成穿孔阵列。这种结构产生电感和电容效应。当磁场入射时，由于孔洞中断感应电流而产生电容，进而导致磁导率减小。在图16.2中，结构中的黑暗区域贡献了电响应，而斜线区域则用于磁响应，并提供所述电磁波传播方向的特定极化[53]。只有少数几项工作报道了在红外和光学频谱中使用超材料负折射进行屏蔽应用[13, 54-57]。Parsons的团队使用了全新设计的铜负折射超材料，与常规开口环谐振器有所不同。他们称这种设计具有优值系数，在相同频率范围内可与类似的银基材料比拟[58]。最近的一项研究声称，在730nm波长处形成了一种超薄的可见光隐形外皮[59]。他们制备了一个80nm的超薄外皮用于屏蔽其内部材料。该外皮可使内部材料在730nm波长范围内隐形。基本上，这种外皮是一种纳米天线超薄层。报道的结果看起来非常有前景，可能为光学频率的隐形铺平道路。他们的设计甚至声称具有宏观可伸缩性。尺寸可伸缩性没有理论限制，但宏观纳米制造技术目前存在一些限制，这可能会随着制造技术的进步而得以解决。使用纳米天线（相移共振元件）创建的超元表面，可在隐形表面的每个点上补偿相位差(完整的波前和相位恢复)；在平坦的镜面上可能出现同样的相位差。纳米天线提供了局部相移$\Delta\Phi$，以重新调整散射波前[59]。

2006年，Alù和Engheta发表了一篇关于光学纳米传输线的论文。他们报道合成了在红外和可见光谱范围内工作的平面左手介质（LHM）。他们通过适当堆叠表面等离子体和非表面等离子体平面板，合成了这些纳米传输线，后者表现出了正向和反向传播性质（适当调整设计）。对这些材料来说，即使没有获得材料的负磁导率，也可实现左手介质性质[25]。这表明负折射（负磁导率和负介电常数）不是左手介质行为的先决条件；相反，即使磁导率或介电常数为正值，仍可实现左手性质。Gajić等人利用光子晶体得出了同样的结论，表明使用左手性质可以实现正折射[60]。

16.4.3 频率选择屏蔽

随着时间的推移，研究人员不仅试图在一个频率上屏蔽材料，而且试图研究频率的选择性，以有效利用完整的电磁频谱，并制备一些可在特定应用中工作于特定频带的器件，使其他设备和频谱不会干扰正在工作的设备。因此，选择性是一项重要任务。早期报道更多地关注单频带吸收[61]，现在逐渐转向到了双频带吸收[49,61]、三频带吸收[62,63]和多频带吸收[42]。超材料不限于单频带吸收，也能吸收两个频带，即熟知的双频带超材料吸收体。这称为频率选择性，用于需要吸收两个频带的场合。这两个频带彼此分离，可作为带阻滤波器，实现双频带屏蔽。类似于双频带，使用超材料在三个不同的频带上进行屏蔽称为三频带屏蔽。同样，多频带吸收会导致多频带屏蔽。

2012年，中国的一个团队报道了完全相同的情况，并且展示了超材料的制备，可作为单频带和双频带吸收体。这种超材料通过适当调节后，可作为一个频带的吸收体，或者同时作为多个频带的吸收体。通过适当调节相对倾角（θ），这种超材料可作为单频带或双频带吸收体。在这种情况下，相对倾角是短接端线（连接所设计的外环和内环结构）与长导线对形成的（见图16.3）。作者建议，通过简单调节短接端线，即使是简单的结构，也可实现单频带或双频带吸收[61]。

屏蔽所需材料，使其免受电磁波影响的方法有两种。第一种方法是设计屏蔽材料，屏蔽频率选择后的多个频带，然后用这些屏蔽材料来覆盖需要屏蔽的设备。因此，这些材料将利用其频率选择性来屏蔽设备。第二种方法类似，但不覆盖需要屏蔽的设备，而使设备本身具有频率选择性。因此，若设备本身具有足够的选择性，则会在很大程度上帮助减少屏蔽需求。这种设备对特定频带具有很高的选择性，因此可大大减少来自其他频谱的干扰。在2010年的一项研究中[64]，报道了可在1GHz、2GHz和3GHz三个不同频率上工作的频率选择设计。若该设计（见图16.4）暴露在2GHz的电磁波频率下，则设计的一部分（区域1）将屏蔽2GHz信号，而设计的其他部分（区域2和区域3）将允许信号通过。这是因为设计的其他部分用于屏蔽1GHz或3GHz频率。因此，设计的其他部分将屏蔽1GHz或3GHz信号，但允许2GHz信号通过。在这种设计中，相对于入射电磁波的设计方向起重要作用。当只需要来自特定方向的2GHz信号，并且希望屏蔽来自其他方向的相同2GHz信号时，这种设计尤其具有优势。因此，设计的几何形状和超材料涂层的分布起重要作用。若超材料被设计成具有选择性，则可根据需要对其取向，以便允许只从特定方向传输过来的一组特定频率的信号。

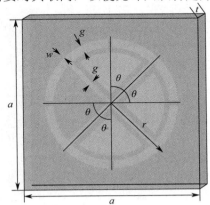

图16.3 交叉圆环共振器超材料吸收体单元；r是外环半径，g是长导线对之间以及外环和内环之间的间隙，w是外环宽度[61]

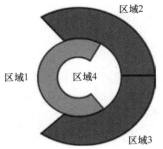

图16.4 区域1、2和3彼此间的夹角为120°。区域4完全被屏蔽。区域2屏蔽区域4的3GHz频率，区域3屏蔽区域4的1GHz频率，区域1屏蔽2GHz频率。该设计同时用于屏蔽1GHz、2GHz和3GHz频率，屏蔽体对来自特定方向的场起作用。这里，区域1、2和3代表超材料涂层，区域4是屏蔽面积[64]

16.5 设计和制造超材料

光的电场和磁场成分与物质相互作用的方式不同。电场成分与物质原子有效地相互作用,而磁场成分与相同原子的相互作用非常弱。因此,光的磁场成分不像电场成分那样被充分利用。因此,当光与这些材料相互作用时,需要设计材料,使其能够同时利用光的磁场和电场。超材料具有这种潜力,它可将光的磁场和电场成分耦合起来。因此,人们设计了不同的超材料,这些材料能够适当地与电磁波(光学频段的光)相互作用。使用不同的结构参数,可以调节这些材料,使其对电磁波谱的特定频率产生响应。设计甚低频率和甚高频率的超材料(负折射)时,会出现如下的基本问题:在低频下容易实现负磁导率,在高频下容易实现负介电常数,但在高频下实现负磁导率和在低频下实现负介电常数则较为困难[65]。

16.5.1 设计材料

迄今为止,已有实现负折射和超材料的多种设计。下面重点介绍开口圆环共振器(Split Ring Resonator, SRR)的设计,这是设计负折射率超材料的起始阶段。本节无法涵盖所有超材料的设计与制备工作。在设计超材料的早期阶段,David Smith提出了一种SRR结构,即一个在一端开口的圆环,如图16.5所示。他使用了两个由铜制成的同心圆环,在一个平面上相对放置开口。环中的开口有助于远大于圆环直径的波长产生共振,进而避免共振的半波长要求(闭环情况的要求)。内部开口圆环与外部开口圆环的开口方向相反,这有助于在集中电场情况下,于圆环之间的小开口空间内产生大电容,进而降低共振频率。沿圆环轴线平行方向施加的时变磁场有助于感应出电流,并且产生依赖于单元共振特性的磁场。这将导致入射场的抵消或增强。在垂直于结构的方向上,因波的磁场成分触发,两个圆环产生互感。这种互感产生电流,进而在源磁场分量的相反方向上产生磁通量,抵制电流的产生。这个过程持续进行,就得到了波的磁场和电场分量的有效信号。若将这些SRR组合在一种周期性介质中,使共振器之间产生强磁耦合,则该复合材料作为一个整体就具有独特的性质。因此,当这些共振器响应入射磁场时,复合材料便显示出了有效磁导率(μ_{eff})[66]。

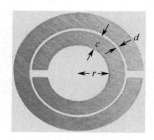

图16.5 开口圆环共振器(SRR);c是内环宽度,d是内环和外环间的距离,r是内环的内半径[66]

Smith提出了超材料的最初设计,它由圆形SRR组成[66],后来被Shelby改为方形SRR[1]。SRR决定了超材料的磁响应,而线状导线决定了电响应。随着时间的推移,方形SRR被改成不同的形状,以满足有效屏蔽不断变化的要求和目标。应用了各种形状,如矩形[67]、螺旋形[68]等。基于不同的结构,提出了两种新设计,即切割线[69]和渔网[52, 70, 71]。切割线就是简单的金属棒,以适当的方式排列金属棒,就可实现所需的负响应;渔网结构则由薄金属层组成,周期性排列在矩形孔洞阵列中,并由薄填充介质层隔离[70]。2010年,韩国的一个团队仅使用简单的切割线对结构,就显示出了左手性质。有趣的是,他们观测到左手性质的频率比组合结构(切割线和连续线)的频率高3倍。从根本上说,该频率是负介电常数(来自对称共振模式)和负磁导率(来自三阶非对称共振)产生的结果。这个结果表明在光学频率下可能存在负折射超材料,因为观测结果表明,若在基本电模式和三阶磁模式之间存在共振重叠,则可获得所需的负折射率。这项研究为精心利用三阶磁模式(非对称共振)的更高频率超材料铺平了道路[72]。同样,通过结构改进以优化负折射性能，使其在不同频谱范围内运行得更好，法国的一个团队提出了一种只需要金属切割线进行超材料制备的设计，大大减少了以前执行相同任务时所需的额外金属部件[73]。孙等人的一份报告基于破坏性干涉或反射理论，展示了极宽带超材料吸收体。他们使用多层SRR，通过来自超材料两个表面的反射波的破坏性干涉，获得了高吸收结果。多层SRR结构形成了所需的折射率色散，在宽频率范围内实现了连续抗反射。作者获得了在0～70GHz范围内近60GHz的吸收带宽。这种宽频率吸收方法不同于常规的完美吸收体（共振超材料情况下）。在这种情况下，连续抗反射过程取代了SRR中的相干效应，实现了宽频率吸收[74]。许多不同的团队提出了不同的方法[72]，以实现呈现左手性质的材料。随着研究取得进展，基本上只能在微波范围内工作的最初设计被修改、完善，并被新设计替代，以提高负折射率材料的频带。因此，开始于微波频率，目前的负折射率材料甚至还适用于频率非常低的电磁波谱，包括太赫兹（THz）和光学谱。由于一些限制，如纳米制造、定标问题等，目前还没有实现完全光学频谱的左手性质，研究仍在朝实现完整光学频谱的左手性质发展。实现光学频谱上的左手性质的主要推动力是利用超材料进行隐形。早期的大多数设计都专注于共振超材料（如开口圆环），而且主要集中在微波和更高的频率上，对低频领域的探索很少。因此，Wood和Pendry在2007年研究了于极低频率下运行的超材料结构的设计问题。他们得出结论：在低频率下实现抗磁性的关键是，使用超导元件来制备超材料结构。这些超导元件有助于创建和控制各向异性的抗磁性。这项工作的目标是遮挡目标，使其免受直流磁场的影响[75]，即屏蔽目标使其免受直流磁场的影响。2008年，同一团队提出了第一例实验证据，专门设计用于在零频率或直流磁场下工作的非共振超材料。超材料的主要优点是，它们的负折射率在无共振结构的情况下很难实现。因此，若不需要负响应，则这些非共振结构被证明是最好的。共振结构会导致损耗和频率色散，在非共振结构情况下可减少这些问题。作者使用了方形超导板制备的四方格栅，如图16.6所示。这些超导板起到了抗磁效应的作用，排除了静态磁场。作者测量了基于该模板样品的有效磁导率（μ_{eff}）[76]，还提出了完全不同的超材料，如手性超材料。这种新型超材料被视为具有新颖的性质[77]，并且提供了一种更简单的途径来实现负折射，而无须负磁导率和负介电常数[78]。

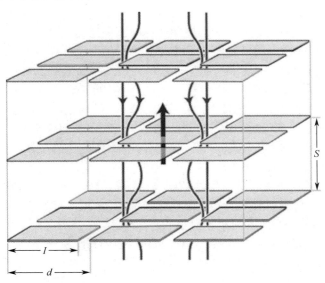

图16.6 方形超导板层制成四方格栅的示意图。磁场线进入板间的间隙。穿过中心板的箭头表示感应磁偶极子磁矩[76]

根据超材料的性能，人们提出了两种不同类型的超材料，即主动型超材料和被动型超材料。被动型超材料从电磁波中吸收能量并增大损耗，主动型超材料则不吸收电磁波。通过与一些主动型组件结合，可以改善被动型材料的性能。Boyvat和Hafner表明，超材料也可用于屏蔽极低频率下的磁场。他们在理论和实验上证明了使用被动型感应电容电路和晶格相位均衡器可提升屏蔽效能[79]。使用被动元件进行屏蔽是一种较好的方法，因为使用主动元件进行屏蔽[30]面临一些问题，如稳定性[69,80]、需要外部电源以及存在强源场时大电流的冷却需求[79]。尽管存在这些问题，但是引入主动元件可使超分子（单胞）表现良好。由于入射电磁场的作用，金属中的自由电子开始振荡，并产生一个相反的场（与入射场的相位相反），导致入射场在金属内部呈指数衰减。因此，由金属制成的超材料也可用作屏蔽材料，因为它具有强反射性。然而，这种反射是被动型反射器（金属）产生的被动反射。

磁共振频率与SRR的尺寸成反比。因此，对于较高的频率，SRR的尺寸必须减小。然而，这种尺寸的减小也有一些物理限制。在正常情况下，金属的某些性质会随其尺寸减小而消失。因此，当材料尺寸减小到纳米尺度时，其性质会发生变化。以同样的方式，在某个较低的截止值以下，用于制备SRR的金属开始偏离其特性，不再保持其理想导体特性。因此，研究人员尝试了一些替代方法（基于不同的结构、应用、原理、材料等），目的是摆脱SRR的尺寸定标限制。如上所述，微波中使用的SRR设计不能在光谱中使用，因为在定标SRR时会发生饱和效应。为了减少或避免饱和效应，人们进行了多种努力，例如用其他高频磁元件（如纳米带、纳米棒、纳米板等）替换SRR。然而，即使是在这种情况下，损耗也不能被忽视。这再次对光学频率的超材料形成了一些限制。

2002年，西班牙的Marque等人报道了二维各向同性左手超材料的设计[81]。他们提供了一个解析模型。他们提出的结构是一个平行板波导，间距等于格栅参数，填充侧面耦合SRR的二维阵列。在这个设计中，作者尝试使用与结构平面平行的金属，这简化了他们的制造问题。此外，为了保持介质的各向同性，他们使用了侧面耦合SRR而非边缘耦合SRR。这是早期使用二维各向同性左手超材料的设计方案之一。来自意大利的团队研究了超材料板的屏蔽效能。他们考虑了平面波激励下平面超材料屏的屏蔽效能。相比于传统的金属平面屏，所报道的屏可以设计成密度低、重量轻且具有频率选择性。由于均匀化过程，他们得到了介电常数的负值。他们使用导线介质作为超材料，在介电基体中嵌入周期性导电圆柱层组成[82]。后来，同一团队通过添加第二个导线介质屏对其先前的设计进行了改进，其中导线与前一个正交取向。他们的数值结果预测了近屏和远屏处的场强，实现了所述超材料屏构造的屏蔽效能[83]。由于初始超材料结构基于平面几何形态，为了进一步应用，还需要开发超材料的三维结构。随着时间的推移，从以前已知的二维超材料转向了三维超材料。在尝试三维超材料应用的电磁波谱范围中，二维超材料已经存在并在不断改进。来自中国的团队制备了一种三维超材料吸收体，在11.8GHz微波频率处发生吸收。他们试图减少大多数超材料设计中所需的金属垫板。采用这种方式，他们成功地建造了重量轻且接近完美的吸收体[84]。

改进超材料设计后，甚至可以在柔性基底上构建超材料。来自韩国的Hong-Min Lee展示了在柔性基底上的超材料吸收体设计。他在超材料的电感-电容共振器单胞的电感臂中加入了一个电阻，并在由聚酰亚胺制成的柔性基底的同一侧建造了切割导线（见图16.7）。他称在8.6GHz和13.4GHz处的吸收率分别为92%和93%，吸收峰几乎为一个峰，且吸收带宽为半高带宽（Full-Width Half-Maximum, FWHM）的88%。这种柔性基底上的设计有多个优点，例如可在非平面表面上使用。此外，这种设计可在非常宽的频带内实现吸收，因此为宽频带屏蔽铺平了道路。作者还称，当介质损耗具有不同的值时，适当调节介质厚度，可使两个共振频率附近的吸收峰值趋于一致[85]。类似地，Han等人通过在柔性基底上堆叠多层，建造了超材

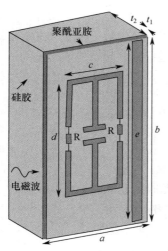

图16.7 优化的单元吸收体示意图。R 是电阻；a, b, c, d 和 e 是吸收体尺寸；t_1 和 t_2 是聚酰亚胺和硅橡胶的厚度[85]

料。Han的这种设计适用于THz范围内的宽带频率。他分别通过飞秒激光微透镜阵列（MLA）光刻和THz时域光谱学，对柔性基底上的这种结构进行了制造和表征[86]。

近场超材料屏蔽体用于阻止从屏蔽体下部渗入的无线电场。该研究使用了两个电磁耦合线圈。一个是源线圈，另一个是接收器。由于与源的耦合，在接收器处存在一个场。然而，并非所有项都会适当地耦合。一些能量在接收器以外的空间中丢失，因为并非所有能量都被吸收。因此，屏蔽体需要限制接收器另一侧的场的流动。作者使用超材料开发了这样一个屏蔽体，并观测到了相当多被屏蔽的能量。近场超材料放在接收器线圈的下方（见图16.8），以无线方式屏蔽来自源并经过接收器的无用功率。最大屏蔽发生在2.4MHz处。使用近场超材料，观测到屏蔽体另一侧的传播功率降低了近77%。此外，随着磁导率的增大，作者观测到屏蔽效能减弱[16]。近零超材料（ENZ或MNZ）在屏蔽领域也显示出了一些有希望的结果。在2015年发表的一篇文章中，一个小组讨论了使用纵向钼近零超材料来屏蔽准静态磁场。该小组设计了一种可以同时屏蔽基频和第一谐波频率的结构[87]。因此，甚至近零超材料对许多情况都被证明了是有效的。

总之，观测超材料的材料参数（ε和μ）可以预测该超材料的性能。因此，了解材料参数非常重要。然而，要了解材料参数，就要研究超材料的S参数。我们可以使用有限元法（FEM）或有限积分技术（FIT）等模拟软件来研究S参数，使用商业软件来设计超材料。使用软件设计超材料时，可通过模拟所需环境中的性质来提供思路。然后，制造出相同的超材料并在实际中测试，以验证模拟的准确性。多种软件包

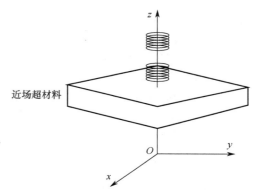

图16.8 近场超材料屏蔽体，用于阻止从屏蔽体下部渗入的无线电场[16]。

可完成超材料的模拟研究。常用软件包括：① 时域软件（Lumerical 6.5）[58]；② 基于有限元的电磁仿真软件[HFSS中的特征解算器（高频结构模拟器）Ansoft][8, 88]；③ 基于有限元的COMSOL Multiphysics[11, 37, 38, 89]；④ Computer System Technology (CST) Microwave Studio[48, 49, 54, 82, 90]。

16.5.2 超材料制造

正确设计超材料非常重要，只有这样才能使其按照所需的要求进行调节，完成实际制造。由于制造不良，通常无法准确实现预期的结果，并且会观测到许多偏差。由于存在与制造相关的问题，与实验相比，模拟结果显示出了不同的性质。对在高频率下工作的结构的制造，由于纳米级的特定尺寸要求，制造复杂性大大增加。设计制造所需的超材料时，即使是小尺寸变化，也会对结构的整体性能产生重大影响。因此，需要适当的制造设备来确保超材料结构的有效运行。制备高频超材料时，超材料设计要求复杂的制造设施。模拟工具在预测结构性质方面

有很大的帮助，但要精确模拟具有精确性能的制造设备会较为困难。尽管许多研究小组报道了模拟结果与实验工作的一致性，从超材料的实施角度来说是很好的进展，但在物理上实现光学斗篷即从人类视野中屏蔽（隐形）目标，其制造仍然存在一些挑战。超材料最初被制造成平面状共振结构，采用的是标准印制电路板（PCB）技术。使用平面结构，所制备的三维结构充当超材料单元，作为超材料分子用于电磁波。

制造超材料的技术有多种，如电子束光刻、聚焦离子束（FIB）研磨、干涉光刻（IL）、纳米压印光刻（NIL）和双光子光聚合（TPP）。最初只进行平面二维制造，后来开始进行三维制造。这些方法最适合制造负折射率超材料，但仅适用于小尺度。由于需要阵列或重复结构，这些技术并不充分。

在早期的设计中，广泛使用了电子束光刻技术，因为这种技术可提供亚波长分辨率和完整的图案适应性。尽管电子束是逐点写入的，具有较高的制造成本和低生产量，但它仍是首选，因为它可用于小至几十纳米尺度的制造，对高频率下工作结构的制造至关重要，尤其是在光学领域中[4]。

聚焦离子束是一种溅射技术，它使用离子束轰击目标材料，从目标表面溅射出原子，然后可对其进行检测和分析。在这个过程中，一些入射离子甚至可以穿透目标表面，到达几纳米的深度。此外，同样的方法也可用于在所需基底上刻出所需的结构。因此，在SRR结构定标的情况下，需要刻出几十纳米间隙大小时可以使用FIB。此外，由于FIB比电子束快，通常用于超材料的快速原型制作。

在二维光学超材料的大规模制造中，光刻技术通常用于集成电路行业。干涉光刻是一种光刻技术，支持大面积超材料制造。目前，已有报道称使用二光束和三光束干涉光刻来制造一维和二维负磁导率超材料[91]。因此，干涉光刻已被证明对二维超材料结构的制造有效。使用相同的干涉光刻，也可通过堆叠二维层来制备三维结构。然而，多层必须适当排列，而其排列非常关键且非常耗时，因此需要自动对准技术，或者需要其他替代的制造技术。另一种证明有效的光刻技术是纳米压印光刻（NIL）。在这种光刻技术中，通过印模抗蚀剂的机械变形来实现图案转移。因此，这是一种印模制造技术，其产率高且不受光源波长的限制。对于制造手性超材料，已经考虑了紫外光刻[92]。最初，在超材料的制备过程中使用双面抛光石英衬底。这种透明衬底作为厚负光刻胶层的基底。然后，采用接触模式光刻工艺将设计的SRR图案转移为模具。在模具上面，先加一层薄铬层，再加一层厚铜层，使用电子束蒸发器在模具内沉积。使用丙酮溶剂去除光刻胶（PR）模具，在石英上形成一个非磁性导电层图案。为了增大这种SRR结构的厚度，可重复同样的工艺，使用新生成的SRR结构作为遮罩，并从石英背部进行整片曝光，同时在新形成的同一个SRR结构上旋涂一层光刻胶[93]。2010年，Dutta等人证实了近红外波长渔网超材料结构的制备。他们首先使用深紫外光刻技术和干法刻蚀工艺，然后进行沉积和剥离，最终得到了渔网超材料结构[70]。

16.6　其他应用

超材料广泛应用于各个领域。研究人员目前仍处于应用的探索阶段。由于独特性质，超材料有可能应用于迄今尚未报道的其他领域。

除了科学家报道的屏蔽（电磁谱），超材料的常见应用领域包括超透镜[94]、波导[95]、天线[96,97]、传输线[98]、地震（地震波屏蔽）[99,100]、热屏蔽[101]、光学纳米光刻[102]、隐形[32,37,103,104]、传感器[47]等。让电磁谱在目标周围弯曲，或者以一些特定的方向弯曲，或者适当弯曲其通过的空间，可调节电磁谱频率，这表明了超材料的可能应用，甚至可在太阳能电池中作为光聚焦器。

超材料可成功地偏离来自不同方向的光，将其聚集到一点或某个特定的区域，进而使聚集太阳光的能量。这种应用可以成功地使太阳能收集领域达到新的高度，进而更有效地利用太阳能。超材料的另一个重要应用是噪音屏蔽。

16.6.1 超透镜

Pendry报道了利用负折射的超透镜概念，解释了双重聚焦效应，如图16.9所示[94]。传统透镜的主要缺点是衍射极限限制了透镜的聚焦能力。因此，距离透镜太近的目标很难聚焦，并且只能通过放大镜对这类目标进行放大。使用超材料的超透镜可让我们更近距离地聚焦目标，而这超出了普通透镜的范畴。这些完美的透镜能以远小于光波长的分辨率成像目标。有很多关于超透镜的报道[18, 105, 106]。Eleftheriades等人以电感器和电容器加载传输线设计出了超材料，并用实验验证了其聚焦效应[26]。此外，与超材料一道，研究人员还提出了使用光子晶体制备具有亚波长分辨率的超透镜的证据[18]。

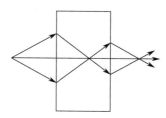

图16.9 负折射率介质弯曲光束，使之与界面法线的夹角为负。之前从点光源偏离的光被反向聚集到一点。从介质中释放的光束再次达到焦点[94]

16.6.2 天线

天线是非常重要的部件，已嵌入几乎所有的通信设备。总体来说，在当今的互联世界中，每个人都至少随身携带了一款手机形式的天线。因此，提高天线性能并减小其尺寸非常重要。在天线中，谐振和非谐振型超材料单元对提高其性能有很大的帮助。通过引入集总元件和分布元件，已经实现了高频、超高频和特高频天线的微型化，以高度实现单元在亚波长下的负介电常数和/或负磁导率[65]。使用超材料，许多研究小组[107]报道了天线在接收和屏蔽电磁波方面的先进功能，同时减小了天线尺寸。研究人员还报道称，与单层超材料相比，多层超材料可提高天线的方向性[44]。由于波导和天线在通信过程中相互连接，因此超材料在波导领域中也具有重要意义。

16.7 超材料的挑战

迄今为止，人们已在屏蔽电磁频谱方面付出了各种努力。最初的工作集中在微波屏蔽上，接着是甚低频和光谱。在光谱中，尽管尚未完全实现屏蔽，但正在努力中。导致无法屏蔽全部光谱的主要原因是超材料的定标限制。此外，在光学领域工作所需的超材料结构，需要一些重要的纳米制造工具，而这些工具也受限于透镜的衍射极限。制造精确的纳米尺度结构至关重要。因此，在高频特别是在光频及以上频率范围内，仍需要进行大量的工作。

由于随着频率提高而出现的超材料定标缺陷，所需超材料的尺寸将被减小。尺寸的减小会降低金属的电导率。此外，金属的等离子频率出现在紫外区域，导致绝缘行为[93]。在SRR设计的定标中，用于制造小结构的维度和纳米制造设施面临着严峻挑战。因此，制造和集成这些器件对高频应用是一项挑战。

适当屏蔽后，主要的挑战是减轻屏蔽体的重量。若屏蔽体在光学领域用作隐形衣，则应该几乎是无重量的，以便能够实际应用。

16.8 小结

本章着重介绍了超材料及其在屏蔽应用中的重要性,强调了超材料的优势,证明了它在屏蔽应用中的重要地位,简要讨论了超材料的其他应用,扩展了超材料的应用领域。超材料领域最初在微波范围内得到了广泛研究,并且扩展到了高频和低频电磁频段。因此,我们还关注了光学领域,这为当前令人着迷的隐形衣研究开辟了道路。对于电磁波,频率选择性至关重要。因此,我们关注了频率选择性方法。这些超材料可在特定频率下屏蔽所需的材料,而在其他频率下保持非屏蔽状态。我们还介绍了超材料的不同制造技术,讨论了超材料在微波以外频率上面临的挑战。虽然挑战仍然存在,但它们正在推动超材料领域的发展。

参 考 文 献

1. Shelby, R.A., Smith, D.R., Nemat-Nasser, S.C., and Schultz, S. (Jan. 2001). Microwave transmission through a two-dimensional, isotropic, left-handed metamaterial. *Appl. Phys. Lett.* 78 (4): 489.
2. Veselago, V.G. (1968). The electrodynamics of substances with simultaneously negative values of electric permittivity and magnetic permeability. *Sov. Phys. Uspekhi* 10 (4): 509–514.
3. Shalaev, V.M. (Jan. 2007). Optical negative-index metamaterials. *Nat. Photonics* 1 (1): 41–48.
4. Boltasseva, A. and Shalaev, V.M. (May 2008). Fabrication of optical negative-index metamaterials: recent advances and outlook. *Metamaterials* 2 (1): 1–17.
5. Pendry, J.B., Holden, A.J., Stewart, W.J., and Youngs, I. (1996). Extremely low frequency plasmons in metallic microstructures. *Phys. Rev. Lett.* 76 (11): 4773–4776.
6. Pendry, J.B., Holden, A.J., Robbins, D.J., and Stewart, W.J. (1999). Magnetism from conductors and enhanced nonlinear phenomena. *IEEE Trans. Microw. Theory Tech.* 47 (11): 2075–2084.
7. Shelby, R.A., Smith, D.R., and Schultz, S. (2001). Experimental verification of a negative index of refraction. *Science* 292 (5514): 77–79.
8. Smith, D.R. and Pendry, J.B. (2006). Homogenization of metamaterials by field averaging (invited paper). *J. Opt. Soc. Am. B* 23 (3): 391.
9. Smith, D.R., Vier, D.C., Kroll, N., and Schultz, S. (2000). Direct calculation of permeability and permittivity for a left-handed metamaterial. *Appl. Phys. Lett.* 77 (14): 2246.
10. Seddon, N. and Bearpark, T. (2003). Observation of the inverse Doppler effect. *Science* 302 (5650): 1537–1540.
11. Zhu, W., Xiao, F., Kang, M. et al. (2014). Tunable terahertz left-handed metamaterial based on multi-layer graphene-dielectric composite. *Appl. Phys. Lett.* 104 (5): 051902.
12. Zhang, S., Fan, W., Malloy, K.J. et al. (2005). Near-infrared double negative metamaterials. *Opt. Express* 13 (13): 4922–4930.
13. Enkrich, C., Wegener, M., Linden, S. et al. (2005). Magnetic metamaterials at telecommunication and visible frequencies. *Phys. Rev. Lett.* 95 (20): 203901.
14. Liu, X., MacNaughton, S., Shrekenhamer, D.B. et al. (2010). Metamaterials on parylene thin film substrates: design, fabrication, and characterization at terahertz frequency. *Appl. Phys. Lett.* 96 (1): 011906.
15. Martínez, A., García-Meca, C., Ortuño, R. et al. (2009). Metamaterials for optical security. *Appl. Phys. Lett.* 94 (25): 251106.
16. Besnoff, J., Chabalko, M., and Ricketts, D.S. (2016). A frequency selective zero-permeability metamaterial shield for reduction of near-field electromagnetic energy. *IEEE Antennas Wirel. Propag. Lett.* 15: 654–657.

17 Schelkunoff, S.A. (1943). *Electromagnetic Waves*. New York: Van Nostrand.
18 Cubukcu, E., Aydin, K., Ozbay, E. et al. (2003). Subwavelength resolution in a two-dimensional photonic-crystal-based superlens. *Phys. Rev. Lett.* 91 (20): 207401.
19 Kosaka, H., Kawashima, T., Tomita, A. et al. (1998). Superprism phenomena in photonic crystals. *Phys. Rev. B* 58 (16): R10096–R10099.
20 Notomi, M. (2000). Theory of light propagation in strongly modulated photonic crystals: refractionlike behavior in the vicinity of the photonic band gap. *Phys. Rev. B* 62 (16): 10696–10705.
21 Gralak, B., Enoch, S., and Tayeb, G. (2000). Anomalous refractive properties of photonic crystals. *J. Opt. Soc. Am. A* 17 (6): 1012.
22 Luo, C., Johnson, S.G., Joannopoulos, J.D., and Pendry, J.B. (2002). All-angle negative refraction without negative effective index. *Phys. Rev. B* 65 (20): 201104.
23 Berrier, A., Mulot, M., Swillo, M. et al. (2004). Negative refraction at infrared wavelengths in a two-dimensional photonic crystal. *Phys. Rev. Lett.* 93 (7): 073902.
24 Lu, Z., Murakowski, J.A., Schuetz, C.A. et al. (2005). Three-dimensional subwavelength imaging by a photonic-crystal flat lens using negative refraction at microwave frequencies. *Phys. Rev. Lett.* 95 (15): 153901.
25 Alù, A. and Engheta, N. (2006). Optical nanotransmission lines: synthesis of planar left-handed metamaterials in the infrared and visible regimes. *J. Opt. Soc. Am. B* 23 (3): 571.
26 Eleftheriades, G.V., Iyer, A.K., and Kremer, P.C. (2002). Planar negative refractive index media using periodically L-C loaded transmission lines. *IEEE Trans. Microw. Theory Tech.* 50 (12): 2702–2712.
27 Parimi, P.V., Lu, W.T., Vodo, P. et al. (2004). Negative refraction and left-handed electromagnetism in microwave photonic crystals. *Phys. Rev. Lett.* 92 (12): 127401.
28 Parimi, P.V., Lu, W.T., Vodo, P., and Sridhar, S. (2003). Photonic crystals: imaging by flat lens using negative refraction. *Nature* 426 (6965): 404.
29 Cubukcu, E., Aydin, K., Ozbay, E. et al. (2003). Electromagnetic waves: negative refraction by photonic crystals. *Nature* 423 (6940): 604–605.
30 Boyvat, M. and Hafner, C.V. (2013). Magnetic field shielding by metamaterials. *Prog. Electromagn. Res.* 136: 647–664.
31 Leonhardt, U. and Philbin, T.G. (2006). General relativity in electrical engineering. *New J. Phys.* 8 (10): 247–247.
32 Pendry, J.B., Schurig, D., and Smith, D.R. (2006). Controlling electromagnetic fields. *Science* 312 (5781): 1780–1782.
33 Schurig, D., Mock, J.J., Justice, B.J. et al. (2006). Metamaterial electromagnetic cloak at microwave frequencies. *Science* 314 (5801): 977–980.
34 Ward, A.J. and Pendry, J.B. (1996). Refraction and geometry in Maxwell's equations. *J. Mod. Opt.* 43 (4): 773–793.
35 Schurig, D., Pendry, J.B., and Smith, D.R. (2006). Calculation of material properties and ray tracing in transformation media. *Opt. Express* 14 (21): 9794.
36 Kundtz, N.B., Smith, D.R., and Pendry, J.B. (2011). Electromagnetic design with transformation optics. *Proc. IEEE* 99 (10): 1622–1633.
37 Cai, W., Chettiar, U.K., Kildishev, A.V., and Shalaev, V.M. (2007). Optical cloaking with metamaterials. *Nat. Photonics* 1 (4): 224–227.
38 Zhai, T., Shi, J., Chen, S., and Liu, D. (2011). Electromagnetic shielding and energy concentration using zero-index metamaterials. *Appl. Phys. Express* 4 (7): 074301.
39 Sun, H., Huang, Y., Li, J. et al. (2015). Ultra-compact metamaterial absorber with low-permittivity dielectric substrate. *Prog. Electromagn. Res. M* 41: 25–32.
40 Jelinek, L. and Machac, J. (2011). An FET-based unit cell for an active magnetic metamaterial. *IEEE Antennas Wirel. Propag. Lett.* 10: 927–930.
41 Liu, X.M., Lan, C.W., Zhao, Q., and Zhou, J. (2013). Perfect absorber based on mie dielectric metamaterials. *Adv. Mater. Res.* 873: 456–464.

42 Chen, J., Wang, G., Chen, Z., Liu, M., and Hu, X. (2014). Multi-band microwave metamaterial perfect absorber based on Mie resonance theory. *Progress in Electromagnetics Research Symposium (PIERS 2014) Guangzhou*, Electromagnetics Academy, vol. 1, pp. 541–547.

43 Gaillot, D.P., Croënne, C., and Lippens, D. (2008). An all-dielectric route for terahertz cloaking. *Opt. Express* 16 (6): 3986–3992.

44 Bo, Z., Zheng-Bin, W., Zhen-Zhong, Y. et al. (2009). Planar metamaterial microwave absorber for all wave polarizations. *Chin. Phys. Lett.* 26 (11): 114102.

45 Vanbésien, O., Fabre, N., Mélique, X., and Lippens, D. (2008). Photonic-crystal-based cloaking device at optical wavelengths. *Appl. Opt.* 47 (10): 1358.

46 Shen, N.-H., Kenanakis, G., Kafesaki, M. et al. (2009). Parametric investigation and analysis of fishnet metamaterials in the microwave regime. *J. Opt. Soc. Am. B* 26 (12): B61.

47 Sabah, C., Dincer, F., Karaaslan, M. et al. (2014). Perfect metamaterial absorber with polarization and incident angle independencies based on ring and cross-wire resonators for shielding and a sensor application. *Opt. Commun.* 322: 137–142.

48 Islam, S., Faruque, M., and Islam, M. (2014). The design and analysis of a novel split-H-shaped metamaterial for multi-band microwave applications. *Materials* 7 (7): 4994–5011.

49 Yoo, Y.J., Kim, Y.J., Van Tuong, P. et al. (2013). Polarization-independent dual-band perfect absorber utilizing multiple magnetic resonances. *Opt. Express* 21 (26): 32484–32490.

50 Seetharamdoo, D., Berbineau, M., Tarot, A.-C., and Mahdjoubi, K. (2009). Evaluating the potential shielding properties of periodic metamaterial slabs. *2009 International Symposium on Electromagnetic Compatibility – EMC Europe*, IEEE, pp. 1–4.

51 Mishrikey, M. (2010). Analysis and Design of Metamaterials. Doctoral thesis. ETH.

52 Sabah, C. and Roskos, H.G. (2011). Numerical and experimental investigation of fishnet-based metamaterial in a X-band waveguide. *J. Phys. D Appl. Phys.* 44 (25): 255101.

53 Zhang, S., Fan, W., Panoiu, N.C. et al. (2005). Experimental demonstration of near-infrared negative-index metamaterials. *Phys. Rev. Lett.* 95 (13): 137404.

54 Valentine, J., Zhang, S., Zentgraf, T. et al. (2008). Three-dimensional optical metamaterial with a negative refractive index. *Nature* 455 (7211): 376–379.

55 Shalaev, V.M., Cai, W., Chettiar, U.K. et al. (2005). Negative index of refraction in optical metamaterials. *Opt. Lett.* 30 (24): 3356–3358.

56 Xiao, S., Drachev, V.P., Kildishev, A.V. et al. (2010). Loss-free and active optical negative-index metamaterials. *Nature* 466 (7307): 735–738.

57 Dolling, G., Enkrich, C., Wegener, M. et al. (2006). Low-loss negative-index metamaterial at telecommunication wavelengths. *Opt. Lett.* 31 (12): 1800.

58 Parsons, J. and Polman, A. (2011). A copper negative index metamaterial in the visible/near-infrared. *Appl. Phys. Lett.* 99 (16): 161108.

59 Ni, X., Wong, Z.J., Mrejen, M. et al. (2015). An ultrathin invisibility skin cloak for visible light. *Science* 349 (6254): 1310–1314.

60 Gajić, R., Meisels, R., Kuchar, F., and Hingerl, K. (2005). Refraction and rightness in photonic crystals. *Opt. Express* 13 (21): 8596–8605.

61 Zhong, J., Huang, Y., Wen, G. et al. (2012). Single-/dual-band metamaterial absorber based on cross-circular-loop resonator with shorted stubs. *Appl. Phys. A Mater. Sci. Process.* 108 (2): 329–335.

62 Shen, X., Cui, T.J., Zhao, J. et al. (2011). Polarization-independent wide-angle triple-band metamaterial absorber. *Opt. Express* 19 (10): 9401–9407.

63 Zhang, Y.-X., Qiao, S., Huang, W. et al. (2011). Asymmetric single-particle triple-resonant metamaterial in terahertz band. *Appl. Phys. Lett.* 99 (7): 073111.

64 Zelada Rivas, J.F., and Yarleque Medina, M. (2010). Spatial and frequency selective electromagnetic shield employing metamaterials. *2010 IEEE ANDESCON Conference Proceedings*, IEEE, pp. 1–6.

65 Ziolkowski, R.W. (2011). Passive and active metamaterial constructs and their impact on electrically small radiating and scattering systems. *2011 XXXth URSI General Assembly and Scientific Symposium*, IEEE, pp. 1–4.

66 Smith, D., Padilla, W., Vier, D. et al. (2000). Composite medium with simultaneously negative permeability and permittivity. *Phys. Rev. Lett.* 84 (18): 4184–4187.
67 Azad, A.K., Taylor, A.J., Smirnova, E. et al. (2008). Characterization and analysis of terahertz metamaterials based on rectangular split-ring resonators. *Appl. Phys. Lett.* 92 (1): 011119.
68 Zhong, S. and He, S. (2013). Ultrathin and lightweight microwave absorbers made of mu-near-zero metamaterials. *Sci. Rep.* 3: 2083.
69 Yuan, J., Liu, S., Bian, B., Kong, X., and Zhang, H. (2014). A novel tunable dual-band microwave metamaterial absorber based on split ring resonant. *Progress in Electromagnetics Research Symposium (PIERS 2014) Guangzhou*, Electromagnetics Academy, vol. 1, pp. 296–299.
70 Dutta, N., Mirza, I.O., Shi, S., and Prather, D.W. (2010). Fabrication of large area fishnet optical metamaterial structures operational at near-IR wavelengths. *Materials* 3 (12): 5283–5292.
71 Kafesaki, M., Tsiapa, I., Katsarakis, N. et al. (2007). Left-handed metamaterials: the fishnet structure and its variations. *Phys. Rev. B – Condens. Matter Mater. Phys.* 75 (23): 1–9.
72 Tung, N.T., Thuy, V.T.T., Park, J.W. et al. (2010). Left-handed transmission in a simple cut-wire pair structure. *J. Appl. Phys.* 107 (2): 023530.
73 Sellier, A., Burokur, S.N., Kanté, B., and de Lustrac, A. (Apr. 2009). Negative refractive index metamaterials using only metallic cut wires. *Opt. Express* 17 (8): 6301.
74 Sun, J., Liu, L., Dong, G., and Zhou, J. (2011). An extremely broad band metamaterial absorber based on destructive interference. *Opt. Express* 19 (22): 21155.
75 Wood, B. and Pendry, J.B. (2007). Metamaterials at zero frequency. *J. Phys. Condens. Matter* 19 (7): 076208.
76 Magnus, F., Wood, B., Moore, J. et al. (2008). A d.c. magnetic metamaterial. *Nat. Mater.* 7 (4): 295–297.
77 Pendry, J.B. (2004). A chiral route to negative refraction. *Science* 306 (5700): 1353–1355.
78 Wang, B., Zhou, J., Koschny, T. et al. (2009). Chiral metamaterials: simulations and experiments. *J. Opt. A Pure Appl. Opt.* 11 (11): 114003.
79 Boyvat, M. and Hafner, C.V. (2012). Molding the flow of magnetic field with metamaterials: magnetic field shielding. *Prog. Electromagn. Res.* 126: 303–316.
80 Sussman-Fort, S.E. and Rudish, R.M. (Aug. 2009). Non-foster impedance matching of electrically-small antennas. *IEEE Trans. Antennas Propag.* 57 (8): 2230–2241.
81 Marque´s, R., Martel, J., Mesa, F., and Medina, F. (2002). A new 2D isotropic left-handed metamaterial design: theory and experiment. *Microw. Opt. Technol. Lett.* 35 (5): 405–408.
82 Lovat, G., and Burghignoli, P. (2007). Shielding effectiveness of a metamaterial slab. *2007 IEEE International Symposium on Electromagnetic Compatibility*, IEEE, pp. 1–5.
83 Lovat, G., Burghignoli, P., and Celozzi, S. (2008). Shielding properties of a wire-medium screen. *IEEE Trans. Electromagn. Compat.* 50 (1): 80–88.
84 Wang, J., Qu, S., Fu, Z. et al. (2009). Three-dimensional metamaterial microwave absorbers composed of coplanar magnetic and electric resonators. *Prog. Electromagn. Res. Lett.* 7: 15–24.
85 Lee, H.-M. (2014). A broadband flexible metamaterial absorber based on double resonance. *Prog. Electromagn. Res. Lett.* 46: 73–78.
86 Han, N.R., Chen, Z.C., Lim, C.S. et al. (2011). Broadband multi-layer terahertz metamaterials fabrication and characterization on flexible substrates. *Opt. Express* 19 (8): 6990–6998.
87 Lipworth, G., Ensworth, J., Seetharam, K. et al. (2015). Quasi-static magnetic field shielding using longitudinal Mu-near-zero metamaterials. *Sci. Rep.* 5: 12764.
88 Yuan, Y., Bingham, C., Tyler, T. et al. (2008). Dual-band planar electric metamaterial in the terahertz regime. *Opt. Express* 16 (13): 9746.
89 Hao, J., Yan, W., and Qiu, M. (2010). Super-reflection and cloaking based on zero index metamaterial. *Appl. Phys. Lett.* 96 (10): 101109.
90 Bláha, M. and Machac, J. (2012). Planar resonators for metamaterials. *Radioengineering* 21 (3): 852–859.

91 Feth, N., Enkrich, C., Wegener, M., and Linden, S. (2007). Large-area magnetic metamaterials via compact interference lithography. *Opt. Express* 15 (2): 501.
92 Kenanakis, G., Zhao, R., Stavrinidis, A. et al. (2012). Flexible chiral metamaterials in the terahertz regime: a comparative study of various designs. *Opt. Mater. Express* 2 (12): 1702.
93 Padilla, W.J., Yen, T.-J., Fang, N. , Vier, D.C., Smith, D.R., Pendry, J.B., Zhang, X. and Basov, D.N. (2005). Infrared spectroscopy and ellipsometry of magnetic metamaterials. *Proc. SPIE 5732, Quantum Sensing and Nanophotonic Devices II, (25 March 2005)*.
94 Pendry, J.B. (2000). Negative refraction makes a perfect lens. *Phys. Rev. Lett.* 85 (18): 3966–3969.
95 Odabasi, H. and Teixeira, F.L. (2013). Electric-field-coupled resonators as metamaterial loadings for waveguide miniaturization. *J. Appl. Phys.* 114 (21): 214901.
96 Singh, G. (2010). Double negative left-handed metamaterials for miniaturization of rectangular microstrip antenna. *J. Electromagn. Anal. Appl.* 2: 347–351.
97 Boubakri, A., and Tahar, J.B.H. (2011). Optimization of a patch antenna performances using a left handed metamaterial. *Progress in Electromagnetics Research Symposium Proceedings, Marrakesh, Morocco, Mar. 20–23*, Electromagnetics Academy, pp. 419–421.
98 Aznar, F., Gil, M., Bonache, J. et al. (2008). Characterization of miniaturized metamaterial resonators coupled to planar transmission lines through parameter extraction. *J. Appl. Phys.* 104 (11): 114501.
99 Brûlé, S., Javelaud, E.H., Enoch, S., and Guenneau, S. (2014). Experiments on seismic metamaterials: molding surface waves. *Phys. Rev. Lett.* 112 (13): 133901.
100 Kim, S. (2012). Seismic waveguide of metamaterials. *Mod. Phys. Lett. B* 26 (17): 1–8.
101 Narayana, S., Savo, S., and Sato, Y. (2013). Transient heat flux shielding using thermal metamaterials. *Appl. Phys. Lett.* 102 (20): 2013–2016.
102 Brueck, S.R.J. (2005). Optical and interferometric lithography – nanotechnology enablers. *Proc. IEEE* 93 (10): 1704–1721.
103 Fleury, R. and Alu, A. (2014). Cloaking and invisibility: a review. *Prog. Electromagn. Res.* 147: 171–202.
104 Alitalo, P. and Tretyakov, S. (2009). Electromagnetic cloaking with metamaterials. *Mater. Today* 12 (3): 22–29.
105 Shen, N.-H., Foteinopoulou, S., Kafesaki, M. et al. (Sep. 2009). Compact planar far-field superlens based on anisotropic left-handed metamaterials. *Phys. Rev. B* 80 (11): 115123.
106 Zhou, X. and Hu, G. (Jul. 2011). Superlensing effect of an anisotropic metamaterial slab with near-zero dynamic mass. *Appl. Phys. Lett.* 98 (26): 263510.
107 Burokur, S.N., Latrach, M., and Toutain, S. (2005). Theoretical investigation of a circular patch antenna in the presence of a left-handed medium. *Antennas Wirel. Propag. Lett.* 4 (1): 183–186.

第17章 基于聚合物共混纳米复合材料的双逾渗电磁干扰屏蔽材料

P. Mohammed Arif, Jemy James, Jiji Abraham, K. Nandakkumar, Sabu Thomas

17.1 引言

在日常生活中，我们都知道绝缘材料不导电，但在某些情况下绝缘聚合物却能导电。在绝缘聚合物中填充导电填料，当填料含量达到某个临界值时，绝缘聚合物的导电性会突然提高。填料可以是金属粒子、炭黑、碳纳米管等。任何材料与其他材料混合后，都会形成复合材料。在这种情况下，复合材料就是填充了导电填料的绝缘聚合物，填料形成的网络可以促进电流通过复合材料。逾渗理论解释了这种现象，即所谓的渗流，复合材料中的临界填料浓度称为逾渗阈值，它不仅取决于填料和复合材料的类型，而且取决于填料的分散状态和基体形态。

电磁干扰（EMI）屏蔽，通常称为EMI屏蔽，如今正变得日益突出，这是因为产生、接收和处理电磁辐射的新型设备不断发展。对高质量EMI屏蔽材料的需求正在不断增长，以保护或屏蔽设备免受其他设备或物体的干扰。导电填料是有前途的EMI屏蔽材料之一。EMI SE取决于许多因素，如导电聚合物的分散性、形状、电导率和复合材料的介电性能。因此，含有导电填料的异质聚合物共混物预计会显示出更高的EMI SE，因为纳米复合材料具有更高的导电性，而这可用双逾渗现象、共混物的一个连续相或界面上的导电填料选择性定位来解释。尽管双逾渗现象已被广泛报道，但只有少数文章报道了EMI SE与异质聚合物共混物中的双逾渗和共连续性之间的关系。有些研究评估了加入导电填料的异质共混物的EMI SE，但未分析共连续成分。

17.2 双逾渗的概念

Sumita等人首次报道了填充导电粒子的共混物的双逾渗概念[1]。第一次逾渗是其中一种聚合物中填料的导电路径，而第二次逾渗则是该相在共混体系中的逾渗，如图17.1所示[2]。在不相容聚合物共混物中加入导电填料，可在较低的导电填料含量下实现导电性，进而使导电填料在基体中形成网络。填料网络可在共混物的连续相中形成，或者将填料定位在共混物组元中共连续结构的界面上形成。利用双逾渗现象，可从不相容的共混物制备出导电复合材料，其逾渗阈值低于纯聚合物复合材料[1-3]。双逾渗受界面张力、黏度比和加工条件差异的影响。界面能

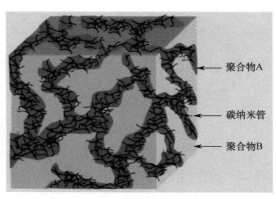

图17.1 含碳纳米管聚合物复合材料的双逾渗现象示意图[2]

差异、聚合物之间以及含有填料的聚合物之间的极性差异，会控制导电填料向共混物中与其最相容相的方向迁移。通常情况下，填料会向低黏度聚合物方向迁移。加工条件会影响填料的分散和定位。

在许多论文中，针对不同的聚合物共混体系和不同的导电填料，讨论了双逾渗概念。Sumita等人报道了含有炭黑的PP/PMMA和HDPE/PPMA共混物中的双逾渗现象[1]。由于不同聚合物对炭黑的润湿系数不同，炭黑在共混体系的界面上局部聚集。双逾渗概念也可用于由碳纤维、碳纳米管填充的共混体系。Calberg等人发现炭黑位于PS/PMMA共混界面[4]。Mallette等人研究了PET/HDPE共混物，其中炭黑位于HDPE相中[5]。Meinck等人报告说，在PA6/ABS/MWCNT共混体系中，MWCNT填充相形成了共连续结构中的连续相[6]。Pötschke等人讨论了PC-MWCNT-PE和蒙脱石填充PP共混物中的双逾渗[7]。在MWCNT填充相开始形成连续相的成分中，共混物的电导率值明显提高。

17.3 炭黑和碳纳米纤维基复合材料

17.3.1 炭黑基复合材料

聚合物复合材料表现出聚合物基体及填料的性质。炭黑（CB）因制备方法简单、价格低廉和良好的综合性能，被用作复合材料的填料。炭黑是一种纯碳元素细粉末，是在受控环境下热分解气体或液态碳氢化合物生成的，通常呈黑色细粉末状，用于轮胎、橡胶、印刷油墨等。按年产量计算，炭黑是全球产量最高的化学品之一，全球年产量约为180亿磅，约90%的炭黑用于橡胶中。

Xiu等人报道，在PLA/PU共混物中出现双逾渗现象是由于共连续形态及炭黑的自网络作用[8]。该研究称，在不影响共混物强度和模量的情况下，机械强度和导电性得到了增强。

多项研究表明，控制微观结构的关键是填料在混合物基体中的分布。至少报道了三种体系，它们均基于填料在基体中的分布：① 分离分散结构，聚合物和填料分别分散在基体中［见图17.2(a)］。② 核-壳结构，填料包含在分散相中［见图17.2(b)］。③ 填料网络结构，分散相被填料网络包围［见图17.2(c)］。图17.2(d)显示了分散相在基体中形成连续相形态，填料在连续相中形成网络结构。控制共混体系的形态和填料分布，可控制复合材料的性能。通过形成双逾渗结构——填料在富填料相中的逾渗和共混物中的连续相，可获得填料含量极低的导电聚合物复合材料[8]。

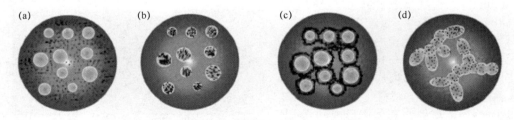

图17.2 聚合物共混物/填料体系中的常见相形态示意图[8]

Sumita等人研究了CB填充高密度聚乙烯/聚甲基丙烯酸甲酯（HDPE/PMMA）和聚丙烯/聚甲基丙烯酸甲酯（PP/PMMA）共混物的导电率随聚合物混合比例的变化。用电子显微镜观测到CB在聚合物共混物各组分中的不均匀分布，这是由共混物不相容造成的（见图17.3）。决定聚合物共混物电导率的主要因素是，炭黑在富含填料相中的浓度和该相的结构连续性。由此可见，双逾渗现象会影响导电聚合物共混物的电导率[1]。

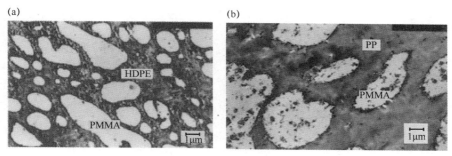

图17.3 炭黑填充的(a)HDPE/PMMA和(b)PMMA/PP共混物的TEM图像[1]

Soares等人报告了在聚苯乙烯（PS）和乙烯乙酸乙烯酯（EVA）共聚物复合材料中，炭黑的选择定位和双逾渗。他们的研究表明炭黑优先定位于EVA相，如图17.4所示。共连续形态与炭黑在EVA相中选择定位的结合，使复合材料具有较高的电导率值，在X波段范围内具有较好的EMI SE，如图17.5所示。反射机制和吸收机制是电磁衰减的主要原因，但炭黑含量较高的复合材料的反射较强[9]。

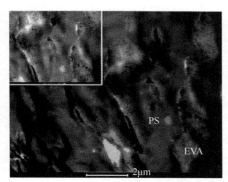

图17.4 含5wt% CB的PS/EVA（70:30 w/w）共混物的TEM显微照片[9]

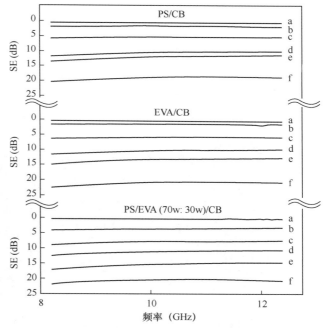

图17.5 不同CB含量的PS、EVS和PS/EVA共混物（70:30 w/w）的EMI SE，CB含量：(a)0wt%；(b)2wt%；(c)5wt%；(d)7.5wt%；(e)10wt%；(f)15wt%[9]

Rahaman等人报道了不同成分的EVA共聚物和丙烯腈-丁二烯共聚物（NBR）混合物的EMI SE，其中还填充了两种炭黑（Conductex和Printex XE2）。由于EVA本质上是晶体，而NBR是无定形的，因此它们作为炭黑粒子的主体表现是不同的，导致炭黑粒子在共混物中的分布不均匀。与NBR相比，EVA只能容纳极少的炭黑，在某些情况下甚至不能容纳任何炭黑，导致导电网络断开，进而降低EMI SE（见图17.6）。不含炭黑的区域和含极少量炭黑的区域作为传导网络中的缺口，充当了电磁辐射的通道，降低了EMI SE[10]。

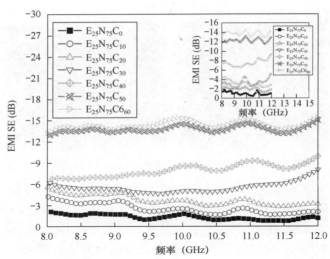

图17.6 Conductex炭黑填充复合材料的EMI SE和频率之间的关系，EVA/NBR 25/75和75/25共混物（见插图）[1]

Al-Saleh及其同事研究了炭黑含量较高的聚丙烯和聚苯乙烯共混物的EMI SE[11]，测试了单一聚合物、共混物、高含量炭黑PS/PP/SBS共混物的电阻率和EMI SE。作者报告了炭黑在PS相中的优先定位，如图17.7所示。他们对由PS和PP与炭黑的混合物制成的2mm厚板材进行了屏蔽效能测试，并且得到了合理的值，如图17.8所示。这些材料可用于保护计算机和其他敏感附属设备。

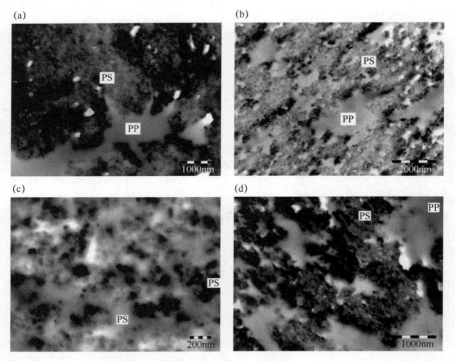

图17.7 含10vol.% CB的TEM图像，混合物：(a)(25/75) PP/PS；(b)(50/50) PP/PS；(c)(75/25) PP/PS；(d)(50/50) PP/PS，含5vol.% SBS[11]

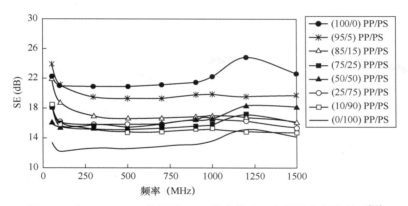

图17.8 含10vol.% CB的不同PP/PS混合物的SE与频率之间的关系[11]

17.3.2 碳纳米纤维

碳纳米纤维吸引了全球研究人员的关注。它们是一种含碳量至少为90%的纤维，是通过对合适的纤维进行受控热解制成的。在商用和民用飞机、工业和运输市场中，碳纤维是理想的增强材料，可制备轻质复合材料。尽管碳纤维重量很轻，但能提供非常好的机械性能，包括显著的疲劳特性。Zhang等人报道了填充碳纤维的HDPE/等规PP（iPP）混合物的双逾渗阈值[12]。PE中碳纤维的逾渗，以及聚合物共混物中该相的连续性，如图17.9所示。Rahaman等人通过熔融混合技术，制备了碳纤维基EVA/NBR纳米复合材料。他们观测到，随着测量频率的增加，EMI SE略有提升。他们还研究了在聚合物基体中增大纤维含量的影响，发现随着纤维含量的增加，回波损耗降低，吸收损耗增加[13]。

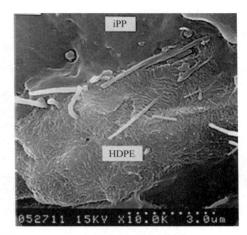

图17.9 1.5phr气相生长碳纳米纤维（VGCF）填充HDPE/iPP(40/60)的扫描电镜显微照片[12]

17.4 基于碳纳米管的纳米复合材料

聚合物/CNT纳米复合材料具有极佳的热学、电学和机械性能，是全球研究人员提出的CNT最具前景的应用之一[14]。在由CNT和聚合物组成的导电聚合物复合材料中，高于逾渗阈值（pc）的CNT在基体中形成连续网络结构[15]。影响聚合物/CNT纳米复合材料逾渗的因素，包括CNT的长径比（长径比越大，pc越低）、CNT在基体聚合物中的分散状态。多壁纳米碳管的大长径比，有利于聚合物纳米复合材料在极低CNT含量下实现合理的导电性。制造基于CNT的聚合物纳米复合材料的方法，包括溶液混合、CNT存在下单体原位聚合以及熔融混合。由于CNT在聚合物基体中的分散性和个体化不足，因此在极低的CNT含量下获得导电性是一项挑战。

Maiti等人[16]制备了导电聚碳酸酯/丙烯腈-丁二烯-苯乙烯/MWCNT纳米复合材料，其中MWCNT的含量很低。注意，ABS仅部分溶于PC，导致MWCNT选择性地分散在ABS相中，随后发现在填料含量为0.328%时电导率变为更高的值，如图17.10所示。当填料的含量较低时，这种电导率突然升高的结果要归因于双逾渗现象。

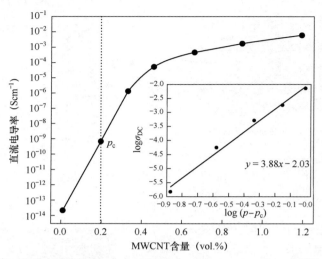

图17.10　PC/MWCNT纳米复合材料的直流导电率与MWCNT含量的关系。
插图是相同纳米复合材料的 logdc ～ log($p - p_c$) 图[16]

Bose等人试图通过胺官能化MWCNT来改善MWCNT在聚碳酸酯（PC）和聚苯乙烯-共丙烯腈（SAN）共混物中的分散性[17]。他们通过两种不同的策略将乙二胺接枝到MWCNT上，在PC/SAN共混物中的固定浓度下，系统地改变了MWCNT表面NH_2官能团的浓度。他们还探索了官能化MWCNT在PC相中的选择性定位，以及流变电气和电磁干扰（EMI）屏蔽测量。有趣的是，EDA功能化的MWCNT在共混物中显示出了最高的电导率和EMI屏蔽（见图17.11）。

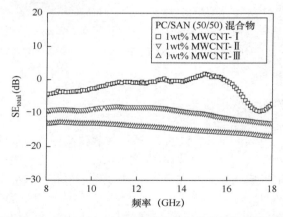

图17.11　用不同MWCNT填充的PC/SAN（50/50）混合物的总屏蔽效能与频率的关系。MWCNT-I，NH_2改性多壁碳纳米管；MWCNT-II，MWCNT的对位取代苯环与乙二胺（EDA）发生重氮反应；MWCNT-III，羧基官能化的MWCNT与亚硫酰氯发生酰化反应[17]

Jia等人制备了具有双逾渗结构的UHPE/EVA/CNT纳米复合材料，其中，EVA的含量仅为20wt%就能在复合材料中形成连续结构。这种复合材料的电导率很高（1.5Sm^{-1}），但其含量仅为1wt%。当CNT含量为7wt%时，纳米复合材料的EMI SE高达57.4dB（见图17.12），远高于已报道的CNT和石墨烯基纳米复合材料[18]。与CNT含量相同的CNT/聚碳酸酯复合材料相比,双逾渗CNT/聚碳酸酯/聚苯乙烯-丙烯腈复合材料的电导率更高[19]。在聚偏氟乙烯(PVDF)/丙烯腈-丁二烯-苯乙烯共混物中,仅加入1wt%的CNT即可获得14dB的EMI SE[20]。在另一项研究中,Bose等人在聚碳酸酯/聚苯乙烯-丙烯腈复合材料中仅加入3wt%的CNT,就获得了23～27dB的EMI SE,比CNT/聚碳酸酯复合材料的EMI SE(17～20dB)高出35%[21]。采用高速薄壁注射成形技术制备了加入CNT的PP/PE纳米复合材料。CNT选择性定位在PE组元中。观测到了不同聚合物相的交替多层结构。形成的导电网络平行于流动方向。分散相的变形分两步进行：先形成不连续层结构,后形成宽而规则的连续PE-CNT层。研究了X波段(8.2～12.4GHz)复合材料的电磁干扰特性。与压缩成形样品相比,注塑成形样品具有较好的多次反射能力,显示出了更好的EMI SE[22]。

Pang等人通过简便的机械混合技术,制备了具有双隔离结构的PMMA/UHMWPE/CNT纳米复合材料。CNT修饰的PMMA颗粒在UHMWPE粒子之间的界面上形成了连续的隔离导电层。形成的复合材料的逾渗阈值为0.2wt% CNT。双隔离CNT/PMMA/UHMWPE复合材料的制备示意图如图17.13所示。对仅含有0.8wt% CNT的双隔离复合材料,进行了电导率和电磁屏蔽效能分析；结果表明,该复合材料的电导率为$0.2 Sm^{-1}$,电磁屏蔽效能约为19.6dB(见图17.14)[23]。

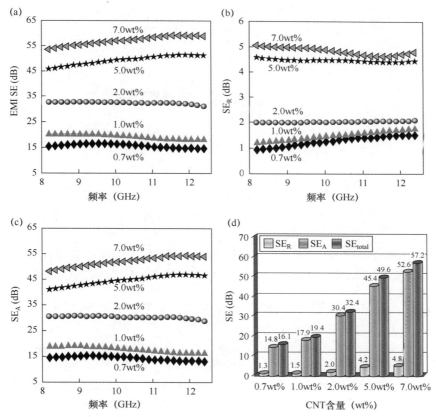

图17.12 (a)不同CNT含量的UHPE/EVA/CNT复合材料的EMI SE与频率之间的关系；(b)在频率范围8.2～12.4GHz内,不同CNT含量的UHPE/EVA/CNT复合材料的微波反射；(c)微波吸收；(d)当频率为10.3GHz时,不同CNT含量UHPE/EVA/CNT复合材料的SE_{total}、SE_A和SE_R[18]

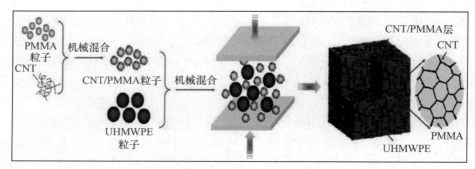

图17.13 双隔离CNT/PMMA/UHMWPE复合材料的制备示意图[21]

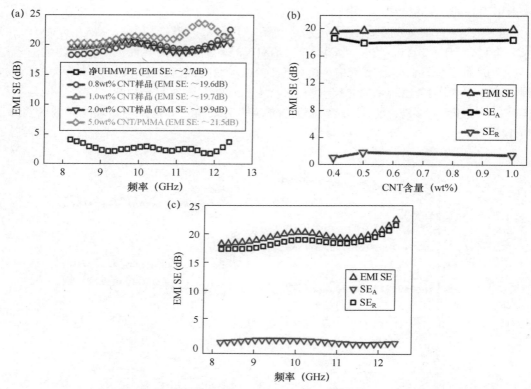

图17.14 (a)在X波段，CNT/PMMA、纯UHMWPE和双隔离复合材料的EMI SE；(b)不同CNT含量下平均EMI SE、SE_A和SE_R的比较；(c)含0.8wt% CNT的双隔离复合材料的EMI SE、SE_A和SE_R的比较[23]

Chang Su等人报道，MWCNT填充的PC/PVDF共混物的逾渗阈值，远低于MWCNT填充的聚合物。CNT选择性定位在PC相中，且在这种共混物中观测到了双逾渗现象[24]。在另一项研究中，通过稀释母料制备了基于CNT的聚丙烯（PP）和环对苯二甲酸丁二醇酯（CBT）纳米复合材料。PP/CBT共混物的导电性也通过双逾渗得到了改善[3]。比例为1:1的聚碳酸酯/聚苯乙烯不相溶混合物，采用溶液处理工艺分散CNT。CNT浓度决定了CNT在不相溶混合物中的定位。当CNT含量为0.05wt%时，CNT位于PS相中，而当CNT含量为5wt%时，分散性较好，在PC相和PS相中都发现了纳米碳管。CNT的良好分散性导致在PC/PS共混物中形成了导电网络，即使是在CNT含量为0.05wt%时[25]。

17.5 基于混杂填料的纳米复合材料

金属纳米粒子聚合物纳米复合材料是导电应用的良好候选材料。量子尺寸效应，包括金属纳米粒子的新奇电子、光学和化学行为，使得其特性不同于块体材料。这些特性可通过控制形状、尺寸、粒子间距和介电环境来调节。

聚合物纳米复合材料（其聚合物基体中含有金属纳米粒子）已广泛用于工业领域，并在各种应用中发挥着重要作用。聚合物基体可用于嵌入含量相对较少的纳米粒子，以克服使用金属纳米结构材料的缺点。由于金属纳米粒子具有高表面积和高导电性，使用极少量导电填料的导电聚合物纳米复合材料已成为现实。聚合物基体中的金属纳米粒子三维网络，可在相对较低的填料含量下实现。Gelves等人研究了金属纳米线/聚合物纳米复合材料片材（0.21mm厚）的EMI SE，结果表明，当纳米铜线的浓度仅为1.3vol.%时，复合材料的EMI SE超过20dB[26]。

Bose等人制备了基于PC（聚碳酸酯）/SAN（聚苯乙烯-共丙烯腈）的共混物屏蔽材料，这些材料含有通过重氮化反应化学接枝多巴胺锚定氧化铁（Fe_3O_4）纳米粒子的多壁碳纳米管（见图17.15）[21]。在PC相中，MWCNT的选择性定位和MWCNT的改性促进了网络状结构的形成，即使是在填料含量较低的时候。MWCNT的双逾渗效应带来了高电导率。采用两步混合方案，将纳米粒子选择定位在混合物的一相中：第一步是将MWCNT-g-Fe_3O_4纳米粒子与PC溶液混合，第二步是在熔融混合过程中使用SAN进行稀释。这种方法提高了MWCNT在共混物中的分散质量，有利于提高EMI SE。MWCNT和改性MWCNT都选择性地定位在PC相中，实现了高导电性。在MWCNT-g-Fe_3O_4共混物中，以吸收机制为主；在PC/SAN共混物中，MWCNT(3wt%)-g-Fe_3O_4(3vol.%)的SE为32.5dB（18GHz）。

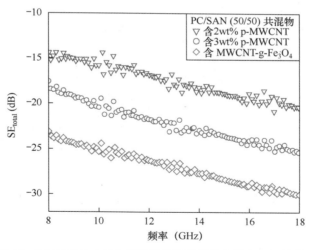

图17.15　PC/SAN(50/50)共混物的总屏蔽效能和频率之间的关系[21]

Bose等人还使用PC（聚碳酸酯）/SAN（聚苯乙烯-共聚-丙烯腈）共混物制备了EMI屏蔽材料，其中含有镍纳米粒子（G-Ni）修饰的几个层状石墨烯纳米片[27]。在石墨烯片基底上，采用金属盐前驱体的均匀形核方法，将镍纳米粒子修饰在石墨烯纳米片上。纳米粒子选择性地定位在PC/SAN共混物的PC相中（见图17.16）。采用了两步混合方案。G-Ni纳米粒子显著提高了共混物的导电性和导热性。利用G-Ni纳米粒子，18GHz频率下的总屏蔽效能（SE_{total}）达到29.4dB,如图17.17所示。与单一的导电聚合物复合材料(CPC)相比,双逾渗CPC的EMI SE得以提高;但是,现有的EMI SE仍然相对较低,无法满足先进EMI屏蔽的要求,尤其是在飞机、航空航天、汽车等领域。

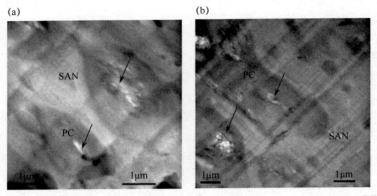

图17.16 共混物薄片的TEM显微照片:(a)1wt%石墨烯;(b)1wt% G-Ni[27]

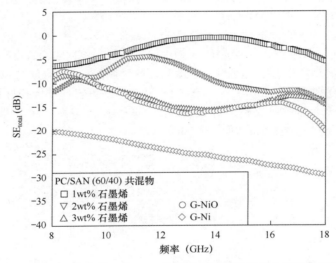

图17.17 在X波段和Ku波段,PC/SAN共混物的总屏蔽效能与频率之间的关系[27]

17.6 小结

本章全面概述了双逾渗现象,以及导电聚合物纳米复合材料和EMI屏蔽材料的最新进展,为理解加入不同导电填料的聚合物共混纳米复合材料中的双逾渗现象奠定了基础。各类聚合物共混物和导电填料用于开发高质量的EMI屏蔽材料。利用双逾渗现象,可由不相容共混物制备出导电复合材料。

参 考 文 献

1 Sumita, M., Sakata, K., Hayakawa, Y. et al. (1992). Double percolation effect on the electrical conductivity of conductive particles filled polymer blends. *Colloid and Polymer Science* 270 (2): 134–139.

2 Pisitsak, P., Magaraphan, R., and Jana, S.C. (2012). Electrically conductive compounds of polycarbonate, liquid crystalline polymer, and multiwalled carbon nanotubes. *Journal of Nanomaterials* 2012: 2.
3 Abbasi, S., Derdouri, A., and Carreau, P.J. (2014). Carbon nanotube conductive networks through the double percolation concept in polymer systems. *International Polymer Processing* 29 (1): 13–27.
4 Calberg, C., Blacher, S., Gubbels, F. et al. (1999). Electrical and dielectric properties of carbon black filled co-continuous two-phase polymer blends. *Journal of Physics D: Applied Physics* 32 (13): 1517.
5 Mallette, J.G., Quej, L.M., Marquez, A., and Manero, O. (2001). Carbon black-filled PET/HDPE blends: effect of the CB structure on rheological and electric properties. *Journal of Applied Polymer Science* 81 (3): 562–569.
6 Meincke, O., Kaempfer, D., Weickmann, H. et al. (2004). Mechanical properties and electrical conductivity of carbon-nanotube filled polyamide-6 and its blends with acrylonitrile/butadiene/styrene. *Polymer* 45 (3): 739–748.
7 Pötschke, P., Bhattacharyya, A.R., and Janke, A. (2004). Carbon nanotube-filled polycarbonate composites produced by melt mixing and their use in blends with polyethylene. *Carbon* 42 (5): 965–969.
8 Xiu, H., Zhou, Y., Dai, J. et al. (2014). Formation of new electric double percolation via carbon black induced co-continuous like morphology. *RSC Advances* 4 (70): 37193–37196.
9 Lopes Pereira, E.C. and Soares, B.G. (2016). Conducting epoxy networks modified with non-covalently functionalized multi-walled carbon nanotube with imidazolium-based ionic liquid. *Journal of Applied Polymer Science* 133 (38): 43976.
10 Rahaman, M., Chaki, T.K., and Khastgir, D. (2011). Development of high performance EMI shielding material from EVA, NBR, and their blends: effect of carbon black structure. *Journal of Materials Science* 46 (11): 3989–3999.
11 Al-Saleh, M.H. and Sundararaj, U. (2008). Electromagnetic interference (EMI) shielding effectiveness of PP/PS polymer blends containing high structure carbon black. *Macromolecular Materials and Engineering* 293 (7): 621–630.
12 Zhang, C., Yi, X.S., Yui, H. et al. (1998). Selective location and double percolation of short carbon fiber filled polymer blends: high-density polyethylene/isotactic polypropylene. *Materials Letters* 36 (1): 186–190.
13 Rahaman, M., Chaki, T.K., and Khastgir, D. (2011). High-performance EMI shielding materials based on short carbon fiber-filled ethylene vinyl acetate copolymer, acrylonitrile butadiene copolymer, and their blends. *Polymer Composites* 32 (11): 1790–1805.
14 Iijima, S. (1991). Helical microtubules of graphitic carbon. *Nature* 354 (6348): 56–58.
15 Maiti, S., Shrivastava, N.K., Suin, S., and Khatua, B.B. (2013). A strategy for achieving low percolation and high electrical conductivity in melt-blended polycarbonate (PC)/multiwall carbon nanotube (MWCNT) nanocomposites: electrical and thermo-mechanical properties. *Express Polymer Letters* 7 (6): 505–518.
16 Maiti, S., Shrivastava, N.K., and Khatua, B.B. (2013). Reduction of percolation threshold through double percolation in melt-blended polycarbonate/acrylonitrile butadiene styrene/multiwall carbon nanotubes elastomer nanocomposites. *Polymer Composites* 34 (4): 570–579.
17 Pawar, S.P., Pattabhi, K., and Bose, S. (2014). Assessing the critical concentration of NH_2 terminal groups on the surface of MWNTs towards chain scission of PC in PC/SAN blends: effect on dispersion, electrical conductivity and EMI shielding. *RSC Advances* 4 (36): 18842–18852.
18 Jia, L.C., Yan, D.X., Cui, C.H. et al. (2016). A unique double percolated polymer composite for highly efficient electromagnetic interference shielding. *Macromolecular Materials and Engineering* 301 (10): 1232–1241.
19 Göldel, A., Kasaliwal, G., and Pötschke, P. (2009). Selective localization and migration of multiwalled carbon nanotubes in blends of polycarbonate and poly (styrene-acrylonitrile).

Macromolecular Rapid Communications 30 (6): 423–429.

20 Kar, G.P., Biswas, S., Rohini, R., and Bose, S. (2015). Tailoring the dispersion of multiwall carbon nanotubes in co-continuous PVDF/ABS blends to design materials with enhanced electromagnetic interference shielding. *Journal of Materials Chemistry A* 3 (15): 7974–7985.

21 Pawar, S.P., Marathe, D.A., Pattabhi, K., and Bose, S. (2015). Electromagnetic interference shielding through MWNT grafted Fe_3O_4 nanoparticles in PC/SAN blends. *Journal of Materials Chemistry A* 3 (2): 656–669.

22 Yu, F., Deng, H., Zhang, Q. et al. (2013). Anisotropic multilayer conductive networks in carbon nanotubes filled polyethylene/polypropylene blends obtained through high speed thin wall injection molding. *Polymer* 54 (23): 6425–6436.

23 Pang, H., Bao, Y., Yang, S.G. et al. (2014). Preparation and properties of carbon nanotube/binary-polymer composites with a double-segregated structure. *Journal of Applied Polymer Science* 131 (2): 39789.

24 Su, C., Xu, L., Zhang, C., and Zhu, J. (2011). Selective location and conductive network formation of multiwalled carbon nanotubes in polycarbonate/poly (vinylidene fluoride) blends. *Composites Science and Technology* 71 (7): 1016–1021.

25 Al-Saleh, M.H., Al-Anid, H.K., and Hussain, Y.A. (2013). Electrical double percolation and carbon nanotubes distribution in solution processed immiscible polymer blend. *Synthetic Metals* 175: 75–80.

26 Gelves, G.A., Al-Saleh, M.H., and Sundararaj, U. (2011). Highly electrically conductive and high performance EMI shielding nanowire/polymer nanocomposites by miscible mixing and precipitation. *Journal of Materials Chemistry* 21 (3): 829–836.

27 Pawar, S.P., Stephen, S., Bose, S., and Mittal, V. (2015). Tailored electrical conductivity, electromagnetic shielding and thermal transport in polymeric blends with graphene sheets decorated with nickel nanoparticles. *Physical Chemistry Chemical Physics* 17 (22): 14922–14930.

第18章　使用光学实验技术表征电磁干扰屏蔽材料的机械性能

Wenfeng Hao, Can Tang, Jianguo Zhu

18.1　引言

光学测试方法包括光弹性、云纹法（包括几何云纹法和云纹干涉法等）、全息干涉法、散斑法（包括电子散斑干涉法和数字图像相关法等）、焦散线法、相干梯度传感法等[1, 2]。一些光学投影法，如光栅投影，也可归类为光学测量法。光弹性法可用于测量物体的应力场，云纹法、全息干涉法和散斑法可用于测量物体的位移场（包括面内位移和离面位移）。通过微分计算，可从位移场得到应变场。还可分离平面外位移和斜率，获得形状信息。光栅投影法用于三维形貌测量。焦散线法和相干梯度传感法主要用在断裂力学中，如高应力集中问题、应力强度因子测量等。然而，总体而言，它们的应用不如其他光学方法广泛。

在过去20多年里，由于激光技术、计算机技术和图像处理技术的发展以及它们在光学测量领域的应用，现代光学测试技术如云纹干涉术、全息干涉术、散斑干涉术、数字图像相关技术等得到了发展。光学检测方法由于非接触、全场测量、无附加质量、高精度和高速度等优点，越来越受到研究人员的关注，应用也越来越多。目前，光学检测技术和方法有着广泛的应用，如在材料科学、生物科学、医学、工程、航空航天、土木工程和EMI屏蔽材料等领域。

18.2　表征EMI屏蔽材料的面内机械性能

18.2.1　数字图像相关法

数字散斑相关技术是散斑计量的一个重要发展，也称数字图像相关法（DIC）[3]。DIC是在20世纪80年代由Yamaguchi和Peters、Ranson几乎同时独立提出的[4]。DIC技术是光学测量技术中最活跃和最重要的技术之一[5-7]。

DIC的技术原理不同于传统光学测试方法。该方法直接利用表面变形前后的两幅数字图像来测量样品表面的位移与应变场的变化。因此，DIC技术是一种基于现代数字图像处理和分析技术的新型光学测量技术，它通过分析物体表面变形前后的数字图像，获得物体表面的变形（位移和应变）信息。基于相关光干涉原理的其他光学测量方法（如全息干涉术、ESPI和云纹干涉术等），一般要求使用激光作为光源，或者光路复杂，或者需要在暗室环境下进行测量。此外，测量结果容易受到外部振动的影响。这些局限性意味着这些测量方法通常只能在带有隔振平台的实验室中进行科学研究，而很难应用于工程领域。

与基于相关光干涉的其他光学测量方法相比，DIC技术有许多优点，包括[8, 9]：① 实验设备和过程简单；② 对测量环境和隔振要求低；③ 易于实现测量过程的自动化；④ 适用范围广。经过40多年发展，DIC已成熟和完善，作为一种非接触、光路简单、精度高、自动化程度高的光学测量方法，它已成功地用在大量科学研究和工程测量中[10, 11]。

在DIC方法的算法中，如何建立变形前后图像的对应关系将影响计算精度。这是算法的关键步骤。建立对应关系通常基于以下两个条件[12, 13]：① 表面上同一点的图像灰度变形前后保持不变；② 任何图像都包含足够的子集，随机分布的散斑在单一灰度级上。

为了尽可能地实现条件①，在实际测量中通常需要稳定和均匀的照明。在DIC方法中，条件②中的"子集"通常称为相关区域或相关计算区域，它通常是大小为 $M \times M$ 的正方形。面积大小对测量精度有影响。面积太小（包含的信息量不够）会很难精确匹配散斑图像中的相关区域；面积太大会导致严重的平均效应，也很难精确匹配散斑图像中的相关区域。在这两种情况下，测量的精度都降低了。

如图18.1所示，当前各种DIC方法的算法大多基于位移参数，建立变形前后图像上像素点之间的映射关系。变形前图像中像素 (x,y) 的位移为 (u,v)，变形后成为图像中的点 (x',y')，坐标间的关系为

$$x' = x + u \tag{18.1}$$
$$y' = y + v \tag{18.2}$$

建立映射关系后，选择相关公式计算变形前后图像子区间的相关系数。当相关系数达到极值时，子区间的匹配度就是最佳的，然后就可得到位移。目前，相关计算方法主要分为以下几种[7]：① 双参数法；② 尺寸搜索法；③ 牛顿-拉夫逊法；④ 交叉搜索法；⑤ 登山搜索法；⑥ 相关系数梯度法；⑦ 遗传算法；⑧ 分形算法。

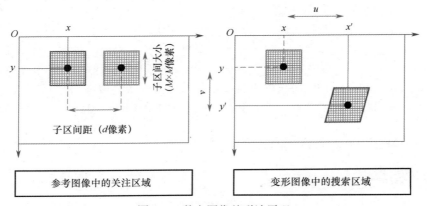

图18.1 数字图像关联法原理

18.2.2 莫尔干涉测量法

莫尔技术是19世纪出现的一种光学测量技术。莫尔方法主要包括几何莫尔法和云纹干涉法等[14, 15]。各种莫尔技术都以网格线作为位移的载体，通过分析网格线变形前后的变化得到变形场。因此，莫尔方法也称密集网格法。由于"阴影现象"，几何莫尔法由两组复合光栅组成。通过对条纹进行分析，可以得到物体的位移场。传统的几何莫尔法基本成熟，现在由于高密度光栅莫尔干涉仪的应用得到了发展。近年来，由于应用高分辨率显微设备对试样进行放大，并替代为原子晶格栅线，莫尔技术可用于测量纳米级的位移，在纳米技术领域发挥着至关重要的作用，因此也称纳米莫尔方法。莫尔干涉仪是由Post于20世纪80年代初提出的。他将高密度衍射光栅技术引入光学测量领域，并于1981年提出了莫尔干涉测量法。这种方法继承了经典光学方法非接触、大跨度、全场、实时、不受试样材料限制等优点，并且结合了灵敏度高、条纹质量好等优点，自问世以来一直被研究人员广泛使用。莫尔干涉仪通常使用频率为600~2400线/mm的高密度光栅。因此，莫尔干涉测量法的测量灵敏度比传统的几何莫尔纹测量法高几倍甚至上百倍。理论上，虚拟参考光栅的最高频率可达4000线/mm，相应的测

量灵敏度可达每个条纹0.25μm。近20年来，人们对莫尔干涉仪进行了大量研究，取得了重要进展。目前，莫尔干涉仪的理论已基本完善，其应用范围也在不断扩大。从宏观到微观，从常温到高温或低温，从静态到动态，莫尔干涉测量法都得到了成功应用。因此，莫尔干涉测量被誉为20世纪80年代以来实验力学领域最重要的发展。此外，它在智能聚合物和涂层、微观力学、断裂力学、微电子封装等领域也发挥着重要作用。莫尔干涉仪以试样表面的高密度光栅作为变形传感元件，主要用于测量面内位移[16]。因此，高质量、高灵敏度的莫尔光栅及其副本就成为该方法的关键技术之一。随着工程技术和微领域研究的发展，对作为变形传感元件的光栅的要求越来越高。莫尔光栅通常采用光刻法制作，即用激光全息干涉测量系统和光来抵抗光致抗蚀剂蚀刻莫尔光栅。如果引入高折射率介质，就可获得高灵敏度的全息莫尔光栅。在工程中，大量变形是三维的，因此三维位移测量更为重要。1981年，Basehore将全息技术引入莫尔干涉法，首次测量了平面内位移和平面外位移。随后，研究人员又提出了多种莫尔干涉测量三维位移场的方法。

在莫尔干涉测量中，频率为600～1200线/mm或更高密度的衍射光栅被用作试样光栅。因此，条纹的形成不基于几何光学，而基于光波理论。目前，对莫尔干涉条纹的解释有两种：一种基于虚拟网格空间的概念，另一种基于波前理论。这里介绍基于虚拟网格空间概念的莫尔干涉测量法的光路和位移场表达式，用于测量平面内的位移场。

图18.2显示了莫尔干涉法原理示意图，即双光束准直对称入射光路。莫尔干涉法只使用一个光栅，即试样光栅。根据虚拟空间概念的解释，当试样进入双光束对称入射光路时，会形成虚拟网格空间，试样光栅和虚拟网格的叠加形成莫尔条纹。

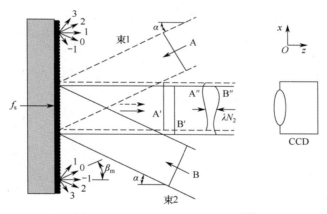

图18.2 莫尔干涉法原理示意图[17]

在变形前，调整初始状态下的入射角α，会使形成的参考光栅（空间虚拟光栅）的频率等于试样光栅的2倍，即$f_r = 2f_s$。变形后的莫尔干涉条纹是参考光栅和试样光栅干涉的结果。位移与条纹之间的关系为

$$u = N_x p_r = \frac{N_x}{f_r} = \frac{N_x}{2f_s} \tag{18.3}$$

$$v = N_y p_r = \frac{N_y}{f_r} = \frac{N_y}{2f_s} \tag{18.4}$$

式中，u,v是两个方向上的位移；N_x, N_y是u和v的条纹阶数；p_r是参考光栅的晶格间距；f_r和f_s分别是参考光栅和试样光栅的频率。

18.2.3 光弹性法

光弹性法的原理基于某些透明材料机械变形后产生的光学各向异性[18, 19]。主应力差是根据偏振光束不同方向之间的光路差来确定的。应力状态和分布模型可通过相同颜色的条纹图像获得。光弹性实验法是光学与力学紧密结合的实验技术，具有实时、无损、全场的优点。1816年，研究人员发现，在偏振光场中，玻璃负载下会出现色谱条纹。条纹分布与载荷和平板的几何形状有关。实验表明，条纹的双次折射现象与每个点的应力状态有关。1853年，麦克斯韦根据实验建立了应力-光学定律。光弹性力学迅速发展，并于1906年发现了弹性材料。光弹性法需要使用光弹性材料（如环氧树脂、聚碳酸酯）来制作一个与真实几何物体模型相似的物体模型，并将模型放入光弹性实验系统中进行测量。光弹性法可以解决平面应力测量和物体三维测量的问题，还可以解决热应力问题（热光弹性）、动态问题（动态光弹性）和弹塑性应力问题（弹塑性光弹法）。近年来，由于模型和实验设备复杂，光弹性法的应用有所减少。对光弹性法的积极研究主要针对光弹性条纹的自动数据采集和处理[20, 21]。光弹性法在工程中的应用主要集中于大型部件的静态和动态应力分析[22, 23]及微观应力测量[24, 25]。根据光弹性的经典概念，等色条纹的数学方程一般写为

$$\tau_{\max} = \frac{Kf_\sigma}{2h} \tag{18.5}$$

式中，K是以一个完整的延迟周期（等速条纹数）表示的相对延迟，f_σ是条纹值，h是板厚。此外，最大剪应力的计算方法如下：

$$(\tau_{\max})^2 = (\sigma_r - \sigma_\theta)^2 + 4(\tau_{r\theta})^2 \tag{18.6}$$

联立式（18.5）和式（18.6）得

$$\left(\frac{Kf_\sigma}{2h}\right)^2 = (\sigma_r - \sigma_\theta)^2 + 4(\tau_{r\theta})^2 \tag{18.7}$$

18.3 表征EMI屏蔽材料的平面外机械性能

光学投影法主要用于漫反射物体的三维形貌和平面外变形测量[26, 27]，主要测量原理是将光点、窄带或二维光学图案（结构光编码图案、斑点、网格线、网格等）投射到被测物体表面；由于被测物体表面几何形状的调制，光线形成二维光学图案。通过分析位移，就可解调被测物体的三维形貌或变形。三维形貌光学测量方法有多种，包括激光逐点扫描法、光截面法、编码图案投影法、斑点投影法、条纹投影法等。条纹投影法的核心是相位测量，可归类为相位测量法。

在条纹投影法中，光栅被投射到物体表面，通过解调相位信息得到物体形状，因此这种方法也称相位测量法[28]。由于条纹投影法的测量精度高，测量系统和原理相对简单，近年来在三维地形测量中得到了广泛应用。条纹的结构包括正弦结构（正弦光栅）、直线结构（包括等腰三角形结构和直角三角形齿状结构）和矩形结构（矩形光栅）。其中，正弦光栅投影的相位解调理论相对成熟，因此应用较为广泛。正弦光栅投影的相位解调方法主要包括莫尔轮廓法、傅里叶变换法和相移法。前两种方法在过去得到了广泛应用，但也存在一些缺点。相移法在一定程度上克服了前两者的缺点，可以高精度地测量陡峭和突变对象的形态。同时，它的计算量也相对较小。不过，这种方法至少需要三个变形条纹图案，不能进行动态测量。在早期的光学投影方法中，需要使用投影仪将光学图案投影到物体表面上，非常不方便。此外，物理光学图案的制作也非常困难，例如正弦光栅。严格的正弦光栅实际上很难实现，因此这种投影方法的精度和可靠性都很低。此外，实现相移需要借助机械

装置。如今，随着光电技术的发展，数字投影设备，如液晶显示器（LCD）投影仪，可通过编程实现各种标准光学图案的投影。精确移相也变得非常简单，大大提高了光学投影法的测量精度和灵活性，促进了光学投影法的广泛应用。Mares等人[29]结合条纹投影和二维数字图像相关，提出了获得三个空间方向上的位移图的替代方法。Felipe-Sesé等人[30]和Shi等人[31]随后发展了这种方法。

18.4 电磁干扰屏蔽材料的断裂与疲劳性能表征

18.4.1 焦散线法

焦散线法是一种基于纯几何光学映射关系的实验方法[32]。它将物体复杂的变形情况，特别是应力集中区域的变形情况，转化为简单清晰的阴影光学图形。焦散线法根据图像屏幕上产生的相应焦散线来分析奇异特征参数，其中的焦散线由光照射结构的奇异区域形成。该方法对应力梯度敏感，适合定量求解应力集中问题。裂纹尖端的应力强度信息可通过几何长度（焦斑直径）确定，数据简单。它不仅测量精度高，光路和器件简单，而且只需要普通的白光源。与高速摄影设备结合可以解决动态断裂问题。焦散线法已成功用于各种静态和动态断裂实验[33]。

焦散线法最早由Manogg于1964年提出，用于研究裂纹尖端的应力集中问题[34, 35]。Theocaris和Rosakis[36-39]扩展了研究不同材料在静态和动态负载条件下的性能的方法，是研究奇异应力场，特别是裂纹尖端附近应力场的有力工具。与应用于相同裂纹尖端应力场照片的光弹性法相比，焦散线法因对应力的依赖性而具有特定的优缺点。焦散线法提供了对裂纹尖端应力强度程度的直接定量测量。光弹性图像有很多彩色条纹，比焦散线图像复杂。因此，计算光弹条纹很麻烦，而且误差很大。焦散线可清晰地反映应力集中区域，但由于应力梯度较小，远场区的应力不会出现焦散线现象。

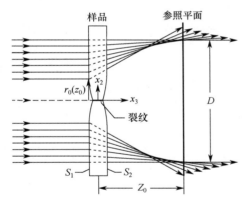

图18.3 透射焦散线法的几何光学原理图[40, 41]

因此，焦散线法无法提供此类信息。相比之下，光弹性图像可以准确地提供远区信息。换句话说，每种方法都有其特殊的适用范围，且它们是相辅相成的[35]。

透明样本透射焦散线法的几何光学原理如图18.3所示。对含有裂纹的透明样品，光线偏离裂纹尖端周围的局部区域，并在距样品一定距离的参考平面上形成一条称为焦散线的奇异曲线。裂纹尖端的传输焦散参数方程[42-44]为

$$X = \lambda x_1 + z_0 cd \frac{\partial \varepsilon_{33}}{\partial x_1} \tag{18.8}$$

$$Y = \lambda x_2 + z_0 cd \frac{\partial \varepsilon_{33}}{\partial x_2} \tag{18.9}$$

式中，X和Y是参考平面中的坐标，x_1和x_2是样本平面中的坐标，λ是比例因子（对于平行光，$\lambda=1$；对于会聚光，$\lambda<1$；对于发散光，$\lambda>1$），d是样品厚度，z_0是样品平面到参考平面的距离，c是样品应力光学常数，ε_{33}是样品裂纹尖端的平面外应变分量。

18.4.2 相干梯度传感法

相干梯度传感（CGS）法是一种在线空间滤波、非接触、全场双光栅剪切干涉法[45, 46]，

其原理是通过光学干涉控制方程建立平面内应力梯度或平面外位移梯度与微小偏转光量之间的关系。利用两个平行光栅重组试样变形产生的折射光束，进而产生干涉条纹。这种方法对应力梯度或位移梯度很敏感，适用于应力集中度较高的断裂问题，因此也适用于物理现象[47]。干涉条纹的分布直接反映透射情况下的内应力梯度场和反射情况下的平面外位移梯度场。与其他光学测量方法相比，CGS技术具有以下优点：对外界振动不敏感，光路简单，灵敏度可调，测量结果实时，全视场。

透射型CGS的光路如图18.4所示，相干激光束通过扩束器（带滤光孔）后，通过光学透镜形成平行光束。然后，平行光束穿过带有垂直裂纹的透明样品。由于样品变形和应力场的影响，平行梁的方向和相位发生变化。尽管从样品出射的光束不再是平行光束，但为简单起见，仍将具有样品变形信息的光束视为平行光束，因为方向偏差很小。

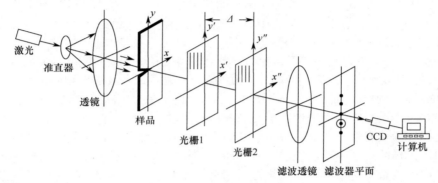

图18.4 透射型CGS的光路[48, 49]

从样品上的点(x, y)出射的光束的光程差为$\delta S(x, y)$。类似地，从样品上的点$(x, y + \varepsilon)$出射的光束的光程差为$\delta S(x, y + \varepsilon)$。

如图18.5所示，从样品出射的平行光束穿过两个平行的、间距为Δ、节距为p的高密度朗奇光栅，产生衍射。光程差为$\delta S(x, y)$的光束用实线表示，光程差为$\delta S(x, y + \varepsilon)$的光束用虚线表示。首先，分析光程差为$\delta S(x, y)$的光束的衍射：光线被光栅1分解为一束直光束和许多衍射光束。为便于理解，仅分析±1级衍射光束和零级光束。

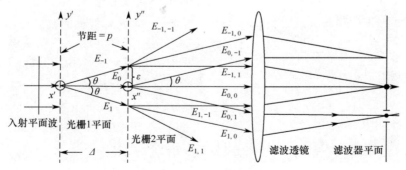

图18.5 CGS原理[48, 49]

±1级衍射光束和0级光束分别被光栅2衍射成三束光。这样，光栅2后面就有9束光，向不同的方向传播，分别用$E_{i,j}$表示。类似地，光程差为$\delta S(x, y + \varepsilon)$的光束经过两个衍射光栅后的衍射被分成不同方向的9束光，用$E_{i,j}^*$表示。显然，经过光栅2后，光程差为$\delta S(x, y)$的光束$E_{-1,0}$和光程差为$\delta S(x, y + \varepsilon)$的光束$E_{-1,0}^*$重合。于是，就产生了干涉现象。同样，其他不同方向的衍射光束也产生干涉现象。为了分离不同方向的相干光束，在光栅2后放置凸透镜。凸透镜作为在线空间滤波器，会使平行衍射光束会聚。可以在滤光片后焦平面的空间中观测到光强分布。如果在焦平面上放置光阑，那么只有+1或-1级衍射光可以通过。于是，只有$E_{-1,0}$和$E_{-1,0}^*$产生的干涉条纹可以通过。若将电荷耦合器件（CCD）相机放在光阑后面，则可观测到样品变形导致的光程差引起的干涉条纹。使用计算机对条纹进行处理，可以提取相关的力学参数[50]。

传输CGS的控制方程为

$$cd\frac{\partial(\bar{\sigma}_x+\bar{\sigma}_y)}{\partial x}=\frac{mp}{\Delta} \tag{18.10}$$

$$cd\frac{\partial(\bar{\sigma}_x+\bar{\sigma}_y)}{\partial y}=\frac{np}{\Delta} \tag{18.11}$$

对于透射，相干梯度感测的条纹的物理意义表示样品在x或y方向上的主应力梯度的轮廓。对于反射CGS，光程差$\delta S(x,y)$由泊松效应引起的样品厚度变化导致：

$$\delta S(x,y)=2w \tag{18.12}$$

式中，w是平面外位移。因此，反射CGS的控制方程为

$$\frac{\partial w}{\partial x}=\frac{mp}{\Delta} \tag{18.13}$$

$$\frac{\partial w}{\partial y}=\frac{mp}{\Delta} \tag{18.14}$$

对于反射，相干梯度感测条纹的物理意义代表样品在x或y方向的面外位移梯度轮廓。

18.4.3 数字梯度传感法

数字梯度传感（DGS）法首先由Tippur[51]提出，用于解决聚甲基丙烯酸甲酯（PMMA）[52]的静态和动态断裂问题、PMMA的静态和动态应力集中问题[53-55]，以及透明材料的无损检测问题[56]。同样，Tippur提出了反射式DGS法来解决膜材料的平面外位移测量问题[53]。Hao等人扩展了该方法，以解决聚合物复合材料中的纤维拔出问题[57]和裂纹-夹杂物作用问题[58, 59]。

如图18.6所示，DGS法的实验装置包括一个散斑靶、一个透明样品和一台CCD摄像机。在散斑靶的表面涂上一层黑白随机斑点。将一个透明样品放在散斑目标前面，距离为Δ，并平行于散斑目标平面。将摄相机放在透明标本后面，距离为$L(\gg\Delta)$。然后，将焦平面调整到散斑目标平面。冷光源提供足量且均匀的光线。

如图18.7所示，试样的平面坐标为(x,y)，散斑目标的平面坐标为(x_0,y_0)，光轴沿z方向。假设散斑靶上的光斑穿过厚度为B、折射率为n的样品，成像在像平面上。初始状态作为参考状态。然后，散斑目标上的点O对应于样本上的点P，作为参考状态点，在图像平面中成像。放上样品后，样品的折射率和厚度将随应力状态的变化而变化，导致通过样品的光发生偏转。参考条件下的光OP对应于变形条件下的光OQ；通过测量向量PQ和散斑目标与样本之间的距离Δ，就可以确定光偏转角ϕ。

DGS法的控制方程为

$$\phi_x=\frac{\delta_x}{\Delta}=C_\sigma B\frac{\partial(\sigma_{xx}+\sigma_{yy})}{\partial x} \tag{18.15}$$

$$\phi_y=\frac{\delta_y}{\Delta}=C_\sigma B\frac{\partial(\sigma_{xx}+\sigma_{yy})}{\partial y} \tag{18.16}$$

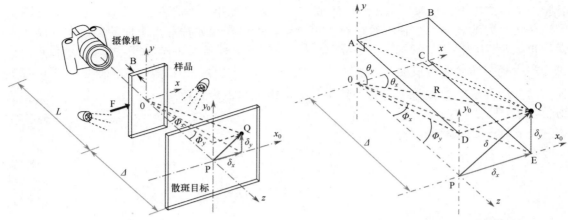

图18.6　DGS法实验装置示意图　　　　图18.7　DGS法工作原理示意图

如上所述，δ_x和δ_y可从数字图像相关中导出，Δ已预先测量得到，C_σ是已知的材料属性。因此，就得到了角度偏转和应力梯度。

18.5　小结

本章讨论了表征EMI屏蔽材料机械性能的全场光学实验方法。使用光学技术来表征EMI屏蔽材料的机械性能的主要缺点是，它们的全场性及与材料的不接触。本章概述的信息有助于研究人员和工程师研究相关复杂系统的未知特征。

参 考 文 献

1. Jin, H., Sciammarella, C., Yoshida, S., and Lamberti, L. (eds.) (2014). *Advancement of Optical Methods in Experimental Mechanics*, Conference Proceedings of the Society for Experimental Mechanics Series, vol. 3. Springer International Publishing.
2. Grédiac, M. (2013). Identification from full-field measurements: a promising perspective in experimental mechanics. In: *Application of Imaging Techniques to Mechanics of Materials and Structures*, vol. 4 (ed. T. Proulx), 1–6. New York: Springer.
3. Pan, B., Xie, H.-M., Xu, B.-Q., and Dai, F.-L. (2006). Performance of sub-pixel registration algorithms in digital image correlation. *Meas. Sci. Technol.* 17: 1615–1621.
4. Pan, B., Qian, K., Xie, H., and Asundi, A. (2009). Two-dimensional digital image correlation for in-plane displacement and strain measurement: a review. *Meas. Sci. Technol.* 20: 62001.
5. Parks, A., Eason, T., and Abanto-Bueno, J. (2013). Dynamic response of curved beams using 3D digital image correlation. In: *Application of Imaging Techniques to Mechanics of Materials and Structures*, vol. 4 (ed. T. Proulx), 283–290. New York: Springer.
6. Makki, M. and Chokri, B. (2015). Determination of stress concentration for orthotropic and isotropic materials using digital image correlation (DIC). In: *Multiphysics Modelling and Simulation for Systems Design and Monitoring* (ed. M. Haddar, M.S. Abbes, J. Choley, et al.), 517–530. Springer International Publishing.
7. Pan, B. and Wang, Z. (2013). Recent progress in digital image correlation. In: *Application of Imaging Techniques to Mechanics of Materials and Structures*, vol. 4 (ed. T. Proulx), 317–326. New York: Springer.
8. Iskander, M. (2010). Digital image correlation. In: *Modelling with Transparent Soils*, 137–164. Berlin, Heidelberg: Springer.

9 Hammer, J.T., Seidt, J.D., and Gilat, A. (2014). Strain measurement at temperatures up to 800°C utilizing digital image correlation. In: *Advancement of Optical Methods in Experimental Mechanics*, vol. 3 (ed. H. Jin, C. Sciammarella, S. Yoshida and L. Lamberti), 167–170. Springer International Publishing.

10 Hao, W., Ge, D., Ma, Y. et al. (2012). Experimental investigation on deformation and strength of carbon/epoxy laminated curved beams. *Polym. Test.* 31: 520–526.

11 Zhu, J., Xie, H., Hu, Z. et al. (2011). Residual stress in thermal spray coatings measured by curvature based on 3D digital image correlation technique. *Surf. Coat. Technol.* 206: 1396–1402.

12 Pan, B., Xie, H.M., Guo, Z.Q., and Hua, T. (2007). Full-field strain measurement using two-dimensional Savitzky-Golay digital differentiator in digital image correlation. *Opt. Eng.* 46 (3): 33601.

13 Abanto-Bueno, J. and Lambros, J. (2002). Investigation of crack growth in functionally graded materials using digital image correlation. *Eng. Fract. Mech.* 69: 1695–1711.

14 Post, D., Han, B., and Ifju, P. (2000). Moiré methods for engineering and science – moiré interferometry and shadow moiré. In: *Photomechanics* (ed. P. Rastogi), 151–196. Berlin Heidelberg: Springer.

15 Post, D., Han, B., and Ifju, P. (1994). Moiré interferometry. In: *High Sensitivity Moiré*, 135–226. New York: Springer.

16 Kobayashi, A. (2002). Moiré interferometry analysis of fracture. In: *IUTAM Symposium on Advanced Optical Methods and Applications in Solid Mechanics* (ed. A. Lagarde), 483–496. Netherlands: Springer.

17 Eduardo Ribeiro, J., Lopes, H., and Paulo Carmo, J. (2013). Characterization of coating processes in Moiré diffraction gratings for strain measurements. *Opt. Laser Technol.* 47: 159–165.

18 Drescher, A. and de Jong, G.D. (2006). Photoelastic verification of a mechanical model for the flow of a granular material. In: *Soil Mechanics and Transport in Porous Media* (ed. R. Schotting, H.J. van Duijn and A. Verruijt), 28–43. Netherlands: Springer.

19 Siegmann, P., Colombo, C., Díaz-Garrido, F., and Patterson, E. (2011). Determination of the isoclinic map for complex photoelastic fringe patterns. In: *Experimental and Applied Mechanics*, vol. 6 (ed. T. Proulx), 79–85. New York: Springer.

20 Zenina, A., Dupre, J.C., and Lagarde, A. (2002). Optical approaches of a photoelastic medium for theoretical and experimental study of the stresses in a three-dimensional specimen. In: *IUTAM Symposium on Advanced Optical Methods and Applications in Solid Mechanics* (ed. A. Lagarde), 49–56. Netherlands: Springer.

21 Esirgemez, E., Gerber, D., and Hubner, J. (2013). Invesetigation of the coating parameters for the luminescent Photoelastic coating technique. In: *Application of Imaging Techniques to Mechanics of Materials and Structures*, vol. 4 (ed. T. Proulx), 371–384. New York: Springer.

22 Franz, T. (2001). Photoelastic study of the mechanic behaviour of orthotropic composite plates subjected to impact. *Compos. Struct.* 54: 169–178.

23 Nowak, T.P., Jankowski, L.J., and Jasieńko, J. (2010). Application of photoelastic coating technique in tests of solid wooden beams reinforced with CFRP strips. *Arch. Civ. Mech. Eng.* 10: 53–66.

24 Yan, P., Wang, K., and Gao, J. (2015). Polarization phase-shifting interferometer by rotating azo-polymer film with photo-induced optical anisotropy. *Opt. Lasers Eng.* 64: 12–16.

25 Ogieglo, W., Wormeester, H., Eichhorn, K. et al. (2015). *In situ* ellipsometry studies on swelling of thin polymer films: a review. *Prog. Polym. Sci.* 42: 42–78.

26 Zervas, M., Furlong, C., Harrington, E., and Dobrev, I. (2011). 3D shape measurements with high-speed fringe projection and temporal phase unwrapping. In: *Optical Measurements, Modeling, and Metrology*, vol. 5 (ed. T. Proulx), 235–241. New York: Springer.

27 Nguyen, D. (2011). Novel approach to 3D imaging based on fringe projection technique. In: *Experimental and Applied Mechanics*, vol. 6 (ed. T. Proulx), 133–134. New York: Springer.

28 Baldjiev, A. and Sainov, V. (2014). Fault detection by shearography and fringes projection techniques. In: *Fringe 2013* (ed. W. Osten), 519–522. Berlin Heidelberg: Springer.

29 Mares, C., Barrientos, B., and Blanco, A. (2011). Measurement of transient deformation by color encoding. *Opt. Express* 19: 25712–25722.

30 Felipe-Sesé, L., Siegmann, P., Díaz, F.A., and Patterson, E.A. (2014). Simultaneous in-and-out-of-plane displacement measurements using fringe projection and digital image correlation. *Opt. Lasers Eng.* 52: 66–74.

31 Shi, H., Ji, H., Yang, G., and He, X. (2013). Shape and deformation measurement system by combining fringe projection and digital image correlation. *Opt. Lasers Eng.* 51: 47–53.

32 Papadopoulos, G.A. and Sideridis, E. (2006). Experimental study of cracked laminate plates by caustics. In: *Fracture of Nano and Engineering Materials and Structures* (ed. E.E. Gdoutos), 303–304. Netherlands: Springer.

33 Papadopoulos, G. (1991). Study of dynamic crack propagation in polystyrene by the method of dynamic caustics. In: *Dynamic Failure of Materials* (ed. H.P. Rossmanith and A.J. Rosakis), 248–259. Netherlands: Springer.

34 Spitas, V., Spitas, C., Papadopoulos, G., and Costopoulos, T. (2013). Derivation of the equation of caustics for the experimental assessment of distributed contact loads with friction in two dimensions. In: *Recent Advances in Contact Mechanics* (ed. G.E. Stavroulakis), 337–350. Berlin Heidelberg: Springer.

35 Papadopoulos, G.A. (2007). Study the caustics, isochromatic and isopachic fringes at a bi-material Interface crack-tip. In: *Experimental Analysis of Nano and Engineering Materials and Structures* (ed. E.E. Gdoutos), 271–272. Netherlands: Springer.

36 Rosakis, A.J. and Freund, L.B. (1982). Optical measurement of the plastic strain concentration at a tip in a ductile steel plate. *J. Eng. Mater. Technol.* 102: 115–125.

37 Rosakis, A.J., Ma, C.C., and Freund, L.B. (1983). Analysis of the optical shadow spot method for a tensile crack in a power-law hardening material. *J. Appl. Mech.* 50: 777–782.

38 Theocaris, P.S. and Petrou, L. (1986). Inside and outside bounds of validity of the method of caustics in elasticity. *Eng. Fract. Mech.* 23: 681–693.

39 Beinert, J. and Kalthoff, J.F. (1981). Experimental determination of dynamic stress intensity factors by shadow patterns. *Mech. Fract.* 3: 281–330.

40 Yao, X., Chen, J., Jin, G. et al. (2004). Caustic analysis of stress singularities in orthotropic composite materials with mode-I crack. *Compos. Sci. Technol.* 64: 917–924.

41 Hao, W., Yao, X., Ma, Y., and Yuan, Y. (2015). Experimental study on interaction between matrix crack and fiber bundles using optical caustic method. *Eng. Fract. Mech.* 134: 354–367.

42 Theocari, P.S. (1973). Stress intensity factors in yielding materials by method of caustics. *Int. J. Fract.* 9: 185–197.

43 Theotokoglou, E.N. (1995). Mixed-mode caustics for the cracked infinite plate using the exact solution. *Eng. Fract. Mech.* 51: 193–203.

44 Theocaris, P.S. (1995). The axisymmetric buckling parameters in flexed plates as determined by caustics. *Eng. Fract. Mech.* 52: 583–597.

45 Kramer, S. (2011). Fracture studies combining photoelasticity and coherent gradient sensing for stress determination. In: *Experimental and Applied Mechanics*, vol. 6 (ed. T. Proulx), 655–676. New York: Springer.

46 Budyansky, M., Madormo, C., and Lykotrafitis, G. (2011). Coherent gradient sensing microscopy: microinterferometric technique for quantitative cell detection. In: *Experimental and Applied Mechanics*, vol. 6 (ed. T. Proulx), 311–316. New York: Springer.

47 Rosakis, A., Krishnaswamy, S., and Tippur, H. (1991). Measurement of transient crack tip fields using the coherent gradient sensor. In: *Dynamic Failure of Materials* (ed. H.P. Rossmanith and A.J. Rosakis), 182–203. Netherlands: Springer.

48 Yao, X.F., Yeh, H.Y., and Xu, W. (2006). Fracture investigation at V-notch tip using coherent gradient sensing (CGS). *Int. J. Solids Struct.* 43: 1189–1200.

49 Xu, W., Yao, X.F., Yeh, H.Y., and Jin, G.C. (2005). Fracture investigation of PMMA specimen using coherent gradient sensing (CGS) technology. *Polym. Test.* 24: 900–908.

50 Lee, Y.J., Lambros, J., and Rosakis, A.J. (1996). Analysis of coherent gradient sensing (CGS) by Fourier optics. *Opt. Lasers Eng.* 25: 25–53.
51 Sundaram, B. and Tippur, H. (2015). Dynamic crack propagation in layered transparent materials studied using digital gradient sensing method. In: *Dynamic Behavior of Materials*, vol. 1 (ed. B. Song, D. Casem and J. Kimberley), 197–205. Springer International Publishing.
52 Sundaram, B.M. and Tippur, H.V. (2015). Dynamic crack growth normal to an Interface in bi-layered materials: an experimental study using digital gradient sensing technique. *Exp. Mech.* 1–21. doi: 10.1007/s11340-015-0029-x.
53 Jain, A. and Tippur, H. (2015). Mapping static and dynamic crack-tip deformations using reflection-mode digital gradient sensing: applications to mode-I and mixed-mode fracture. *J. Dyn. Behav. Mater.* 1–15. doi: 10.1007/s40870-015-0024-4.
54 Periasamy, C. and Tippur, H.V. (2013). Measurement of crack-tip and punch-tip transient deformations and stress intensity factors using digital gradient sensing technique. *Eng. Fract. Mech.* 98: 185–199.
55 Periasamy, C. and Tippur, H.V. (2013). Measurement of orthogonal stress gradients due to impact load on a transparent sheet using digital gradient sensing method. *Exp. Mech.* 53: 97–111.
56 Periasamy, C. and Tippur, H.V. (2013). Nondestructive evaluation of transparent sheets using a full-field digital gradient sensor. *NDT & E Int.* 54: 103–106.
57 Hao, W., Tang, C., Yuan, Y. et al. (2015). Experimental study on the fiber pull-out of composites using digital gradient sensing technique. *Polym. Test.* 41: 239–244.
58 Hao, W., Tang, C., Yuan, Y., and Ma, Y. (2015). Study on the effect of inclusion shape on crack-inclusion interaction using digital gradient sensing method. *J. Adhes. Sci. Technol.* 29: 2021–2034.
59 Hao, W., Tang, C., and Ma, Y. (2016). Study on crack-inclusion interaction using digital gradient sensing method. *Mech. Adv. Mater. Struct.* 23: 845–852.